清華
电脑学堂

Premiere Pro CC

中文版 标准教程

□ 黄薇 王英华 等编著

清华大学出版社
北 京

内 容 简 介

本书详细讲述了 Premiere Pro CC 的视频编辑功能和操作技巧。全书共 12 章，内容涉及视频编辑基础知识，Premiere Pro CC 工作界面介绍，Premiere Pro CC 工作流程，工作窗口应用，工作面板应用，素材编辑，关键帧动画，视频过渡应用，视频效果应用，编辑字幕，音频编辑，影片的输出设置。最后通过两个综合案例介绍了 Premiere Pro CC 影视编辑的方法与技巧。本书图文并茂，实例丰富，配书光盘中提供了大容量语音视频教程和实例素材图以及效果图。本书适合作为高等院校和职业院校的视频编辑、影视特效和广告创意的培训教材，也可以作为 Premiere 视频编辑以及普通用户学习和参考的资料。

图书在版编目（CIP）数据

Premiere Pro CC 中文版标准教程/黄薇，王英华等编著. —北京：清华大学出版社，2015（2016.6 重印）
（清华电脑学堂）

ISBN 978-7-302-38042-9

Ⅰ. ①P…　Ⅱ. ①黄…　②王…　Ⅲ. ①视频编辑软件-教材　Ⅳ. ①TN94

中国版本图书馆 CIP 数据核字（2014）第 219854 号

责任编辑：冯志强
封面设计：吕单单
责任校对：徐俊伟
责任印制：李红英

出版发行：清华大学出版社
　　网　　址：http://www.tup.com.cn，http://www.wqbook.com
　　地　　址：北京清华大学学研大厦 A 座　　**邮　　编**：100084
　　社 总 机：010-62770175　　**邮　　购**：010-62786544
　　投稿与读者服务：010-62776969，c-service@tup.tsinghua.edu.cn
　　质 量 反 馈：010-62772015，zhiliang@tup.tsinghua.edu.cn
印 刷 者：北京富博印刷有限公司
装 订 者：北京市密云县京文制本装订厂
经　　销：全国新华书店
开　　本：185mm×260mm　　**印　张**：20.5　　**字　　数**：512 千字
　　附光盘 1 张
版　　次：2015 年 1 月第 1 版　　**印　　次**：2016 年 6 月第 2 次印刷
印　　数：3001～4500
定　　价：49.00 元

产品编号：058456-01

前　　言

Premiere Pro CC 是一款常用的非线性视频编辑软件，由 Adobe 公司推出，具有较好的画面质量和兼容性，且可以与 Adobe 公司推出的其他软件相互协作，广泛应用于广告制作和电视节目制作中。新版的 Premiere 经过重新设计，能够提供更强大、更高效的增强功能与专业工具，比如新增加的音频编辑面板，以及编辑技巧的增强，从而使用户制作影视节目的过程更加轻松。

1．本书主要内容

本书共 12 章，具体内容如下：

第 1 章介绍视频编辑的基础知识，包括线性编辑和非线性编辑简介、视频编辑相关术语、蒙太奇和常见的视音频格式等内容。

第 2 章详细介绍 Premiere Pro CC 的工作环境与新增功能，以及项目与序列的创建与保存方法，使读者更加熟悉 Premiere Pro CC。

第 3 章主要介绍 Premiere Pro CC 的编辑基础知识，包括素材的采集与导入，以及在 Premiere 中管理素材的一些基本操作方法和使用技巧。

第 4 章详细讲解素材的编辑方法，不仅包括【时间轴】面板中的添加、修剪、组接素材等基本操作，还包括滚动编辑、波纹编辑、嵌套序列、重复帧检测与自动同步多个摄像机角度等较为复杂的视频剪辑技巧。

第 5 章介绍 Premiere 中的视频过渡特效，主要讲述影视界面中一些常用的视频过渡效果及应用方法。

第 6 章分别介绍音频素材的编辑方法以及 Premiere 的音轨混合器与音频剪辑混合器功能，其中包括音频素材的剪辑、音频过渡效果以及混合音轨的创建方法等。

第 7 章讲述 Premiere 中字幕的创建与编辑方法，包括字幕属性的设置、字幕样式和图形对象的应用，以及字幕特效的创建方法。

第 8 章详细讲述了 Premiere 中的关键帧创建与编辑方法，从而了解视频中动画的制作方法，以及 Premiere 中一些常用视频效果的添加与设置方法。

第 9 章介绍数码视频颜色理论的同时，讲解了 Premiere 中的一些校正类视频特效，比如调整类、颜色校正类、图像控制类效果以及新增的 Lumetri Looks 效果等，帮助读者了解视频色彩变化的特效应用。

第 10 章根据视频素材中颜色、明暗关系等因素，分类介绍【键控】特效组中的遮罩特效，掌握多个视频素材合成技巧。

第 11 章介绍影视节目制作完成后影片的合成与输出，其中包括常见视频格式。

第 12 章为综合实例，分别通过婚庆视频与电子相册实例的制作，使读者能够更快地掌握利用 Premiere 制作影视节目的方法与技巧。

2．本书主要特色

- ❑ **课堂练习** 本书每一章都安排了丰富的“课堂练习”，以实例形式演示 Premiere Pro CC 的操作知识，便于读者学习操作，同时方便教师组织授课内容。
- ❑ **彩色插图** 本书制作了大量精美的实例，方便读者掌握 Premiere Pro CC 的应用。
- ❑ **网站互动** 我们在网站上提供了扩展内容的资料链接，便于学生继续学习相关知识。
- ❑ **思考与练习** 复习题测试读者对本章所介绍内容的掌握程度；上机练习使理论结合实际，引导学生提高上机操作能力。

3．本书使用对象

本书内容从普通视频拍摄用户入手，按照视频导入、剪辑、视频过渡、音频效果、字幕添加、视频效果、颜色校正、视频合成、视频输出等顺序进行编写，同时知识内容结构完整、图文并茂、通俗易懂，配有丰富的实例。帮助读者深入掌握 Premiere 软件的操作应用知识，适合相关专业的学生、视频处理爱好者，以及没有任何视频编辑经验，但是希望自己制作影视节目的普通家庭读者使用。

参与本书编写的除了封面署名人员外，还有刘凌霞、王海峰、张瑞萍、吴东伟、王健、倪宝童、温玲娟、石玉慧、李志国、王咏梅、李乃文、陶丽、王黎、连彩霞、毕小君、王兰兰、牛红惠、汤莉、王中行、王晓军、王健、王海峰、孙岩、刘红娟、夏丽华、王翠敏、吕咏等人。由于时间仓促，水平有限，疏漏之处在所难免，欢迎读者朋友登录清华大学出版社的网站 www.tup.com.cn 与我们联系，帮助本书的改进和提高。

编　者

目　录

第 1 章 数字视频基础知识

早在人类文明发展之初，人们便渴望获得一种将生活片段记录下来的能力，而绘画便是实现上述愿望的第一种方法。随着电影、电视等技术的相继出现和发展，人们将生活片段以影像资料的方式进行记录和回放的想法得以实现。美国人 E·S·鲍特通过剪接、编排电影胶片的方式来编辑电影，从而成为运用交叉剪辑手法为电影增加戏剧效果的第一位导演，影像编辑的概念由此产生。

时至今日，视频编辑技术经过多年的发展，已经由起初直接剪切胶片的形式发展到借助计算机进行数字化编辑的阶段。然而，无论是通过怎样的方法来编辑视频，其实质都是组接视频片段的过程。本章主要概述视频编辑与影视制作的基础知识。

本章学习要点：

- 数字视频概念
- 非线性编辑知识
- 影视编辑蒙太奇

1.1 数字视频的基本概念

视频（Video）泛指一切将动态影像静态化后，以图像形式加以捕捉、记录、储存、传送、处理，并进行动态重现的技术。本节将对模拟信号、数字信号、视频色彩等知识进行讲解。

1.1.1 模拟信号与数字信号

现如今，数字技术正以异常迅猛的速度席卷全球的视频编辑领域，数字视频正逐步取代模拟视频，成为新一代视频应用的标准。然而，什么是数字视频？它与传统模拟视频的差别又是什么呢？要了解这些问题，首先需要了解模拟信号与数字信号，以及两者之间的差别。

1. 模拟信号

从表现形式上来看，模拟信号由连续且不断变化的物理量来表示信息，其电信号的幅度、频率或相位都会随着时间和数值的变化而连续变化，如图 1-1 所示。模拟信号的这一特性，使得任何干扰都会造成信号失真。长期以来的应用实践也证明，模拟信号会在复制或传输过程中，不断发生衰减，并混入噪波，从而使其保真度大幅降低。

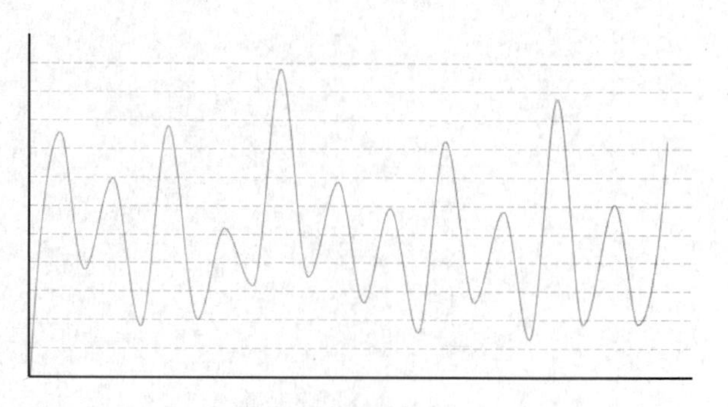

图 1-1　模拟信号示意图

提　示

在模拟通信中，为了提高信噪比，需要在信号传输过程中及时对衰减的信号进行放大。这就使得信号在传输时所叠加的噪声（不可避免）也会被同时放大。随着传输距离的增加，噪声累积越来越多，以致传输质量严重恶化。

2. 数字信号

与模拟信号不同，数字信号的波形幅值被限制在有限个数值之内，因此其抗干扰能力强。除此之外，数字信号还具有便于存储、处理和交换，以及安全性高（便于加密）和相应设备易于实现集成化、微型化等优点，其信号波形如图 1-2 所示。

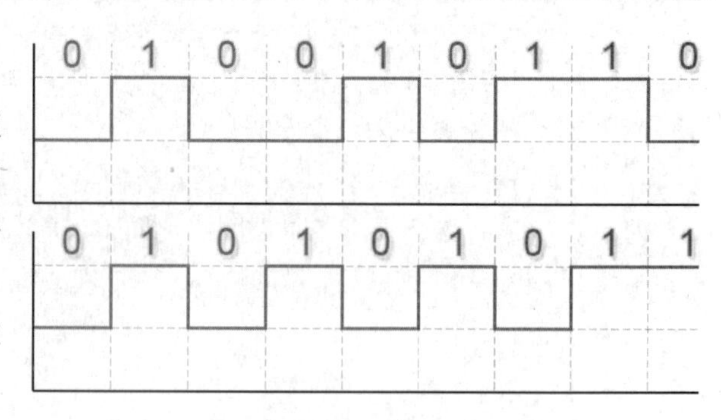

图 1-2　二进制数字信号波形示意图

提　示

由于数字信号的幅值为有限个数值，因此在传输过程中虽然也会受到噪声干扰，但当信噪比恶化到一定程度时，只需在适当的距离采用判决再生的方法，即可生成无噪声干扰，且和最初发送时一模一样的数字信号。

3. 数字视频的本质

在对模拟信号与数字信号有了一定的了解后，什么是数字视频便很容易解释了。简单地说，使用数字信号来记录、传输、编辑的视频数据，即称为数字视频。

1.1.2　帧速率和场

帧、场和扫描方式这些词汇都是视频编辑中常常会出现的专业术语，它们都与视频播放相关。接下来，本节便将逐一对这些专业术语和与其相关的知识进行讲解。

1. 帧

视频是由一幅幅静态画面所组成的图像序列，而组成视频的每一幅静态图像，被称之为“帧”。也就是说，帧是视频（包含动画）内的单幅影像画面，相当于电影胶片上的一格影像，我们常常说到的“逐帧播放”指的便是视频画面逐幅播放，如图 1-3 所示。

图 1-3　逐帧播放动画片段

提　示

上面的 8 幅图像便是由一个 8 帧 GIF 动画逐帧分解而来的，当快速、连续地播放这些图像（即播放 GIF 动画文件）时，我们便可以在屏幕上看到一个不断奔跑的女子。

在播放视频的过程中，播放效果的流畅程度取决于静态图像在单位时间内的播放数量，即“帧速率”，其单位为 fps（帧/秒）。目前，电影画面的帧速率为 24fps，而电视画面的帧速率则为 30fps 或 25fps。

注　意

要想获得动态的播放效果，显示设备至少应以 10fps 的速度进行播放。

2. 隔行扫描与逐行扫描

扫描方式是指电视机在播放视频画面时采用的播放方式。我们知道，电视机的显像原理是通过电子枪发射高速电子来扫描显像管，并最终使显像管上的荧光粉发光成像。在这一过程中，电子枪扫描图像的方法分为两种：隔行扫描与逐行扫描。

提　示

电视机在工作时，电子枪会不断地快速发射电子，而这些电子在撞击显像管后便会引起显像管内壁的荧光粉发光。在“视觉滞留”现象与电子持续不断撞击显像管的共同作用下，发光的荧光粉便会在人眼视网膜上组成一幅幅图像。

1）隔行扫描

隔行扫描是指电子枪首先扫描图像的奇数行（或偶数行），当图像内所有的奇数行（或偶数行）全部扫描完成后，再使用相同方法逐次扫描偶数行（或奇数行），如图 1-4 所示。

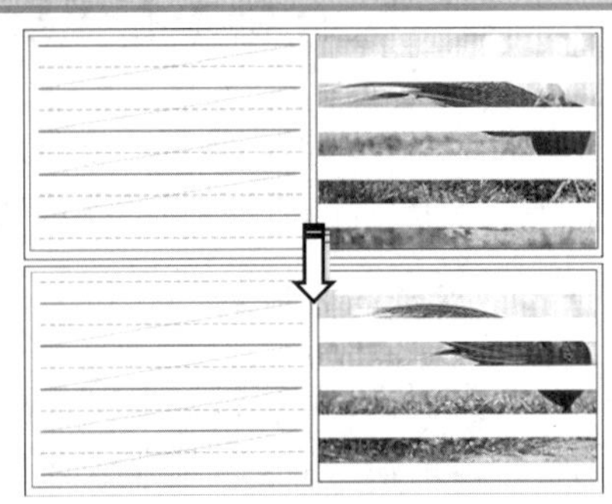

图 1-4　隔行扫描示意图

2）逐行扫描

顾名思义，逐行扫描是在显示图像的过程中，采用依次扫描每行图像的方法来播放视频画面，如图 1-5 所示。

早期由于技术的原因，逐行扫描整幅图像的时间要大于荧光粉从发光至衰减所消耗的时间，因此会造成人眼的视觉闪烁感。在不得已的情况下，只好采用一种折衷的方法，即隔行扫描。在视觉滞留现象的帮助下，人眼并不会注意到图像每次只显示一半，因此很好地解决了视频画面的闪烁问题。

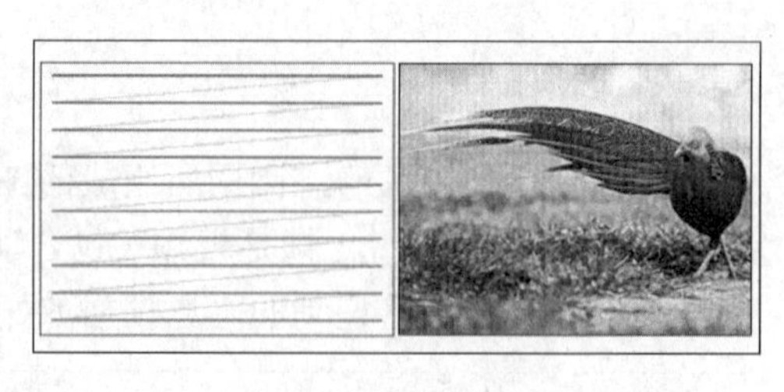

图 1-5 逐行扫描示意图

然而，随着显示技术的不断增强，逐行扫描引起的视觉不适问题已经解决。由于逐行扫描的显示质量要优于隔行扫描，因此隔行扫描技术已被逐渐淘汰。

3. 场

在采用隔行扫描方式进行播放的显示设备中，每一帧画面都会被拆分开进行显示，而拆分后得到的残缺画面即称为“场”。也就是说，帧速率为 30fps 的显示设备，实质上每秒需要播放 60 场画面；而对于帧速率为 25fps 的显示设备来说，其每秒需要播放 50 场画面。

在这一过程中，一幅画面被首先显示的场被称为“上场”，而紧随其后进行播放的、组成该画面的另一场则被称为“下场”。

注 意

“场”的概念仅适用于采用隔行扫描方式进行播放的显示设备（如电视机），对于采用胶片进行播放的显像设备（胶片放映机）来说，由于其显像原理与电视机类产品完全不同，因此不会出现任何与“场”相关的内容。

需要指出的是，通常人们会误认为上场画面与下场画面由同一帧拆分而来。事实上，DV 摄像机采用的是一种类似于隔行扫描的拍摄方式。也就是说，摄像机每次拍摄到的都是依次采集到的上场或下场画面。例如，在一个每秒采集 50 场的摄像机中，第 123 行和 125 行的采集是在第 122 行和 124 行采集完成大约 1/50 秒后进行的。因此，将上场画面和下场画面简单地拼合在一起时，所拍摄物体的运动往往会造成两场画面无法完美拼合。

1.1.3 分辨率和像素宽高比

分辨率和像素都是影响视频质量的重要因素，与视频的播放效果有着密切联系。接下来，本节将针对该方面的各项知识进行介绍，使用户能够更清楚地认识和了解视频。

1. 像素与分辨率

在电视机、计算机显示器及其他相类似的显示设备中，像素是组成图像的最小单位，而每个像素则由多个（通常为 3 个）不同颜色（通常为红、绿、蓝）的点组成，如图 1-6 所示。至于分辨率，则是指屏幕上像素的数量，通常用“水平方向像素数量×垂直方向像素数量”的方式来表示，例如 720×480、720×576 等。

提 示

显示设备通过调整像素内不同颜色点之间的强弱比例，来控制该像素的最终颜色。理论上，通过对红、绿、蓝 3 个不同颜色点的控制，像素可显示出任何色彩。

图 1-6 显示设备表面的像素分布与结构示意图

像素与分辨率对视频质量的正面影响在于，每幅视频画面的分辨率越大、像素数量越多，整个视频的清晰度也就越高。这是因为，一个像素在同一时间内只能显示一种颜色，所以在画面尺寸相同的情况下，分辨率越大（像素数量越多），图像的显示效果也就越细腻，相应的影像也就越清晰；反之，视频画面便会模糊不清，如图 1-7 所示。

注 意

在实际应用中，视频画面的分辨率会受到录像设备和播放设备的限制。例如在传统电视机中，视频画面的垂直分辨率表现为每帧图像中水平扫描线的数量，即电子束穿越荧屏的次数。至于水平分辨率，则取决于录像设备、播放设备和显示设备。例如，老式 VHS 格式录像带的水平分辨率为 250 线，而 DVD 的水平分辨率则为 500 线。

2. 帧宽高比与像素长宽比

帧宽高比即视频画面的长宽比例，目前电视画面的宽高比通常为 4:3，电影则为 16:9，如图 1-8 所示。至于像素长宽比，则是指视频画面内每个像素的长宽比，具体比例由视频所采用的视频标准所决定。

图 1-7 分辨率不同时的画面显示效果

图 1-8 不同宽高比的视频画面

不过，由于不同显示设备在播放视频画面时的像素宽高比也有所差别，因此当某一显示设备在播放与其像素宽高比不同的视频时，就必须对图像进行矫正，否则，视频画面的播放效果便会较原效果产生一定的变形，如图 1-9 所示。

图 1-9　因像素宽高比不匹配而造成的画面变形

提　示

一般来说，计算机显示器使用正方形像素来显示图像，而电视机等视频播放设备则使用矩形像素进行显示。

1.1.4　视频色彩系统

色彩本身没有情感，但它们会对人们的心理产生一定的影响。例如红、橙、黄等暖色调往往会使人联想到阳光、火焰等，从而给人以炽热、向上的感觉；至于青、蓝、蓝绿、蓝紫等冷色调则会使人联想到水、冰、夜色等，给人以凉爽、宁静、平和的感觉，如图 1-10 所示。

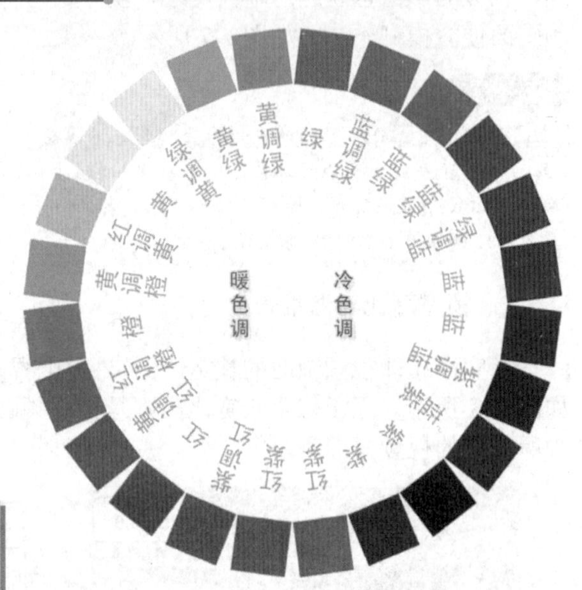

图 1-10　冷暖色调分类示意图

提　示

在色彩的应用中，冷暖色调只是相对而言。譬如说，在画面整体采用红色系颜色，且大红与玫瑰红同时出现时，大红就是暖色，而玫瑰红则会被看做是冷色；但是，当玫瑰红与紫罗蓝同时出现时，玫瑰红便是暖色。

在实际拍摄及编辑视频的过程中，尽管每个画面内都可能包含多种不同色彩，但总会有一种色彩占据画面主导地位，成为画面色彩的基调。因此，在操作时便应根据需要来突出或淡化、转移该色彩对表现效果的影响。例如，在中国传统婚庆场面中，应当着重突显红色元素，以烘托婚礼的喜庆气氛，如图 1-11 所示。

1.1.5　数字音频

数字音频是指使用脉冲编码调变、数字信号来录音的一种技术，包含数字模拟转换（DAC）、模拟数字转换（ADC）、贮存以及传输。数字音频以微妙且有效的方式，达到低失真的存储、补偿及传输。

计算机数据的存储是以0、1的形式存取的，数字音频就是首先将音频文件转化为电平信号，接着再将电平信号转化成二进制数据保存，播放的时候再把这些数据转换为模拟的电平信号送到喇叭播出的一种技术。数字声音和一般磁带、广播、电视中的声音就存储播放方式而言有着本质区别。相比而言，它具有存储方便，存储成本低廉，存储和传输的过程中没有声音的失真，编辑和处理非常方便等特点。

图1-11　中国传统婚庆场面

- **采样率**　简单地说就是通过波形采样的方法记录1秒钟长度的声音，需要多少个数据。44kHz采样率的声音就是要花费44000个数据来描述1秒钟的声音波形。原则上采样率越高，声音的质量越好。
- **压缩率**　通常指音乐文件压缩前和压缩后大小的比值，用来简单描述数字声音的压缩效率。
- **比特率**　是另一种数字音乐压缩效率的参考性指标，表示记录1秒钟音频数据所需要的平均比特值（比特是电脑中最小的数据单位，指一个0或者1的数），通常我们使用Kbps（通俗地讲就是每秒钟1024比特）作为单位。CD中的数字音乐比特率为1411.2Kbps（也就是记录1秒钟的CD音乐，需要1411.2×1024比特的数据），近乎于CD音质的MP3数字音乐的比特率大约是112～128Kbps。
- **量化级**　简单地说就是描述声音波形的数据是多少位的二进制数据，通常用bit做单位，如16bit、24bit。16bit量化级记录声音的数据是用16位的二进制数，因此，量化级也是数字声音质量的重要指标。我们形容数字声音的质量，通常就用量化级和采样率进行描述，比如标准CD音乐的质量就是16bit、44.1kHz采样。

数字音频的出现是基于能够有效的录音、制作、量产。现在音乐在网络的广泛流传都仰赖于数字音频及其编码方式，音频以文件而非实体的方式流传，这样一来大幅节省了生产的成本。

在模拟信号的系统中，声波通过转换器转换成电波，例如通过麦克风转存成电流信号的电波。而声音重现则是相反的过程，通过放大器将电子信号转成物理声波，再借由扩音器播放。声音经过转存、编码、复制以及放大或许会丧失真实度，但仍然能够保持与其基音、声音特色相似的波形。模拟信号容易受到噪音及变形的影响，相关器材电路所产生的电流声更是无可避免。即使在信号较为纯净的录音里，仍然存在许多噪音及失真。当音频数字化后，失真及噪音只在数字及模拟间转换时产生。

数字音频从模拟信号中采样并将其转换成二进制的信号，并以二进制式的电子、磁力或光学信号存储。这些信号之后会被编码以便修正存储或传输时产生的错误。在数字系统中，以频道编码的处理方式来避免数字信号的流失是必要的一环。在信号出现错误时，离散的二进制信号允许编码器拨出重建后的模拟信号。频道编码的其中一例就是CD

所使用的八比十四调变。

1.1.6 视频压缩

数字视频压缩技术是指按照某种特定算法，采用特殊记录方式来保存数字视频信号的技术。目前，使用较多的数字视频压缩技术有 MPEG 系列技术和 H.26X 系列技术，下面将对其分别进行介绍。

1. MPEG

MPEG（Moving Pictures Experts Group，动态图像专家组）标准是由 ISO（International Organization for Standardization，国际标准化组织）所制定并发布的视频、音频、数据压缩技术，目前共有 MPEG-1、MPEG-2、MPEG-4、MPEG-7 及 MPEG-21 等多个不同版本。MPEG 标准的视频压缩编码技术利用了具有运动补偿的帧间压缩编码技术以减小时间冗余度，利用了 DCT 技术以减小图像空间冗余度，并在数据表示上解决了统计冗余度的问题，因此极大地增强了视频数据的压缩性能，为存储高清晰度的视频数据奠定了坚实的基础。

1）MPEG-1

MPEG-1 是专为 CD 光盘所定制的一种视频和音频压缩格式，采用了块方式的运动补偿、离散余弦变换（DCT）、量化等技术，其传输速率可达 1.5Mbps。MPEG-1 的特点是可随机访问，拥有灵活的帧率、运动补偿可跨越多个帧等；不足之处在于，压缩比还不够大，且图像质量较差，最大分辨率仅为 352×288。

2）MPEG-2

MPEG-2 制定于 1994 年，其设计目的是提高视频数据传输率。MPEG-2 能够提供 3～10Mbps 的数据传输率，在 NTSC 制式下可流畅输出 720×486 分辨率的画面。

3）MPEG-4

与 MPEG-1 和 MPEG-2 相比，MPEG-4 不再只是一种具体的数据压缩算法，而是一种为满足数字电视、交互式绘图应用、交互式多媒体等多方面内容整合及压缩需求而制定的国际标准。MPEG-4 标准将众多的多媒体应用集成于一个完整框架内，旨在为多媒体通信及应用环境提供标准的算法及工具，从而建立起一种能够在多媒体传输、存储、检索等应用领域被普遍采用的统一数据格式。

2. H.26X

H.26X 系列压缩技术是由 ITU-T（国际电信联盟远程通信标准化组织）所主导，旨在使用较少的带宽传输较多的视频数据，以便用户获得更为清晰的高质量视频画面。

1）H.263

H.263 是 ITU-T 专为低码流通信而设计的视频压缩标准，其编码算法与之前的 H.261 相同，但在低码率下能够提供较 H.261 更好的图像质量，两者之间存在如下差别：

- ❑ H.263 的运动补偿使用半像素精度，而 H.261 则用全像素精度和循环滤波；
- ❑ 数据流层次结构的某些部分在 H.263 中是可选的，使得编解码可以拥有更低的数据率或更好的纠错能力；

- H.263 包含四个可协商的选项以改善性能；
- H.263 采用无限制的运动向量以及基于语法的算术编码；
- 采用事先预测和与 MPEG 中的 P-B 帧一样的帧预测方法；
- H.263 支持更多的分辨率标准

此后，ITU-T 又于 1998 年推出了 H.263+（即 H.263 第 2 版），该版本进一步提高了压缩编码性能，并增强了视频信息在易误码、易丢包异构网络环境下的传输。由于这些特性，使得 H.263 压缩技术很快取代了 H.261，成为主流视频压缩技术之一。

2）H.264

H.264 是目前 H.26X 系列标准中最新版本的压缩技术，其目的是为了解决高清数字视频体积过大的问题。H.264 由 ISO 和 ITU-T 联合推出，它既是 ITU-T 的 H.264，又是 MPEG-4 的第 10 部分，因此无论是 MPEG-4 AVC、MPEG-4 Part 10，还是 ISO/IEC 14496-10，实质上与 H.264 都完全相同。

与 H.263 及以往的 MPEG-4 相比，H.264 最大的优势在于拥有很高的数据压缩比率。在同等图像质量条件下，H.264 的压缩比是 MPEG-2 的 2 倍以上，是原有 MPEG-4 的 1.5～2 倍。这样一来，观看 H.264 数字视频将大大节省用户的下载时间和数据流量费用。

1.2 数字视频应用理论基础

1.2.1 电视制式

在电视系统中，发送端将视频信息以电信号形式进行发送，电视制式便是在其间实现图像、伴音及其他信号正常传输与重现的方法与技术标准，因此也称为电视标准。电视制式的出现，保证了电视机、视频及视频播放设备之间所用标准的统一或兼容，为电视行业的发展做出了极大的贡献。目前，应用最为广泛的彩色电视制式主要有 3 种类型，下面对其分别进行介绍。

提 示

在电视技术的发展过程中，陆续出现了黑白制式和彩色制式两种不同的制式类别，其中彩色制式由黑白制式发展而来，并实现了黑白信号与彩色信号间的相互兼容。

1. NTSC 制式

NTSC 制式由美国国家电视标准委员会（National Television Standards Committee）制定，主要应用于美国、加拿大、日本、韩国、菲律宾，以及中国台湾等国家和地区。由于采用了正交平衡调幅的技术方式，所以 NTSC 制式也称为正交平衡调幅制电视信号标准，优点是视频播出端的接收电路较为简单。不过，由于 NTSC 制式存在相位容易失真、色彩不太稳定（易偏色）等缺点，所以此类电视都会提供一个手动控制的色调电路供用户选择使用。

符合 NTSC 制式的视频播放设备至少拥有 525 行扫描线，分辨率为 720×480，工作时采用隔行扫描方式进行播放，帧速率为 29.97fps，因此每秒约播放 60 场画面。

2. PAL 制式

PAL 制式是由前联邦德国在 NTSC 制式基础上研制出来的一种改进方案，其目的主要是克服 NTSC 制式对相位失真的敏感性。PAL 制式将电视信号内的两个色差信号分别采用逐行倒相和正交调制的方法进行传送。这样一来，当信号在传输过程中出现相位失真时，便会由于相邻两行信号的相位相反而起到互相补偿的作用，从而有效地克服了因相位失真而引起的色彩变化。此外，PAL 制式在传输时受多径接收而出现彩色重影的影响也较小。不过，PAL 制式的编/解码器较 NTSC 制式的相应设备要复杂许多，信号处理也较麻烦，接收设备的造价也较高。

PAL 制式也采用了隔行扫描的方式进行播放，共有 625 行扫描线，分辨率为 720×576，帧速度为 25fps。目前，PAL 彩色电视制式广泛应用于德国、中国、英国、意大利等国家和中国香港、澳门地区。然而即便采用的都是 PAL 制式，不同国家的 PAL 制式电视信号也有一定的差别。例如，我国内地采用的是 PAL-D 制式，英国和我国香港、澳门使用的是 PAL-I 制式，新加坡使用的是 PAL-B/G 或 D/K 制式等。

3. SECAM 制式

SECAM 是法文的缩写，意为“顺序传送彩色信号与存储恢复彩色信号制”，是由法国在 1966 年制定的一种彩色电视制式。与 PAL 制式相同的是，该制式也克服了 NTSC 制式相位易失真的缺点，但在色度信号的传输与调制方式上与前两者有着较大差别。总体来说，SECAM 制式的特点是彩色效果好、抗干扰能力强，但兼容性相对较差。

在使用中，SECAM 制式同样采用了隔行扫描的方式进行播放，共有 625 行扫描线，分辨率 720×576，帧速率与 PAL 制式相同。目前，该制式主要应用于俄罗斯、法国、埃及、罗马尼亚等国家。

1.2.2 高清概念解析

近年来，随着视频设备制造技术、存储技术以及用户需求的不断提高，“高清数字电视”“高清电影/电视”等概念逐渐流行开来。然而，什么是高清，高清能够为用户带来怎样的好处却不是每个人都非常了解的，接下来我们将介绍部分与“高清”相关的名词与术语。

1. 高清的概念

高清，是人们针对视频画质而提出的一个名词，英文为“High Definition”，意为“高分辨率”。由于视频画面的分辨率越高，视频所呈现出的画面也就越清晰，所以高清代表的是高清晰度、高画质的视觉享受。

目前，将视频从画面清晰度来界定的话，大致可分为“普通视频”“标清视频”和“高清视频”3 种，如表 1-1 所示。

表1-1 视频画面清晰度分级参数详解

项目名称	普通视频	标清视频	高清视频
垂直分辨率	400i	720p 或 1080i	1080p
播出设备类型	LDTV 普通清晰度电视	SDTV 标准清晰度电视	HDTV 高清晰度电视
播出设备参数	480 条垂直扫描线	720～1080 条可见垂直扫描线	1080 条可见垂直扫描线
部分产品	DVD 视频盘等	HD DVD、Blu-ray 视频盘等	HD DVD、Blu-ray 视频盘等

提 示

目前，人们在描述视频分辨率时，通常都会在分辨率乘法表达式后添加 p 或 i 的标识，以表明视频在播放时是采用逐行扫描（p）还是隔行扫描（i）。

2. 高清电视

高清电视，又叫“HDTV”，是由美国电影电视工程师协会确定的高清晰度电视标准格式。一般所说的高清，通常指的就是高清电视。目前，常见的电视播放格式主要有以下几种：

- D1 480i 格式，与 NTSC 模拟电视清晰度相同，525 条垂直扫描线，480 条可见垂直扫描线，帧宽高比为 4:3 或 16:9，隔行/60Hz，行频为 15.25kHz。
- D2 480p 格式，与逐行扫描 DVD 规格相同，525 条垂直扫描线，480 条可见垂直扫描线，帧宽高比为 4:3 或 16:9，分辨率为 640 × 480，逐行/60Hz，行频为 31.5 kHz。
- D3 1080i 格式，是标准数字电视显示模式，1125 条垂直扫描线，1080 条可见垂直扫描线，帧宽高比为 16:9，分辨率为 1920 × 1080，隔行/60Hz，行频为 33.75 kHz。
- D4 720p 格式，是标准数字电视显示模式，750 条垂直扫描线，720 条可见垂直扫描线，帧宽高比为 16:9，分辨率为 1280 × 720，逐行/60Hz，行频为 45 kHz。
- D5 1080p 格式，是标准数字电视显示模式，1125 条垂直扫描线，1080 条可见垂直扫描线，帧宽高比为 16:9，分辨率为 1920 × 1080 逐行扫描，专业格式。
- 576i 格式，是标准的 PAL 电视显示模式，625 条垂直扫描线，576 条可见垂直扫描线，帧宽高比为 4:3 或 16:9，隔行/50Hz，记为 576i 或 625i。

其中，所有能够达到 D3/4/5 播放标准的电视机，都可纳入高清电视的范畴。不过，只支持 D3 或 D4 标准的产品只能算做“标清”设备，而只有达到 D5 播出标准的产品才能称为“全高清（Full HD）”设备。

提 示

行频也称水平扫描率，是指电子枪每秒在荧光屏上扫描水平线的数量，以 kHz 为单位，属于显示设备的固定工作参数。显示设备的行频越大，其工作越为稳定。

1.2.3 流媒体与移动流媒体

所谓流媒体是指采用流式传输的方式在 Internet 播放的媒体格式。流媒体又叫流式媒体，它是指商家用一个视频传送服务器把节目当成数据包发出，传送到网络上。用户通过解压设备对这些数据进行解压后，节目就会像发送前那样显示出来。

流媒体文件格式是支持采用流式传输及播放的媒体格式。流式传输方式是将视频和音频等多媒体文件经过特殊的压缩方式分成一个个压缩包，由服务器向用户计算机连续、实时传送。在采用流式传输方式的系统中，用户不必像非流式播放那样等到整个文件全部下载完毕后才能看到其中的内容，而是只需要经过几秒钟或几十秒的启动延时即可在用户计算机上利用相应的播放器对压缩的视频或音频等流式媒体文件进行播放，剩余的部分将继续进行下载，直至播放完毕。

这个过程的一系列相关的包称为“流”。流媒体实际指的是一种新的媒体传送方式，而非一种新的媒体。流媒体技术全面应用后，人们在网上聊天可直接语音输入；如果想看见彼此的容貌、表情，只要双方各有一个摄像头就可以了；在网上看到感兴趣的商品，点击以后，讲解员和商品的影像就会跳出来；更有真实感的影像新闻也会出现。

- **RA** 实时声音文件。
- **RM** 实时视频或音频的媒体文件。
- **RT** 实时文本文件。
- **RP** 实时图像文件。
- **SMIL** 同步的多重数据类型综合设计文件。
- **SWF** Flash 动画文件。
- **RPM** HTML 文件的插件。
- **RAM** 流媒体的元文件，是包含 RA、RM、SMIL 文件地址（URL 地址）的文本文件

移动流媒体是在移动设备上实现播放的媒体文件，一般情况下移动流媒体的播放格式是 3GPP，现在智能手机都可以下载流媒体播放器实现流媒体播放。

另外，有些非智能手机也可以实现流媒体播放，诺基亚大多数非智能机都有流媒体播放器。

移动流媒体视频网站还不是很多，国内用户可登录移动梦网或 wap.cctv. com 收看这种网络视频。

1.3 影视创作理论基础

对于一名影视节目编辑人员来说，除了需要熟练掌握视频编辑软件的使用方法外，还应当掌握一定的影视创作基础知识，才能够更好地进行影视节目的编辑工作。

1.3.1 蒙太奇与影视剪辑

蒙太奇是法文 montage 的译音，意为文学、音乐与美术的组合体，原本属于建筑学用语，用来表现装配或安装等。在电影创作过程中，蒙太奇是导演向观众展示影片内容的叙述手法和表现手段。接下来，我们将通过以下两点，简单了解影视创作中的蒙太奇。

1. 蒙太奇的含义

在视频编辑领域，蒙太奇的含义存在狭义和广义之分。其中，狭义的蒙太奇专指对镜头画面、声音、色彩等诸元素编排、组合的手段。也就是说，是在后期制作过程中，

将各种素材按照某种意图进行排列，从而使之构成一部影视作品。由此可见，蒙太奇是将摄影机拍摄下来的镜头，按照生活逻辑、推理顺序、作者的观点倾向及其美学原则联结起来的手段，是影视语言符号系统中的一种修辞手法。

从广义上来看，蒙太奇不仅仅指的是后期视频编辑时的镜头组接手段，还是影视剧作创作者们的一种艺术思维方式。

提 示

从硬件方面来说，镜头是照相机、摄像机及其他类似设备上的组成部件；如果从视频编辑领域来看，镜头则是一组连续的视频画面。

2. 蒙太奇的功能

在现代影视作品中，一部影片通常由 500 至 1000 个镜头组成。每个镜头的画面内容、运动形式，以及画面与音响组合的方式，都包含着蒙太奇因素。可以说，一部影片从拍摄镜头时就已经在使用蒙太奇了，而蒙太奇的作用主要体现在以下几个方面：

1）概括与集中

通过镜头、场景、段落的分切与组接，可以对素材进行选择和取舍，选取并保留主要的、本质的部分，省略繁琐、多余的部分。这样一来，就可以突出画面重点，从而强调特征显著且富有表现力的细节，以达到高度概括和集中画面内容的目的，如图 1-12 所示。

图 1-12 以逐渐放大的方式突出主体

2）吸引观众的注意力，激发观众的联想

在编排影视节目之前，视频素材中的每个独立镜头都无法向人们表达出完整的寓意。然而，通过蒙太奇手法将这些镜头进行组接后，便能够达到引导观众注意力、影响观众情绪与心理，并激发观众丰富联想力的目的。这样一来，便使得原本无意义的镜头成为观众更好理解影片的工具，此外还能够激发观众的参与心理，从而形成主客体间的共同“创造”。

提 示

制造悬念便是蒙太奇思想的一种具体表现，也是当代影视作品吸引观众注意力、激发观众联想的常用方法。

3）创造独特的画面时间

通过对镜头的组接，运用蒙太奇的方法可以对影片中的时间和空间进行任意的选择、组织、加工和改造，从而形成独特的表述元素——画面时空。与早期的影视作品相比，画面时空的运用使得影片的表现领域变得更为广阔，素材的选择取舍也异常灵活，因此更适于表现丰富多彩的现实生活。

4）形成不同的节奏

节奏是情节发展的脉搏，是画面表现形式与内容是否统一的重要表现，也是对画面情感和气氛的一种修饰和补充。它不仅关系到镜头造型，还涉及影片长度与分配问题，因此其发展过程不仅要根据剧情的进展来确定，还要根据拍摄对象的运动速度和摄像机的运动方式来确定。

在后期编辑过程中，蒙太奇正是通过对镜头的造型形式、运动形式，以及影片长度的控制，实现画面表现形式与内容的密切配合，从而使画面在观众心中留下深刻印象。可以看出，人们不仅可以利用蒙太奇来增强画面的节奏感，还可将自己（创作者）的思想融入到故事中去，从而创造或改变画面的节奏。

5）表达寓意，创造意境

在对镜头进行分切和组接的过程中，蒙太奇可以利用多个镜头间的相互作用产生新的含义，从而产生一种单个画面或声音所无法表述的思想内容。这样一来，创作者便可以方便地利用蒙太奇来表达抽象概念、特定寓意，或创造出特定的意境，如图 1-13 所示。

图 1-13　多镜头效果

1.3.2　组接镜头的基础知识

无论是怎样的影视作品，都是将一系列镜头按一定次序组接后所形成的。然而，这些镜头之所以能够延续下来，并使观众将它们接受为一个完整融合的统一体，是因为这些镜头间的发展和变化秉承了一定的规律。因此，在应用蒙太奇组接镜头之前，我们还需要了解一些镜头组接的规律与技巧。

1. 镜头组接规律

为了清楚地向观众传达某种思想或信息，组接镜头时必须遵循一定的规律，归纳后可分为以下几点：

1）符合观众的思想方式与影片表现规律

镜头的组接必须要符合生活与思维的逻辑关系。如果影片没有按照上述原则进行编排，必然会由于逻辑关系的颠倒，使观众难以理解。

2）景物的变化要采用循序渐进的方法

通常来说，一个场景内“景”的发展不宜过分剧烈，否则便不易与其他镜头进行组接。相反，如果“景”的变化不大，同时拍摄角度的变换亦不大，也不利于同其他镜头的组接。

例如，在编排同一机位、同景物，恰巧又是同一主体的两个镜头时，由于画面内景物的变化较小，所以将两镜头简单组接后会给人一种镜头不停重复的感觉。在这种情况下，除了重新进行拍摄外，还可采用过渡镜头，使表演者的位置、动作发生变化后再进行组接。

综上所述，在拍摄时“景”的发展变化需要采取循序渐进的方法，并通过渐进式地变换不同视觉距离进行拍摄，以便各镜头间的顺利连接。在应用这一技巧的过程中，人们逐渐发现并总结出一些典型的组接句型，如表 1-2 所示。

表 1-2　镜头组接句型介绍

名　称	含　义
前进式句型	该叙述句型是指景物由远景、全景向近景、特写过渡的方法，多用来表现由低沉到高昂向上的情绪或剧情的发展
后退式句型	该叙述句型是由近到远，表示由高昂到低沉、压抑的情绪，在影片中表现为从细节画面扩展到全景画面
环行句型	这是一种将前进式和后退式句型结合使用的方式。在拍摄时，通常会在全景、中景、近景、特写依次转换完成后，再由特写依次向近景、中景、远景进行转换。在思想上，该句型可用于展现情绪由低沉到高昂，再由高昂转向低沉的过程

3）镜头组接中的拍摄方向与轴线规律

所谓“轴线规律”，是指在多个镜头中，摄像机的位置应始终位于主体运动轴线的同一线，以保证不同镜头内的主体在运动时能够保持一致的运动方向。否则，在组接镜头时，便会出现主体“撞车”的现象，此时的两组镜头便互为跳轴画面。在视频的后期编辑过程中，跳轴画面除了特殊需要外基本无法与其他镜头相组接。

4）遵循“动接动”“静接静”的原则

当两个镜头内的主体始终处于运动状态，且动作较为连贯时，可以将两组动作组接在一起，从而达到顺畅过渡、简洁过渡的目的，该组接方法称为“动接动”。

与之相对应的是，如果两个镜头的主体运动不连贯，或者它们的画面之间有停顿时，则必须在前一个镜头内的主体完成一套动作后，才能与第二个镜头相组接。并且，第二个镜头必须是从静止的镜头开始，该组接方法便称为“静接静”。在“静接静”的组接过程中，前一个镜头结尾停止的片刻叫“落幅”，后一个镜头开始时静止的片刻叫做“起幅”，起幅与落幅的时间间隔大约为 1～2 秒钟。

此外，在将运动镜头和固定镜头相互组接时，同样需要遵循这个规律。例如，一个固定镜头需要与一个摇镜头相组接时，摇镜头开始要有“起幅”；当摇镜头要与固定镜头组接时，摇镜头结束时必须要有“落幅”，否则组接后的画面便会产生跳动感。

提　示

摇镜头是指在拍摄时，摄影机的机位不动，只有机身作上、下、左、右的旋转等运动。在影视创作中，摇镜头可用于介绍环境、从一个被摄主体转向另一个被摄主体、表现人物运动、表现剧中人物的主观视线、表现剧中人物的内心感受等。

2. 镜头组接的节奏

在一部影视作品中，作品的题材、样式、风格，以及情节的环境气氛、人物的情绪、情节的起伏跌宕等元素都是确定影片节奏的依据。然而，要想让观众能够很直观地感觉到这一节奏，不仅需要通过演员的表演、镜头的转换和运动，以及场景的时空变化等前期制作，还需要严格掌握镜头的尺寸、数量与顺序，并在删除多余枝节后才能完成。也就是说，镜头组接是控制影片节奏的最后一个环节。

然而在实施上述操作的过程中，影片内每个镜头的组接，都要以影片内容为出发点，并在以此为基础的前提下来调整或控制影片节奏。例如，在一个宁静祥和的环境中，如果出现了快节奏的镜头转换，往往会让观众感觉突兀，甚至心理上难以接受，而这显然并不合适。相反，在一些节奏强烈、激荡人心的场面中，如果猛然出现节奏极其舒缓的画面，便极有可能冲淡画面的视觉效果。

3. 镜头组接的时间长度

在剪辑、组接镜头时，每个镜头停滞时间的长短，不仅要根据内容难易程度和观众的接受能力来决定，还要考虑到画面构图及画面内容等因素。例如，在处理远景、中景等包含内容较多的镜头时，便需要安排相对较长的时间，以便观众看清这些画面上的内容；对于近景、特写等空间较小的画面，由于画面内容较少，所以可适当减少镜头的停留时间。

此外，画面内的一些其他因素，也会对镜头停留时间的长短起到制约作用。例如，画面内较亮的部分往往比较暗的部分更能引起人们的注意，因此在表现较亮部分时可适当减少停留时间；如果要表现较暗的部分，则应适当延长镜头的停留时间。

1.3.3 镜头组接蒙太奇

在镜头组接的过程中，蒙太奇具有叙事和表意两大功能，并可分为叙事蒙太奇、表现蒙太奇和理性蒙太奇 3 种基本类型。并且，在此基础上还可对其进行进一步的划分，下面对这 3 种不同类型的镜头组接蒙太奇进行简单介绍。

1. 叙事蒙太奇

叙事蒙太奇的特征是以交代情节、展示事件为主旨，按照情节发展的时间流程、因果关系来分切组合镜头、场面和段落，从而引导观众理解剧情。因此，采用该蒙太奇思想组接而成的影片脉络清晰、逻辑连贯、明白易懂。

在叙事蒙太奇的应用过程中，根据具体情况的不同，还可将其分为以下几种：

1）平行蒙太奇

这种蒙太奇的表现方法是将不同时空（或同时异地）发生的两条或两条以上的情节线并列表现，虽然是分头叙述却统一在一个完整的结构之中。因此，具有情节集中、篇幅节省、影片信息量大，以及影片节奏强等优点；几条线索的平行展现，也利于情节之间的相互烘托和对比，从而增强影片的艺术感染效果。

2）交叉蒙太奇

交叉蒙太奇又称交替蒙太奇，是一种将同一时间不同地域所发生的两条或数条情节线，迅速而频繁地交替组接在一起的剪辑手法。在组织的各条情节线中，其中一条情节线的变化往往影响其他情节的发展，各情节线相互依存，并最终汇合在一起。与其他手法相比，交叉蒙太奇剪辑技巧极易产生悬念，营造紧张激烈的气氛，并且能够加强矛盾冲突的尖锐性，是引导观众情绪的有力手法，多用于惊险片、恐怖片或战争题材的影片。

3）重复蒙太奇

这是一种类似于文学复叙方式的影片剪辑手法，其特点是在关键时刻反复出现一些包含寓意的镜头，以达到刻画人物、深化主题的目的。

4）连续蒙太奇

该类型蒙太奇的特点是沿着一条情节线索进行发展，并且会按照事件的逻辑顺序，有节奏地连续叙事，而不像平行蒙太奇或交叉蒙太奇那样同时处理多条情节线。与其他类型的剪辑方式相比，连续蒙太奇有着叙事自然流畅、朴实平顺的特点。但是，由于缺乏时空与场面的变换，连续蒙太奇无法直接展示同时发生的情节，以及多情节内的对列关系，并且容易让人产生拖沓冗长、平铺直叙之感。

2．表现蒙太奇

表现蒙太奇是以镜头对列为基础，通过关联镜头在形式或内容上的相互对照、冲击，从而产生单个镜头本身所不具有的丰富涵义，以表达某种情绪或思想，从而达到激发观众进行联想与思考的目的。

1）抒情蒙太奇

这是一种在保证叙事和描写连贯性的同时，通过与剧情无关的镜头来表现人物思想和情感，以及事件发展的手法。最常见、最易被观众所感受到的抒情蒙太奇，往往是在一段叙事场面之后，恰当地切入象征情绪情感的其他镜头。

2）心理蒙太奇

该类型的剪辑手法是进行人物心理描写的重要手段，能够通过画面镜头组接或声画有机结合，形象而生动地展示出人物的内心世界。常用于表现人物的梦境、回忆、闪念、幻觉、遐想、思索等精神活动。这种蒙太奇在剪接技巧上多用交叉、穿插等手法，其特点是画面和声音的片断性、叙述的不连贯性和节奏的跳跃性，并且会在声画形象上带有剧中人物强烈的主观性。

3）隐喻蒙太奇

通过镜头或场面的对列进行类比，含蓄而形象地表达创作者的某种寓意。这种手法往往将不同事物之间某种相似的特征突现出来，以引起观众的联想，领会导演的寓意和事件的情绪色彩。

4）对比蒙太奇

类似文学中的对比描写，即通过镜头或场面之间在内容（如贫与富、苦与乐、生与死、高尚与卑下、胜利与失败等）或形式（如景别大小、色彩冷暖、声音强弱、动静等）间的强烈对比，从而产生相互冲突的作用，以表达创作者的某种寓意及思想。

3．理性蒙太奇

这是通过画面之间的思想关联，而不是单纯通过一环接一环的连贯性叙事来表情达意的蒙太奇手法。理性蒙太奇与连贯性叙事的区别在于，即使所采用的画面属于实际经历过的事实，但这种事实所表达的总是主观印象。理性蒙太奇包括杂耍蒙太奇、反射蒙太奇和思想蒙太奇等类别。

1.3.4 声画组接蒙太奇

人类历史上最早出现的电影是没有声音的，主要是以演员的表情和动作来引起观众的联想，以及来完成创作思想的传递。随后，人们通过幕后语言配合或者人工声响（如钢琴、留声机、乐队伴奏）的方式与屏幕上的画面相互结合，从而增强了声画融合的艺术效果。

随后，人们开始将声音作为影视艺术的一种表现元素，并利用录音、声电光感应胶片技术和磁带录音技术，将声音合并到影视节目之中。

1. 影视语言

影视艺术是声音与画面艺术的结合物，两者离开其中之一都不能称为现代影视艺术。在声音元素里，包括了影视的语言因素。在影视艺术中，对语言的要求不同于其他的艺术形式，它有着自己特殊的要求和规则。

1）语言的连贯性，声画和谐

在影视节目中，如果把语言分解开来，会发现它不像一篇完整的文章，出现语言断续，跳跃性大，而且段落之间也不一定有严密的逻辑性等情况。但是，如果将语言与画面相配合，就可以看出节目整体的不可分割性和严密的逻辑性。这种逻辑性表现在语言和画面不是简单的相加，也不是简单的合成，而是互相渗透、互相溶解，相辅相成。

在声画组合中，有些时候是以画面为主，说明画面的抽象内涵；有些时候是以声音为主，画面只是作为形象的提示。由此可以看出，影视语言可以深化和升华主题，将形象的画面用语言表达出来；可以抽象概括画面，将具体的画面表现为抽象的概念；可以表现不同人物的性格和心态；还可以衔接画面，使镜头过渡流畅；还可以省略画面，将一些不必要的画面省略掉。

2）语言的口语化、通俗化

影视节目面对的观众多层次化，除了一些特定影片外，都应该使用通俗语言。所谓的通俗语言，就是影片中使用的口头语言。如果语言出现费解、难懂的问题，便会给观众造成听觉上的障碍，并妨碍到视觉功能，从而直接影响观众对画面的感受和理解，当然也就不能取得良好的视听效果。

3）语言的简练概括

影视艺术是以画面为基础的，所以影视语言必须简明扼要，点明即可。影片应主要由画面来表达，让观众在有限的时空里展开遐想，自由想象。

4）语言的准确贴切

由于影视画面是展示在观众眼前的，对观众来说任何细节都是一览无余的，所以要求影视语言必须相当精确。每句台词，都必须经得起观众的考验。这就不同于广播语言，即便在有些时候不够准确也能混过听众的听觉。在影视节目前，观众既看画面，又听声音效果，互相对照，一旦有所差别，便很容易被观众发现。

2. 语言录音

影视节目中的语言录音包括对白、解说、旁白、独白、杂音等。为了提高录音效果，必须注意解说员的素质、录音技巧以及录音方式。

1）解说员的素质

一个合格的解说员必须充分理解稿本，对稿本的内容、重点做到心中有数，对一些比较专业的词语必须理解；在读的时候还要抓准主题，确定语音的基调，也就是总的气氛和情调。在配音风格上要爱憎分明，刚柔相济，严谨生动；在台词对白上必须符合人物形象的性格，解说的语音还要流畅、流利，而不能含混不清楚。

2）录音

录音在技术上要求尽量创造有利的物质条件，保证良好的音质音量，尽量在专业录音棚进行。在录音的现场，要有录音师统一指挥，默契配合。在进行解说录音的时候，需要先将画面进行编辑，然后再让配音员观看后做配音。

3）解说的形式

在影视节目的解说中，解说的形式多种多样，因此需要根据影片内容而定。不过大致上可以将其分为三类：第一人称解说、第三人称解说以及第一人称与第三人称交替解说。

3. 影视音乐

在日常生活中，音乐是一种用于满足人们听觉欣赏需求的艺术形式。不过，影视节目中的音乐却没有普通音乐的独立性，而是具有一定的目的性。也就是说，由于影视节目在内容、对象、形式等方面的不同，决定了影视节目音乐的结构和目的在表现形式上各有特点。此外，影视音乐具有融合性，即影视音乐必须同其他影视因素结合，这是因为音乐本身在表达感情的程度上往往不够准确，但在与语言、音响和画面融合后，便可以突破这种局限性。

提 示

影视音乐按照所服务影片的内容，可分为故事片音乐、新闻片音乐、科教片音乐、美术片音乐以及广告片音乐等；按照音乐的性质，可分为抒情音乐、描绘性音乐、说明性音乐、色彩性音乐、喜剧性音乐、幻想性音乐、气氛性音乐以及效果性音乐等；按照影视节目的段落划分，可分为片头主题音乐，片尾音乐、片中插曲以及情节性音乐等。

1.3.5 影视节目制作的基本流程

一部完整的影视节目从策划、前期拍摄、后期编辑到最终完成，其间过程众多、繁杂。不过，单就后期编辑制作而言，整个项目的制作流程却并不是很复杂，接下来我们将对其进行简单介绍。

1. 准备素材

在使用非线性编辑系统制作节目时，首先需要向系统中输入所要用到的素材。多数情况下，编辑人员要做的工作是将磁带上的音视频信号转录到磁盘中。在输入素材时，应该根据不同系统的特点和不同的编辑要求，决定数据传输接口方式和压缩比，一般来说应遵循以下原则：

- 尽量使用数字接口，如 QSDI 接口、CSDI 接口、SDI 接口和 DV 接口。
- 对同一种压缩方法来说，压缩比越小，图像质量越高，占用的存储空间就越大。
- 采用不同压缩方式的非线性编辑系统，在录制视频素材时采用的压缩比可能不同，但有可能获得同样的图像质量。

2. 节目制作

节目制作是非线性编辑系统中最为重要的一个环节，编辑人员在该环节需要进行的工作主要集中在以下方面：

- ❑ **浏览素材** 在非线性编辑系统中查看素材拥有极大的灵活性，因为即可以让素材以正常速度播放，也可以实现快速重放、慢放和单帧播放等。
- ❑ **定位编辑点** 可实时定位是非线性编辑系统的最大优点，这为编辑人员节省了大量卷带搜索的时间，从而极大地提高了编辑效率。
- ❑ **调整素材长度** 通过时码编辑，非线性编辑系统能够提供精确到帧的编辑操作。
- ❑ **组接素材** 通过使用计算机，非线性编辑系统的工作人员能够快速、准确地在节目中的任一位置插入一段素材，也可以实现磁带编辑中常用的插入和组合编辑。
- ❑ **应用特技** 通过数字技术，为影视节目应用特技变得易常简单，而且能够在应用特技的同时观看到应用效果。
- ❑ **添加字幕** 字幕与视频画面的合成方式有软件和硬件两种。其中，软件字幕使用的是特技抠像方法，而硬件字幕则是通过视频硬件来实现字幕与画面的实时混合叠加。
- ❑ **编辑声音** 大多数基于计算机的非线性编辑系统都能够直接从 CD 唱盘、MIDI 文件中录制波形声音文件，并利用同样数字化的音频编辑系统进行处理。
- ❑ **制作与合成动画** 非线性编辑系统除了可以实时录制动画外，还能通过抠像实现动画与实拍画面的合成，极大地丰富了节目制作的手段。

3. 非线性编辑节目的输出

在非线性编辑系统中，节目在编辑完成后主要通过以下 3 种方法进行输出：

1）输出到录像带

这是联机非线性编辑时最常用的输出方式，操作要求与输入素材时的要求基本一致，即优先考虑使用数字接口，其次是分量接口、S-Video 接口和复合接口。

2）输出 EDL 表

在某些对节目画质要求较高，即使非线性编辑系统采用最小压缩比仍不能满足要求时，可以考虑只在非线性编辑系统上进行初编。然后，输出 EDL 表至 DVW 或 BVW 编辑台进行精编。

3）直接用硬盘播出

该方法可减少中间环节，降低视频信号的损失。不过，在使用时必须保证系统的稳定性，有条件的情况下还应准备备用设备。

1.4 常用数字音视频格式

非线性编辑的出现，使得视频影像的处理方式进入了数字时代。与之相应的是，影像的数字化记录方法也更加多样化，下面将对目前常见的一些音视频编码技术和文件格式进行简单介绍。

1.4.1 常见视频格式

现如今，视频编码技术的不断发展，使得视频文件的格式种类也变得极为丰富。为了更好地编辑影片，必须熟悉各种常见的视频格式，以便在编辑影片时能够灵活地使用不同格式的视频素材，或者根据需要将制作好的影视作品输出为最为合适的视频格式。

1. MPEG/MPG/DAT

MPEG/MPG/DAT 类型的视频文件都是由 MPEG 编码技术压缩而成的视频文件，被广泛应用于 VCD/DVD 和 HDTV 的视频编辑与处理等方面。其中，VCD 内的视频文件由 MPEG-1 编码技术压缩而成（刻录软件会自动将 MPEG-1 编码的视频文件转换为 DAT 格式），DVD 内的视频文件则由 MPEG-2 压缩而成。

2. AVI

AVI 是由微软公司所研发的视频格式，其优点是允许影像的视频部分和音频部分交错在一起同步播放，调用方便，图像质量好，缺点是文件体积过于庞大。

3. MOV

这是由 Apple 公司所研发的一种视频格式，是基于 QuickTime 视频软件的配套格式。在 MOV 格式刚刚出现时，该格式的视频文件仅能够在 Apple 公司所生产的 Mac 机上进行播放。此后，Apple 公司推出了基于 Windows 操作系统的 QuickTime 软件，MOV 格式也逐渐成为使用较为广泛的视频文件格式。

4. RM/RMVB

这是按照 Real Networks 公司所制定的音频/视频压缩规范而创建的视频文件格式。其中，RM 格式的视频文件只适于本地播放，而 RMVB 除了能够进行本地播放外，还可通过互联网进行流式播放，从而使用户只需进行极短时间的缓冲，便可长时间不间断地欣赏影视节目。

5. WMV

这是一种可在互联网上实时传播的视频文件类型，其主要优点在于：可扩充的媒体类型、本地或网络回放、可伸缩的媒体类型、流的优先级化、多语言支持、扩展性等。

6. ASF

ASF（Advanced Streaming Format，高级串流格式）是 Microsoft 为了和 Real-Networks 竞争而发展出来的一种可直接在网上观看视频节目的文件压缩格式。ASF 使用了 MPEG-4 压缩算法，其压缩率和图像质量都很不错。

1.4.2 常见音频格式

在影视作品中，除了使用视频素材外，还需要大量的音频素材，来增加影视作品的听觉效果。因此，熟悉常见的音频格式也是非常重要的。

1．WAV

WAV 音频文件也称为波形文件，是 Windows 本身存放数字声音的标准格式。WAV 音频文件是目前最具通用性的一种数字声音文件格式，几乎所有的音频处理软件都支持 WAV 格式。由于该格式文件存放的是没有经过压缩处理，而直接对声音信号进行采样得到的音频数据，所以 WAV 音频文件的音质在各种音频文件中是最好的，同时它的体积也是最大的，1 分钟 CD 音质的 WAV 音频文件大约有 10MB。由于 WAV 音频文件的体积过于庞大，所以不适合在网络上进行传播。

2．MP3

MP3（MPEG Audio Layer3）是一种采用了有损压缩算法的音频文件格式。由于 MP3 在采用心理声学编码技术的同时结合了人们的听觉原理，所以剔除了某些人耳分辨不出的音频信号，从而实现了高达 1∶12 或 1∶14 的压缩比。

此外，MP3 还可以根据不同需要采用不同的采样率进行编码，如 96kbps、112kbps、128kbps 等。其中，使用 128kbps 采样率所获得的 MP3 的音质非常接近于 CD 音质，但其大小仅为 CD 音乐的 1/10，因此 MP3 成为目前最为流行的一种音乐文件。

3．WMA

WMA 是微软公司为了与 Real Networks 公司的 RA 以及 MP3 竞争而研发的新一代数字音频压缩技术，其全称为 Windows Media Audio，特点是同时兼顾了高保真度和网络传输需求。从压缩比来看，WMA 比 MP3 更优秀，同样音质 WMA 文件的大小是 MP3 的一半或更少，而相同大小的 WMA 文件又比 RA 的质量要好。总体来说，WMA 音频文件既适合在网络上用于数字音频的实时播放，同时也适用于在本地计算机上进行音乐回放。

4．MIDI

严格来说，MIDI 并不是一种数字音频文件格式，而是电子乐器与计算机之间进行通讯的一种通讯标准。在 MIDI 文件中，不同乐器的音色都被事先采集下来，每种音色都有一个唯一的编号，当所有参数都编码完毕后，就得到了 MIDI 音色表。在播放时，计算机软件即可通过参照 MIDI 音色表的方式将 MIDI 文件数据还原为电子音乐。

1.5 数字视频编辑基础

现阶段，人们在使用影像录制设备获取视频后，通常还要对其进行剪切、重新编排等一系列处理，然后才会将其用于播出。在上述过程中，对源视频进行的剪切、编排及其他操作统称为视频编辑操作，而当用户以数字方式来完成这一任务时，整个过程便称为数字视频编辑。

1.5.1 线性编辑与非性线编辑

在电影电视的发展过程中，视频节目的制作先后经历了“物理剪辑”“电子编辑”和“数字编辑”3个不同发展阶段，其编辑方式也先后出现了线性编辑和非线性编辑。接下来，将分别介绍这两种不同的视频编辑方式。

1. 线性编辑

线性编辑是一种按照播出节目的需求，利用电子手段对原始素材磁带进行顺序剪接处理，从而形成新的连续画面的技术。在线性编辑系统中，工作人员通常使用组合编辑手段将素材磁带顺序编辑后，以插入编辑片段的方式对某一段视频画面进行同样长度的替换。因此，当人们需要删除、缩短或加长磁带内的某一视频片段时，线性编辑便无能为力了。

在以磁带为存储介质的“电子编辑”阶段，线性编辑是一种最为常用且重要的视频编辑方式，其特点如下：

1）技术成熟、操作简便

线性编辑所使用的设备主要有编辑放像机和编辑录像机，但根据节目需求还会用到多种编辑设备。不过，由于在进行线性编辑时可以直接、直观的对素材录像带进行操作，所以整体操作较为简单。

2）编辑过程繁琐、只能按时间顺序进行编辑

在线性编辑过程中，素材的搜索和录制都必须按时间顺序进行，编辑时只有编辑完前一段后，才能开始编辑下一段。

为了寻找合适的素材，工作人员需要在录制过程中反复地前卷和后卷素材磁带，这样不但浪费时间，还会对磁头、磁带造成一定的磨损。重要的是，如果要在已经编辑好的节目中插入、修改或删除素材，都要受到预留时间、长度的严格限制，无形中给节目的编辑增加了许多麻烦，同时还会造成资金的浪费。最终的结果便是，如果不花费一定的时间，便很难制作出艺术性强、加工精美的电视节目。

3）线性编辑系统所需设备较多

在一套完整的线性编辑系统中，所要用到的编辑设备包括编辑放映机、编辑录像机、遥控器、字幕机、特技器、时基校正器等设备。要全套购买这些设备，不仅投资较高，而且设备间的连线多，故障率也较高，重要的是出现故障后的维修也较为复杂。

提 示

在线性视频编辑系统中，各设备间的连线分为视频线、音频线和控制线3种类型。

2. 非线性编辑

进入20世纪九十年代后，随着计算机软/硬件技术的发展，计算机在图形图像处理方面的技术逐渐增强，应用范围也覆盖至广播电视的各个领域。随后，出现了以计算机为中心，利用数字技术编辑视频节目的方式，非线性视频编辑由此诞生。

从狭义上讲，非线性编辑是指剪切、复制和粘贴素材时无须在存储介质上对其进行

重新安排的视频编辑方式。从广义上讲，非线性编辑是指在编辑视频的同时，还能实现诸多处理效果，例如添加视觉特技、更改视觉效果等的视频编辑方式。

与线性编辑相比，非线性编辑的特点主要集中体现在以下方面：

1）素材浏览

在查看素材时，不仅可以瞬间开始播放，还可以使用不同速度进行播放，或实现逐幅播放、反向播放等。

2）编辑点定位

在确定编辑点时，用户既可以手动操作进行粗略定位，也可以使用时码精确定位编辑点。由于不再需要花费大量时间来搜索磁带，所以大大地提高了编辑效率，如图 1-14 所示。

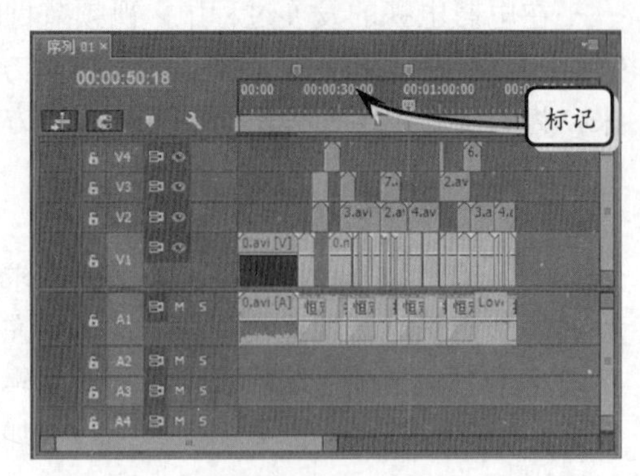

图 1-14 视频编辑素材上的各种标记

3）素材长度调整

非线性编辑允许用户随时调整素材长度，并可通过时码标记实现精确编辑。此外，非线性编辑方式还吸取了电影剪接时简便直观的优点，允许用户参考编辑点前后的画面，以便直接进行手工剪辑。

4）素材的组接

在非线性编辑系统中，各段素材间的相互位置可随意调整。因此，用户可以在任何时候删除节目中的一个或多个片段，或向节目中的任意位置插入一段新的素材。

5）素材的复制和重复使用

在非线性编辑系统中，由于用到的所有素材全都以数字格式进行存储，所以在复制素材时不会引起画面质量的下降。此外，同一段素材可以在一个或多个节目中反复使用，而且无论使用多少次，都不会影响画面质量。

6）便捷的效果制作功能

在非线性编辑系统中制作特技时，通常可以在调整特技参数的同时观察特技对画面的影响，如图 1-15 所示。此外，根据节目需求，人们可随时扩充和升级软件的效果模块，从而方便增加新的特技功能。

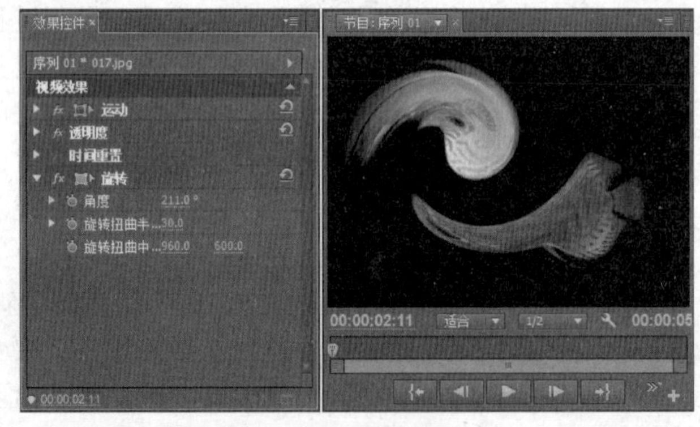

图 1-15 轻松制作特技效果

提 示

非线性编辑系统中的特技效果独立于素材本身出现。也就是说，用户不仅可以随时为素材添加某种特殊效果，还可随时去除该效果，以便将素材还原至最初的样式。。

7）声音编辑

基于计算机的非线性编辑系统能够方便地从 CD 唱盘、MIDI 文件中采集音频素材。而且，在使用编辑软件进行多轨声音的合成时，不会受到总音轨数量的限制。

8）动画制作与合成

由于非线性编辑系统的出现，动画的逐帧录制设备已被淘汰。而且，非线性编辑系统除了可以实时录制动画以外，还能够通过抠像的方法实现动画与实拍画面的合成，从而极大地丰富了影视节目的制作手段，如图 1-16 所示。

图 1-16 由动画明星和真实人物共同“拍摄”的电影

1.5.2 非线性编辑系统的构成

非线性编辑的实现，要靠软件与硬件两方面的共同支持，而两者间的组合，便称为非线性编辑系统。目前，一套完整的非线性编辑系统，其硬件部分至少应包括一台多媒体计算机，此外还需要视频卡、IEEE 1394 卡，以及其他专用板卡（如特技卡）和外围设备，如图 1-17 所示。

其中，视频卡用于采集和输出模拟视频，也就是担负着模拟视频与数字视频之间相互转换的功能，图 1-18 即为一款视频卡。

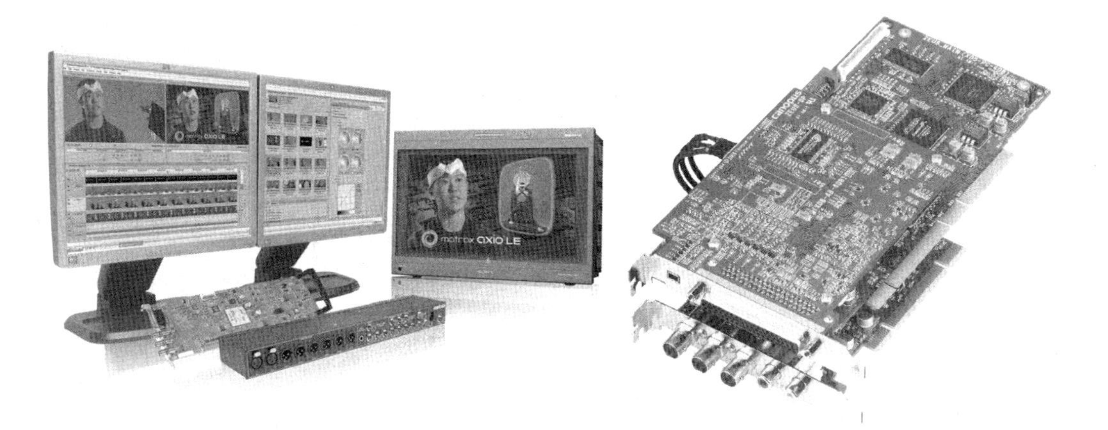

图 1-17 非线性编辑系统中的部分硬件设备

图 1-18 非线性编辑系统中的视频卡

从软件上看，非线性编辑系统主要由非线性编辑软件、二维动画软件、三维动画软件、图像处理软件和音频处理软件等外围软件构成。

提 示

现如今，随着计算机硬件性能的提高，视频处理对专用硬件设备的依赖越来越小，而软件在非线性编辑过程中的作用则日益突出。因此，熟练掌握一款像 Premiere Pro 之类的非线性编辑软件便显得尤为重要。

1.5.3 非线性编辑的工作流程

无论是在哪种非线性编辑系统中，其视频编辑工作流程都可以简单地分为输入、编辑和输出 3 个步骤。当然，由于不同非线性编辑软件在功能上的差异，上述步骤还可进一步的细化。接下来，我们将以 Premiere Pro 为例，简单介绍非线性编辑视频时的整个工作流程。

1. 素材采集与输入

素材是视频节目的基础，因此收集、整理素材后将其导入编辑系统，便成为正式编辑视频节目前的首要工作。利用 Premiere Pro 的素材采集功能，用户可以方便地将磁带或其他存储介质上的模拟音/视频信号转换为数字信号存储在计算机中，并将其导入至编辑项目中，使其成为可以处理的素材。

提 示

在采集数字格式的音/视频素材文件时，Premiere Pro 所进行的操作只是将这些素材“复制/粘贴”至计算机中的某个文件夹内，并将这些数字音/视频文件添加至视频编辑项目内。

除此之外，Premiere Pro 还可以将其他软件处理过的图像、声音等素材直接纳入到当前的非线性编辑系统中，并将这些素材应用于视频编辑中。

2. 素材编辑

多数情况下，并不是素材中的所有部分都会出现在编辑完成的视频中。很多时候，视频编辑人员需要使用剪切、复制、粘贴等方法，选择素材内最合适的部分，然后按一定顺序将不同素材组接成一段完整的视频，而上述操作便是编辑素材的过程。图 1-19 所示即为视频编辑人员在对部分素材进行编辑时的软件截图。

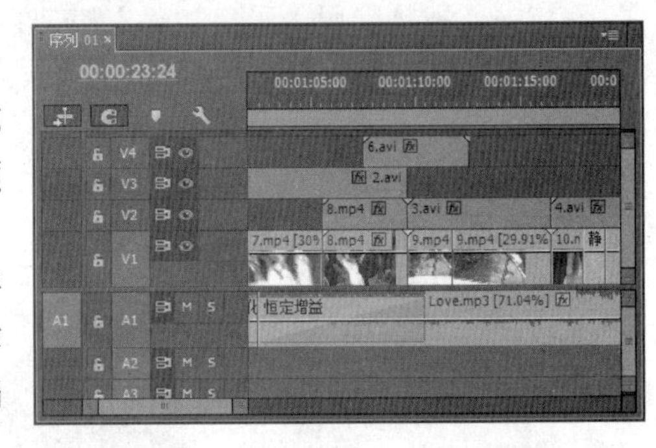

图 1-19 编辑素材中的工作截图

3. 特技处理

由于拍摄手段与技术及其他原因的限制，很多时候人们都无法直接得到所需要的画面效果。例如，在含有航拍镜头的影片中，很多镜头便无法通过常规方法来获取。此时，视频编辑人员便需要通过特技处理向观众呈现此类很难拍摄或根本无法拍摄到的画面效果，如图 1-20 所示。

图 1-20 视频中的合成效果

提 示

对于视频素材而言，特技处理包括过渡、效果、合成叠加；对于音频素材，特技处理包括过渡、效果等。

4. 字幕添加

字幕是影视节目的重要组成部分，在该方面 Premiere Pro 拥有强大的字幕制作功能，操作也极其简便。除此之外，Premiere Pro 还内置了大量的字幕模板，很多时候用户只需借助字幕模板，便可以获得令人满意的字幕效果，如图 1-21 所示。

5. 影片输出

视频节目在编辑完成后，就可以输出回录到录像带上。当然，根据需要也可以将其输出为视频文件，以便发布到网上，或者直接刻录成 VCD 光盘、DVD 光盘等。图 1-22 所示为将编辑项目输出为视频文件。

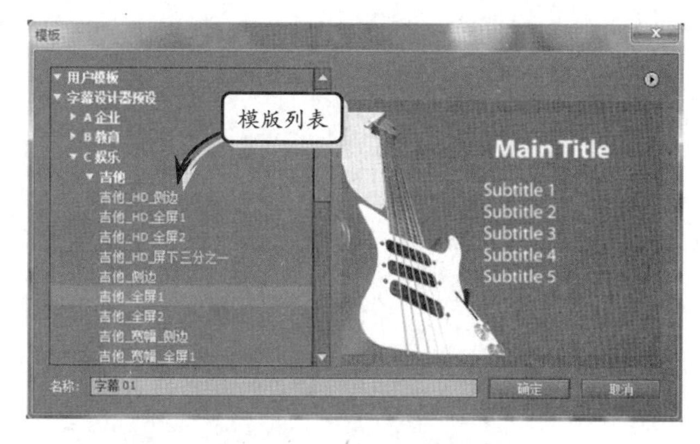

图 1-21 Premiere 内置的字幕模板

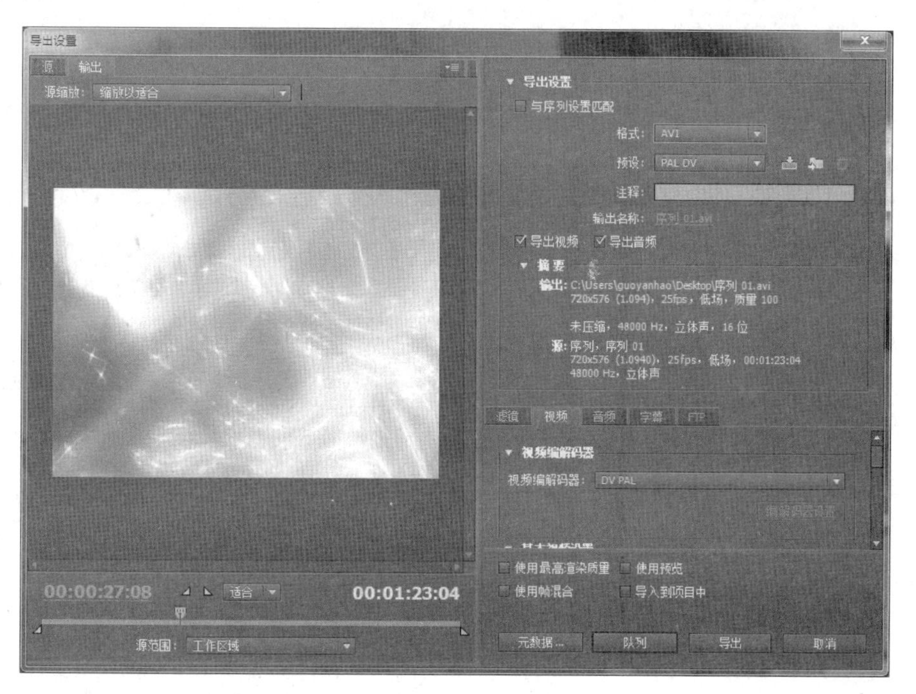

图 1-22 将编辑项目输出为视频

第 2 章

Premiere Pro CC 概述

Premiere Pro 是目前最流行的非线性编辑软件，是数码视频编辑的强大工具，它作为功能强大的多媒体视频、音频编辑软件，广泛的应用范围，强大的制作效果，足以协助用户更加高效地工作。Premiere Pro CC 以其新的合理化界面和通用工具，兼顾了广大视频用户的不同需求，提供了前所未有的生产能力、控制能力和灵活性。

在本章节中，除了介绍 Premiere Pro CC 的工作环境与功能外，还详细讲解了视频项目的创建、保存等基本操作知识。

本章学习要点：

- Premiere Pro CC 主要功能
- Premiere Pro CC 新增功能
- Premiere Pro CC 工作环境
- 项目创建与保存

2.1 Premiere Pro CC 简介

Premiere Pro CC 是由 Adobe 公司所开发的一款非线性视频编辑软件，被广泛应用于电视栏目包装、广告制作、影视后期编辑等领域，并逐渐延伸到家庭视频编辑领域中，是目前影视编辑领域内应用最为广泛的视频编辑与处理软件。

2.1.1 Premiere Pro CC 的主要功能

作为一款应用广泛的视频编辑软件，Premiere Pro CC 具有从前期素材采集到后期素材编辑与效果制作等一系列功能，为人们制作高品质数字视频作品提供了完整的创作环境。

1. 剪辑与编辑素材

Premiere Pro CC 拥有多种素材编辑工具，让用户能够轻松剪除视频素材中的多余部分，并可对素材的播放速度、排列顺序等内容进行调整。

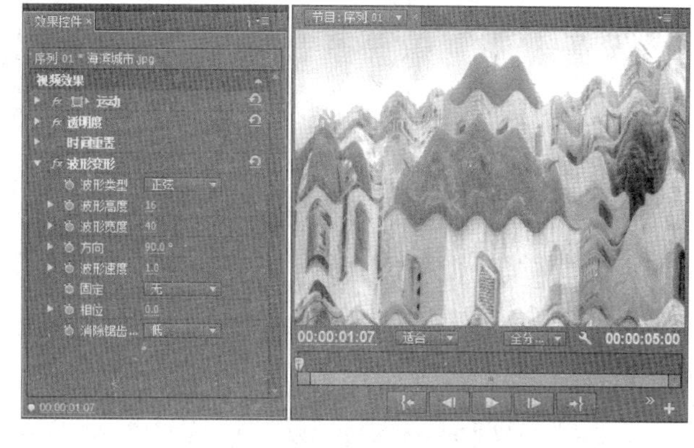

图 2–1　为素材应用效果滤镜

2. 制作效果

Premiere Pro CC 预置有多种不同效果、不同风格的音、视频效果滤镜。在为素材应用这些效果滤镜后，可以得到画面曝光、画面扭曲、立体相册等众多效果，如图 2-1 所示。

3. 相邻素材间添加过渡

Premiere Pro CC 拥有闪白、黑场、淡入淡出等多种不同类型、不同样式的视频过渡效果，能够让镜头间实现自然过渡。图 2-2 所示即为两张素材图片在使用“星形划像”过渡后的变换效果。

图 2–2　在素材间应用过渡效果

注　意

在实际编辑视频素材的过程中，在两个素材片段间应用过渡时必须谨慎，以免给观众造成突兀的感觉。

4. 创建与编辑字幕

Premiere Pro CC 拥有多种创建和编辑字幕的工具，灵活运用这些工具能够创建出各种效果的静态字幕和动态字幕，从而使影片内容更加丰富，如图 2-3 所示。

图 2–3　创建字幕

5. 编辑、处理音频素材

声音也是现代影视节目中的一个重要组成部分，为此 Premiere Pro CC 也为用户提供了强大的音频素材编辑与处理功能。在

Premiere Pro CC 中，用户不仅可以直接修剪音频素材，还可制作出淡入淡出、回声等不同的音响效果，如图 2-4 所示。

图 2-4 对音频素材进行编辑操作

6. 影片输出

当整部影片编辑完成后，Premiere Pro CC 可以将编辑后的众多素材输出为多种格式的媒体文件，如 AVI、MOV 等格式的数字视频，如图 2-5 所示。或者，将素材输出为 GIF、TIFF、TGA 等格式的静态图片后，再借助其他软件做进一步的处理。

图 2-5 导出影视作品

2.1.2 Premiere Pro CC 的新增功能

作为 Premiere Pro 系列软件中的最新版本，Adobe 公司在 Premiere Pro CC 中增加了许多新的功能，这些变化不仅让Premiere Pro CC变得更为强大，还增强了Premiere Pro CC 的易用性。

1. 用户界面改进

Premiere Pro CC 现在提供 HiDPI 支持，增强了高分辨率用户界面的显示体验。最新款的监视器支持 HiDPI 显示。

在【源】面板中的视频文件，可以通过单击面板中的【仅拖动视频】或【仅拖动音频】按钮来实现视频与音频之间的切换，如图 2-6 所示。

图 2-6　视频与音频之间的切换

现在 Premiere Pro CC 的【时间轴】面板经过重新设计可进行自定义，可以选择要显示的内容并立即访问控件，如图 2-7 所示。现在可以通过音量和声像、录制以及音频计量轨道控件更加快速有效地完成工作。

图 2-7　改版后的【时间轴】面板

2. 重复帧检测

Premiere Pro CC 可以通过显示重复帧标记识别同一序列中在时间轴上使用了多次的剪辑。重复帧标记是一个彩色条纹指示器，跨越每个重复帧的剪辑的底部。

Premiere Pro CC 会自动为每个存在重复剪辑的主剪辑分配一种颜色。最多分配十种不同的颜色。在十种颜色均被使用之后，将重复使用第十种颜色，如图 2-8 所示。

图 2-8　显示重复帧标记

3. 自动同步多个摄像机角度

新增的多机位模式会在【节目】监视器中显示多机位编辑界面。用户可以从使用多个摄像机从不同角度拍摄的视频中，或从特定场景的不同镜头中创建立即可编辑的序列，如图 2-9 所示。

4．音频增强功能

Premiere Pro CC 为音频编辑提供了更多的编辑控件，首先是【时间轴】面板中音频轨道头自定义中的各种音频功能按钮。通过这些功能按钮能够更加快速、简单地控制音频片段，如图 2-10 所示。

图 2-9　多机位视图模式

图 2-10　音频轨道头中的功能按钮

其次是将原来的【调音台】面板重命名为音轨混合器，这是为了区分新增的音频剪辑混合器，如图 2-11 所示。

音频剪辑混合器可监控和调整不同面板中音频剪辑的音量和声像，如图 2-12 所示。

图 2-11　音轨混合器

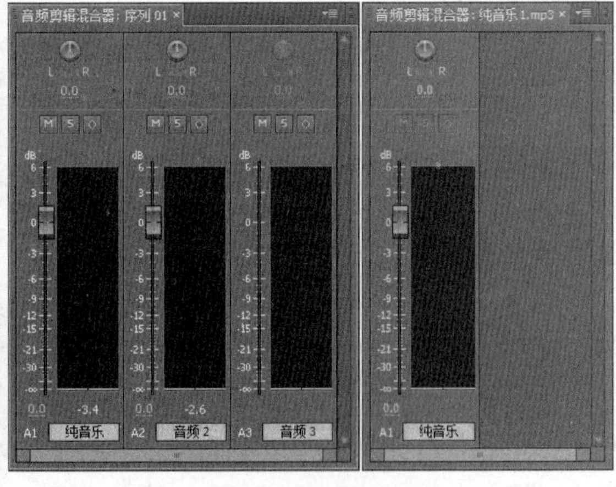

图 2-12　音频剪辑混合器

2.2　了解工作空间

在编辑视频时，对工作环境的认识是必不可少的，虽然在默认的工作环境中即可满足各种操作的需求，但是根据工作的需要，更加合理地设置 Premiere 的工作环境，可以更加快速地完成影片编辑工作。

2.2.1 工作空间简介

当启动 Premiere Pro CC 后，首先弹出欢迎界面，如图 2-13 所示。在该界面中，除了固定的【新建项目】【打开项目】与【了解】图标外，还列出了最近打开过的项目文件。

这时，单击新建项目选项，或者直接单击【打开最近项目】列表下的某个文件名称，即可进入编辑面板中，如图 2-14 所示。

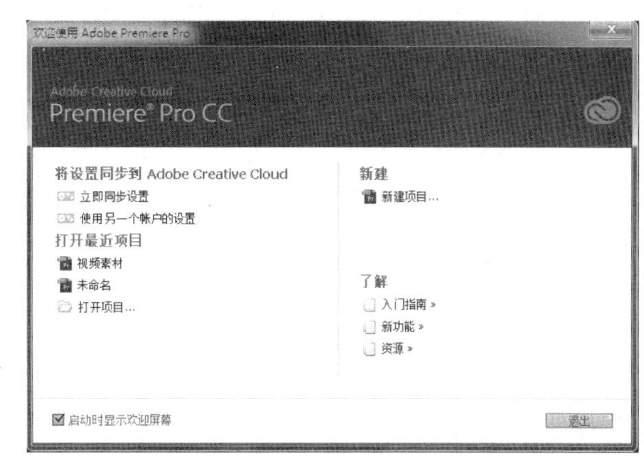

图 2-13 欢迎界面

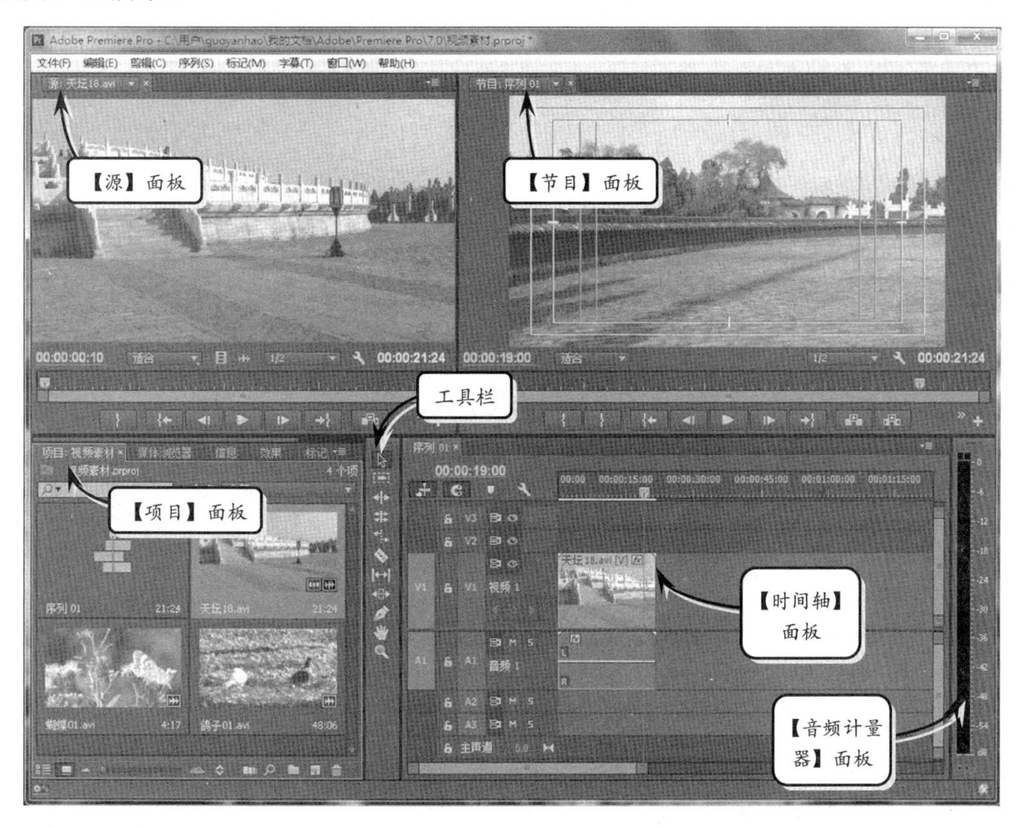

图 2-14 Premiere Pro CC 工作界面

在 Premiere Pro CC 界面中包括【项目】【节目】【时间轴】面板和工具栏等，下面分别介绍各面板的主要功能。

- **【项目】面板** 该面板主要分为三个部分，分别为素材属性区、素材列表和工具按钮。其主要作用是管理当前编辑项目内的各种素材资源，此外还可在素材属性区域内查看素材属性并快速预览部分素材的内容。
- **【时间轴】面板** 该面板是人们对音、视频素材进行编辑操作的主要场所之一，由视频轨道、音频轨道和一些工具按钮组成。

- ❑ **【节目】面板**　该面板用于在用户编辑影片时预览操作结果，该面板由监视器窗格、当前时间指示器和影片控制按钮所组成。
- ❑ **【源】面板**　该面板用于显示、剪辑、播放文件。
- ❑ **【音频计量器】面板**　该面板用于显示【时间轴】面板中视频片段播放时的音频波动状态。
- ❑ **工具栏**　其主要用于对时间轴上的素材进行剪辑、添加或移除关键帧等操作。

2.2.2 自定义工作空间

在对 Premiere Pro CC 有了一定认识后，便可以开始使用 Premiere Pro CC 来编辑、制作影片了。不过，为了提高我们的工作效率，在正式开始编辑影片前还应当对 Premiere Pro CC 的界面布局进行一些调整，使其更加符合自己的操作习惯。

1. 自定义界面颜色

Premiere Pro CC 的界面颜色是能够重新定义的，但是定义的是界面的亮度，并不是界面的色相。执行【编辑】|【首选项】|【外观】命令，在弹出的【首选项】对话框中，向左拖动亮度滑块能够降低界面亮度；向右拖动亮度滑块能够提高界面亮度，如图 2-15 所示。

图 2-15　界面颜色自定义

2. 配置工作环境

在 Premiere Pro CC 中，系统为用户预置了 7 套不同的工作区布局方案，以便用户在进行不同类型的编辑工作时，能够达到更高的工作效率。执行【窗口】|【工作区】命

令中的子命令即可切换不同的工作布局方案。

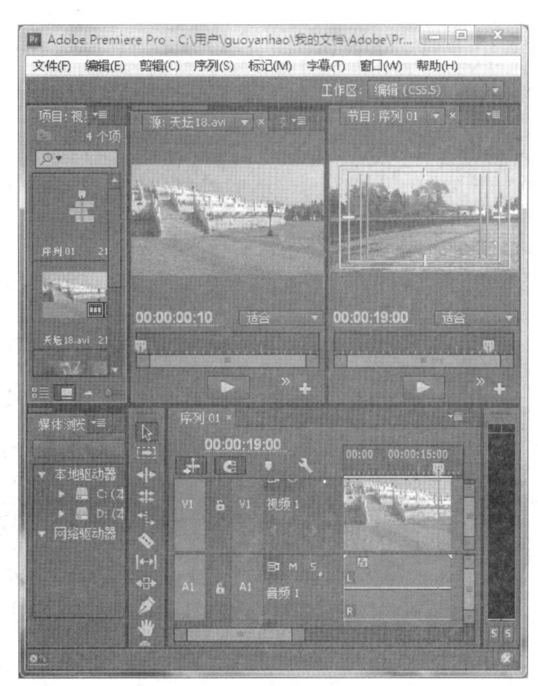

图 2-16 “编辑”工作区

“编辑”工作区布局方案是 Premiere Pro CC 默认使用的工作区布局方案，其特点在于该布局方案为用户进行项目管理、查看源素材和节目播放效果、编辑时间轴等多项工作进行了优化，使用户在进行此类操作时能够快速找到所需面板或工具。而习惯旧版本操作的用户，则可以执行【窗口】|【工作区】|【编辑】命令，来显示旧版本的布局方案，如图 2-16 所示。

“元数据记录”工作区布局方案以【项目】面板和【元数据】面板为主，以方便用户管理素材，如图 2-17 所示。

“效果”工作区布局方案侧重于对素材进行效果处理，因此在工作界面中以【效果控件】面板、【节目】面板和【时间轴】面板为主，如图 2-18 所示。

图 2-17 “元数据记录”工作区

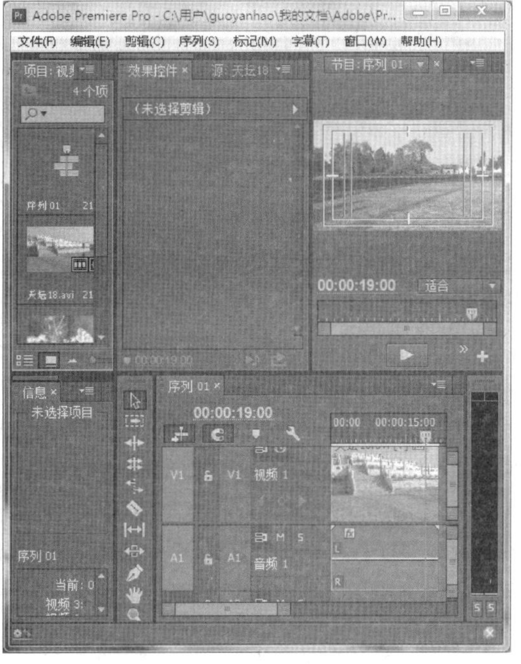

图 2-18 “效果”工作区

“颜色校正”工作区布局方案多在调整影片色彩时使用，在整个工作环境中，以【效果】面板、【项目】面板、【节目】面板和【参考】面板为主，如图 2-19 所示。

“音频”工作区布局方案是一种侧重于音频编辑的工作区布局方案，因此整个界面以

【音轨混合器】面板为主，用于显示素材画面的【节目】面板反倒变得不是那么重要，如图 2-20 所示。

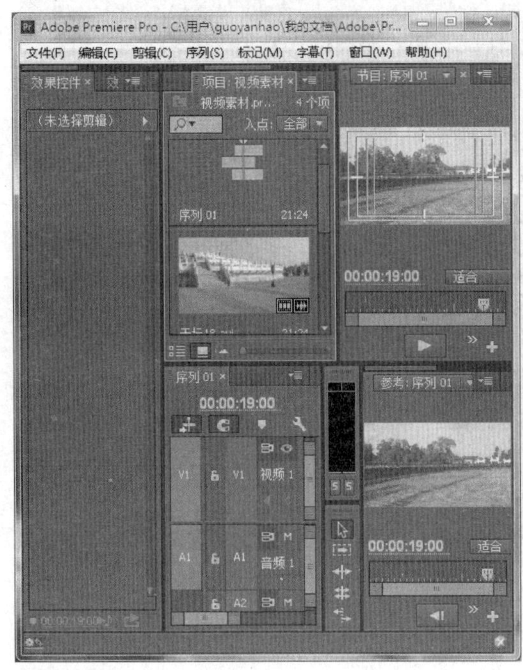

图 2-19 “颜色校正”工作区

图 2-20 “音频”工作区

3. 设置快捷键

在 Premiere Pro CC 中，用户不仅可以自定义操作界面、视频的采集以及缓存设置等，还可以通过自定义快捷键的方式来简化编辑操作。

执行【编辑】|【快捷键】命令后，系统将会弹出【键盘快捷键】对话框。在该对话框中，默认显示 Premiere Pro CC 内的所有菜单及操作快捷键选项，如图 2-21 所示。

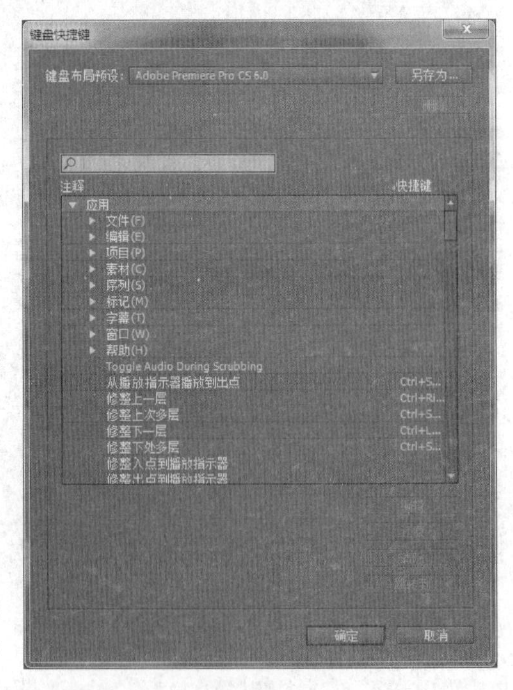

图 2-21 【键盘快捷键】对话框

在【命令】列表内选择某一菜单命令或操作项后，单击【快捷键】列表中的相应选项，此时即可按下键盘上的任意键或组合键，以便将其设为该菜单命令或操作项的键盘快捷键。在这一过程中，如果用户所设置的键盘快捷键与其他菜单命令或操作项的键盘快捷键相冲突，Premiere Pro CC 会给出相应的提示信息，如图 2-22 所示。此时，用户便需要在单击【取消】按钮后，重复之前的键盘快捷键设置操作，直到所设置的键盘快捷键不会出现冲突为止，然后便可单击【确定】按钮保存设置。

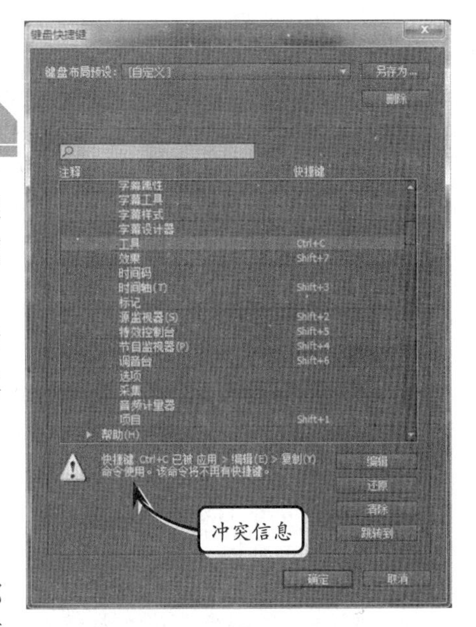

图 2-22 设置键盘快捷键

2.3 创建项目并配置项目设置

在 Premiere Pro CC 中，项目是为获得某个视频剪辑而产生的任务集合，或者是为了对某个视频文件进行编辑处理而创建的框架。在制作影片时，由于所有操作都是围绕项目进行的，所以对 Premiere 项目的各项管理、配置工作便显得尤其重要。

2.3.1 创建与设置项目

Premiere Pro CC 中，所有的影视编辑任务都以项目的形式呈现，因此创建项目文件是进行视频制作的首要工作。为此，Premiere Pro CC 为我们提供了多种创建项目的方法。

可通过欢迎界面创建项目。启动 Premiere Pro CC 后，系统将自动弹出欢迎界面。在该界面中，系统列出了部分最近使用的项目，如图 2-23 所示。此时只需选择【新建项目】选项，即可创建项目。

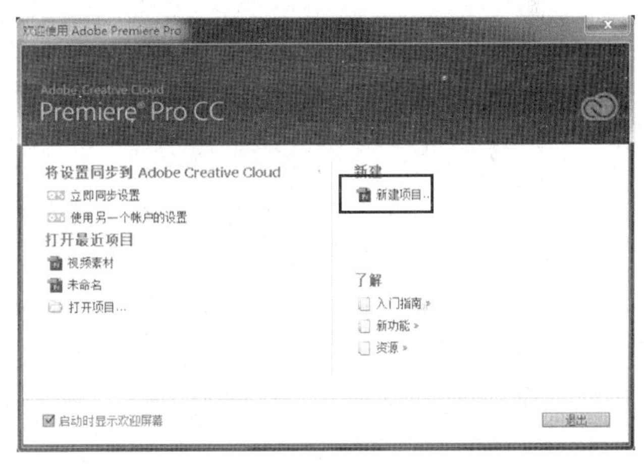

图 2-23 在欢迎界面中创建项目

另外，也可在 Premiere Pro CC 主界面内新建项目。在菜单栏中单击执行【文件】|【新建】|【项目】命令（快捷键 Ctrl+Alt+N），即可新建项目。

提 示

在欢迎界面中，直接单击【退出】按钮后，系统将关闭 Premiere Pro CC 软件启动程序。在主界面内创建项目，主要是在已经创建项目的前提下，进行新项目的创建。

执行创建项目的命令后，系统将自动弹出【新建项目】对话框。在该对话框中，可以对项目的配置信息进行一系列设置，使其满足用户编辑视频的需要。

1. 设置常规信息

在默认情况下，对话框中显示【常规】选项卡。在该选项卡中可设置项目文件的名称和保存位置，还可以对视频渲染和回放、音/视频显示格式等选项进行调整，如图 2-24 所示。

提 示

在【新建项目】选项卡面板中，单击【确定】按钮将退出 Premiere Pro CC 软件启动程序。

在【常规】选项卡中，各个选项的含义与功能如下：

- **视频和音频显示格式** 在【视频】和【音频】选项组中，【显示格式】选项的作用都是设置素材文件在项目内的标尺单位。
- **捕捉格式** 当需要从摄像机等设备内获取素材时，【捕捉格式】选项的作用便是要求 Premiere Pro CC 以规定的采集方式来获取素材内容。

另外，可在 Premiere Pro CC 主界面中执行【文件】|【项目设置】|【常规】命令，弹出【常规】对话框，除了名称和保存位置选项设置外，可进行其他设置。

2. 配置暂存盘

接下来，在【新建项目】对话框内选择【暂存盘】选项卡，以便设置采集到的音/视频素材、视频预览文件和音频预览文件的保存位置，如图 2-25 所示。

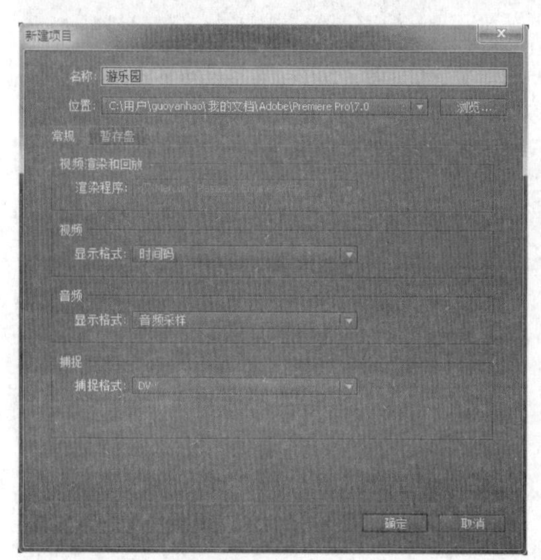

图 2-24 新建项目中的【常规】选项卡

图 2-25 新建项目中的【暂存盘】选项卡

注 意

在【暂存盘】选项卡中，由于各个临时文件夹的位置被记录在项目中，所以严禁在项目设置完成后更改所设临时文件夹的名称与保存位置，否则将造成项目所用文件的链接丢失，导致无法进行正常的项目编辑工作。

当单击【新建项目】对话框中的【确定】按钮后，即可在 Premiere Pro CC 中创建空白项目，如图 2-26 所示。

2.3.2 创建与设置序列

Premiere Pro CC 内所有组接在一起的素材，以及这些素材所应用的各种滤镜和自定义设置，都必须被放置在一个被称为“序列”的 Premiere 项目元素内。可以看出，序列对项目极其重要，因为只有当项目内拥有序列时，用户才可进行影片编辑操作。在Premiere Pro CC 中，序列的创建是单独操作的。

1. 新建序列命令

新建项目文件后，执行【文件】|【新建】|【序列】命令（快捷键 Ctrl+N），Premiere Pro CC 将自动弹出【新建序列】对话框。在默认显示的【序列预设】选项卡中，Premiere Pro CC 分门别类地列出了众多序列预设方案，在选择某种预设方案后，还可在右侧文本框内查看相应的方案描述信息与部分参数，如图 2-27 所示。

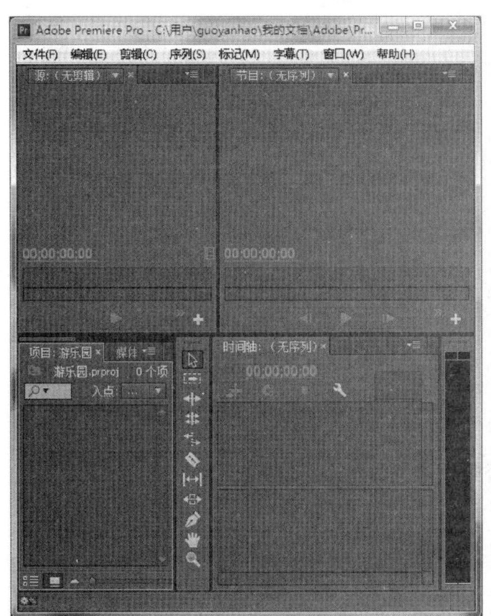

图 2-26　空白项目

图 2-27　【新建序列】对话框

如果 Premiere Pro CC 提供的预设方案都不符合需求，还可通过调整【设置】与【轨道】选项卡内各序列参数的方式，自定义序列配置信息。在【设置】选项卡中，用户可对序列所采用的编辑模式、时间基准，以及视频和音频所采用的标准进行调整，如图 2-28 所示。

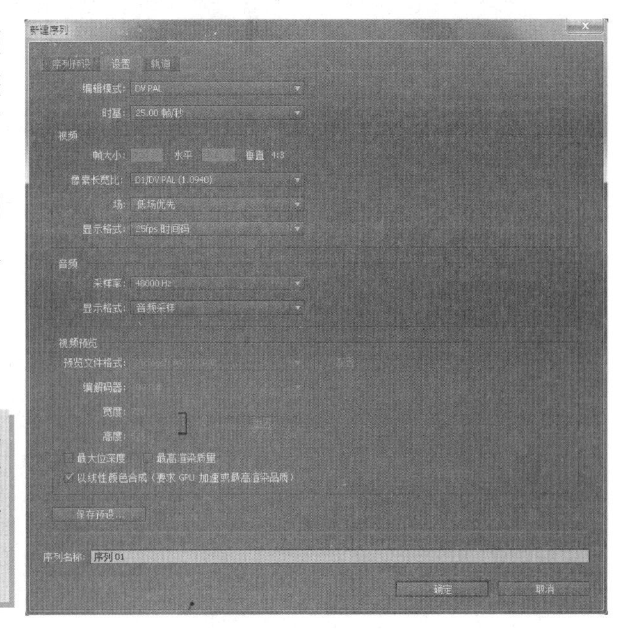

图 2-28　【设置】选项卡

注　意

根据选项的不同，部分序列配置选项将呈灰色未激活状态（无效或不可更改）；如果需要自定义所有序列配置参数，则应在【设置】选项卡【编辑模式】下拉列表内选择【自定义】选项。

【设置】选项卡中各个选项的含义及作用如下：

- ❑ **编辑模式** 设定新序列将要以哪种序列预置方案为基础，来设置新的序列配置方案。
- ❑ **时基** 设置序列所应用的帧速率标准，在设置时应根据目标播出设备的参数进行调整。
- ❑ **视频** 调整与视频画面有关的各项参数，其中的【帧大小】选项用于设置视频画面的分辨率；【像素长宽比】下拉列表内根据编辑模式的不同，包括有 0.9091、1.0、1.2121、1.333、1.5、2.0 等多种选项供用户选择；至于【场】选项，则用于设置扫描方式（隔行扫描或逐行扫描）；最后的【显示格式】选项用于设置序列中的视频标尺单位。
- ❑ **音频** 该选项组中的【采样率】用于统一控制序列内的音频文件采样率，而【显示格式】选项则用于调整序列中的音频标尺单位。
- ❑ **视频预览** 在该选项组中，【预览文件格式】用于控制 Premiere Pro CC 将以哪种文件格式来生成相应序列的预览文件。当采用 Microsoft AVI 作为预览文件格式时，还可在【编解码器】下拉列表内挑选生成预览文件时采用的编码方式。此外，在启用【最大位深度】和【最高渲染质量】复选框后，还可提高预览文件的质量。

图 2-29 【轨道】选项卡

完成【设置】选项卡中的设置后，选择【轨道】选项卡。在这里，用户可以对序列所包含的音/视频轨道的数量和类型进行设置。另外，可单击【保存预设】按钮，对序列设置命名和描述，如图 2-29 所示。

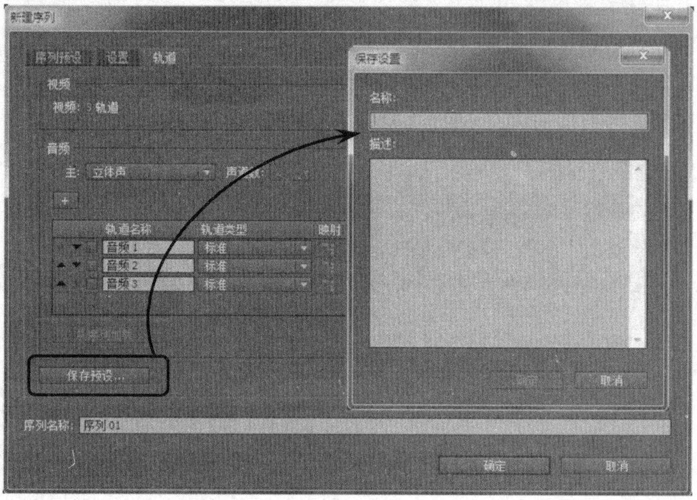

2. 在项目内新建序列

作为编辑影片时的重要对象，一个序列往往无法满足用户编辑影片的需要。除了执行【序列】命令外，还可以在【项目】面板内单击【新建项】按钮，从弹出的菜单中选择【序列】命令，从而打开【新建序列】对话框创建新的序列，如图 2-30 所示。

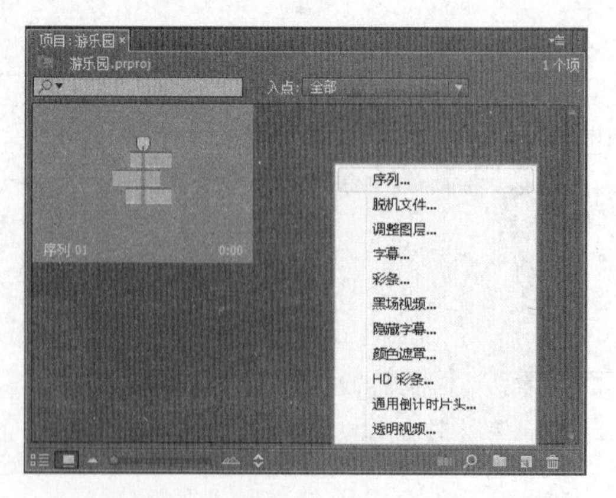

图 2-30 在【项目】面板中创建更多的序列

2.4 保存和打开项目

在编辑影片的过程中，必须在对项目文件做出更改后及时进行保存，以避免发生意外情况时影响整个制作项目的工作进度。保存项目的另一作用在于，用户可随时对已保存的项目进行重新编辑，如修改错误或更新素材等。

2.4.1 保存项目文件

由于 Premiere Pro CC 软件在创建项目之初便已经要求用户设置项目的保存位置，所以在保存项目文件时无须再次设置文件保存路径。此时，用户只需执行【文件】|【保存】命令，即可将更新后的编辑操作添加至项目文件内。

1．保存项目副本

在编辑影片的过程中，如果需要阶段性的保存项目文件，选择保存项目副本是个不错的主意。执行【文件】|【保存副本】命令，即可在弹出的【保存项目】对话框中设置项目副本的文件名称与保存位置，如图 2-31 所示。

图 2-31　保存项目副本

提　示

当指定按定期间隔进行自动保存时，Premiere Pro CC 会在检测到对项目文件的更改时自动保存项目。不管是否手动保存对项目的更改，都会发生自动保存。而在较低的版本中，如果在间隔设置内进行手动保存，则 Premiere Pro CC 不会执行自动保存。

2．项目文件另存

除了保存项目副本外，项目文件另存也可起到生成项目副本的目的。操作时，执行【文件】|【另存为】命令，即可在弹出的【保存项目】对话框中，使用新的名称保存项目文件，如图 2-32 所示。

图 2-32　项目文件另存

注　意

从功能上来看，保存副本和另存为的功能一致，都是在源项目的基础上创建新的项目。两者之间的差别在于，使用【保存副本】命令生成项目后，Premiere Pro CC 中的当前项目仍然是源项目；而使用【另存为】命令生成项目后，Premiere Pro CC 将关闭源项目，并打开新生成的项目。

2.4.2 打开项目

打开 Premiere 项目文件的方法多种多样，例如在资源管理器内双击项目文件，或通过欢迎界面中的【打开项目】选项来打开项目文件等。

1. 打开最近使用项目

启动 Premiere Pro CC 后，欢迎界面中会列出部分最近使用的影片编辑项目。此时，只需单击项目名称，即可打开相应的影片编辑项目，如图 2-33 所示。

2. 通过菜单命令打开项目

在打开某一项目的情况下，执行【文件】|【打开项目】命令，即可在弹出的【打开项目】对话框中，选择所要打开的项目文件，如图 2-34 所示。

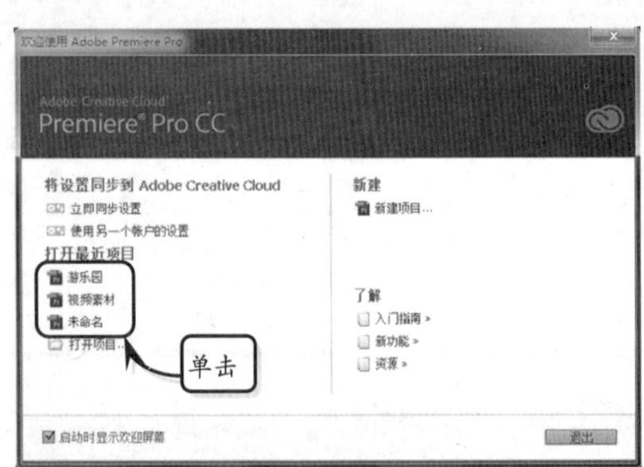

图 2-33 通过欢迎界面打开最近使用项目

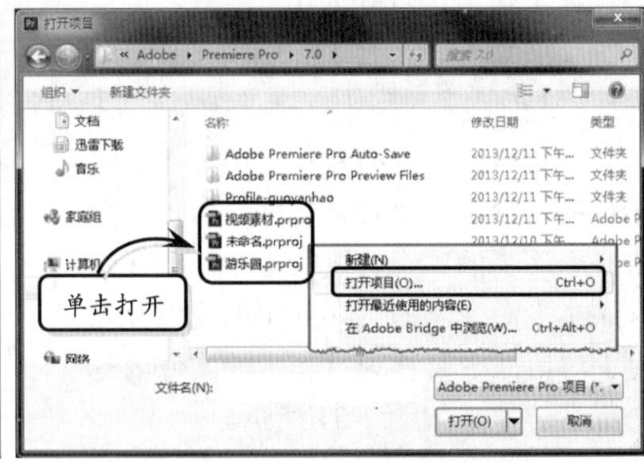

图 2-34 通过菜单命令打开项目

提 示

在 Premiere Pro CC 软件中，只能编辑一个项目，因此在打开新项目的同时，将自动关闭当前项目。此时，如果当前项目内还有未保存的编辑操作，则 Premiere Pro CC 会自动提示用户进行保存。

除此之外，用户还可执行【文件】|【打开最近使用的内容】命令，并在弹出的级联菜单内选择项目，快速打开最近曾经打开过的项目。

2.5 课堂练习：新建空白视频文件

Premiere Pro CC 中的空白文件并不是一次性创建完成的，而是通过一系列的选项设置创建完成的。

操作步骤：

1 启动 Premiere Pro CC 后，系统将自动弹出欢迎界面。在该界面中，选择【新建项目】选项，即可弹出【新建项目】对话框，如图 2-35 所示。

2 在该对话框中，单击【浏览】按钮设置项目的存储位置。在【名称】文本框中输入视频文件名称，单击【确定】按钮关闭该对话框，如图 2-36 所示。

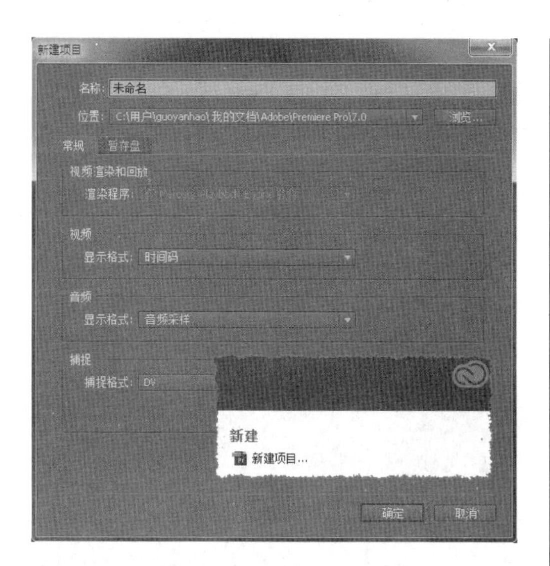

图 2-35 【新建项目】对话框

图 2-36 设置项目名称与保存位置

3 执行【文件】|【新建】|【序列】命令，弹出【新建序列】对话框。在该对话框中选择序列的预设设置，单击【确定】按钮关闭对话框，创建空白视频文件，如图 2-37 所示。

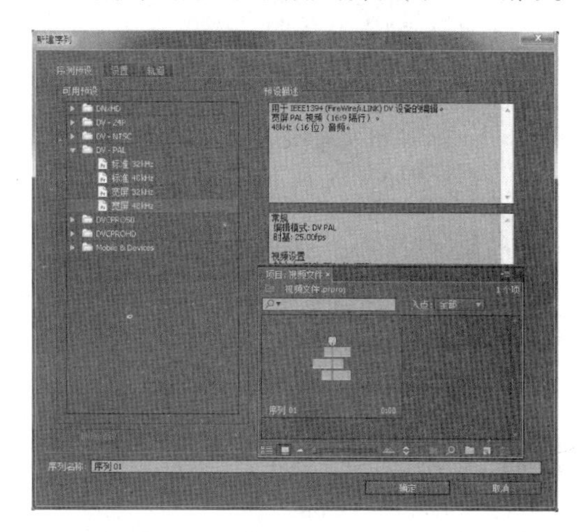

图 2-37 设置序列预设

提 示

项目文件在创建时就已经被保存。当按快捷键 Ctrl+S 时，无须再次设置文件的保存路径。此时，只是将更新后的编辑操作添加至项目文件内。

2.6 思考与练习

一、填空题

1. Premiere Pro CC 是由 Adobe 公司所开发的一款__________编辑软件。

2. 在 Premiere Pro CC 中，执行【编辑】|【首选项】|【__________】命令，能够改变界面的颜色。

3. 要想在 Premiere Pro CC 中使用旧版本工作区进行编辑，可以执行【窗口】|【工作区】|【__________】命令。

4. 启动 Premiere Pro CC 后，直接选择欢迎界面中的【__________】选项，即可创建新的影片编辑项目。

5. 按 Ctrl+Alt+S 快捷键，执行的是【__________】命令。

二、选择题

1. 【窗口】|【工作区】|【编辑】命令的快捷键是__________。

A. Alt+Shift+1
B. Alt+Shift+2
C. Alt+Shift+3
D. Alt+Shift+4

2. 在【新建项目】对话框的【常规】选项卡中，用户可直接对项目文件的名称和保存位置，以及__________、音/视频显示格式等内容进行调整。

A. 轨道数量
B. 序列参数
C. 视频渲染和回放
D. 视频画面安全区

3. 保存项目副本和项目另存为的区别在于__________。

A. 当前项目会随着项目另存为操作的结束而发生改变，保存项目副本则不会
B. 多数情况下，两种操作的结果是一样的

C．当前项目会随着保存项目副本操作的结束而发生改变，另存为项目则不会

D．无任何差别

4.【另存为】命令的快捷键是__________。

A．Ctrl+S

B．Ctrl+Shift+S

C．Ctrl+Alt+S

D．Ctrl+W

5．在 Premiere Pro CC 中，在不关闭该软件的情况下关闭项目，按快捷键__________。

A．Ctrl+W

B．Ctrl+Shfit+W

C．Ctrl+O

D．Ctrl+Alt+O

三、问答题

1．如何改变 Premiere Pro CC 的界面颜色？

2．如何设置 Premiere Pro CC 菜单中某个命令的快捷键？

3. 如何将 Premiere Pro CC 的界面显示为“效果”工作区？

4．怎样创建新项目？

5．如何保存项目副本？

四、上机练习

1．改变 Premiere Pro CC 的界面颜色

Premiere Pro CC 的界面颜色是能够重新定义的，但是定义的是界面的亮度，并不是界面的色相。执行【编辑】|【首选项】|【外观】命令，在弹出的【首选项】对话框中，向左拖动亮度滑块能够降低界面亮度；向右拖动亮度滑块能够提高界面亮度，根据需要选择想要的界面亮度，如图 2-38 所示。

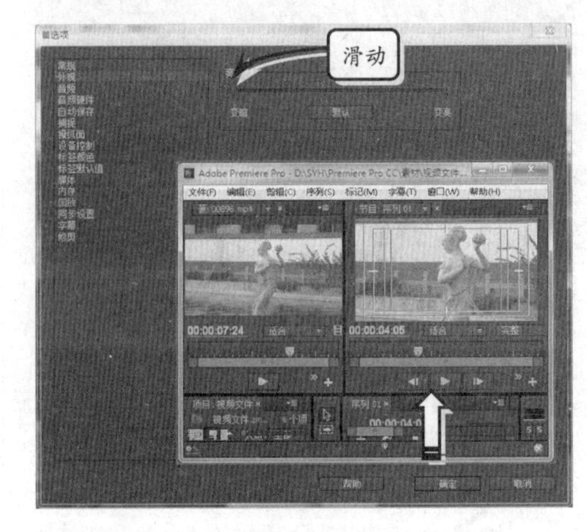

图 2-38 设置界面亮度

2．使【项目】面板独立显示

在默认情况下，所有面板均是嵌在 Premiere Pro CC 界面中的。要想将某个面板独立显示，只要在面板名称位置上右击鼠标，选择【浮动面板】命令即可，如图 2-39 所示。

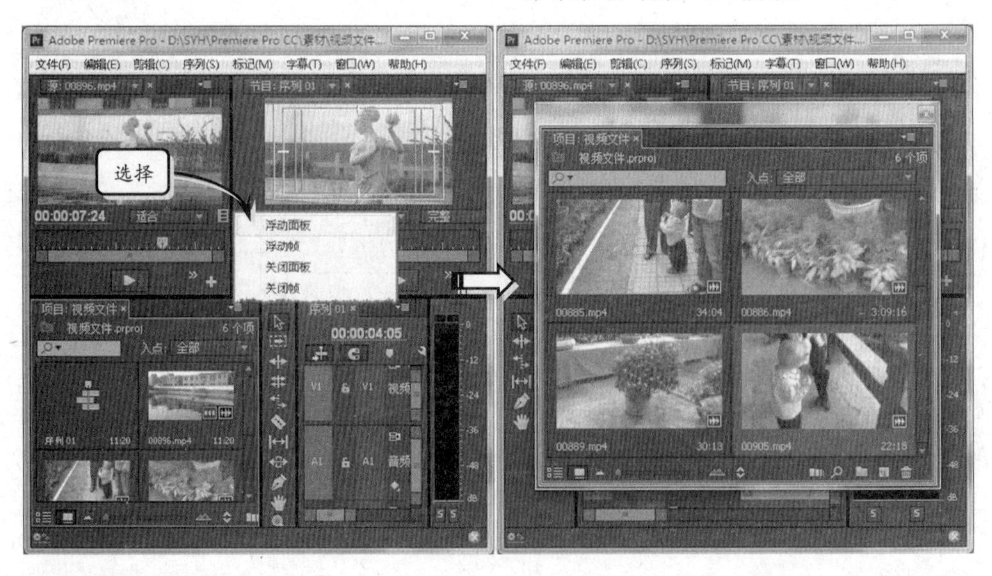

图 2-39 浮动画板

第3章

采集、导入与管理素材

在对 Premiere Pro CC 的操作界面和运行环境有了初步的了解以后，对素材进行编辑之前，还需要对素材进行导入。项目的创建和管理以及对素材的合理导入，是轻松进行素材编辑的基本前提。

本章学习要点：

- 采集
- 导入素材
- 定义影片
- 管理素材

3.1 视频采集与录音

Premiere Pro CC 中的素材可以分为两大类，一类是利用软件创作出的素材，另一类则是通过计算机从其他设备内导入的素材。这里将介绍通过采集卡导入视频素材，以及通过麦克风录制音频素材的方法。

3.1.1 采集视频

所谓视频采集就是将模拟摄像机、录像机、LD 视盘机、电视机输出的视频信号，通过专用的模拟或者数字转换设备，转换为二进制数字信息后存储于计算机的过程。在这一过程中，采集卡是必不可少的硬件设备，如图 3-1 所示。

在 Premiere Pro CC 中，可以通过 1394 卡或具有 1394 接口的采集卡来采集信号和输出影片。对视频质量要求不高的用户，也可以通过 USB 接口，从摄像机、手机和数码相机上接收视频。当正确配置硬件后，便可启动 Premiere Pro CC，并执行【文件】|【捕捉】

命令（快捷键 F5），打开【捕捉】对话框，如图 3-2 所示。

提 示

此时由于还未将计算机与摄像机连接在一起，因此设备状态还是“捕捉设备脱机”，且部分选项被禁用。

在【捕捉】面板中，左侧为视频预览区域，预览区域的下方则是采集视频时的设备控制按钮。利用这些按钮，可控制视频的播放与暂停，并设置视频素材的入点和出点。

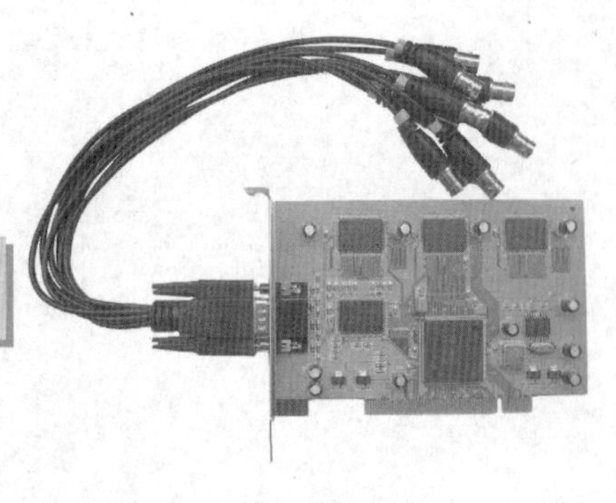

图 3-1 视频采集卡

在熟悉【捕捉】面板中的各项设置后，将计算机与摄像机连接在一起。稍等片刻后，【捕捉】面板中的选项将被激活，且“捕捉设备脱机”的信息也将变成“停止”信息。此时，单击【播放】按钮，当视频画面播放至适当位置时，单击【录制】按钮，即可开始采集视频素材。

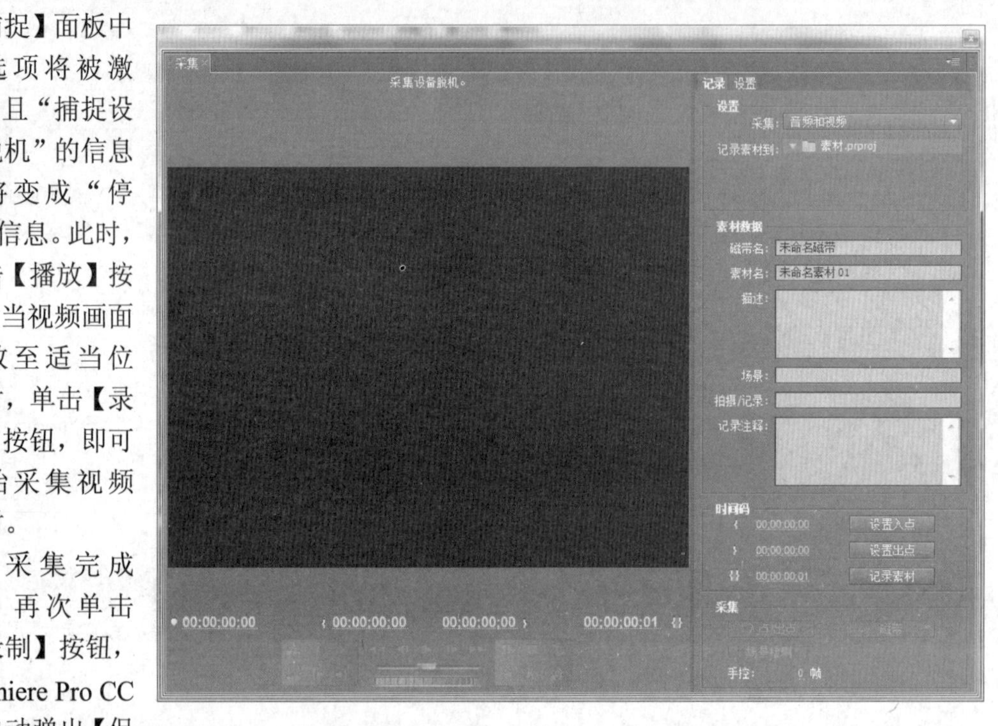

图 3-2 【捕捉】对话框

采集完成后，再次单击【录制】按钮，Premiere Pro CC 将自动弹出【保存已捕捉素材】对话框。在该对话框中，用户可对素材文件的名称、描述信息、场景等内容进行调整，完成后单击【确定】按钮，即可结束素材采集操作。此时，即可在【项目】面板内查看到刚刚采集获得的素材。

3.1.2 录制音频

与复杂的视频素材采集设备相比，录制音频素材所要用到的设备要简单许多。通常情况下，用户只需拥有一台计算机、一块声卡和一个麦克风即可。

通常计算机录制音频素材的方法有很多，其中最为简单的是利用操作系统自带的 Windows 录音机程序进行录制。单击【开始】按钮，并执行【所有程序】|【附件】|【录

音机】命令，打开【录音机】程序界面，如图 3-3 所示。

单击【录音机】程序界面中的【开始录制】按钮后，计算机便将记录从麦克风处获取的音频信息。此时，可以看到左侧【位置】选项中的时间在不断增长，如图 3-4 所示。

单击【停止录制】按钮，即可弹出【另存为】对话框，将音频文件保存为媒体音频文件格式。然后将该音频文件，导入 Premiere Pro CC 中的【项目】面板即可，如图 3-5 所示。

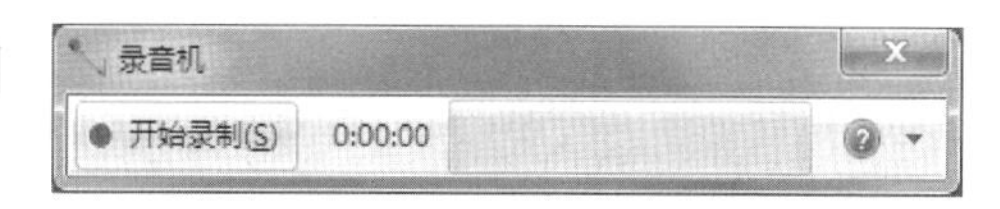

图 3-3 【录音机】程序界面

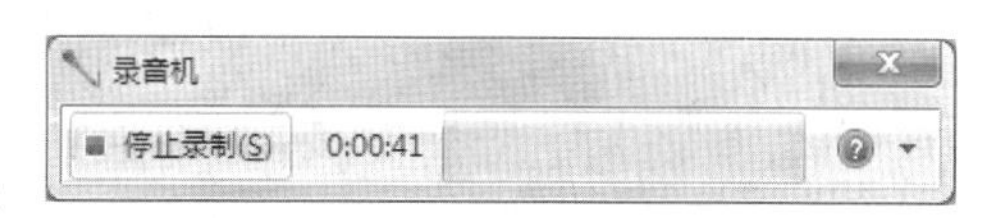

图 3-4 录制音频

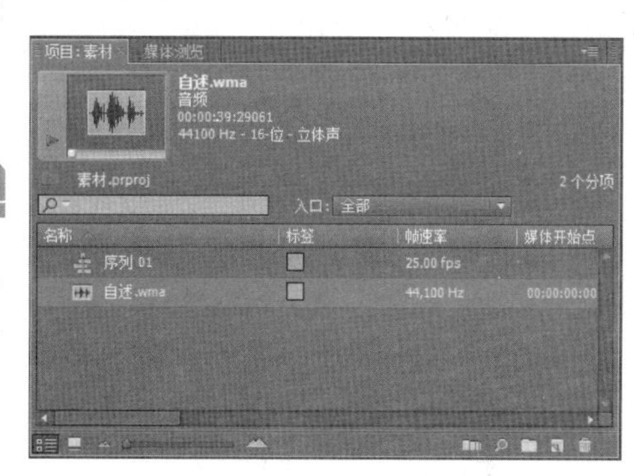

图 3-5 导入音频文件

3.2 导入素材

素材是编辑影片的基础，为此 Premiere Pro CC 专门调整了自身对不同格式素材文件的兼容性，使得其支持的素材类型更为广泛。目前，导入素材主要有三种方式，通过菜单进行导入、利用【项目】面板和【媒体浏览器】面板进行导入。

3.2.1 利用菜单导入素材

若要利用菜单导入素材，需启动 Premiere 项目，执行【文件】|【导入】命令。然后，在弹出的对话框内选择所要导入的图像、视频或音频素材，并单击【打开】按钮即可将其导入至当前项目，如图 3-6 所示。

素材添加至 Premiere 项目后都将显示在【项目】面板中。双击【项目】面板中的素材，可在【源】窗口内查看或播放素材，如图 3-7 所示。

如果需要将某一文件夹中的所有素材全部导入至项目内，则可在选择该文件夹后，单击【导入文件夹】按钮，如图 3-8 所示。

图 3-6 利用菜单导入素材

此时，【项目】面板内显示的将是所导入的素材文件夹，以及该文件夹中的所有素材文件，如图 3-9 所示。

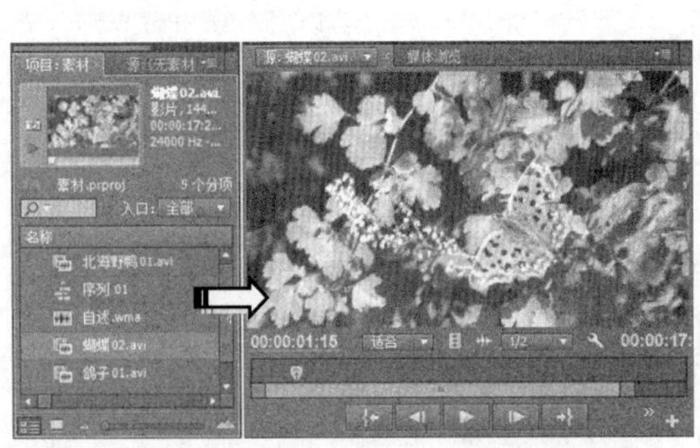

图 3-7 在【源】窗口内查看素材效果

图 3-8 导入文件夹

3.2.2 通过面板导入素材

Premiere Pro CC 导入素材的另外两种方式均是通过面板进行导入，一个是通过【项目】面板，一个是通过【媒体浏览器】面板。

与使用菜单命令导入素材的方法相比，通过【项目】面板导入素材的优点是减少了繁琐的菜单操作，使操作变得更高效、快捷。导入素材时，需要在【项目】面板空白处单击鼠标右键，从快捷菜单中选择【导入】命令打开【导入】对话框，如图 3-10 所示。

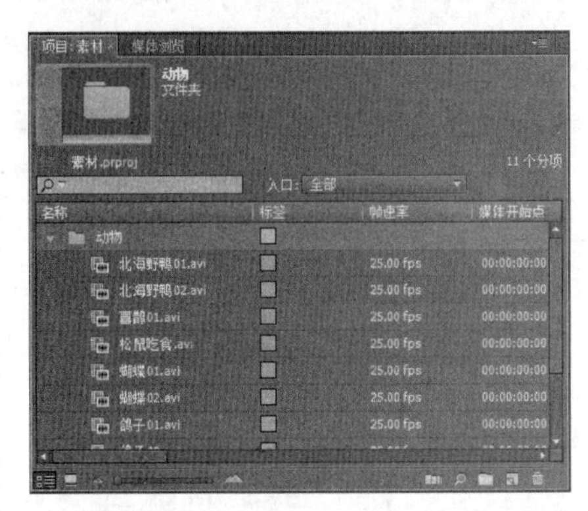

图 3-9 【项目】面板

提 示

在【项目】面板执行【导入】命令后，将直接进入 Premiere Pro CC 软件上次访问的文件夹。

在 Premiere Pro CC 中，【媒体浏览器】面板可直接对文件进行筛选导入。选中某个文件后右击，从弹出的快捷菜单中选择【导入】命令即可将该文件导入【项目】面板中，如图 3-11 所示。

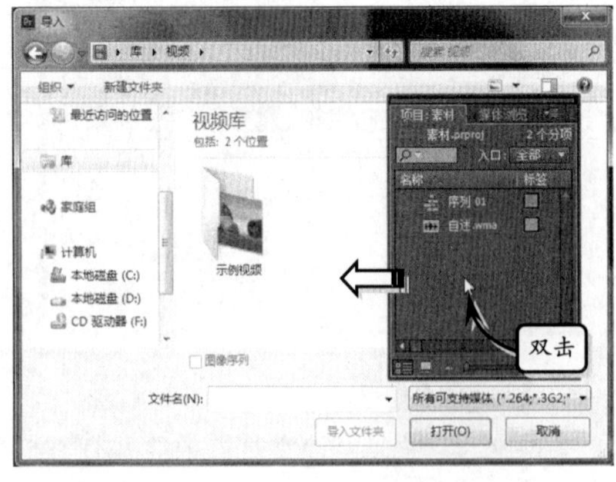

图 3-10 通过【项目】面板导入素材

图 3-11 【媒体浏览器】面板

在【媒体浏览器】面板中，可通过【最近使用目录】选项，直接进入最近访问的文件夹，进行直接导入。另外，通过【文件类型】选项，过滤文件类型，可更加准确快速地访问文件。

3.3 查看素材

在编辑视频效果之前，首先要学会查看素材。不同格式的素材文件，其查看方式有所不同，特别是 Premiere Pro CC 特有的悬停划动功能，为视频文件的查看添加了新的查看方式。

3.3.1 显示方式

为了便于用户管理素材，Premiere Pro CC 提供了“列表视图”与“图标视图”这两种不同的素材显示方式。默认情况下，素材将采用“列表视图”显示在【项目】面板中，此时用户可查看到素材名称、帧速率、视频出/入点、素材持续时间等众多素材信息，如图 3-12 所示。

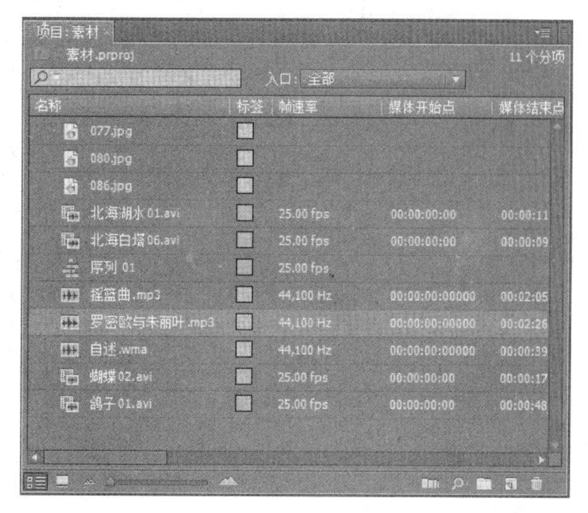

图 3-12 使用“列表视图”模式查看素材

在单击【项目】面板底部的【图标视图】按钮后，即可切换至“图标视图”模式。此时，所有素材将以缩略图方式显示在【项目】面板内，使得查看素材内容变得更为方便，如图 3-13 所示。

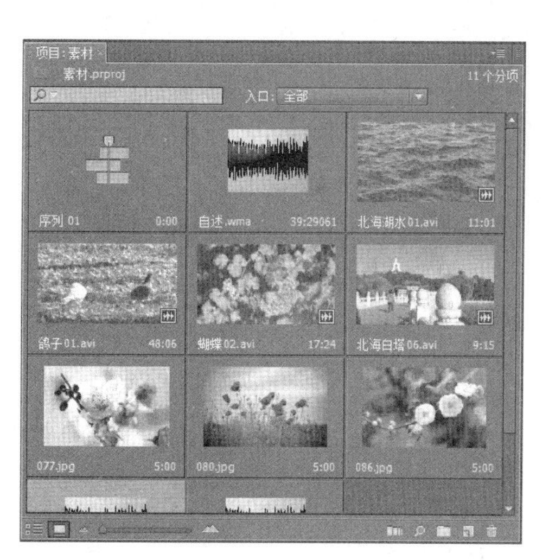

图 3-13 使用“图标视图”模式查看素材

3.3.2 查看视频

在 Premiere Pro CC 中，视频文件不仅能够进行静态查看，还能够进行动态查看。在【项目】面板中的视频文件不被选中的情况下，将鼠标指向该视频文件，在该视频文件缩略图范围内滑动鼠标，即可发现视频被播放，如图 3-14 所示。

要想取消这一查看功能，可以右击【项目】面板菜单后，选择弹出菜单中的【悬停划动】命令（快捷键 Shift+H），禁用该命令。这时，即使鼠标在视频缩略图范围内滑动，该视频也不会自动播放，如图 3-15 所示。

技 巧

要想在禁用【悬停划动】命令的同时，查看视频的播放效果，可以按住 Shift 键不放，在视频缩略图范围内滑动鼠标。

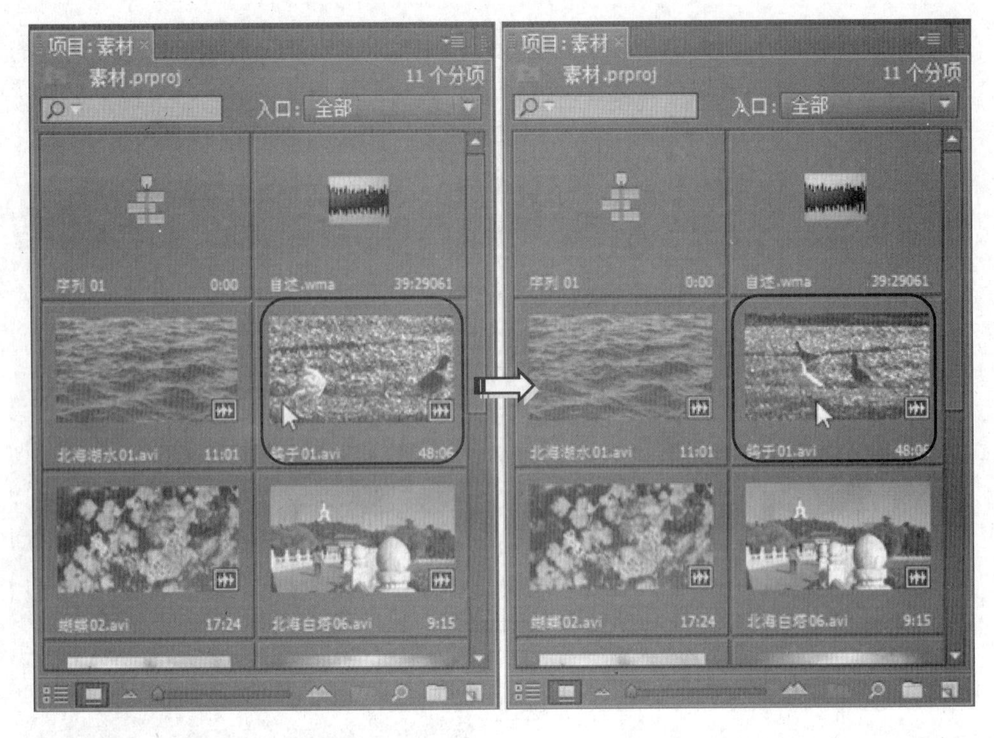

图 3-14 查看动态视频

3.4 管理素材

通常情况下，Premiere 项目中的所有素材都将直接显示在【项目】面板中。由于名称、类型等属性的不同，素材在【项目】面板中的排列往往会杂乱不堪，从而在一定程度上影响工作效率。为此，必须对项目中的素材进行统一管理，例如将相同类型的素材放置在同一文件夹内，或将相关联的素材放置在一起等。

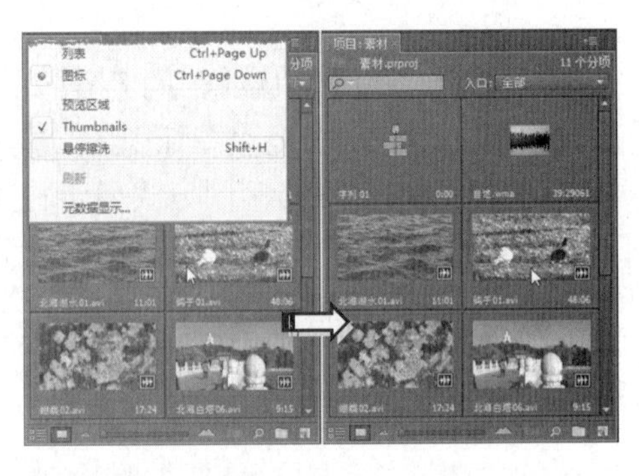

图 3-15 禁用【悬停划动】命令

3.4.1 使用素材箱

若要利用容器管理素材，首先需要创建容器。在【项目】面板中，单击【新建素材箱】按钮后，Premiere Pro CC 便将自动创建一个名为“素材箱 01”的容器，如图 3-16 所示。

技 巧

执行【文件】|【新建】|【素材箱】命令，或右击【项目】面板空白处后，选择【新建素材箱】命令，都可在【项目】面板中创建容器。

图 3-16 创建素材箱

素材箱在刚刚创建之初，其名称处于可编辑状态，此时可直接输入文字更改素材箱的名称。完成素材箱重命名操作后，便可将部分素材拖曳至素材箱内，从而通过该素材箱管理这些素材，如图 3-17 所示。

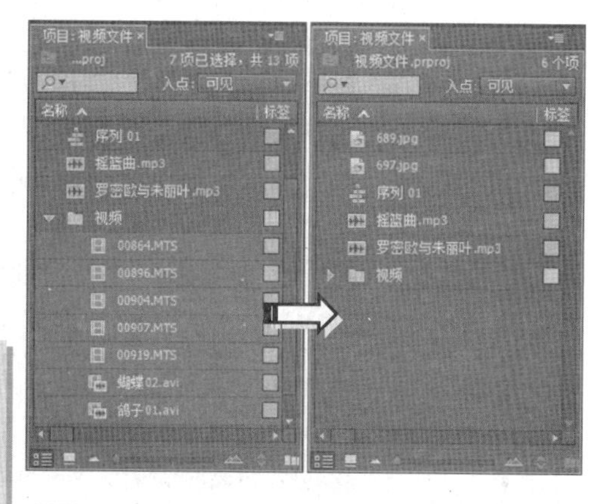

图 3-17 使用素材箱管理素材

提 示

在单击文件夹内的【伸展/收缩】按钮后，Premiere Pro CC 将会根据当前素材箱的状态来显示或隐藏素材箱内容，从而减少【项目】面板里显示素材的数量。

此外，Premiere Pro CC 还允许在素材箱中创建素材箱，从而通过嵌套的方式来管理更为复杂的素材。创建嵌套素材箱的要点在于，必须在选择已有素材箱的情况下创建新的素材箱，只有这样才能在所选素材箱内创建新的素材箱，如图 3-18 所示。

图 3-18 创建嵌套素材箱

提 示

要删除一个或多个素材箱，可选择素材箱并单击【项目】面板底部的【清除】图标。也可通过选择一个或多个素材箱然后按 Delete 键来删除素材箱。

3.4.2 管理素材的基本方法

Premiere Pro CC 的【项目】面板内包含一组专用于管理素材的功能按钮，通过这些按钮，用户能够从大量素材中快速查找到所需素材，或者按照想要的顺序进行排列。

1. 自动匹配序列

Premiere Pro CC 中的自动匹配序列功能，不仅可以方便、快捷地将所选素材添加至序列中，还能够在各素材之间添加一种默认的过渡效果。若要使用该功能，只需从【项目】面板内选择适当的素材后，单击【自动匹配序列】按钮，如图 3-19 所示。

图 3-19 单击【自动匹配序列】按钮

此时，系统将弹出【序列自动化】对话框。在该对话框内调整匹配顺序与过渡的应用设置后，单击【确定】按钮，即可自动按照设置将所选素材添加至序列中，如图 3-20 所示。

在【序列自动化】对话框中，各选项所用参数的不同，会使得素材匹配至序列后的结果不同。为此，下面将【序列自动化】对话框内各选项的作用讲解如下：

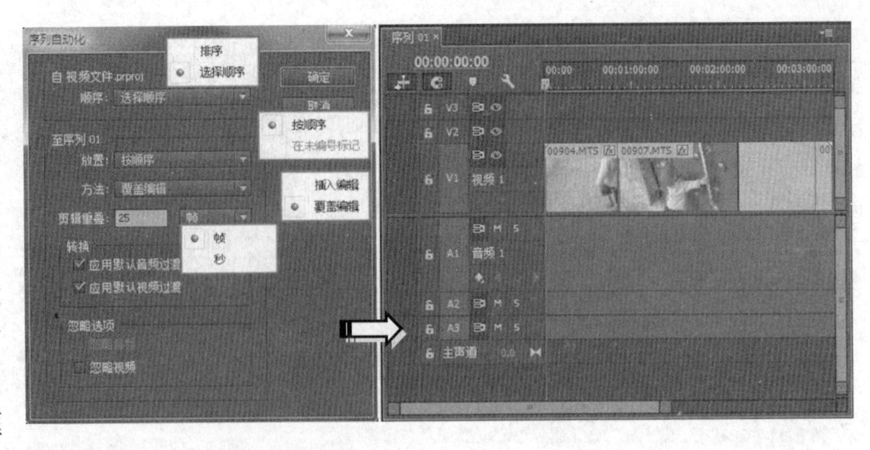

图 3-20　素材的自动匹配

- ❑ **顺序**　在【顺序】选项中，用户可以选择按照【项目】面板中的排列顺序在序列中放置素材，还可以按照在【项目】面板中选择素材的顺序将其放置在序列中。
- ❑ **至序列**　在该栏中，【放置】选项用于设置素材在序列中的位置；【方法】选项用于设置素材以插入或覆盖的形式添加到序列中；【剪辑重叠】选项则用于设置过渡效果的帧数量或者时长。
- ❑ **转换**　在该栏中，启用相应的复选框，即可确定是否在素材间添加默认的音频和视频过渡效果。
- ❑ **忽略选项**　如果启用【忽略音频】复选框，则在序列内不会显示音频内容；若启用【忽略视频】复选框，则在序列中将不显示视频内容。

2. 查找素材

随着项目进度的逐渐推进，【项目】面板中的素材往往会越来越多。此时，再通过拖曳滚动条的方式来查找素材会变得费时又费力。为此，Premiere Pro CC 专门提供了查找素材的功能，极大地方便了用户操作。

查找素材时，如果了解素材名称，可先将【项目】面板的素材显示方式切换为“列表视图”，然后直接在【项目】面板的搜索框内输入所查素材的部分或全部名称。此时，所有包含用户所输关键字的素材都将显示在【项目】面板内，如图 3-21 所示。

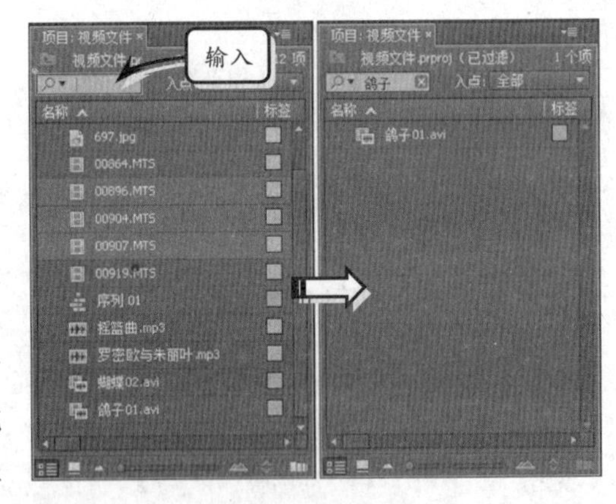

图 3-21　通过名称查找素材

提　示

使用素材名称查找素材后，单击搜索框内的⊠按钮，或者清除搜索框中的文字，即可在【项目】面板内重新显示所有素材。

如果仅仅通过素材名称无法快速找到匹配素材，我们还可以通过场景、磁带信息或标签内容等信息来查找相应素材。此时，应首先单击【项目】面板中的【查找】🔍按钮，然后分别在【列】和【运算符】栏内设置查找条件，并在【查找目标】栏中设置关键字，如图 3-22 所示。完成上述设置后，单击【查找】对话框中的【查找】按钮，即可在【项目】面板内看到查寻结果。

图 3-22 高级查找

3. 重命名与删除素材

在编辑影片的过程中，通过更改素材名称，可以让素材的使用变得更加方便、准确。此外，删除多余素材，也能够减少素材管理的复杂程度。

在【项目】面板中，双击素材名称后它将处于可编辑状态。此时，只需输入新的素材名称，即可完成重命名素材的操作，如图 3-23 所示。

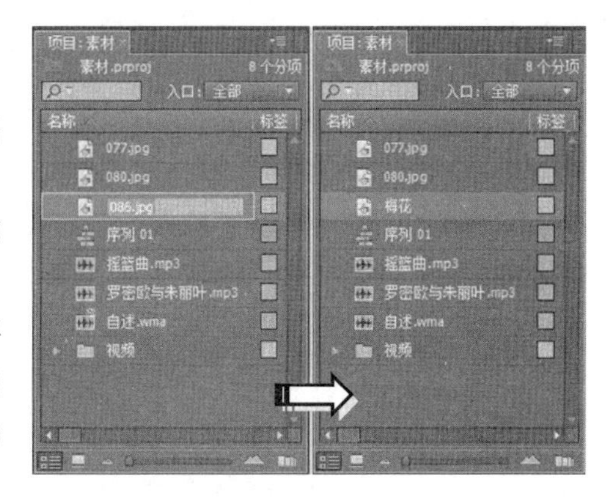

图 3-23 素材重命名

注 意

若单击素材前的图标，将会选择该素材；若要更改其名称，则必须双击素材名称的文字部分。此外，右击素材后，从快捷菜单中选择【重命名】命令，也可将素材名称设置为可编辑状态，从而通过输入文字的方式对其进行重命名操作。

清除素材的操作虽然简单，但 Premiere Pro CC 仍为我们提供了多种操作方法。例如，在【项目】面板内选择素材后，单击【清除】按钮即可完成清除任务，如图 3-24 所示。

图 3-24 清除多余素材

需要指出的是，当所清除的素材已经应用于序列中时，Premiere Pro CC 将会弹出警告对话框，提示序列中的相应素材会随着清除操作而丢失，如图 3-25 所示。

图 3-25 清除已使用的素材

4. 查看素材属性

素材属性是指包括素材尺寸、持续时间、画面分辨率、音频标识等信息在内的一系列数据。通过了解素材属性，有助于用户在编辑影片时选择最为适当的素材，从而为高效地制作优质影片奠定良好的基础。

在【项目】面板中，通过调整面板及各列的宽度，即可查看相关的属性信息。除此之外，用户还可右击所要查看的素材文件，从弹出的菜单中选择【属性】命令，如图 3-26 所示。

此时，在弹出的【属性】面板中，即可查看到所选素材的实际保存路径、文件类型、大小、分辨率等信息。根据所选素材类型的不同，在【属性】面板内能够看到的信息也会有所差别。例如在查看视频素材的属性时，【属性】面板内还将显示帧速率、总持续时间等信息，如图 3-27 所示。

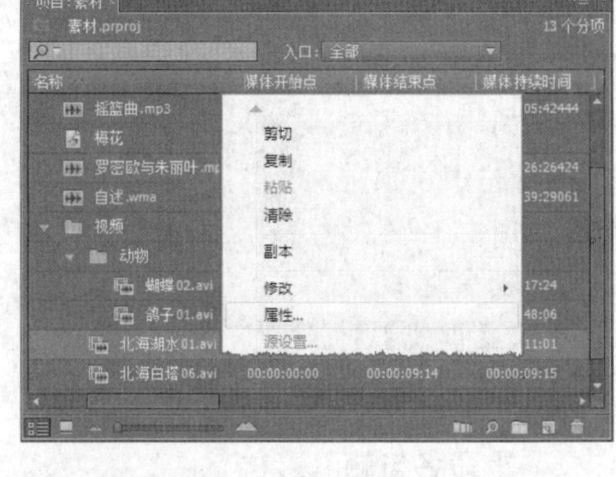

图 3-26　执行【属性】命令

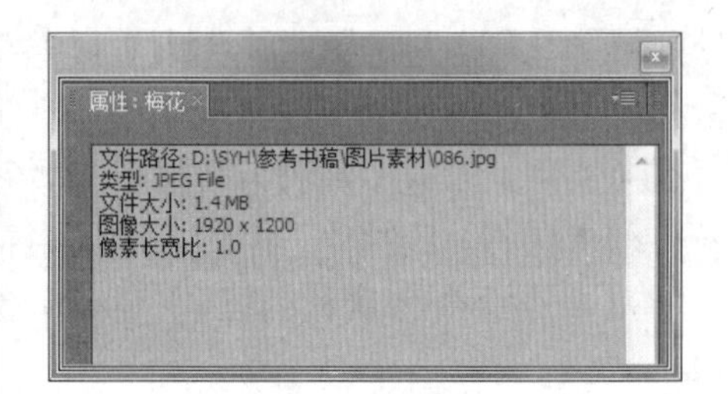

图 3-27　不同格式素材的属性

3.4.3　使用项目管理器打包项目

制作一部复杂的影视节目，所用到的素材会多不胜数。在这种情况下，除了使用【项目】面板对素材进行管理外，还应将项目所用到的素材全部归纳于同一文件夹内，以便统一进行管理。

要打包项目素材时，应首先在 Premiere Pro CC 主界面中执行【文件】|【项目管理】命令。在弹出的【项目管理器】对话框中，从【源】区域内选择所要保留的序列，并在【生成项目】选项组内设置项目文件归档方式后，单击【确定】按钮即可，如图 3-28 所示。稍等片刻后，即可在【路径】选项所示文件夹中，找到一个采用“已复制_”加项目名为名称的文件夹，其内部包含当前项目的项目文件，以及所用素材文件的副本。

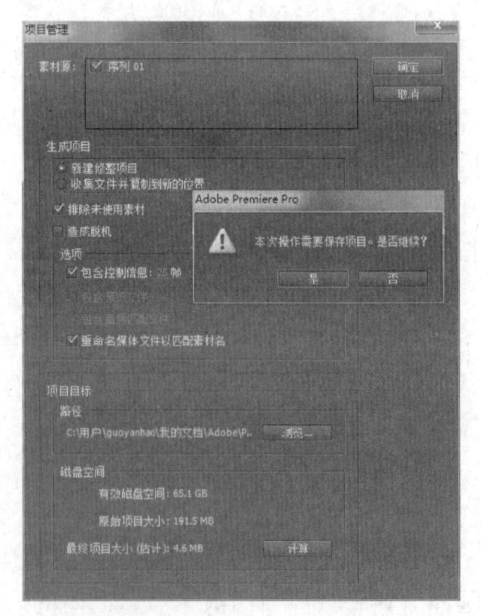

图 3-28　打包项目素材

3.4.4　管理元数据

元数据是一种描述数据的数据，在许多领域内都有其具体的定义和应用。在 Premiere

Pro CC 中，元数据存在于影视节目制作流程的各个环节，例如前期拍摄阶段会产生镜头名称、拍摄地点、景别等元数据；而后期编辑阶段则会产生镜头列表、编辑点和过渡等元数据。当然，并不是所有的元数据都有用，可以根据实际需要进行筛选，仅保留关键的元数据。

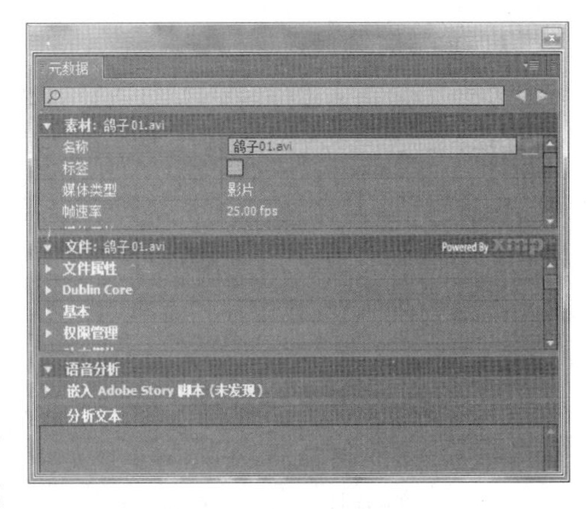

图 3-29 【元数据】面板

1. 查看元数据

若要查看素材元数据，则应首先选择该素材文件，并执行【窗口】|【元数据】命令。此时，在打开的【元数据】面板中，即可查看所选素材的各项元数据，如图 3-29 所示。

2. 编辑元数据

对于描述素材信息的元数据来说，绝大多数的元数据项都无法更改。不过，为了让用户能够更好地管理素材，Premiere Pro CC 允许用户修改素材的部分元数据，例如素材来源、描述信息等，如图 3-30 所示。

图 3-30 修改素材元数据

3. 设定元数据显示内容

默认情况下，【元数据】面板内显示的只是部分元数据信息。在右击【元数据】面板标签后，执行【元数据显示】命令，即可在弹出的对话框内设置【元数据】面板所显示元数据的类别，如图 3-31 所示。当禁用某个选项后，【元数据】面板内便将不再显示该选项中的所有元数据项。

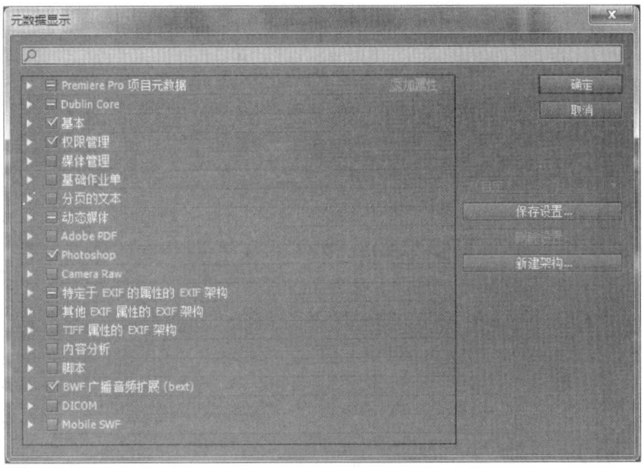

4. 自定义元数据

单击【Premiere 项目元数据】选项右侧的【添加属性】按钮，并在弹出的对话框内设置属性名称与属性值类型后，单击【确定】按钮，即可为【Premiere 项目元数据】选项添加一个新的元数据条目，如图 3-32 所示。

图 3-31 设置所显示元数据的类别

如果单击【元数据显示】对话框中的【新建构架】按钮，还可在弹出的对话框内设置方案名称，并在单击【确定】按钮后，创建新的元数据信息项，如图 3-33 所示。在为其添加元数据条目后，用户便可利用该元数据信息项中的条目来记录相应元数据信息。

设置完成后，启用该选项，然后在【元数据显示】对话框中单击【确定】按钮。接下来，即可在【元数据】面板内查看并编辑刚刚添加的元数据选项了，如图 3-34 所示。

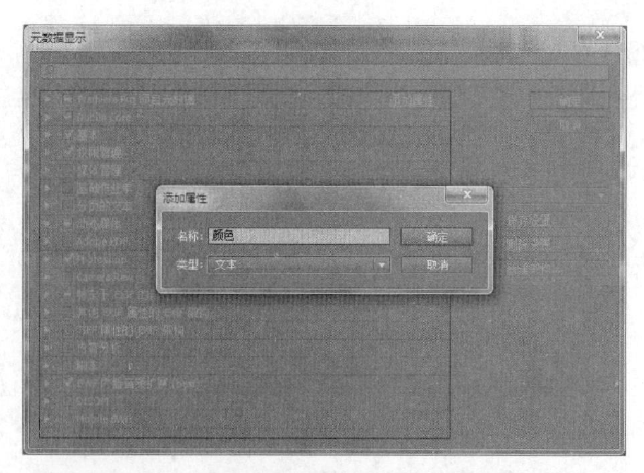

图 3-32 设置新的元数据信息项目

3.4.5 脱机文件

脱机文件是指项目内的素材文件当前不可用，其产生原因多是项目所引用的素材文件已经被删除或移动。当项目中出现脱机文件时，如果在【项目】面板中选择该素材文件，【源】或【节目】面板内便将显示该素材的媒体脱机信息，如图 3-35 所示。

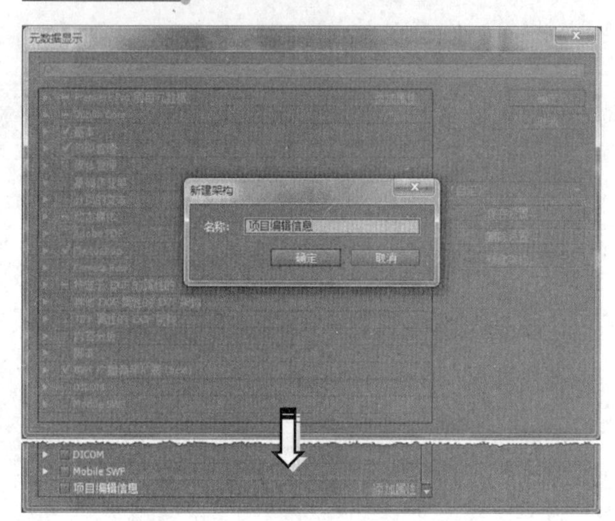

图 3-33 创建元数据项

在打开包含脱机文件的项目时，Premiere Pro CC 会在弹出的【链接媒体】对话框内要求用户重新定位脱机文件，如图 3-36 所示。此时，如果用户能够指出脱机素材新的文件存储位置，便会解决该素材文件的媒体脱机问题。

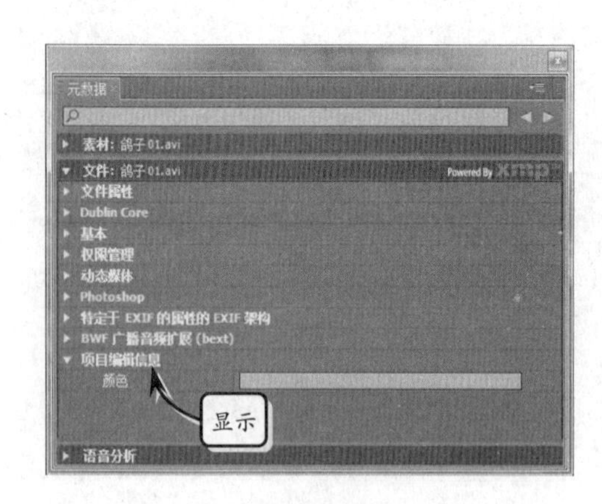

图 3-34 查看元数据选项

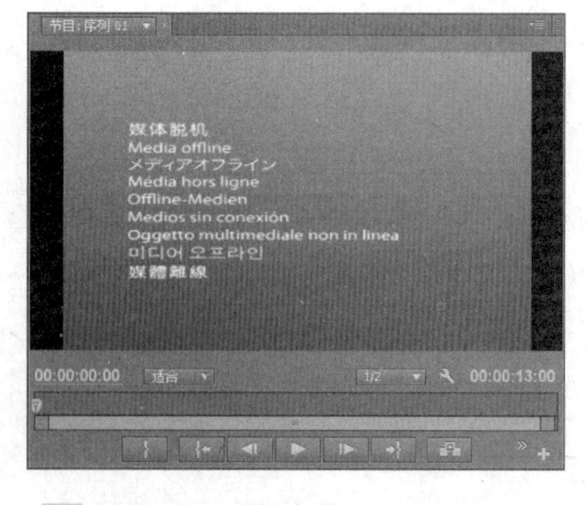

图 3-35 脱机文件

在该对话框中，用户可选择查找或跳过该素材，或者将该素材创建为脱机文件，对话框中的部分选项作用如表 3-1 所示。

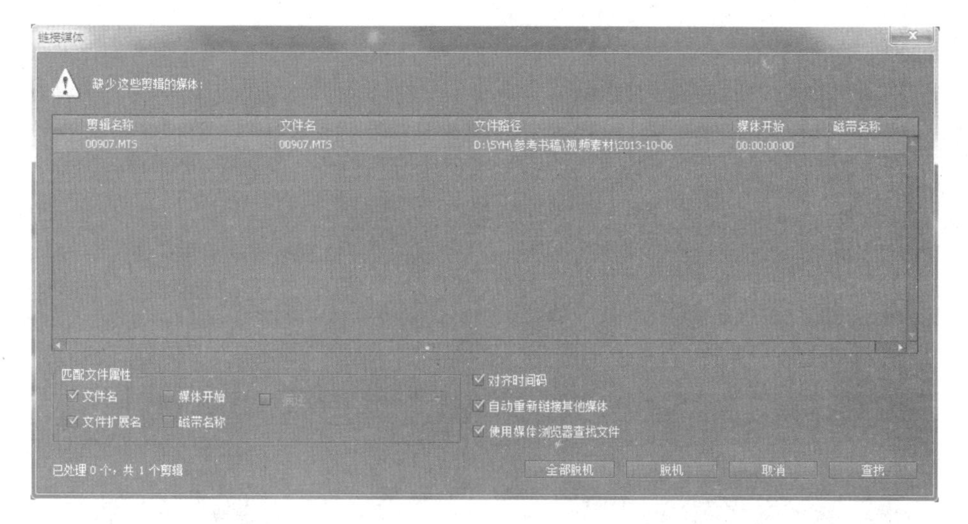

图 3-36 【链接媒体】对话框

表 3-1 【链接媒体】对话框选项介绍

名　称	功　能
自动重新链接其他媒体	Premiere Pro CC 可自动查找并链接脱机媒体。默认情况下，【链接媒体】对话框中的【自动重新链接其他媒体】选项处于启用状态
对齐时间码	默认情况下，该选项也处于启用状态，以将媒体文件的源时间码与要链接的剪辑时间码对齐
使用媒体浏览器查找文件	打开带有缺失媒体文件的项目时，利用【链接媒体】对话框，可直观地查看链接丢失的文件，并快速查找和链接文件
查找	单击该按钮，将弹出【搜索结果】对话框，用户可通过该对话框重新定位脱机素材
脱机	将需要查找的文件创建为脱机文件
全部脱机	单击该按钮，即可将项目中所有需要重新定位的媒体素材创建为脱机文件

在 Premiere Pro CC 中，可以自动查找并链接脱机媒体。默认情况下，【链接媒体】对话框中的【自动重新链接其他媒体】选项处于启用状态。Premiere Pro CC 尝试在尽可能减少用户输入的情况下重新链接脱机媒体。如果 Premiere Pro CC 在打开项目时可以自动地重新链接所有缺失文件，则不会显示【链接媒体】对话框。

可手动查找并重新连接 Premiere Pro CC 无法自动重新链接的媒体。要执行此操作，请在【链接媒体】对话框中单击【查找】按钮。

在【查找文件】对话框中最多可显示最接近查找文件所处层级的三个目录层级。如果没有找到完全匹配项，则在显示此目录时会考虑该文件应该存在的位置或与之前会话相同的目录位置。默认情况下，【查找文件】对话框会使用媒体浏览器显示文件目录列表，如图 3-37 所示。

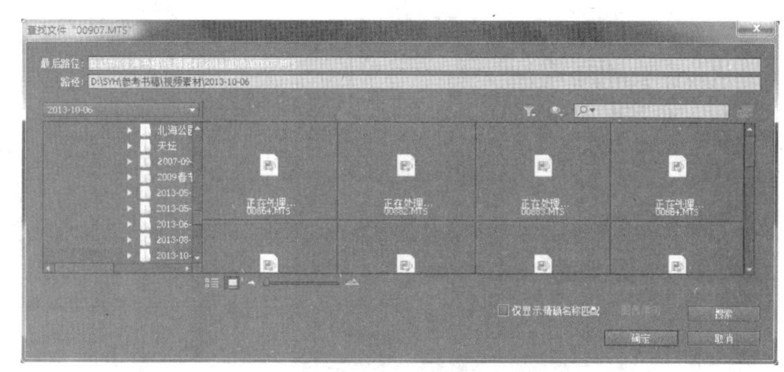

图 3-37 【查找文件】对话框

注　意

如要使用计算机的文件浏览器查找文件，需要禁用【链接媒体】对话框中的【使用媒体浏览器查找文件】选项。

3.5　课堂练习：整理影片素材

本实例为整理影片素材，主要步骤包括创建项目，导入影片素材，预览影片效果，保存项目等，如图 3-38 所示。

图 3-38　动画效果

操作步骤：

1　启动 Premiere Pro CC，在【新建项目】对话框中，单击【浏览】按钮，选择文件的保存位置。在【名称】栏中输入“整理影片素材”文本，单击【确定】按钮，如图 3-39 所示。

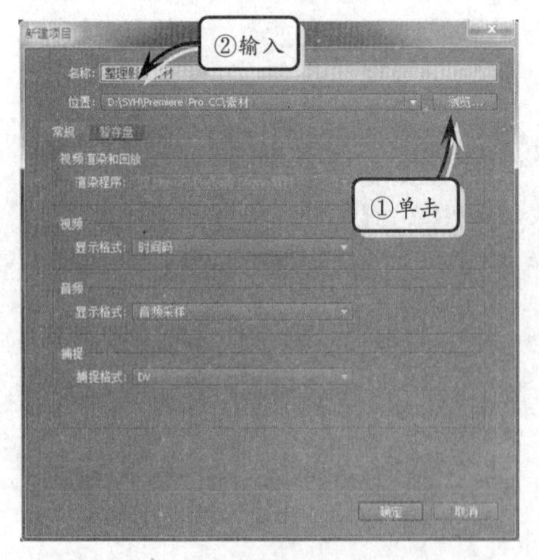

图 3-39　创建项目

2　按快捷键 Ctrl+N 或执行【文件】|【新建】|【序列】命令，在弹出的【新建序列】对话框中，选择【可用预设】列表框中的“标准 48kHz”，单击【确定】按钮，即可创建“整理影片素材”文件，如图 3-40 所示。

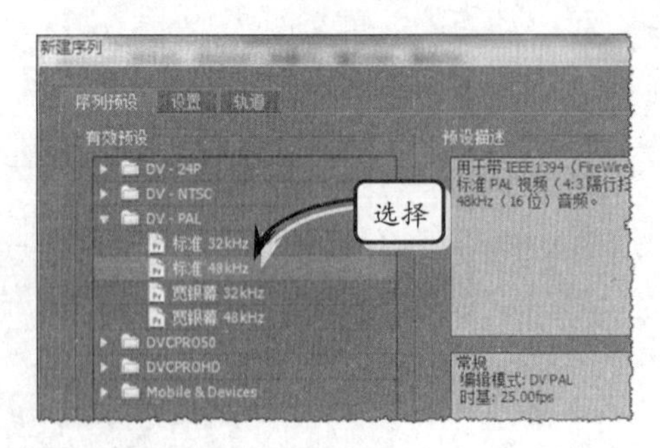

图 3-40　设置序列

3　在【项目】面板空白处，单击鼠标右键，选择【导入】命令，在弹出的【导入】对话框中选择素材，导入到【项目】面板中，如图

3-41 所示。

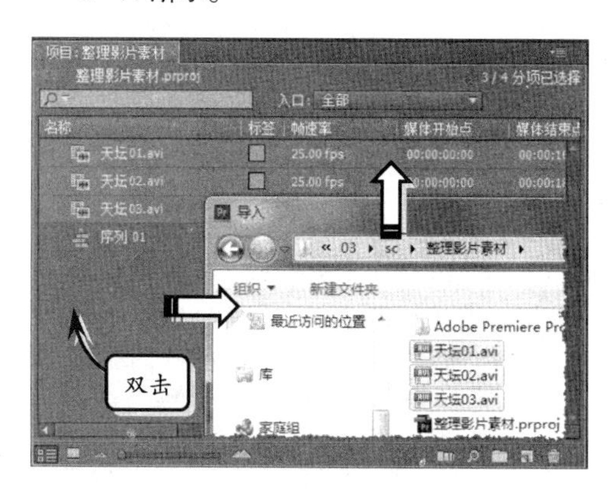

图 3-41　导入素材

4　选择【项目】面板中的素材，将其拖入到【时间轴】面板的“V1”轨道上。在【节目】面板中，单击【播放-停止切换】按钮，即可预览影片。最后，保存文件完成影片的整理，如图 3-42 所示。

图 3-42　播放并保存文件

3.6　课堂练习：制作简单的电子相册

本例为制作简单的电子相册。首先创建电子相册项目，然后导入素材图片并在【节目】面板中预览动画效果，最后保存项目完成简单电子相册的制作，如图 3-43 所示。

图 3-43　电子相册效果

操作步骤：

1　启动 Premiere Pro CC，在【新建项目】面板中，单击【浏览】按钮，选择文件的保存位置。在【名称】栏中输入“电子相册”，单击【确定】按钮，如图 3-44 所示。

2　执行【文件】|【新建】|【序列】命令，在弹出的【新建序列】对话框中选择【序列预设】列表框中的“标准 48kHz”，输入序列名称为“七星瓢虫”，单击【确定】按钮，

即可创建电子相册文件，如图3-45所示。

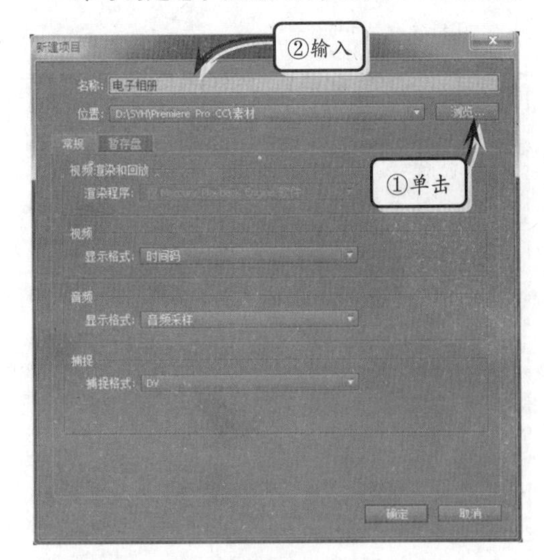

图3-44　新建项目

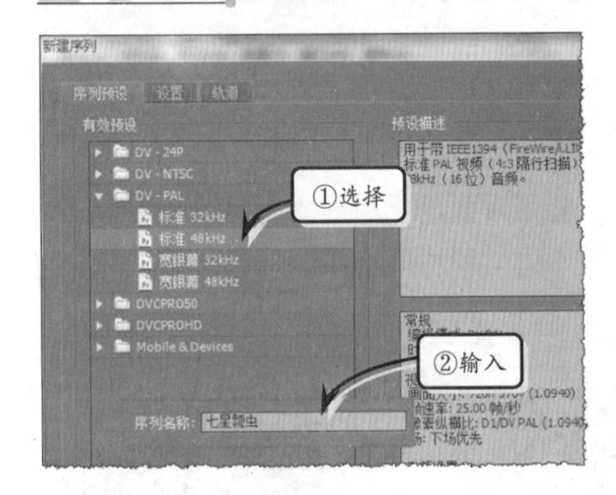

图3-45　设置序列

3　执行【文件】|【导入】命令，打开【导入】对话框，选择素材图片，导入到【项目】面板中。在【项目】面板中单击【新建素材箱】按钮，新建“素材”素材箱，如图3-46所示。

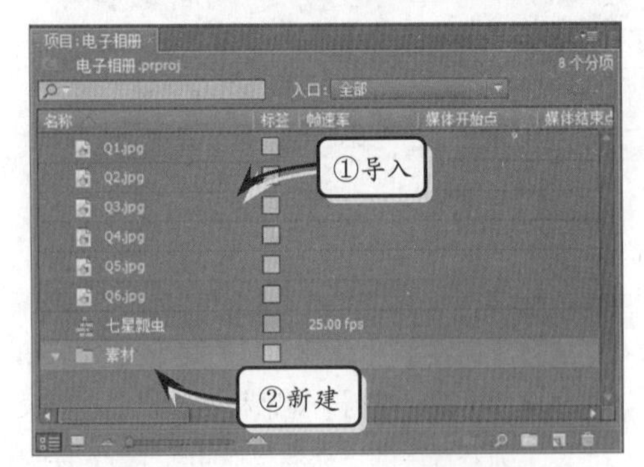

图3-46　导入素材并创建素材箱

4　选择所有素材图片，将其拖至“素材”素材箱中。选择所有素材图片，单击【项目】面板底部的【自动匹配序列】按钮，弹出【自动匹配到序列】对话框，如图3-47所示。

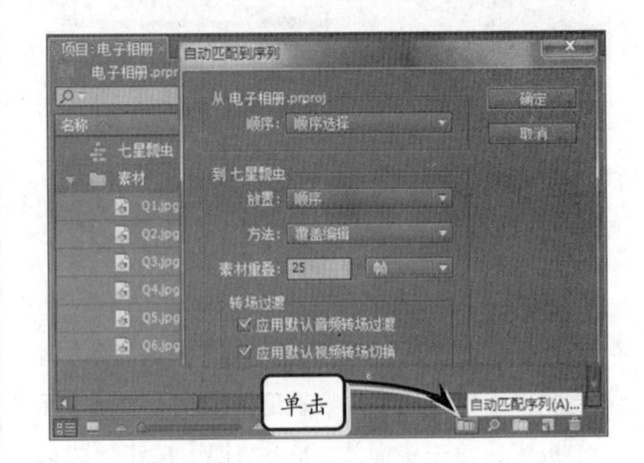

图3-47　序列自动化

5　直接单击【自序列自动化】对话框中的【确定】按钮后，选中的素材图片同时插入到【时间轴】面板中。按空格键预览动画效果，最后，保存文件，完成电子相册的制作，如图3-48所示。

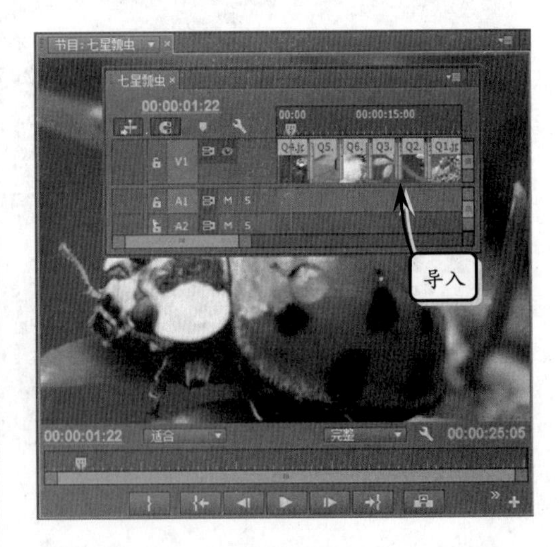

图3-48　预览动画

提　示

在【项目】面板中，选择“素材”素材箱，拖入“V1”轨道上，也可以将所有图片导入。

3.7 思考与练习

一、填空题

1. __________是将模拟摄像机、录像机、LD 视盘机、电视机输出的视频信号，通过专用的模拟或者数字转换设备，转换为二进制数字信息后存储于计算机的过程。

2. Premiere Pro CC 中的素材分为两大类，一类是利用软件创作出的素材，另一类则是通过__________从其他设备内导入的素材。

3. 在【项目】面板中，Premiere Pro CC 共提供了图标视图和__________两种不同的视图模式。

4.【项目】面板关联菜单中的【________】命令是用来查看视频文件的。

5. Premiere Pro CC 中的__________功能，不仅可以方便、快捷地将所选素材添加至序列中，还能够在各素材之间添加一种默认的过渡效果。

二、选择题

1. 在采集视频的过程中，能够辅助用户进行采集的硬件设备叫做__________。

A. 视频卡
B. 电视卡
C. 显卡
D. 视频采集卡

2. 将素材导入 Premiere Pro CC 后，素材将会出现在【__________】面板中。

A. 素材源
B. 项目
C. 时间轴
D. 媒体浏览

3. 当禁用【悬停划动】选项，而又想在【项目】面板中查看视频文件时，可以按住__________键滑动鼠标。

A. Ctrl
B. Alt
C. Shift
D. H

4.【项目】面板中的【__________】按钮是用来查找素材的。

A. 查找
B. 新建文件夹
C. 新建分项
D. 清除

5. __________是用来描述数据的数据，它在 Premiere Pro CC 中的作用是描述素材的镜头名称、拍摄地点、编辑点和过渡等。

A. 元标签
B. 源数据
C. 元数据
D. 初始数据

三、问答题

1. 简述素材的导入方法。
2. 如何将素材分类？
3. 如何查看视频素材？
4. 如何查看特定素材？
5. 如何查看素材属性？

四、上机练习

1. 导入素材

在 Premiere Pro CC 中导入素材非常简单，只要在【项目】面板中双击，即可打开【导入】对话框。选择素材文件后，单击【打开】按钮即可将选中的素材导入到【项目】面板中，如图 3-49 所示。

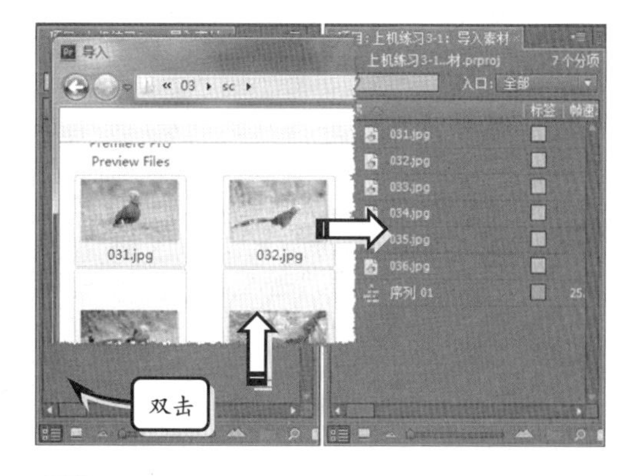

图 3-49 导入素材

2. 快速查看视频素材

在 Premiere Pro CC 中，视频文件不仅能够进行静态查看，还能够进行动态查看，并且不需要将视频文件打开。方法是，在【项目】面板中的视频文件不被选中的情况下，将鼠标指向该视频文件，并在该视频文件缩略图范围内滑动，即可发现视频被播放，如图 3-50 所示。

图 3-50 快速查看视频素材

第 4 章 创建与编辑序列

视频效果制作中必不可少的一个环节，就是对视频素材进行编辑与修剪，而 Premiere Pro CC 的强大功能也是视频素材的编辑与修剪。在 Premiere Pro CC 中，对视频素材的编辑共分为分割、排序、修剪等多种操作，此外还可利用编辑工具对素材进行一些较为复杂的编辑操作，使其符合影片要求，并最终完成整部影片的剪辑与制作。

在该章节中，除了介绍编辑影片素材时用到的各种选项与面板外，还将对创建新元素、剪辑素材和多重序列的应用等内容进行讲解，使读者能够更好地学习 Premiere Pro CC 编辑影片素材的各种方法与技巧。

本章学习要点：

- 了解时间轴面板使用方法
- 认识素材源与节目监视器
- 学习素材的基本编辑方法
- 应用视频编辑工具

4.1 使用时间轴面板

视频素材编辑的，前提是将视频素材放置在【时间轴】面板中。在该面板中，不仅能够将不同的视频素材按照一定顺序排列，还可以对其进行编辑。

4.1.1 时间轴面板概览

在 Premiere Pro CC 中，【时间轴】面板经过重新设计可进行自定义，可以选择要显示的内容并立即访问控件。现在可以通过音量和声像、录制以及音频计量轨道控件更加快速有效地完成工作。

在【时间轴】面板中，时间轴标尺上的各种控制选项决定了查看影片素材的方式，以及影片渲染和导出的区域，如图 4-1 所示。

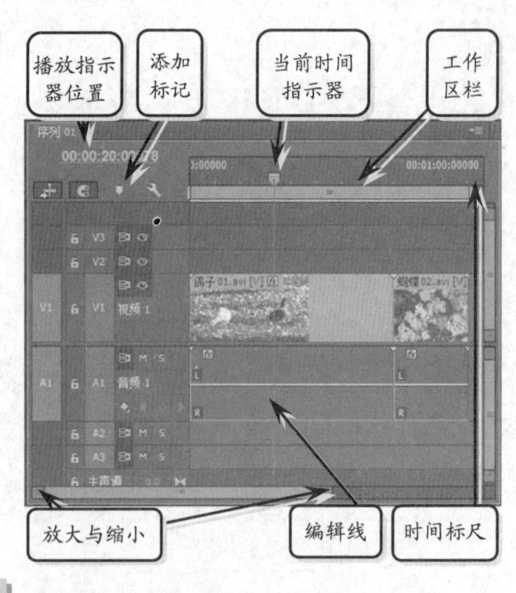

图 4-1 【时间轴】面板

1. 时间标尺

时间标尺是一种可视化的时间间隔显示工具。默认情况下，Premiere Pro CC 按照每秒所播放画面的数量来划分时间轴，从而对应于项目的帧速率。不过，如果当前正在编辑的是音频素材，则应在【时间轴】面板的关联菜单内选择【显示音频时间单位】命令后，将标尺更改为按照毫秒或音频采样等音频单位进行显示，如图 4-2 所示。

提 示

执行【文件】|【项目设置】|【常规】命令后，即可在弹出的对话框内的【音频】选项组中，设置时间标尺在显示音频素材时的单位。

2. 当前时间指示器

当前时间指示器是一个土黄色的三角形图标，其作用是标识当前所查看的视频帧，以及该帧在当前序列中的位置。在时间标尺中，我们即可以采用直接拖动【当前时间指示器】的方法来查看视频内容，也可在单击时间标尺后，将【当前时间指示器】移至鼠标单击处的某个视频帧，如图 4-3 所示。

图 4-2 使用音频单位划分标尺

图 4-3 查看指定视频帧

3. 播放指示器位置

播放指示器位置与当前时间指示器相互关联，当移动时间标尺上的【当前时间指示器】时，播放指示器位置中的内容也会随之发生变化。同时，当在播放指示器位置上左右拖动鼠标时，也可控制【当前时间指示器】在时间标尺上的位置，从而达到快速浏览和查看素材的目的。

在单击播放指示器位置后，还可根据播放指示器位置单位的不同，输入相应数值，从而将【当前时间指示器】精确移动至时间轴上的某一位置，如图 4-4 所示。

4. 查看区域栏

查看区域栏的作用是确定出现在时间轴上的视频帧数量。当单击横拉条左侧的端点并向左拖动，从而使其长度减少时，【时间轴】面板在当前可见区域内能够显示的视频帧将逐渐减少，而时间标尺上各时间标记间的距离将会随之延长；反之，时间标尺内将显示更多的视频帧，并减少时间轴上的时间间隔，如图 4-5 所示。

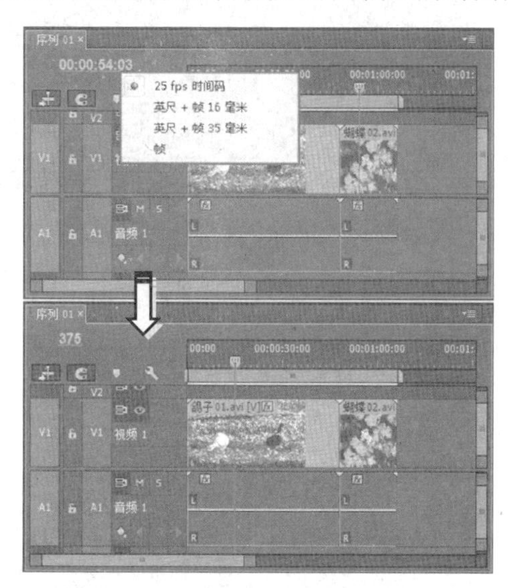

图 4-4 调整播放指示器位置的单位

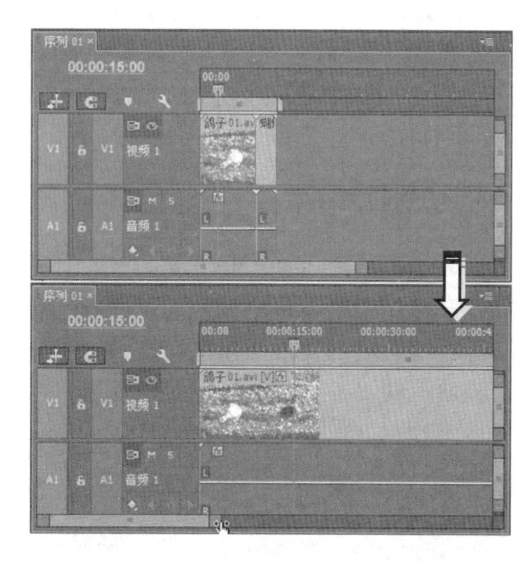

图 4-5 调整查看区域栏

4.1.2 时间轴面板基本控制

轨道是【时间轴】面板中最为重要的组成部分，原因在于这些轨道能够以可视化的方式来显示音视频素材及所做添加的效果。而且，利用【时间轴】面板内的轨道选项，还可控制轨道的显示方式，或添加和删除轨道，并在导出项目时决定是否输出特定轨道。在 Premiere Pro CC 中，各轨道的图标及选项如图 4-6 所示。

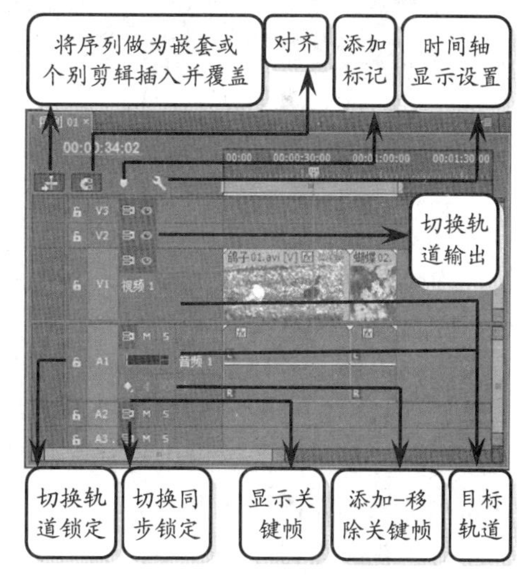

图 4-6 轨道图标及选项

1. 切换轨道输出

在视频轨道中，【切换轨道输出】按钮用于控制是否输出该视频素材。这样一来，便可以在播放或导出项目时，控制在【节目】面板内是否能查看相应轨道中的影片。

在音频轨道中，【切换轨道输出】按钮图标变成“静音轨道”图标，其功能是在播放或导出项目时，决定是否输出相应轨道中的音频素材。单击该图标，即可使视频中的音频静音，同时图标将改变颜色，如图 4-7 所示。

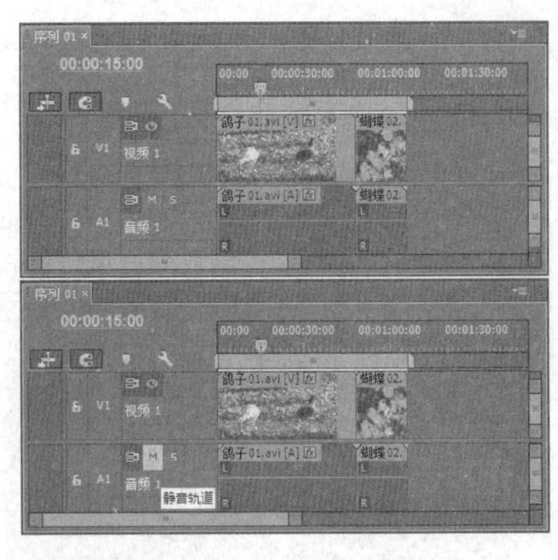

图 4-7 静音轨道

2. 切换同步锁定

通过对轨道启用切换同步锁定功能，确定执行插入、波纹删除或波纹修剪操作时哪些轨道将会受到影响。对于其剪辑属于操作一部分的轨道，无论其同步锁定的状态如何，这些轨道始终都会发生移动，但是其他轨道将只在同步锁定处于启用状态的情况下才能移动其剪辑内容，如图 4-8 所示。

3. 切换轨道锁定

该选项的功能是锁定相应轨道上的素材及其他各项设置，以免因误操作而破坏已编辑好的素材。当单击该选项按钮，出现"锁"图标时，表示轨道内容已被锁定，此时无法对相应轨道进行任何修改，如图 4-9 所示；再次单击【切换轨道锁定】按钮，即可去除选项上的"锁"图标，并解除对相应轨道的锁定保护。

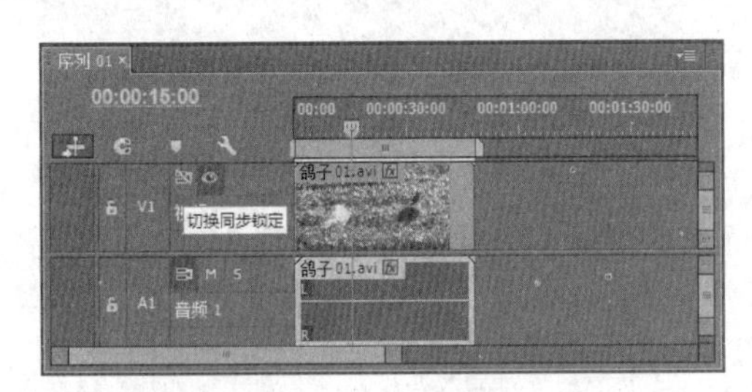

图 4-8 切换同步锁定调整素材

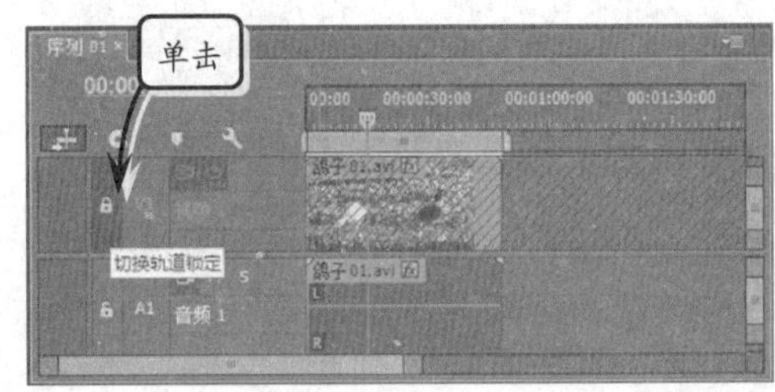

图 4-9 锁定轨道

4. 时间轴显示设置

为了便于用户查看轨道上的各种素材，Premiere Pro CC 分别为视频素材和音频素材提供了多种显示方式。单击【时间轴】面板中的【时间轴显示设置】按钮，可在弹出的菜单中选择各样式的显示效果，如图 4-10 所示。

对于视频素材，Premiere Pro CC 还为其提供了更多视频缩览图的显示方式。只要单击【时间轴】面板的关联菜单按钮，选择不同的命令，即可得到各样式的视频缩览图显示效果，如图 4-11 所示。

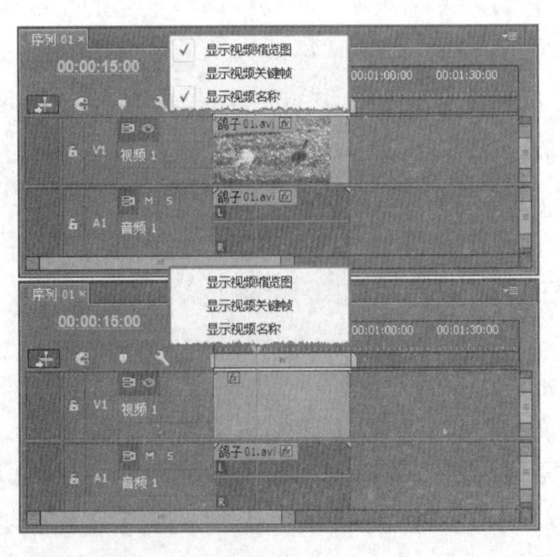

图 4-10 使用不同方式查看轨道上的视频素材

对于轨道上的音频素材，Premiere Pro CC 也提供了两种显示方式。应用时，同样需要单击【时间轴显示设置】按钮，并在弹出的菜单内进行选择，即可采用新的方式查看轨道上的音频素材，如图 4-12 所示。

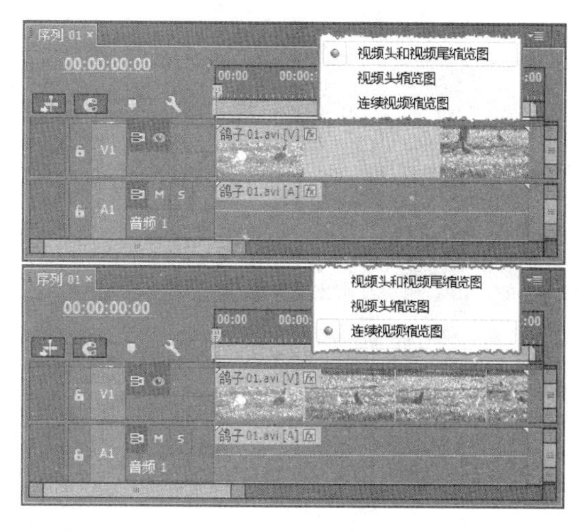

图 4-11 各种视频缩览图显示效果

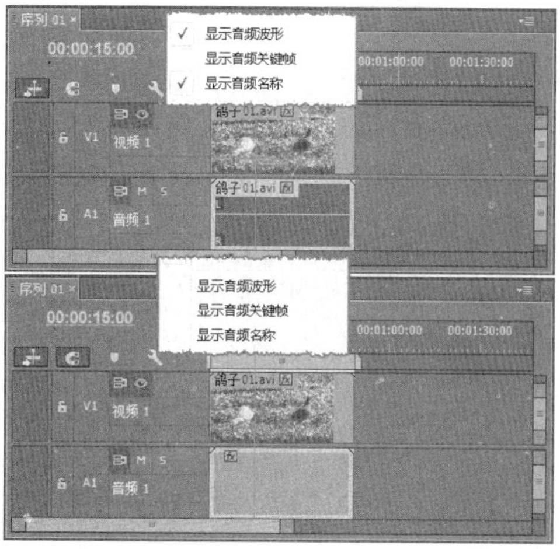

图 4-12 使用不同方式查看轨道上的音频素材

4.1.3 轨道的基本管理方法

在编辑影片时，往往要根据编辑需要添加、删除轨道，或对轨道进行重命名操作。下面将讲解对轨道进行上述操作的方法。

1. 重命名轨道

在【时间轴】面板中，右击轨道后，选择【重命名】命令，即可进入轨道名称的编辑状态。此时，输入新的轨道名称，并按 Enter 键，即可为相应轨道设置新的名称，如图 4-13 所示。

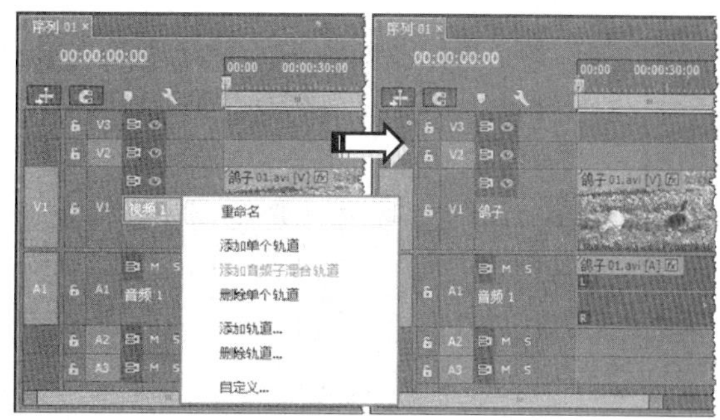

图 4-13 轨道重命名

2. 添加轨道

当影片剪辑使用的素材较多时，增加轨道的数量有利于提高影片的编辑效率。此时，可以在【时间轴】面板内右击轨道，并选择【添加轨道】命令，如图 4-14 所示。

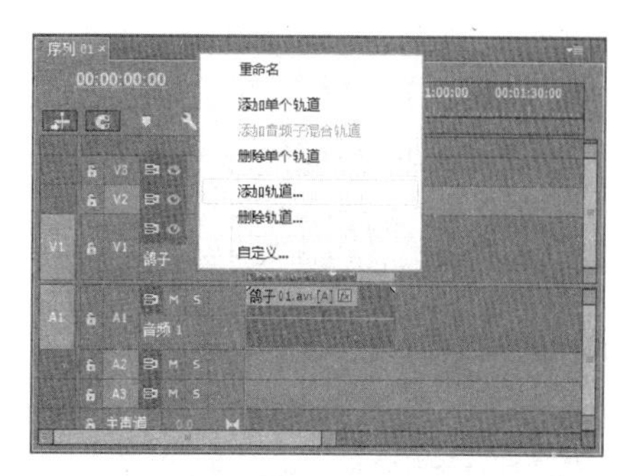

图 4-14 选择【添加轨道】命令

在【添加轨道】对话框的【视频轨道】选项组中，【添加】选项用于设置新增视频轨道的数量，而【放置】选项用于设置新增视频轨道的位置。在单击【放置】下拉按钮后，即可在弹出的下拉列表内设置新轨道的位置，如图 4-15 所示。

完成上述设置后，单击【确定】按钮，即可在【时间轴】面板的相应位置处添加所设数量的视频轨道，如图 4-16 所示。

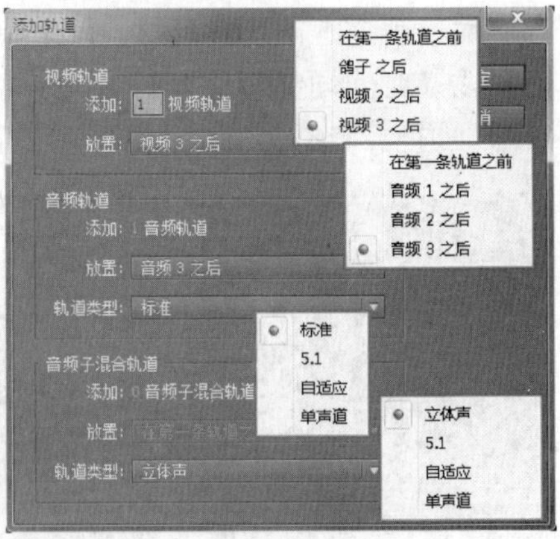

图 4-15　设置新轨道

注　意

按照 Premiere Pro CC 的默认设置，轨道名称会随其位置的变化而发生改变。例如，当我们以跟随视频 1 的方式添加 1 条新的视频轨道时，新轨道会以“V2”的名称出现，而原有的“V2”轨道则会被重命名为“V3”轨道，原“V3”轨道则会被重命名为“V4”轨道，并依此类推。

提　示

在 Premiere Pro CC 中，轨道菜单中还添加了【添加单个轨道】和【添加音频子混合轨道】命令。选择这两个命令，可直接添加轨道，而不需要通过【添加轨道】对话框进行设置。

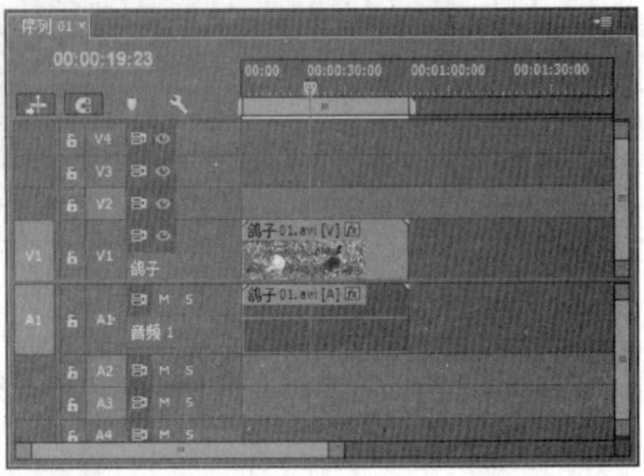

图 4-16　成功添加轨道

在【添加轨道】对话框中，使用相同方法在【音频轨道】和【音频子混合轨道】选项组内进行设置后，即可在【时间轴】面板内添加新的音频轨道。

3．删除轨道

当影片所用的素材较少，当前所包含的轨道已经能够满足影片编辑的需要，并且存在多余轨道时，可通过删除空白轨道的方法，减少项目文件的复杂程度，从而在输出影片时提高渲染速度。操作时，首先在【时间轴】面板内右击要删除的轨道，然后选择【删除轨道】命令，如图 4-17 所示。

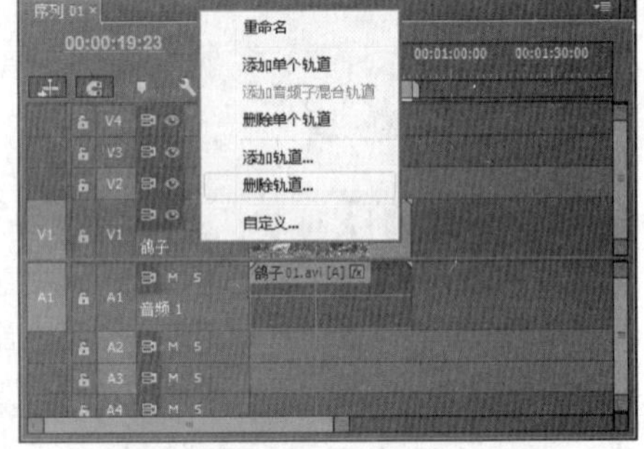

图 4-17　准备删除多余轨道

在弹出的【删除轨道】对话框中，启用【视频轨道】选项组内的【删除视频轨道】复选框。然后，在该复选框下方的下拉列表框内选择所要删除的轨道，完成后单击【确定】按钮，即可删除相应的视频轨道，如图 4-18 所示。

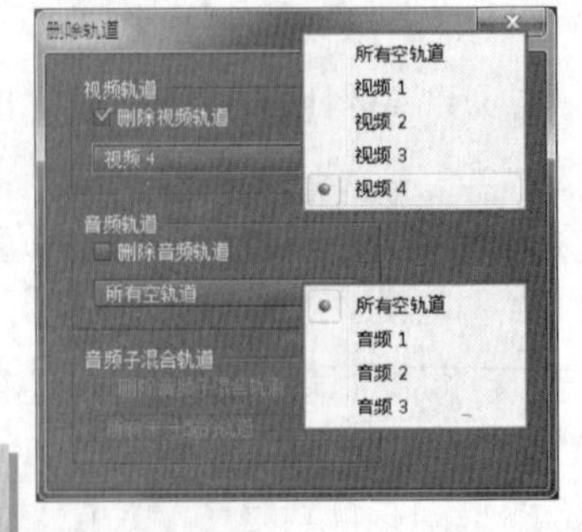

图 4-18　删除“视频 4”轨道

在【删除轨道】对话框中，使用相同方法在【音频轨道】和【音频子混合轨道】选项组内进行设置后，即可在【时间轴】面板内删除相应的音频轨道。

技　巧

要想删除单个轨道时，在该轨道上右击鼠标，选择【删除单个轨道】命令，即可直接删除该轨道，而不需要经过【删除轨道】对话框。

4. 自定义轨道头

在改版后的【时间轴】面板中，可以自定义【时间轴】面板中的轨道标题，利用此功能可决定显示哪些控件。由于视频和音频轨道的控件各不相同，因此每种轨道类型各有单独的按钮编辑器。

方法是右键单击视频或音频轨道，选择【自定义】命令，然后根据需要对按钮进行拖放。例如，可选择【轨道计】按钮，并将其拖动到音频轨道中，如图 4-19 所示。

这时单击【按钮编辑器】对话框中的【确定】按钮，关闭该对话框后，【时间轴】面板的音频轨道中则显示添加后的【轨道计】按钮。当播放视频或者拖动【当前指示器】时，轨道计中就会显示音频效果，如图 4-20 所示。

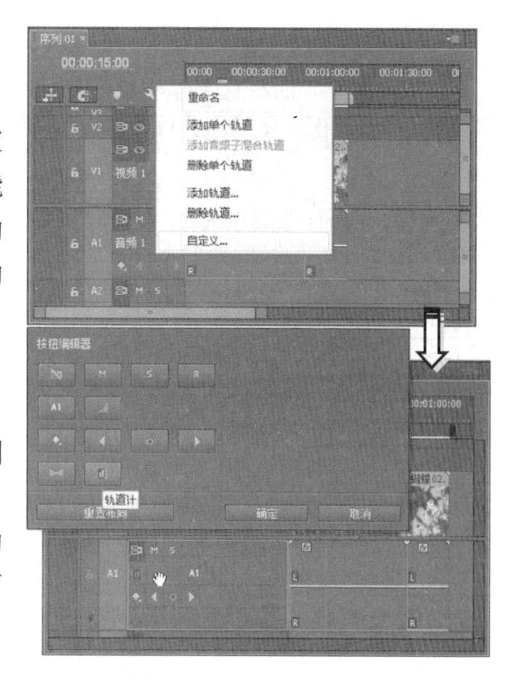

图 4-19 自定义轨道头

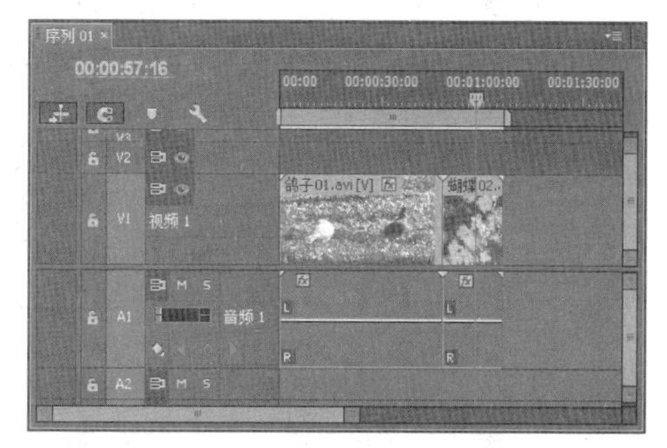

图 4-20 自定义轨道头效果

4.2 使用监视器面板

在 Premiere Pro CC 中，可直接在监视器面板或【时间轴】面板中编辑各种素材。不过，如果要进行精确的编辑操作，就必须先使用监视器面板对素材进行预处理后，再将其添加至【时间轴】面板内。

4.2.1 源监视器与节目监视器概览

Premiere Pro CC 中的监视器面板不仅可在影片制作过程中预览素材或作品，还可用于精确编辑和修剪。根据监视器面板类型的不同，接下来将分别对【源】监视器面板和【节目】监视器面板进行讲解。

1. 【源】监视器面板

【源】监视器面板的主要作用是预览和修剪素材，编辑影片时只需双击【项目】面板中的素材，即可通过【源】监视器面板预览其效果，如图 4-21 所示。在面板中，素材画面预览区的下方为时间标尺，底部

图 4-21 查看素材播放效果

则为播放控制区。【源】监视器面板中各个控制按钮的作用如表 4-1 所示。

表 4-1 【源】监视器面板中部分控件按钮的作用

图　标	名　称	作　用
	查看区域栏	用于放大或缩小时间标尺
无	时间标尺	用于表示时间，其间的“当前时间指示器”用于表示当前所播放视频画面所处的具体位置
	标记入点	设置素材的进入时间
	标记出点	设置素材的结束时间
	设置未编号标记	添加自由标记
	转到入点	无论“当前时间指示器”位置在何处，都将直接跳至当前素材的入点处
	转到出点	无论“当前时间指示器”位置在何处，都将直接跳至素材出点
	逐帧后退	以逐帧的方式倒放素材
	播放-停止切换	控制素材画面的播放与暂停
	逐帧前进	以逐帧的方式播放素材
	插入	在素材中间单击该按钮后，在插入素材的同时，会将该素材一分为二

在【源】面板中的视频文件，可以通过单击面板中的【仅拖动视频】或【仅拖动音频】按钮来实现视频与音频之间的切换，如图 4-22 所示。

图 4-22 视频与音频之间的切换

2.【节目】监视器面板

从外观上来看，【节目】面板与【源】面板基本一致。与【源】面板不同的是，【节目】面板用于查看各素材在添加至序列并进行相应编辑之后的播出效果，如图 4-23 所示。

图 4-23 查看节目播放效果

无论是【源】监视器面板还是【节目】监视器面板，在播放控制区中单击【按钮编辑器】按钮，弹出【按钮编辑器】对话框，对话框中的按钮同样是用来编辑视频文件的。只要将某个按钮图标拖入面板下方，然后单击【确定】按钮即可，如图 4-24 所示。

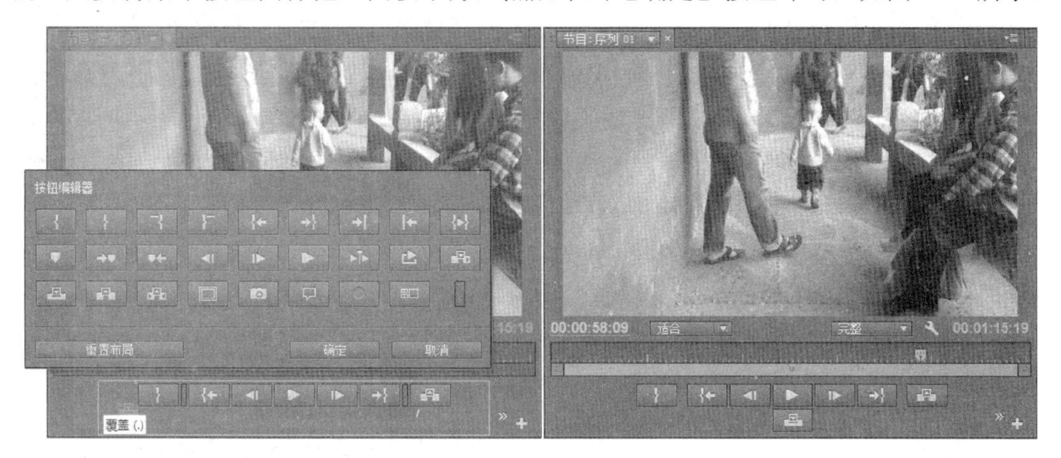

图 4-24 添加编辑按钮

4.2.2 监视器面板的时间控制与安全区域

与直接在【时间轴】面板中进行的编辑操作相比，在监视器面板中编辑影片剪辑的优点是能够精确地控制时间。例如，除了能够通过直接输入当前时间的方式来精确定位外，还可通过逐帧前进、逐帧后退等多个工具来微调当前的播放时间。

除此之外，在拖动时间区域标杆两端的锚点后，时间区域标杆变得越长，则时间标尺所显示的总播放时间越长；时间区域标杆变得越短，则时间标尺所显示的总播放时间也越短，如图 4-25 所示。

图 4-25 时间区域标杆在不同状态下的效果对比

Premiere Pro CC 中的安全区分为字幕安全区和动作安全区两种类型，其作用是标识字幕或动作的安全活动范围。安全区的范围在创建项目时便已设定，且一旦设置完成后将无法进行更改。

右击监视器面板，选择【安全边距】命令，即可显示画面中的安全框，如图 4-26 所示。其中，内侧的安全框为字幕安全框，外侧的安全框为动作安全框。

动作和字幕安全边距分别为 10%和 20%。可以在【项目设置】对话框中更改安全区域的尺寸。方法是执行【文件】|【项目设置】|【常规】命令，即可在【项目设置】对话框的【动作与字幕安全区域】选项组中设置，如图 4-27 所示。

图 4-26　显示安全框

图 4-27　更改安全边距

4.2.3　选择显示模式

电视信号在以模拟方式传输时，其信号电平必然会产生一定范围的波动。为了保证视频画面的色彩平衡、对比度和亮度，就必须将视频信号的波动幅度控制在传输允许并能有效转换到其他视频格式的极限之内。在传输的电视节目制作系统中，制作人员需要使用专门的仪器实时监视和控制视频摄录的质量，而在 Premiere Pro CC 中只需调整画面的显示模式，即可实时了解上述信息。

1．用矢量示波器监测视频信号的色度

矢量示波器的主要功能是以矢量的形式测量全电视信号中的色度信号或色度分量，是对彩条信号、视频信号及传输信道质量监测不可缺少的仪器之一。使用矢量示波器检测图像的原因在于人类的眼睛在观察颜色时会受到主观意识，以及其他多种因素的干扰，因此要精确判断全电视信号中的颜色是否被准确输出就必须使用矢量示波器进行测量。在 Premiere Pro CC 中，查看矢量示波器的方法是右击监视器面板，并选择【显示模式】|【矢量示波器】命令，如图 4-28 所示。

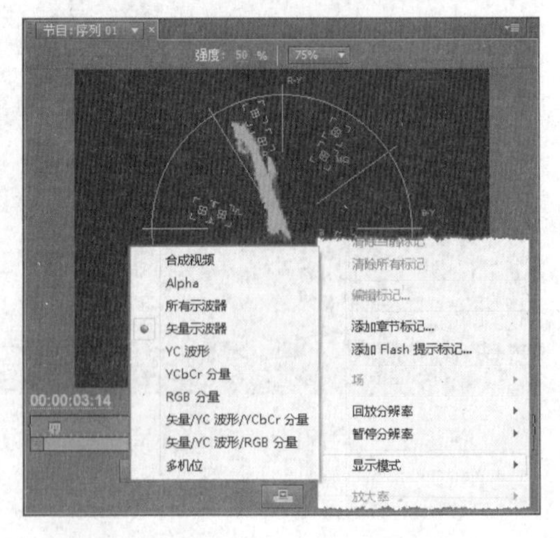

图 4-28　切换至矢量示波器模式

矢量示波器的画面由 R、G、B、Cy、MG 和 YL 这 6 个包含“田”字形方框的区域组成，其分别代表的是彩色电视信号中的 3 原色：红色（Red）、绿色（Green）、蓝色（Blue），以及它们对应的 3 种补色：青色（Cyan）、品红色（Magenta）和黄色（Yellow）。当播放标准的 75%彩条时，彩条中的原色和补色

应在矢量示波器刻度盘对应的方框中形成斑点。正常情况下，各色点的矢量幅度和相位均以田字格内的十字交叉点为准，向外超出的表示有±5%的幅度和±3%相位误差，超出大角框表示有±20%的幅度和±10%相位误差。与标有字母方框相邻的方框，表示该种颜色具有100%的饱和度。正常的视频图像在示波器中形成的矢量幅度一般不应超出以上6个色点所形成的多边形区域。

当使用矢量示波器监测正常的电视信号时，示波器窗口内的图形会像棉絮一样的毫无规律，如图4-29所示。但事实上，示波器内的任何一点都与色彩的相位信息保持着严格的关系，只不过彩色电视信号的色调和饱和度是随图像内容在时刻变化而已。

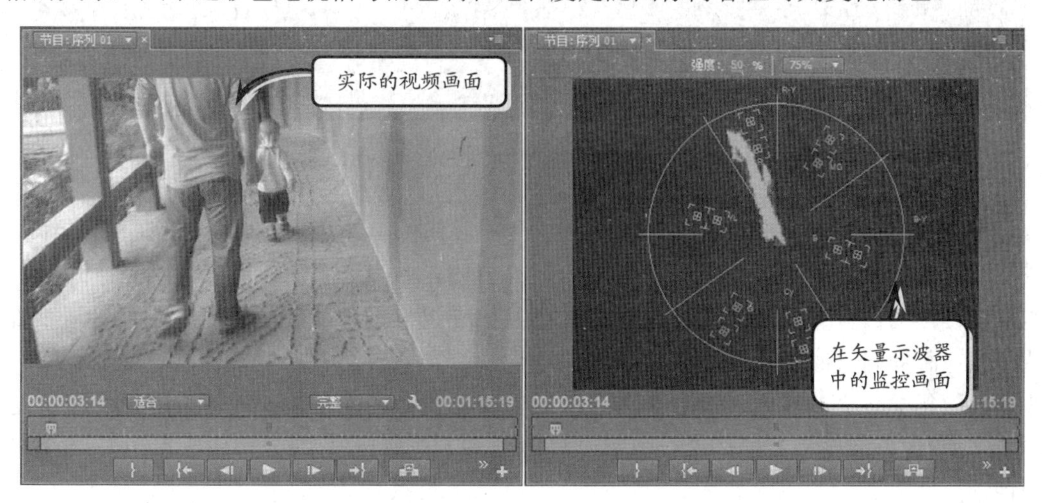

图 4-29 使用矢量示波器查看画面信息

在观察矢量示波器的画面时，若某种颜色在矢量示波器上形成的斑点离中心越近，说明它的色度信号越弱，即饱和度就越小（或越接近白色）；离中心越远，则说明颜色越饱和（颜色较浓）。色度信号的饱和度过高将会引起色彩的溢出而影响画面色彩的真实感及清晰度，过低将使画面色彩变淡；色度信号的相位偏差将会引起偏色，从而影响色彩还原的准确性。

提 示

不管是黑色还是白色，它们在矢量示波器中所形成的斑点都位于测试图的中央。

此外，在非线性编辑系统中我们还可以利用矢量示波器来检测由多台不同摄像机所拍摄画面的相位是否一致。不过，这就要求每台摄像机在拍摄素材之前，要先录制5秒钟的75%标准彩条信号，以便通过矢量示波器检测摄像机所记录的视频质量是否正常。

2. 使用YC波形查看色彩强度

Premiere Pro CC所提供YC波形示波器的作用是监测当前视频的亮度信号及叠加色度信号后的全电视信号电平。在示波器窗口中，垂直方向表示电平的高低（计量单位为伏特，V)，水平方向表示当前画面中的亮度信息分布情况。通过监视器面板顶部的【色度】复选框，用户还可控制示波器窗口内是否叠加显示色度信息，如图4-30所示。

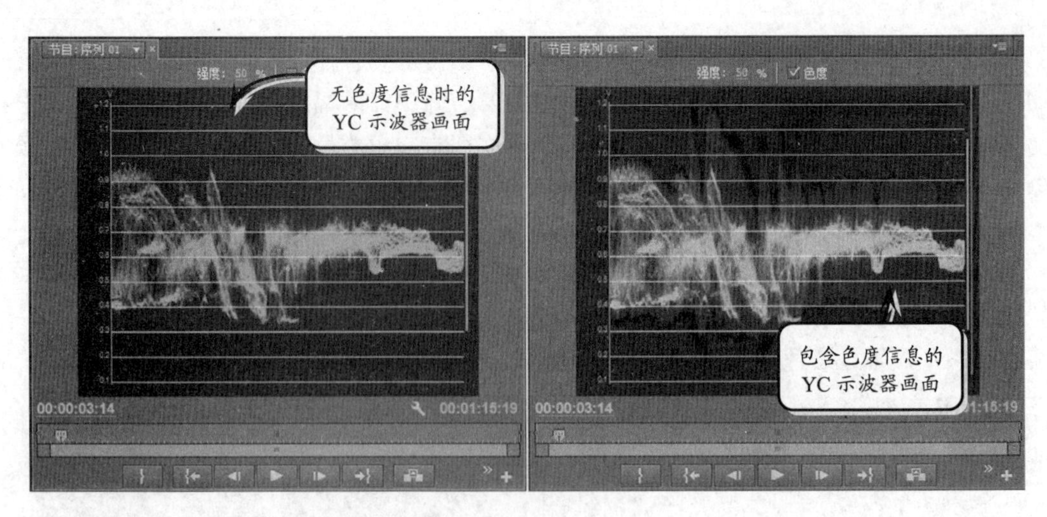

图 4-30 使用 YC 波形查看色彩强度

在观察 YC 示波器画面时，如果视频信号幅度过高会造成白限幅，损失画面亮部图像细节，影响画面的层次感；如果黑电平过高会使画面有雾状感，清晰度不高，图像上本来该发黑的部分却变成灰色，缺乏层次感；如果黑电平过低，虽可突出图像的亮部细节，但在画面暗淡时会出现图像偏暗或缺少层次、彩色不清晰自然、肤色失真等现象。按照我国相关条文的规定，PAL 制 YC 波形监视器窗口中的信号瞬间峰值电平不应超过 1.07V，叠加色度信号后的图像信号最高峰值电平不应超过 1.1V，黑电平以 0.3～0.35V 为正常。

3．YCbCr 分量和 RGB 分量

从本质上来看，YCbCr 分量和 RGB 分量的作用与 YC 示波器完全相同，都是在检测色彩分布的同时，显示色彩的峰值信号与消隐信号范围。所不同的是，YCbCr 分量和 RGB 分量在纵轴上没有采用 YC 示波器中的单位伏特，而是以 0～100%作为不同区段的刻度单位，如图 4-31 所示。

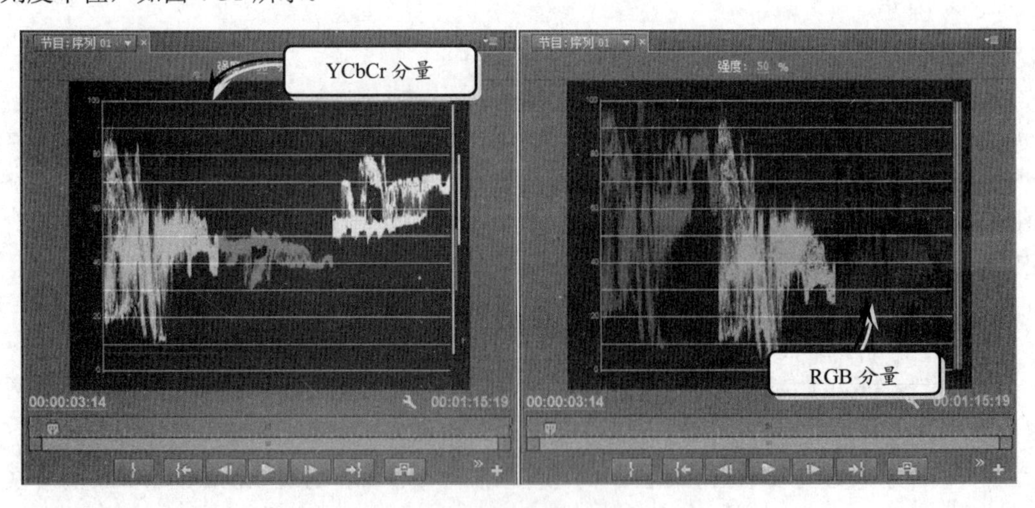

图 4-31 YCbCr 分量和 RGB 分量

4.2.4 参考监视器

参考监视器的作用类似于辅助节目监视器。可以使用参考监视器并排比较序列的不同帧，或使用不同查看模式查看序列的相同帧。可以在参考监视器中独立于节目监视器定位显示序列帧。这样，就可以将每个视图定位到不同的帧进行比较。

图 4-32 参考监视器

要想打开参考监视器，执行【窗口】|【参考监视器】命令，打开参考监视器窗口，如图 4-32 所示。

可以指定参考监视器的质量设置、放大率和显示模式，就像在节目监视器中那样。其时间标尺和查看区域栏也具有相同的作用。但是，它本身只是为了提供参考信息而不是用于编辑，因此参考监视器包含用于定位到帧的按钮，而没有用于回放或编辑的按钮。

可将参考监视器和节目监视器绑定到一起，以使它们显示序列的相同帧。方法是，选择参考监视器面板菜单中的【绑定到节目监视器】命令即可。通过将参考监视器的查看模式设置为 YC 波形监视器或矢量示波器，可以更有效地调整颜色校正器或任何其他视频过滤器，如图 4-33 所示。

图 4-33 绑定参考监视器和节目监视器

4.3 在序列中编辑素材

Premiere Pro CC 中真正的视频编辑并不是在监视器中进行的，而是在【时间轴】面板中完成的。在【时间轴】面板中不仅能够进行最基本的视频编辑，比如添加、复制、移动以及修剪素材等，还能够重新设置视频的播放速度与时间，以及视频与音频之间的关系。

4.3.1 添加素材

添加素材是编辑素材的首要前提，其操作目的是将【项目】面板中的素材移至时间轴内。为了提高影片的编辑效率，Premiere Pro CC 为用户提供了多种添加素材的方法，下面将对其分别进行介绍。

1. 使用命令添加素材

在【项目】面板中，选择所要添加的素材后，右击该素材，并在弹出的菜单内选择【插入】命令，即可将其添加至时间轴内的相应轨道中，如图 4-34 所示。

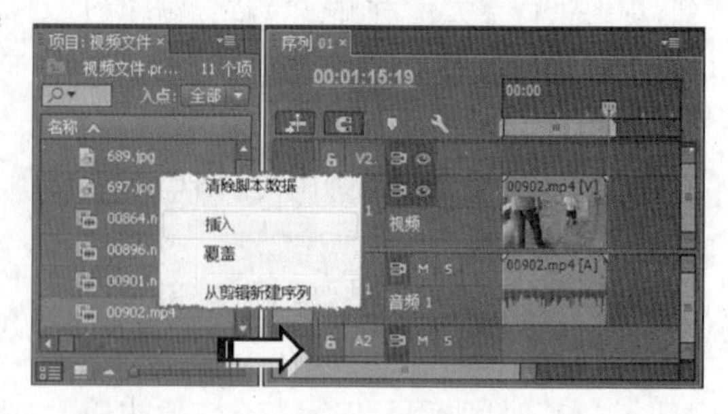

图 4-34 通过命令将素材添加至时间轴

技 巧

在【项目】面板内选择所要添加的素材后，在英文输入法状态下按快捷键“,”也可将其添加至时间轴内。无论使用何种方式进行插入，其前提是必须在【时间轴】面板中选中视频轨道。

2. 将素材直接拖至【时间轴】面板

在 Premiere Pro CC 工作区中，直接将【项目】面板中的素材拖曳至【时间轴】面板中的某一轨道后，也可将所选素材添加至相应轨道内，如图 4-35 所示。能够将多个视频素材拖至同一时间轴上，从而添加多个视频素材。

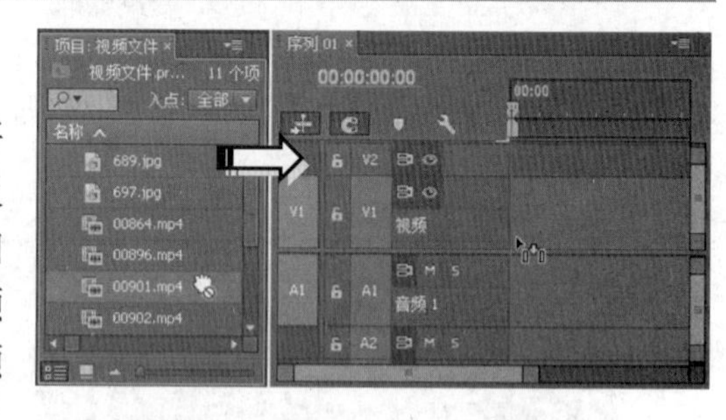

图 4-35 以拖曳方式添加素材

4.3.2 复制和移动素材

可重复利用素材是非线性编辑系统的特点之一，而实现这一特点的常用手法便是复制素材片段。不过，对于无需修改即可重复使用的素材来说，向时间轴内重复添加素材与复制时间轴内已有素材的结果相同。但是，当需要重复使用的是修改过的素材时，便只能通过复制时间轴内已有素材的方法来实现。

单击工具栏中的【选择工具】按钮后，在时间轴上选择所要复制的素材，并在右击该素材后选择【复制】命令，如图 4-36 所示。

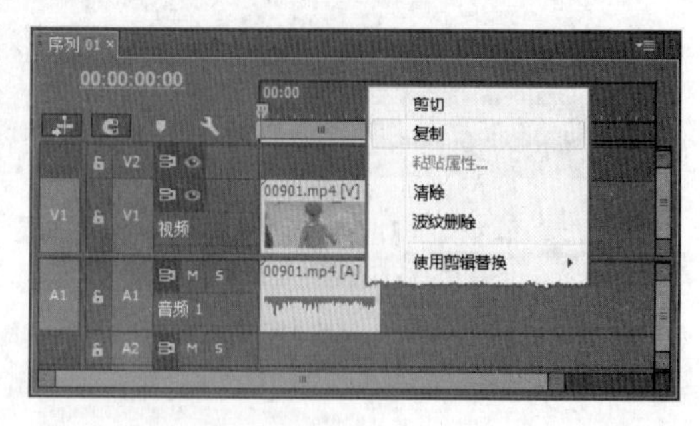

图 4-36 复制素材

接下来，将【当前时间指示器】移至空白位置处后，按快捷键 Ctrl+V，即可将刚刚复制的素材粘贴至当前位置，如图 4-37 所示。

注 意

在粘贴素材时，新素材会以当前位置为起点，并根据素材长度的不同，延伸至相应位置。在该过程中，新素材会覆盖其长度范围内的所有其他素材，因此在粘贴素材时必须将当前时间指示器移至拥有足够空间的空白位置处。

完成上述操作后，使用【选择工具】依次向前拖动各个素材，调整其位置，使相邻素材之间没有间隙。在移动素材的过程中，应避免素材出现相互覆盖的情况，如图 4-38 所示。

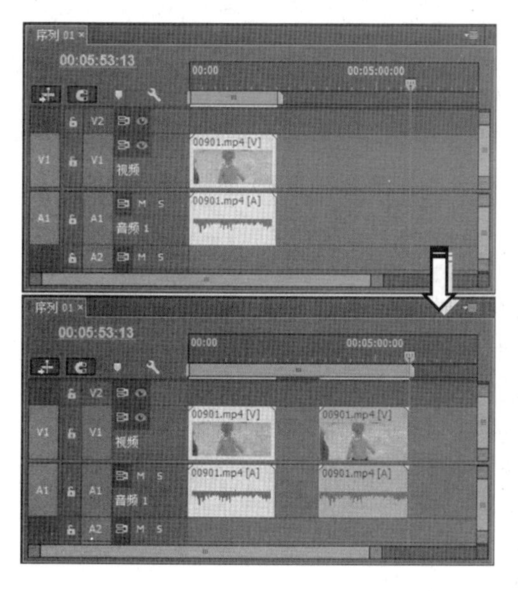

图 4-37 粘帖素材

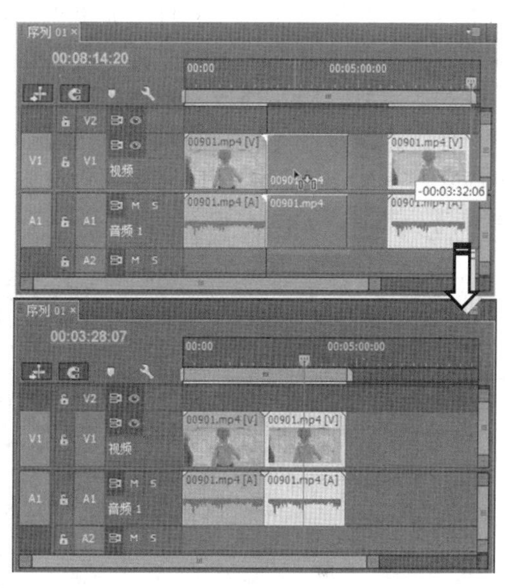

图 4-38 移动素材

4.3.3 编辑素材片段的基本方法

在制作影片时用到的各种素材，很多时候只需要使用素材内的某个片段。此时，需要对源素材进行裁切，删除多余的素材片段。要删除某段素材片段，首先拖动时间标尺上的当前时间指示器，将其移至所需要裁切的位置，如图 4-39 所示。

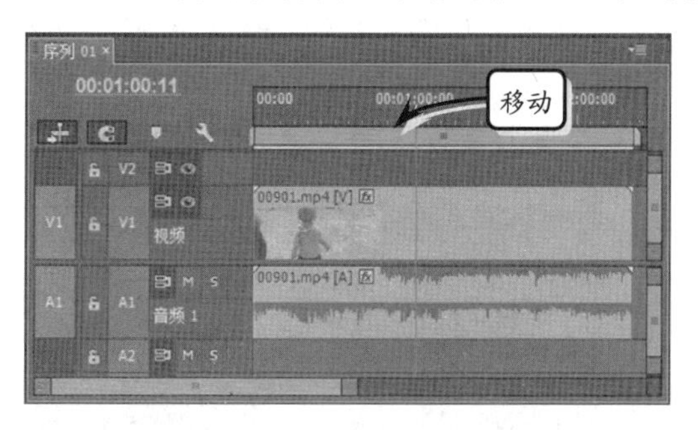

图 4-39 确定要删除素材的时间点

接下来，在工具栏内选择【剃刀工具】后，在【当前时间指示器】的位置处单击时间轴上的素材，即可将该素材裁切为两部分，如图 4-40 所示。

提 示

在裁切素材时，移动当前时间指示器的目的是确认裁切画面的具体位置。而且，在将【剃刀工具】图标前的虚线与编辑线对齐后，即可从当前视频帧的位置来裁切源素材。

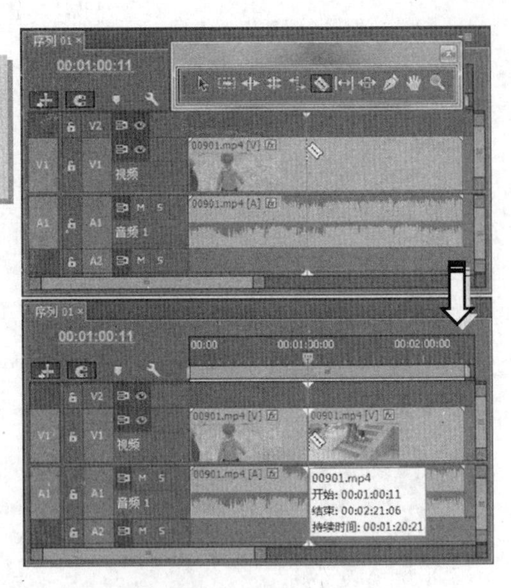

图 4-40　裁切素材

最后，使用【选择工具】单击多余素材片段后，按 Delete 键将其删除，如图 4-41 所示。如果所裁切的视频素材带有音频部分，则音频部分也会随同视频部分被分为两个片段。

现在，在【时间轴】上拖动播放指示器，即可将播放指示器对齐到项目。如果已启用对齐功能，当选中【剃刀工具】时，光标会对齐所有对齐目标，包括播放指示器。要在所有轨道上使用【剃刀工具】，可以按住 Shift 键单击，这时【时间轴】面板中的所有视频素材均被分割为两个部分，如图 4-42 所示。

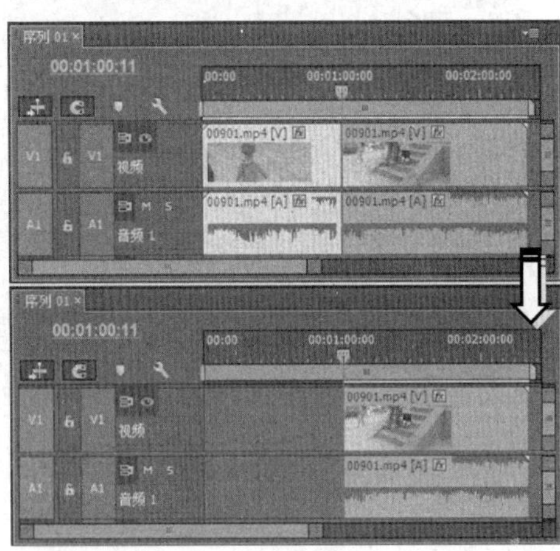

图 4-41　删除素材片段

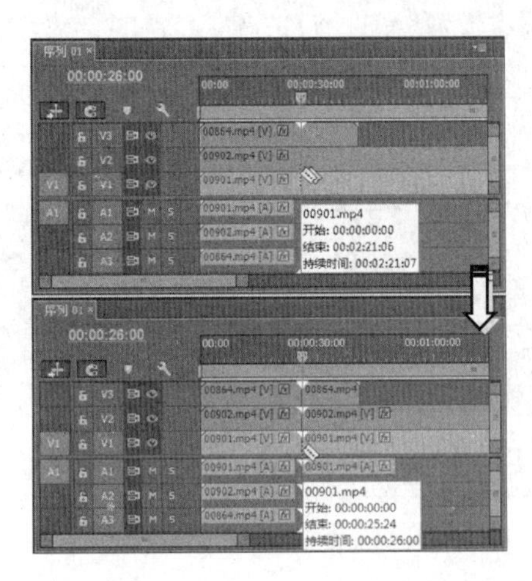

图 4-42　分割所有轨道中的素材

在 Premiere Pro CC 中，视频素材的修剪还有一种更为简单的方法，那就是直接在【项目】面板中进行裁剪。方法是，在【项目】面板中选中要裁剪的视频素材，单击进度条确定视频入点位置，按快捷键 I 设置视频入点。向右拖动进度条确定视频出点位置，按快捷键 O 设置视频出点，如图 4-43 所示。

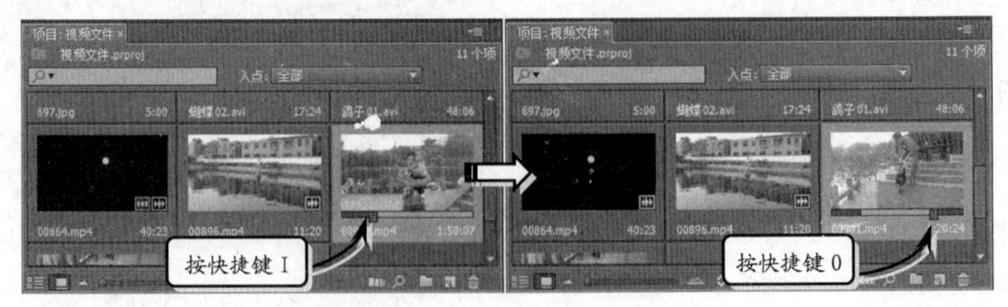

图 4-43　设置入点与出点

这时，将裁剪后的视频素材插入到【时间轴】面板后，发现该视频的播放时间明显缩短，说明插入的视频是裁剪后的视频，并不是原视频文件，如图 4-44 所示。

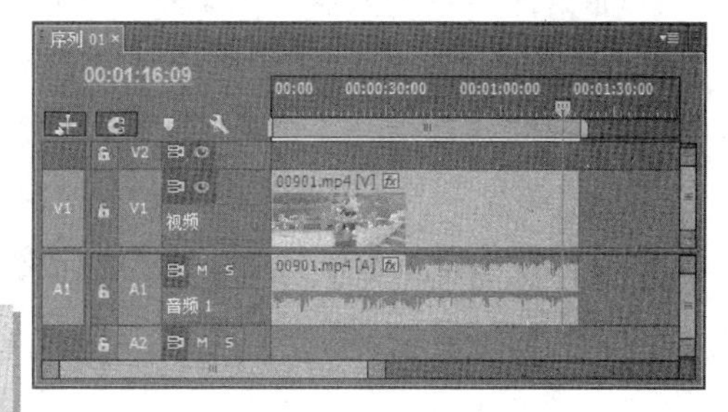

图 4-44 插入裁剪后的视频

提 示

在【项目】面板中裁剪的视频，不会破坏原视频文件，而且还能够在不影响【时间轴】面板中视频的情况下，恢复成原视频文件。

4.3.4 调整素材的播放速度与时间

Premiere Pro CC 中的每种素材都有其特定的播放速度与播放时间。通常情况下，音视频素材的播放速度与播放时间由素材本身所决定，而图像素材的播放时间则为 5 秒。不过，根据影片编辑的需求，很多时候需要调整素材的播放速度或播放时间。

1．调整图片素材的播放时间

将图片素材添加至时间轴后，将鼠标指针置于图片素材的末端。当光标变为向右箭头图标时，向右拖动鼠标，即可随意延长素材的播放时间，如图 4-45 所示。如果向左拖动鼠标，则可缩短图片素材的播放时间。

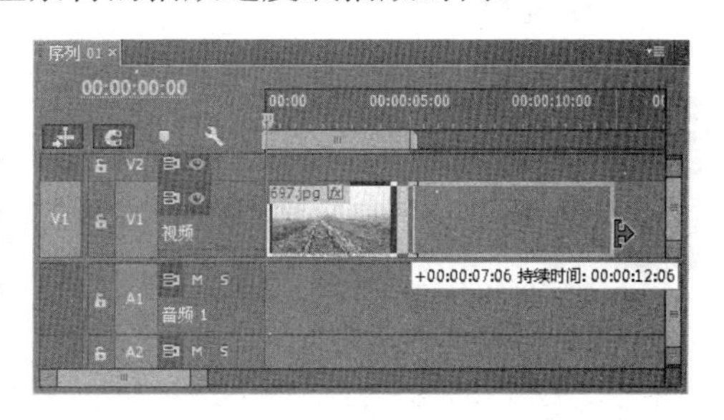

图 4-45 调整图片素材的播放时间

提 示

如果图片素材的左侧存在间隙，使用相同方法向左拖动图片素材的前端，也可延长其播放时间。不过，无论是拖动图片素材的前端或末端，都必须在相应一侧含有间隙时才能进行。也就是说，如果图片素材的两侧没有间隙，则 Premiere Pro CC 将不允许通过拖动素材端点的方式来延长其播放时间。

2．调整视频的播放速度

当所要调整的是视频素材时，通过拖动只能够改变视频的播放时间，由于播放速度并未发生变化，所以造成的结果便是素材内容的减少。如果需要在不减少画面内容的前提下调整素材的播放时间，便只能通过更改播放速度的方法来实现。方法是，在【时间轴】面板内右击视频素材后，选择【速度/持续时间】命令，如图 4-46 所示。

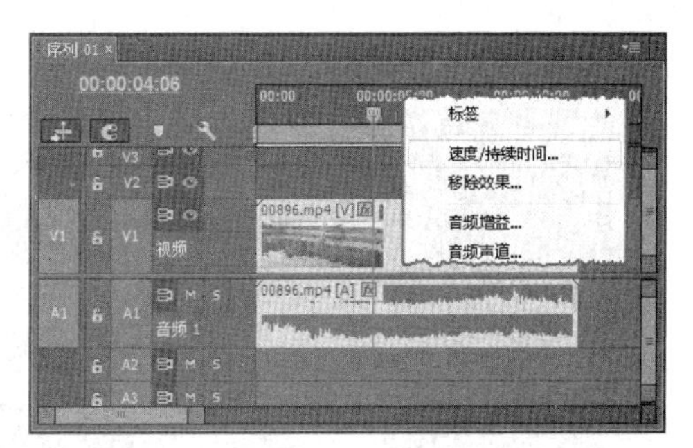

图 4-46 选择【速度/持续时间】命令

在【剪辑速度/持续时间】对话框中，将【速度】设置为 50%后，即可将相应视频素材的播放时间延长一倍，如图 4-47 所示。

如果需要精确控制素材的播放时间，则应在【剪辑速度/持续时间】对话框内调整【持续时间】选项，如图 4-48 所示。

此外，在【剪辑速度/持续时间】对话框内启用【倒放速度】复选框后，还可颠倒视频素材的播放顺序，使其从末尾向前进行倒序播放，如图 4-49 所示。

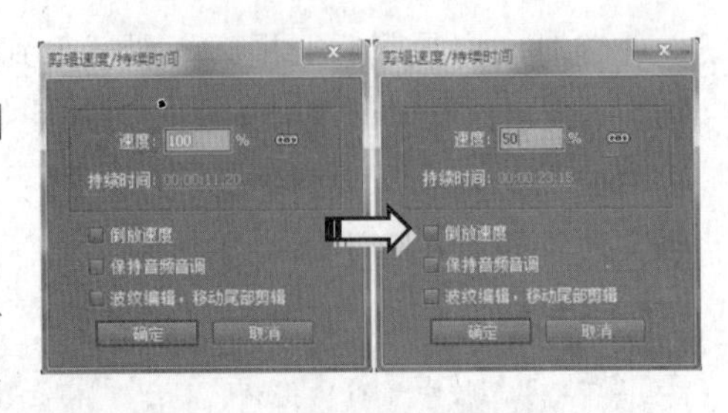

图 4-47 降低素材的播放速度

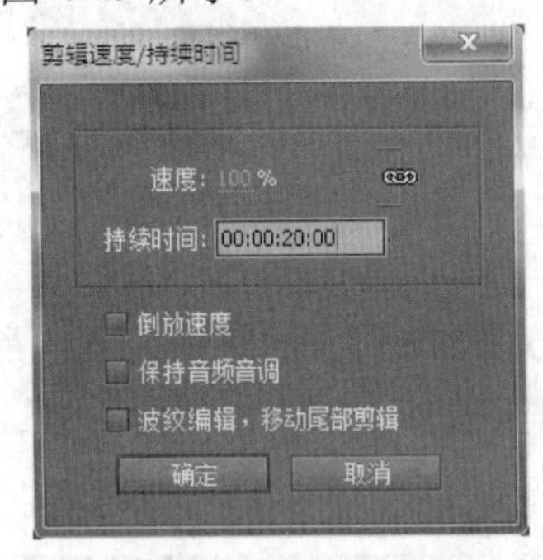

图 4-48 精确控制素材的播放时间

图 4-49 倒序播放

4.3.5 音视频素材的组合与分离

除了默片（无声电影）或纯音乐外，几乎所有的影片都是图像与声音的组合。换句话说，所有的影片都由音频和视频两部分组成，而这种相关的素材又可以分为硬相关和软相关两种类型。

在进行素材导入时，当素材文件中既包括音频又包括视频时，该素材内的音频与视频部分的关系即称为硬相关。在影片编辑过程中，如果人为地将两个相互独立的音频和视频素材联系在一起，则两者之间的关系即称为软相关。

对于一段既包含音频又包含视频的素材来说，由于音频部分与视频部分存在硬相关的关系，所以对素材所进行的复制、移动和删除等操作，将同时作用于素材的音频部分与视频部分，如图 4-50 所示。

根据需要，在【时间轴】面板内右击上述素材，并选择【取消链接】命令后，即可解除相应素材内音频与视频部分的硬相关联系。此时，在视频轨道内移动素材，便不再影响音频轨道内的素材，如图 4-51 所示。

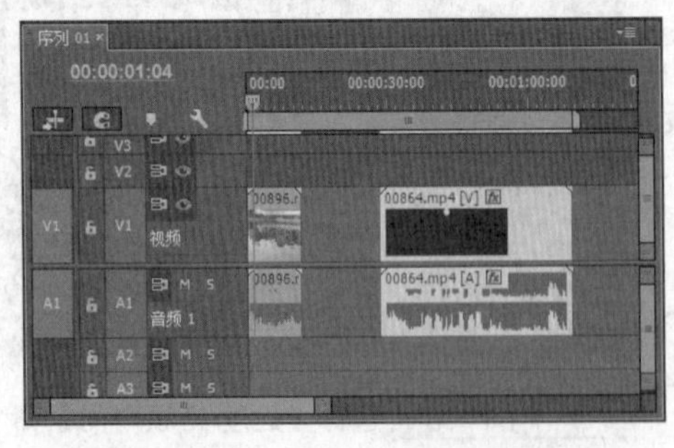

图 4-50 同时移动视频与音频素材

图 4-51 解除音视频素材的硬相关联系

4.4 装配序列

由于拍摄的视频素材并不一定完全应用到最终效果中，这时就需要对素材进行适当的剪辑以及插入等。当熟悉监视器面板与【时间轴】面板后，就可以将两者结合，针对不同视频素材进行相应的设置、剪辑与合成，从而组合出自己的视频短片。

4.4.1 在源监视器中剪辑素材

入点和出点的功能是标识素材可用部分的起始时间与结束时间，以便 Premiere 有选择地调用素材，即只使用出点与入点区间之内的素材片段。简单地说，出点和入点的作用是在将素材添加到【时间轴】面板内之前，将素材内符合影片需求的部分挑选出来便于接使用。

在 Premiere Pro CC 中，虽然可以在【项目】面板中进行素材的出入点设置，但是并不能精确地设置。要想精确地设置素材的出入点，则需要在【源】监视器面板内进行，因此在操作前必须先将【项目】面板内的素材添加至【源】监视器面板中，如图 4-52 所示。

图 4-52　将素材添加至【源】监视器面板中

在【源】监视器面板中，确定当前时间指示器的位置后，单击【标记入点】按钮，或者直接按快捷键 I，即可在当前视频帧的位置上添加入点标记，如图 4-53 所示。

技　巧

当监视器面板中没有想要的编辑按钮时，单击该面板底部的【按钮编辑器】按钮。在弹出的对话框中，拖动某个编辑按钮至按钮放置区域，即可添加该编辑按钮。最后，单击【确定】按钮完成添加操作。

图 4-53　设置素材入点

接下来，在【源】监视器面板内再次调整【当前时间指示器】的位置后，单击【标记出点】按钮，或者直接按快捷键 O，即可在当前视频帧的位置上添加出点标记，如图 4-54 所示。

此时，入点与出点之间的内容即为素材内所要保留的部分。在将该素材添加至时间轴后，可发现素材的播放时间与内容已经发生了变化：Premiere 将不再播放入点与出点区间以外的素材内容，如图 4-55 所示。

图 4-54 设置素材出点

图 4-55 源素材与设置出入点后的素材对比

在随后的编辑操作中，如果不再需要之前所设定的入点和出点，只需右击【源】监视器面板后，选择【清除入点和出点】命令即可，如图 4-56 所示。

图 4-56 清除素材上的出点与入点

注 意

对于同一素材源来说，清除出点与入点的操作不会影响已添加至时间轴上的素材副本，但当用户再次将素材从【项目】面板添加至时间轴时，Premiere Pro CC 会按照新的素材设置来应用该素材。

4.4.2 使用标记

编辑影片时，在素材或时间轴上添加标记后，可以在随后的编辑过程中快速切换至标记的位置，从而实现快速查找视频帧，或与时间轴上的其他素材快速对齐的目的。

1. 为素材添加标记

在【源】监视器面板中，确定当前时间指示器的位置后，单击【添加标记】按钮，即可在当前视频帧的位置处添加标记，如图 4-57 所示。

图 4-57 添加标记

此时，将含有标记的素材添加至时间轴上后，即可在素材上看到标记符号，如图 4-58 所示。在含有硬相关联系的音视频素材中，所添加的标记将同时作用于素材的音频部分和视频部分。

2. 在时间标尺上设置标记

不仅可以在【源】监视器面板内为素材添加标记，还可在【时间轴】面板内直接为序列添加标记。这样一来，便可快速地将素材与某个固定时间相对齐。

在【时间轴】面板中，将当前时间指示器移动至合适位置后，单击面板内的【添加标记】按钮，即可在当前标尺的位置上添加标记，如图 4-59 所示。

图 4-58 包含标记的素材

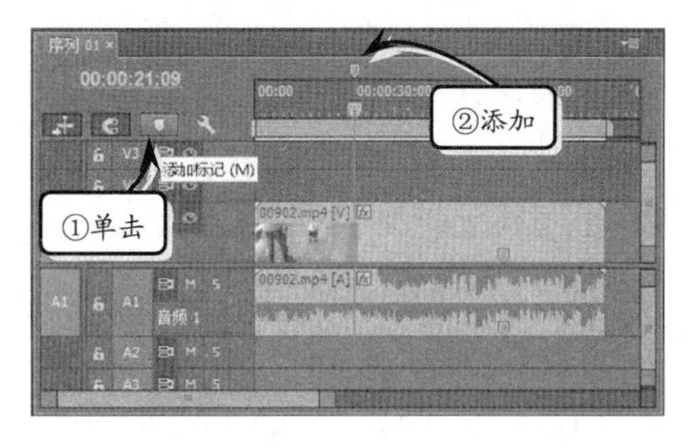

图 4-59 在时间轴标尺上添加标记

3. 标记的应用

为素材或时间轴添加标记后，便可以利用这些标记来完成对齐素材或查看素材内的某一视频帧等操作，从而提高影片编辑的效率。

1）对齐素材

在【时间轴】面板内拖动含有标记的素材时，利用素材内的标记可快速与其他轨道内的素材对齐，或将当前素材内的标记与其他素材内的标记对齐，如图 4-60 所示。

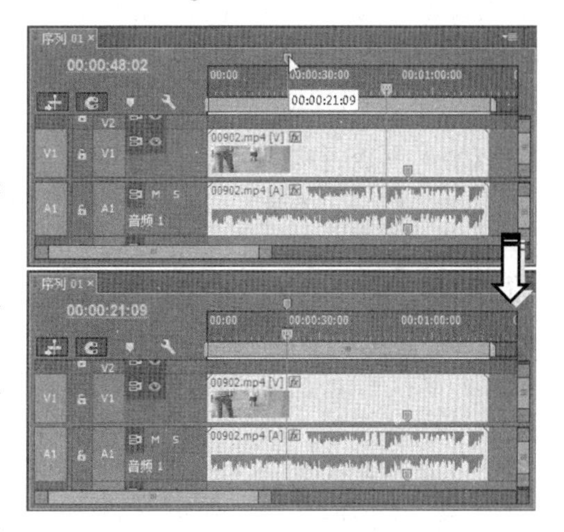

图 4-60 使用标记对齐素材

2）查找标记

在【源】监视器面板中，单击【转到下一标记】按钮，则可将【当前时间指示器】移至下一标记处，如图 4-61 所示。如果单击面板内的【转到上一标记】按钮，即可将当前时间指示器快速移动至上一标记处。

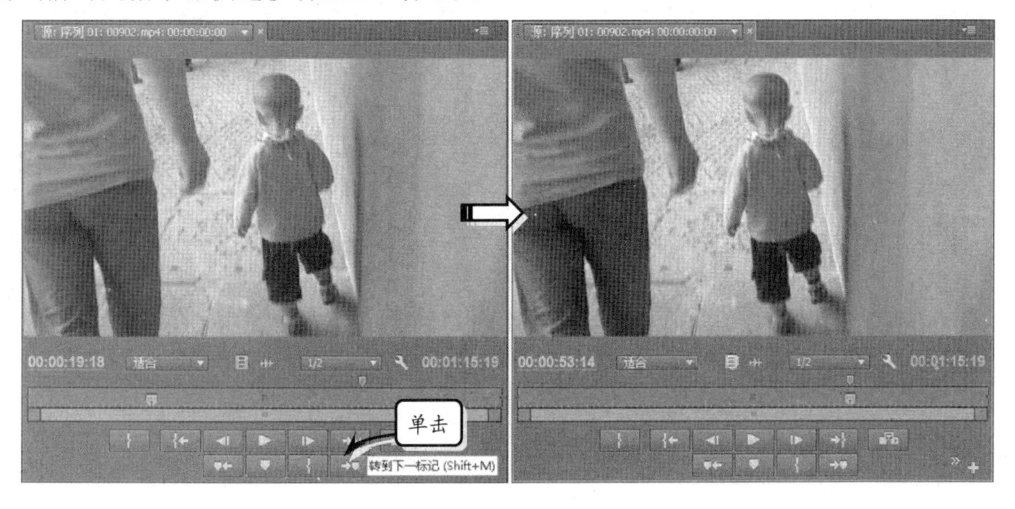

图 4-61 查找素材内的标记

如果要在【时间轴】面板内查找标记，只需右击【时间轴】面板内的时间标尺，选择【转到下一个标记】命令，即可将当前时间指示器快速移动至下一标记处，如图 4-62 所示。如果选择【转到上一个标记】命令，则可将当前时间指示器移至上一标记处。

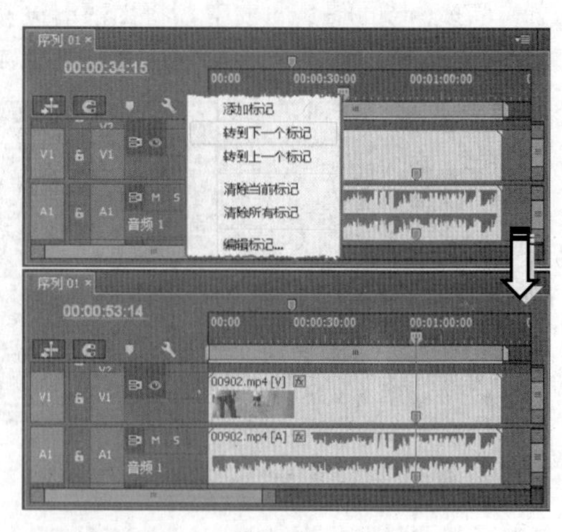

图 4-62 在时间轴上查找标记

4.4.3 插入和覆盖

在【源】面板内完成对素材进行的各种操作后，便可以将调整后的素材添加至时间轴上。从【源】面板向【时间轴】面板中添加视频素材，包括两种添加方法：插入与覆盖。

1. 插入

在当前时间轴上没有任何素材的情况下，在【源】面板中右击鼠标，选择【插入】命令向时间轴内添加素材的结果，与直接向时间轴添加素材的结果完全相同。不过，将当前时间指示器移至时间轴已有素材的中间时，单击【源】面板中的【插入】按钮，Premiere 便会将时间轴上的素材一分为二，并将【源】面板内的素材添加至两者之间，如图 4-63 所示。

2. 覆盖

与插入不同，当用户采用覆盖的方式在时间轴已有素材中间添加新素材时，新素材将会从【当前时间指示器】处开始替换相应时间段的原有素材片段，如图 4-64 所示。其结果便是，时间轴上的原有素材内容会减少。

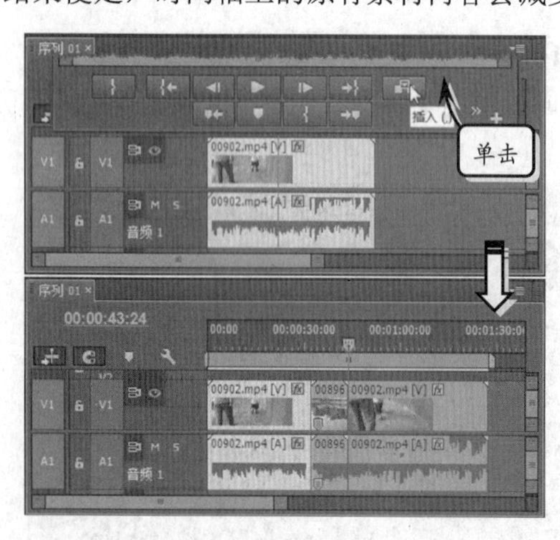

图 4-63 插入素材

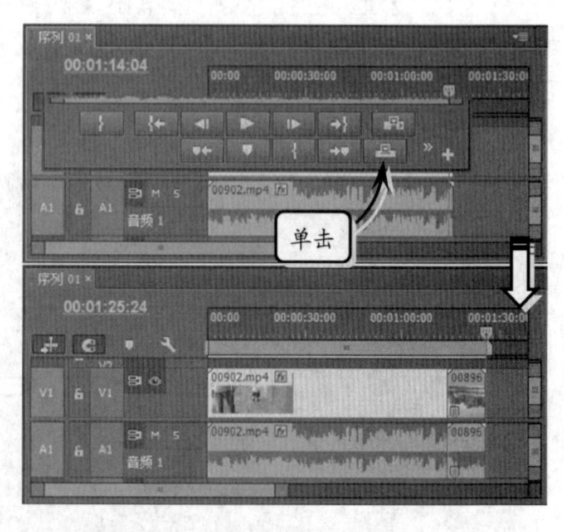

图 4-64 以覆盖方式添加素材

4.4.4 提升与提取编辑

在【节目】面板中，Premiere Pro CC 提供了两个方便的素材剪除工具，以便快速删除序列内的某个部分，下面将对其应用方法进行简单介绍。

1. 提升编辑

提升操作的功能是从序列内删除部分内容，但不会消除因删除素材内容而造成的间隙，其编辑方法是，打开待修改项目后，分别在所要删除部分的首帧和末帧位置处设置入点与出点，如图 4-65 所示。

图 4-65 设置入点与出点

然后，单击【节目】面板内的【提升】按钮，即可从入点与出点处裁切素材并将出入点区间内的素材删除，如图 4-66 所示。无论出入点区间内有多少素材，都将在执行提升操作时被删除。

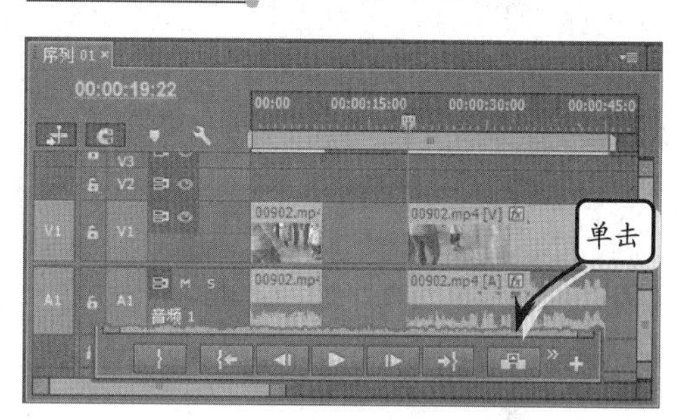

图 4-66 执行提升操作

2. 提取编辑

与提升操作不同的是，提取编辑会在删除部分序列内容的同时，消除因此而产生的间隙，从而减少序列的持续时间。例如在【节目】面板中为序列设置入点与出点后，单击【节目】面板中的【提取】按钮，其结果如图 4-67 所示。

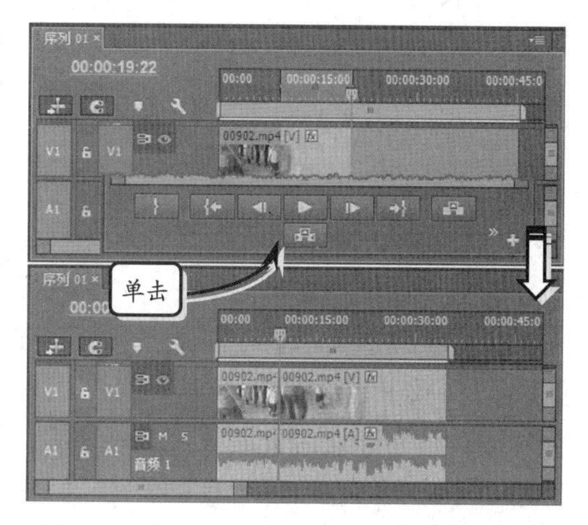

图 4-67 执行提取操作

4.4.5 嵌套序列

时间轴内多个素材的组合称为“序列”，而时间轴与序列的区别是：一个时间轴中可以包含多个序列，而每个序列内则装载着各种各样的素材。

1. 创建新序列

当创建项目文件后，序列并不会自动创建，还需要执行命令来创建。此外，根据影片的编辑需要，还可以在一个项目文件中创建多个序列。方法是，在【项目】面板中，单击【新建项】按钮，选择【序列】命令，在弹出的【新建序列】对话框中设置相应选项后，即可创建一个新序列，如图 4-68 所示。

2. 嵌套序列

当项目内包含多个序列时，只需右击【项目】面板中的序列，选择【插入】命令，或直接将其拖曳至时间轴轨道中，即可将所选序列嵌套至【时间轴】面板中的目标序列内，如图 4-69 所示。

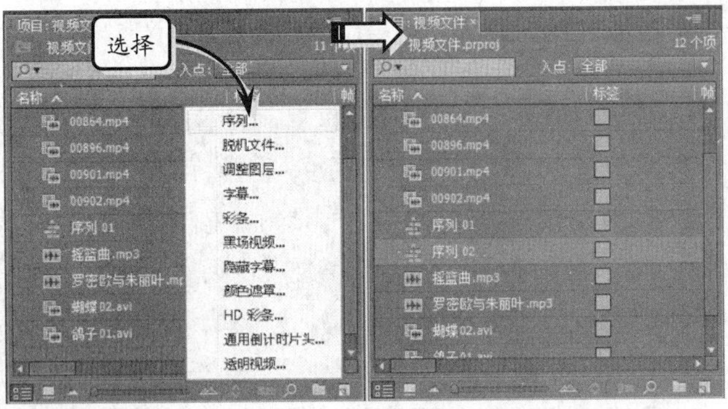

图 4-68　创建新序列

利用该特性，可以将复杂的项目分解为多个短小的序列，再将它们组合在一个序列中，从而降低影片编辑的难度。并且，每次嵌套序列时，都可以在【时间轴】面板内对其进行修剪、添加视频过渡或效果等操作。

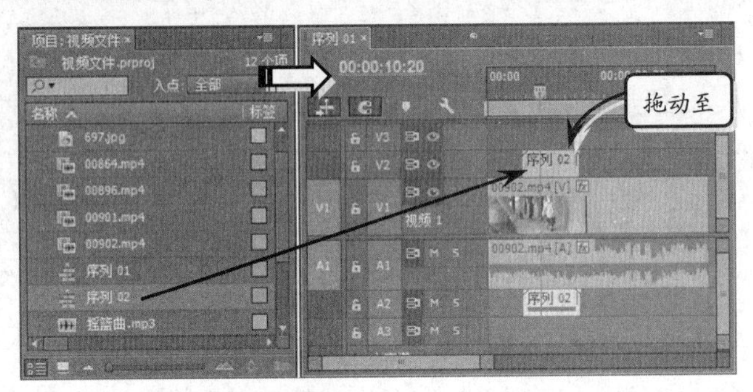

图 4-69　嵌套序列

嵌套序列的名称除了可以是原有序列的名称外，还可以通过设置更改其名称。方法是右击【时间轴】面板中的嵌套序列，选择【嵌套】命令，在弹出的【嵌套序列名称】对话框中输入名称，单击【确认】按钮后，即可更改嵌套序列的名称，如图 4-70 所示。

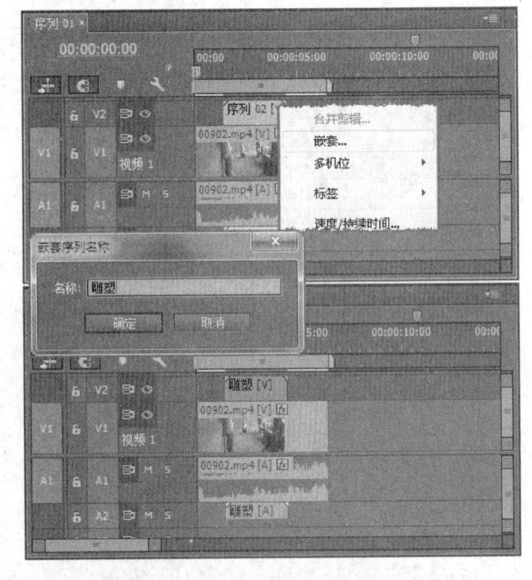

图 4-70　设置嵌套序列名称

3. 使用嵌套源序列

利用 Premiere Pro CC 可以将序列加载到【源】面板中，并在【时间轴】面板中对其进行编辑，同时还可保持所有轨道上的原始剪辑不受影响。这样，序列不会成为单个嵌套序列剪辑。现在，可使用其他包含单个源剪辑、编辑点、过渡和效果的序列片段进行编辑，操作方法类似于复制与粘贴。

要想在【源】面板中显示序列，首先要在【项目】面板中选中序列。然后将其拖曳入【源】面板中，即可在【源】面板中显示序列，如图 4-71 所示。

由于序列可包含多个视频轨道，【时间轴】面板的轨道片头可显示所有的源轨道，包含多个视频轨道。将序列加载到【源】面板中时，可选择要编辑到时间轴中的视频轨道。

序列被加载到【源】面板中时，源序列中的轨道，即使为空轨道，也可用做修补模块中的源轨道。此外，将源序列中的空片段编辑到另一序列中不会影响目标序列，如图

4-72 所示。

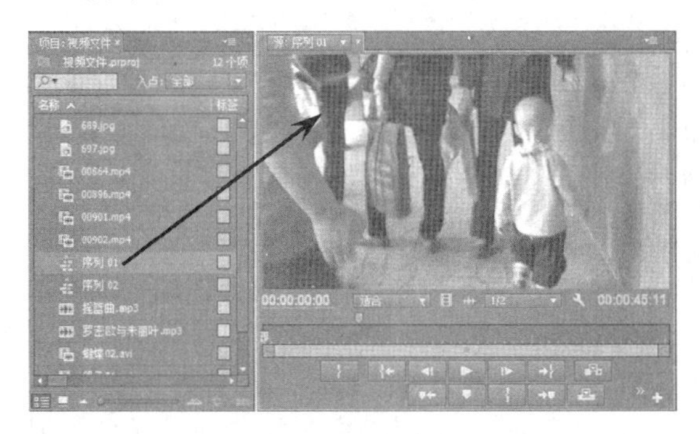

图 4-71 在【源】面板中显示序列

图 4-72 显示源轨道

4.5 应用视频编辑工具

虽然通过【源】面板能够进行视频素材的剪辑，但是当视频素材导入【时间轴】面板后，就无法再通过【源】面板中的剪辑来影响【时间轴】面板中的视频。所以，在【时间轴】面板中进行视频剪辑，更加灵活与方便，有利于两个或两个以上的视频短片进行剪辑。

4.5.1 滚动编辑

利用【滚动编辑工具】，可以在【时间轴】面板内通过直接拖动相邻素材边界的方法，同时更改两侧素材的入点或出点。方法是打开待修改的项目文件后，分别将素材“00864”和素材“00902”设置出入点，并将其添加至时间轴内，如图 4-73 所示。

图 4-73 编辑项目

注　意

在进行滚动编辑操作时，必须为所编辑的两素材设置入点和出点。否则，将无法进行两个素材之间的调节操作。

选择【滚动编辑工具】后，在【时间轴】面板内将光标置于两个视频之间，当光标变为“双层双向箭头”图标时向左拖动鼠标，如图4-74所示。

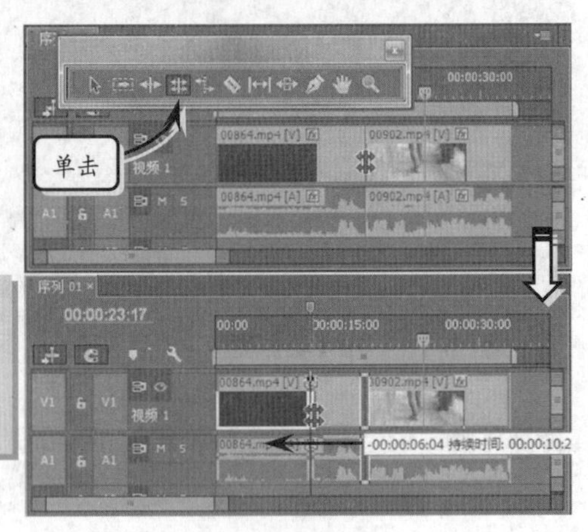

图4-74　滚动编辑操作

提　示

如果之前使用【滚动编辑工具】向右拖动，则会在序列持续播放时间不变的情况下，增加素材“00864”的播放时间与播放内容，而素材“00902”减少相应的播放时间与播放内容。

上述操作的功能是在序列上向左移动素材“00864”出点的同时，将素材“00902”的入点也在序列上向左移动相应距离。从而在不更改序列持续时间的情况下，增加素材“00902”在序列内的持续播放时间，并减少素材“00864”在序列内相应的播放时间。

4.5.2　波纹编辑

与滚动编辑不同的是，波纹编辑能够在不影响相邻素材的情况下，对序列内某一素材的入点或出点进行调整。方法是，打开待修改项目后，选择【波纹编辑工具】，并在【时间轴】面板内将其置于素材“00864”的末尾，当光标变为“右括号与双击箭头”图标时，向左拖动鼠标，如图4-75所示。

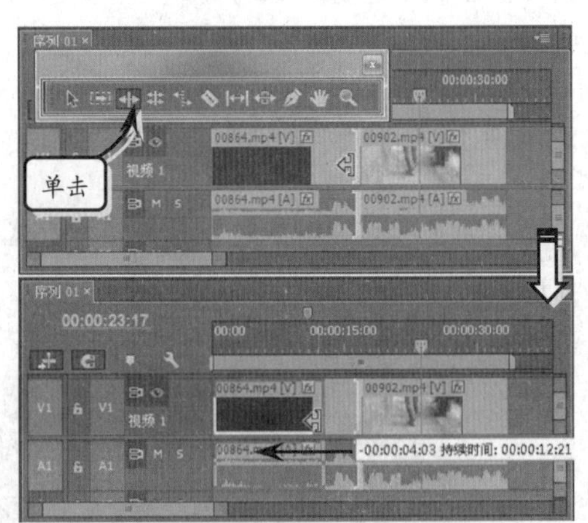

图4-75　波纹编辑操作

在上述操作中，【波纹编辑工具】会在序列上向左移动素材“00864”的出点，从而减少其播放时间与内容。与此同时，素材“00902”不会发生任何变化，但该素材在序列上的位置会随着素材“00864”持续时间的减少而调整相应的距离。因此，序列不会由于素材“00864”持续时间的减少而出现空隙，但其持续时间会随素材“00864”持续时间的减少而相应缩短。

无论是使用【滚动编辑工具】还是使用【波纹编辑工具】，在操作过程中，都能够在【节目】面板中查看两段视频的显示时间，如图4-76所示。

图4-76　【节目】面板显示

4.5.3 外滑编辑

利用 Premiere Pro CC 所提供的外滑编辑工具，可以在保持序列持续时间不变的情况下，同时调整序列内某一素材的入点与出点，并且不会影响该素材两侧的其他素材。打开项目后，分别为三个图像素材设置入点与出点，并将其添加至时间轴内，如图 4-77 所示。

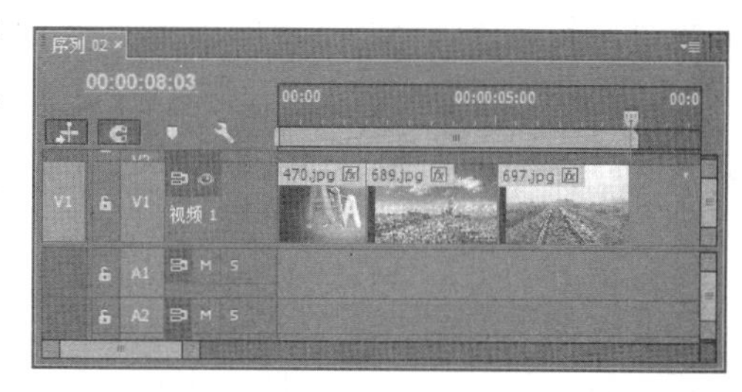

图 4-77 添加素材

选择工具栏内的【外滑工具】，在【时间轴】面板内将其置于中间素材上，并向左拖动鼠标，如图 4-78 所示。

上述操作不会对序列的持续时间产生任何影响，但序列内中间素材的播放内容会发生变化。简单地说，之前素材出点处的视频帧将会出现在修改后素材的出入点区间内，而素材原出点后的某一视频帧则会成为修改后素材出点处的视频帧。

4.5.4 内滑编辑

与外滑编辑一样的是，内滑编辑也能够在保持序列持续时间不变的情况下，在序列内修改素材的入点和出点。不过，内滑编辑所修改的对象并不是当前所操作的素材，而是与该素材相邻的其他素材。

选择工具栏内的【内滑工具】，在【时间轴】面板内将其置于中间素材上，并向左拖动鼠标，如图 4-79 所示。

图 4-78 同时调整中间素材的入点与出点

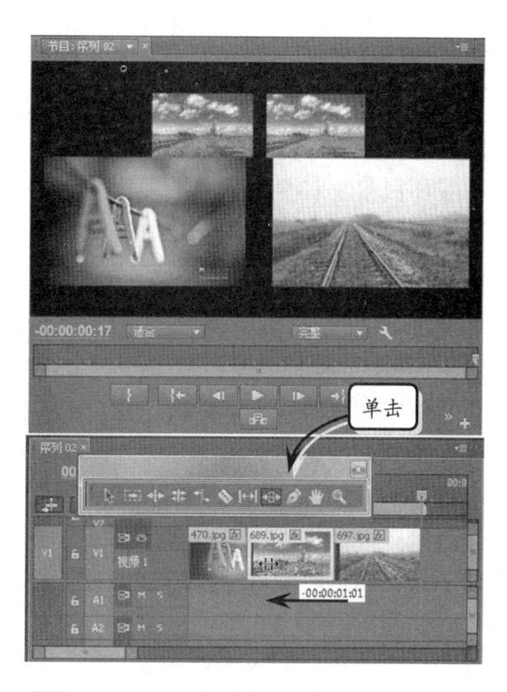

图 4-79 内滑编辑操作

上述操作的结果是，序列内左侧素材的出点与右侧素材的入点同时向左移动，左侧素材的持续时间有所减少，而右侧素材的持续时间则有所增加。而且，右侧素材所增加的持续时间与左侧素材所减少的持续时间相同，整个序列的持续时间保持不变。至于中间素材，其播放内容与持续时间都不会发生变化。

4.5.5 修剪监视器

修剪模式表示节目监视器处于特殊修剪模式配置下。按快捷键或单击按钮可执行部分修剪操作，例如，波纹或滚动编辑。这些编辑都属于动态修剪。可直接在时间轴上进行动态修剪，但是如要对编辑进行微调，还是修剪模式更加适合。在修剪模式下进行操作时，由于编辑点以动态方式循环回放，所以可通过向编辑点添加或减少帧的方式进行修剪。

要打开修剪模式，首先要打开修剪监视器。执行【窗口】|【修剪监视器】命令，打开修剪监视器，如图 4-80 所示。

图 4-80 修剪监视器

处于修剪模式下时，节目监视器可自动切换其部分按钮和用户界面，以显示简化后的双联显示屏。退出修剪模式后，它会恢复为标准节目监视器配置。

在节目监视器中，视频利用双联配置进行播放，通过单个视频临时扩展和覆盖左右两侧。修剪按钮和移位计数器置于视频正下方。序列的所有视频轨道被合成在一起，而回放期间所听到的音频是序列的所有音轨混音的结果。回放期间，视频会循环播放，这样便于查看正在播放的时间范围。

当光标指向修剪监视器中的两个视频中间时，光标变成【滚动编辑工具】图标，这时可以进行滚动编辑，拖动鼠标会发现两个视频画面均发生变化，如图 4-81 所示。

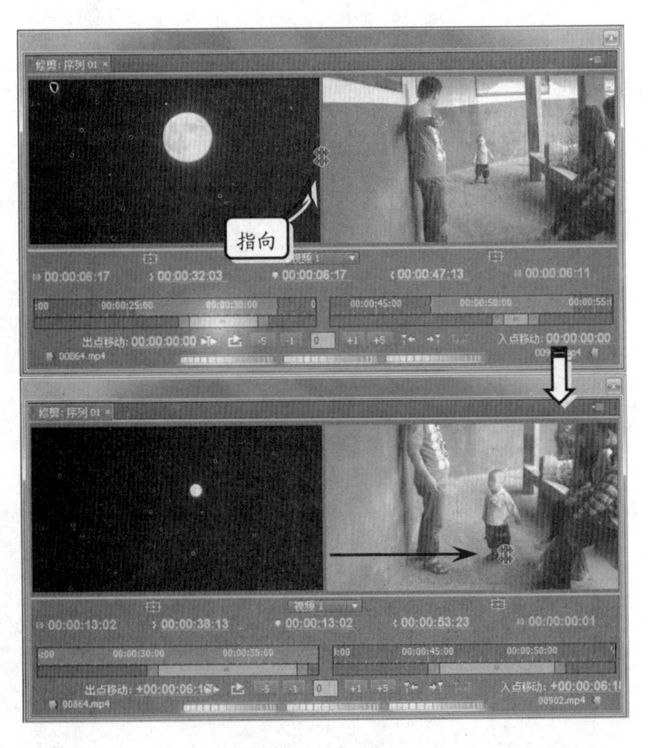

图 4-81 滚动编辑

当光标指向修剪监视器中的某个视频时，光标变成【波纹编辑工具】图标。这时可以进行波纹编辑，向左拖动鼠标会发现只有左侧的视频画面发生变化，如图 4-82 所示。

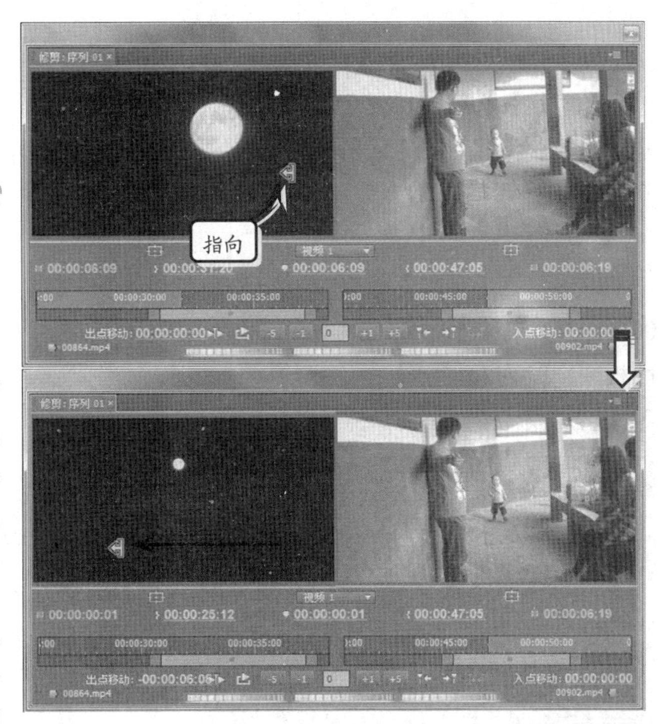

图 4-82　波纹编辑

4.5.6　重复帧检测

Premiere Pro CC 可以通过显示重复的帧标记，识别同一序列中在时间轴上使用多次的剪辑。重复帧标记是一个彩色条纹指示器，跨越每个重复帧的剪辑的底部。要打开重复帧标记，需要单击【时间轴显示设置】按钮并选择【显示重复帧标记】命令，如图 4-83 所示。

Premiere Pro CC 会自动为每个存在重复剪辑的主剪辑分配一种颜色。最多分配十种不同的颜色。在十种颜色均被使用之后，将重复使用第十种颜色。

图 4-83　显示重复帧标记

注　意

当再次单击【时间轴显示设置】按钮并选择【显示重复帧标记】命令后，就会隐藏重复帧标记。重复帧标记不适用于静止图像和时间重映射。

4.5.7　自动同步多个摄像机角度

Premiere Pro CC 新增的多机位模式会在节目监视器中显示多机位编辑界面。可以从多个摄像机从不同角度拍摄的剪辑中或从特定场景的不同镜头中创建立即可编辑的序列。

要想创建多机位源序列，首先要在【项目】面板中导入多个视频文件，并且这些视频文件必须是多个摄像机从不同角度拍摄的视频，或者是特定场景的不同镜头的视频文件，如图 4-84 所示。

图 4-84　导入多个视频文件

然后在【项目】面板中同时选中多个视频文件，执行【剪辑】|【创建多机位源序列】命

令，弹出【创建多机位源序列】对话框，如图 4-85 所示。

在【视频剪辑名称+】文本框中输入名称，单击【确定】按钮即可发现【项目】面板中创建了多机位源序列，并且所选择的视频放置在新建的“处理的剪辑”素材箱中，如图 4-86 所示。

这时，在【项目】面板中双击“小宝贝儿 01.wmv 多机位”序列，即可在【源】监视器面板中同时查看宝宝不同角度的视频画面，如图 4-87 所示。

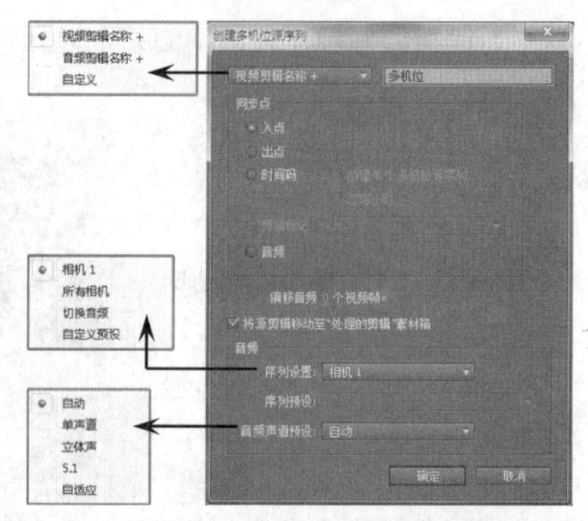

图 4-85 【创建多机位源序列】对话框

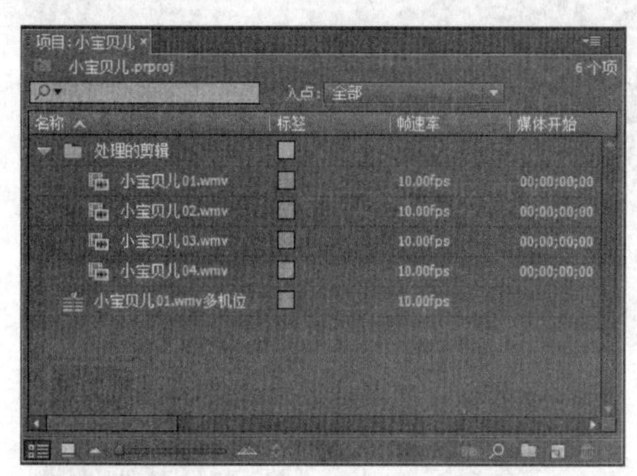

图 4-86 创建多机位源序列后的【项目】面板显示

图 4-87 多机位源序列显示

提 示

可以使用【创建多机位源序列】命令将具有共同入点或出点或叠加时间码的剪辑合并为一个多机位序列。用于创建多机位源序列的素材通常会移至新建的素材箱中。在【创建多机位源序列】对话框中可以设置【偏移音频】选项，范围从-100 到+100 帧。

4.6 课堂练习：北海一日游

旅游过程中拍摄的视频都是看到什么拍什么，并不会精确地计算时间，也不会将所有过程全部记录下来，所以需要后期整理。本实例制作的就是旅游视频记录，将拍摄的视频有选择地组合在一起，并且通过设置视频的出入点来控制视频的播放内容，从而得到一部旅游短片，如图 4-88 所示。

图 4-88 视频效果

操作步骤：

1 启动 Premiere Pro CC，在【新建项目】对话框中，单击【浏览】按钮，选择文件的保存位置。在【名称】栏中输入“北海一日游”文本，单击【确定】按钮，创建项目，如图 4-89 所示。

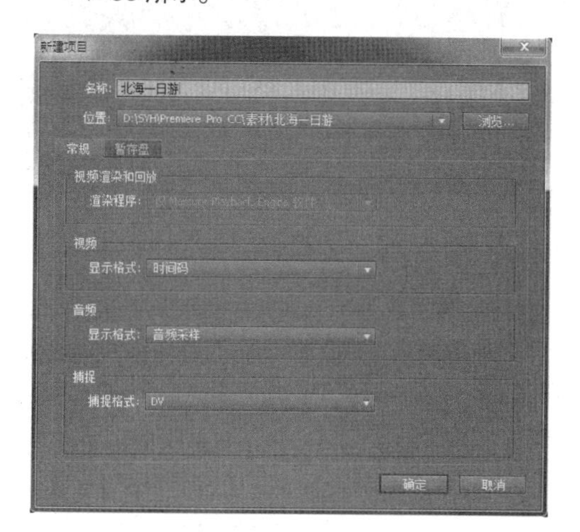

图 4-89　新建项目

2 在【项目】面板中右击，选择【导入】命令，在【导入】对话框中选择视频素材，导入到【项目】面板中，如图 4-90 所示。

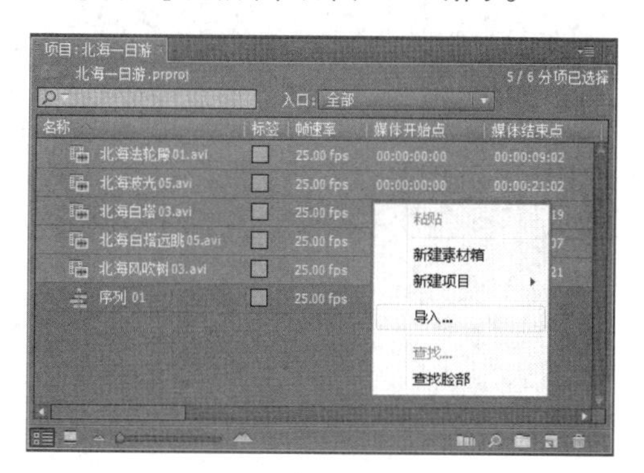

图 4-90　导入视频素材

3 双击【项目】面板中的素材“北海白塔 03.avi”，在【源】监视器面板中显示该视频。拖动当前时间指示器确定位置，单击【标记入点】按钮，添加入点标记，如图 4-91 所示。

4 继续在【源】监视器面板中拖动【当前时间指示器】确定位置，单击【标记出点】按钮，添加出点标记，如图 4-92 所示。

图 4-91　标记入点

图 4-92　标记出点

5 在【项目】面板中右击该视频素材，选择【插入】命令，将其插入至【时间轴】面板中，如图 4-93 所示。

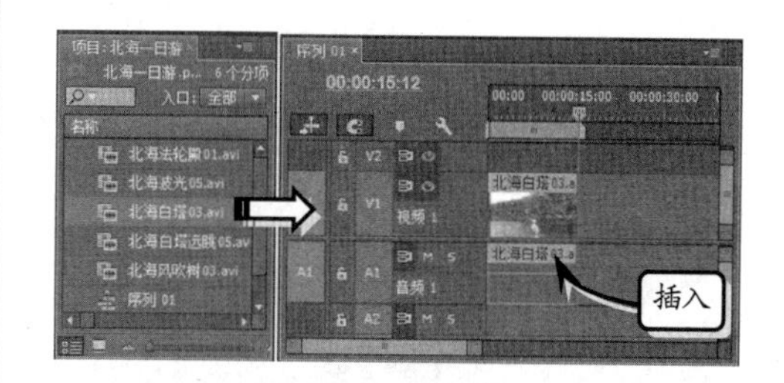

图 4-93　插入视频（1）

6 在【项目】面板中滑动鼠标查看视频“北海白塔远眺 05.avi”，在其中单击进度条后按快捷键 I 设置入点。再单击进度条后端确定位置后按快捷键 O 设置出点，如图 4-94 所示。

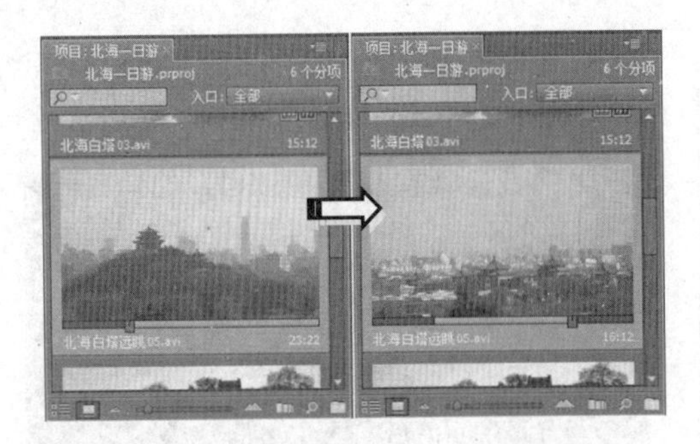

图 4-94　设置出入点

7 确定【时间轴】面板中的【当前时间指示器】放置在视频末端，按快捷键“,”将裁剪后的视频插入【时间轴】面板中，如图 4-95 所示。

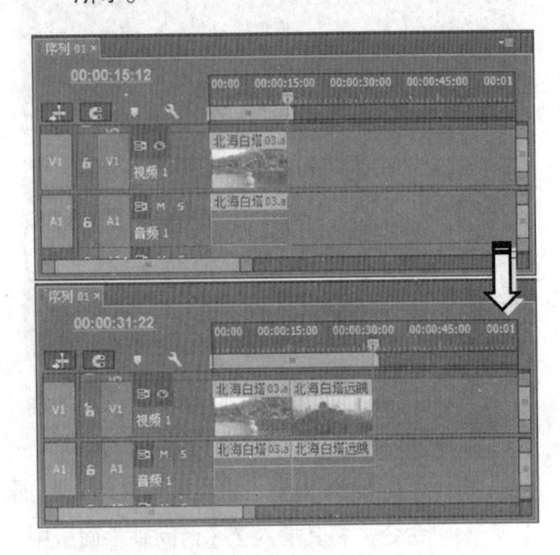

图 4-95　插入视频（2）

8 按照上述方法，分别在【项目】面板中设置其他视频的出入点后，依次将视频“北海法轮殿 01.avi”“北海风吹树 03.avi”和“北海波光 05.avi”插入【时间轴】面板中，如图 4-96 所示。

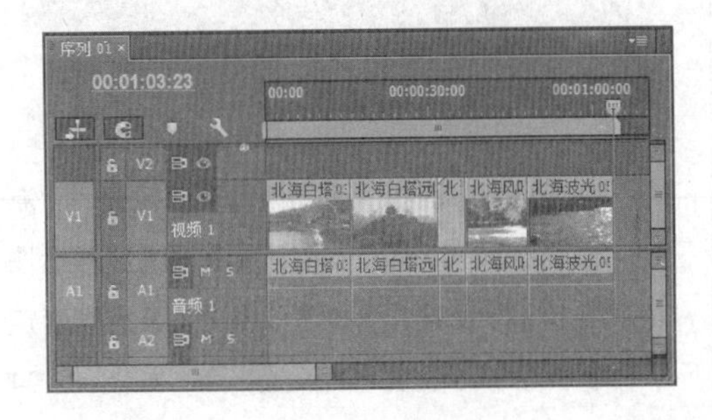

图 4-96　插入视频（3）

9 依次选中【时间轴】面板中的视频片段，在【效果控件】面板中设置【运动】选项组中的【缩放】选项为 60%，使视频画面刚好显示在【节目】面板中，如图 4-97 所示。

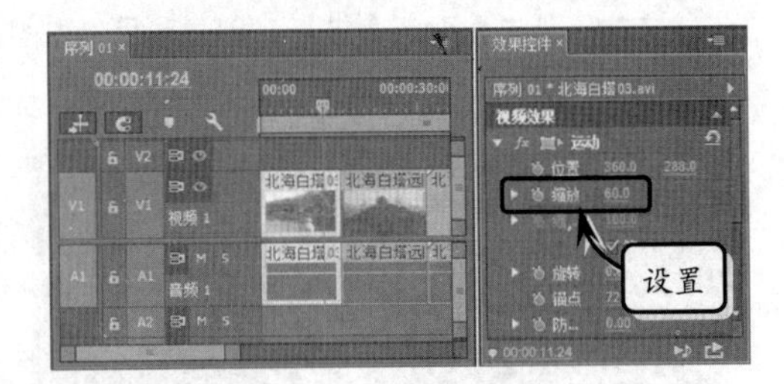

图 4-97　缩放画面尺寸

10 单击【节目】监视器面板中的【播放-停止切换】按钮，查看视频效果，发现视频“北海风吹树 03.avi”播放时间过长。确定【时间轴】面板中的【当前时间指示器】位置，选择工具箱中的【剃刀工具】，在该位置单击将视频切割为两个视频，如图 4-98 所示。

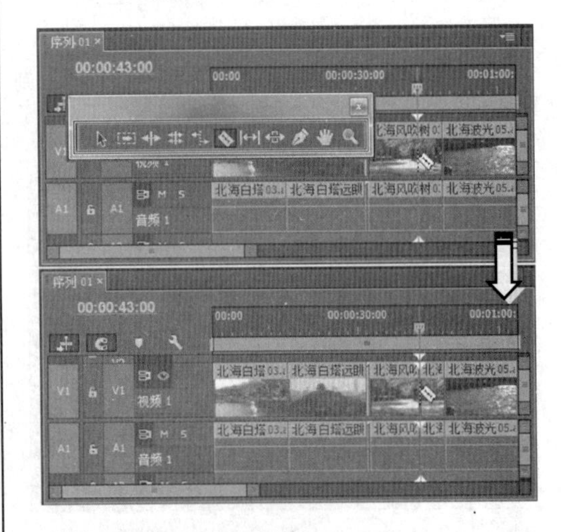

图 4-98　切割视频

11 选择工具箱中的【选择工具】，选中【时间轴】面板中被切割后的右侧视频片段，按 Delete 键删除该视频。然后选中最后一个视频片段向左移动，如图 4-99 所示。

12 再次单击【节目】监视器面板中的【播放-停止切换】按钮，查看视频效果，确定视频无误后，按快捷键 Ctrl+S 保存文件，完成旅游短片制作。

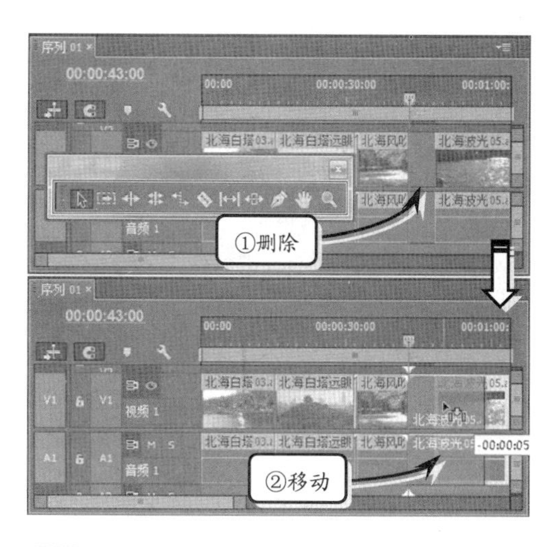

图 4-99 删除并移动视频

4.7 课堂练习：制作快慢镜头效果

本例制作影片的快慢镜头效果。在制作过程中，主要通过切割素材，设置其速度/持续时间，以调整影片的播放速度，制作出快慢镜头效果。通过复制素材，还能够制作出画中画效果。采用上述两种效果可以将一段普通的视频变成节奏感十足，并且画面丰富的视频，如图 4-100 所示。

图 4-100 视频的快慢镜头效果

操作步骤：

1 启动 Premiere Pro CC，在【新建项目】对话框中，单击【浏览】按钮，选择文件的保存位置。在【名称】栏中输入“制作快慢镜头特效”文本，单击【确定】按钮，创建新项目，如图 4-101 所示。

2 在【项目】面板空白处双击，打开【导入】对话框，选择素材，导入该面板中。在该面板中通过滑动鼠标查看视频后，在进度条末端位置按快捷键 O 设置出点，如图 4-102 所示。

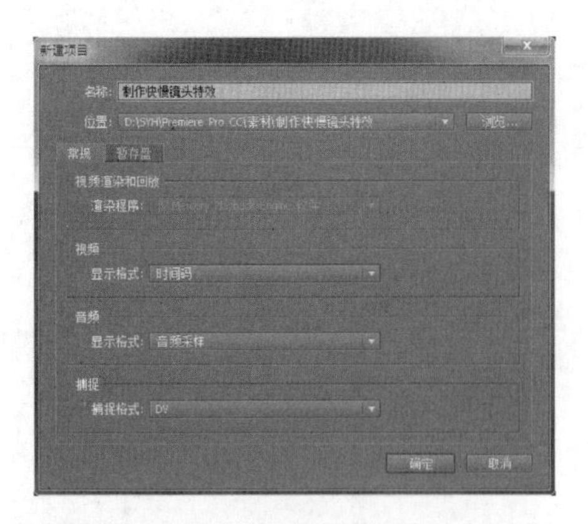

图 4-101 新建项目

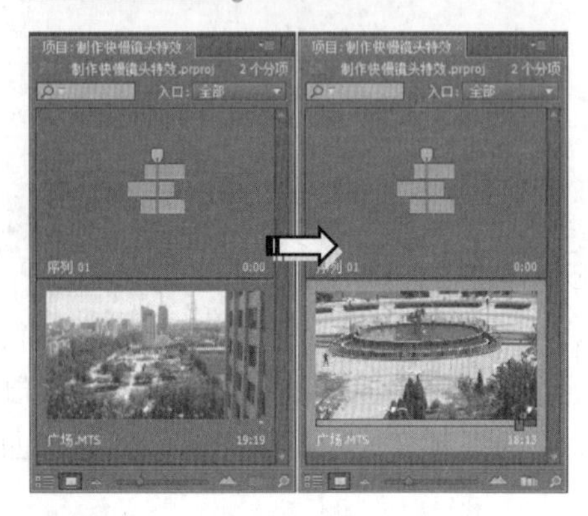

图 4-102 导入并设置出点

提 示

通过滑动鼠标查看视频后，发现视频尾部的画面晃动较为剧烈。这时可以通过建立出点，将晃动的视频屏蔽，省去了后期时间轴上的裁剪与删除操作。

3 按快捷键“,”将视频插入【时间轴】面板的“V1”轨道上。向左拖动横拉条右侧端点，增大视频显示范围，如图 4-103 所示。

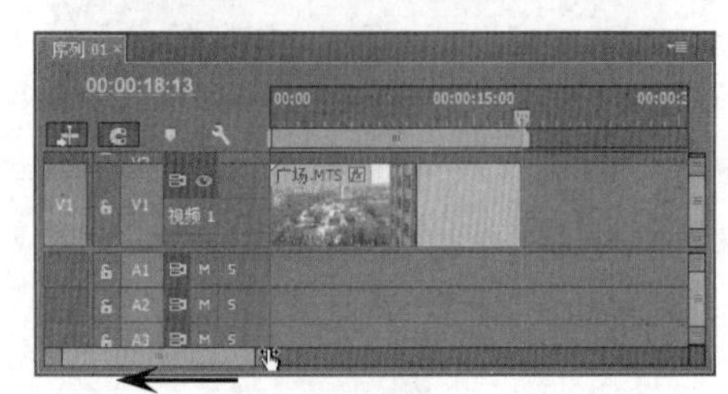

图 4-103 插入视频

4 单击【时间轴】面板中的视频将其选中，在【效果控件】面板中，设置【运动】选项组中的【缩放】选项为 55%，使视频最大限度地显示在监视器中，如图 4-104 所示。

图 4-104 缩放视频尺寸

5 拖动【时间轴】面板中的当前时间指示器至 00:00:03:16 位置处，选择工具箱中的【剃刀工具】在该位置单击，切割视频为两段，如图 4-105 所示。

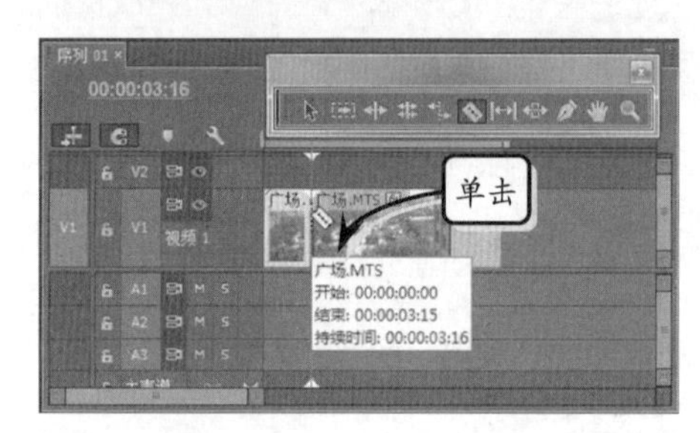

图 4-105 切割视频

6 按照上述方法，在 00:00:15:02 位置切割视频，最终将整段视频切割为三段。选择工具箱中的【选择工具】，右击中间视频，选择【速度/持续时间】命令，在弹出的【剪辑速度/持续时间】对话框中，设置【速度】选项为 400%，如图 4-106 所示。

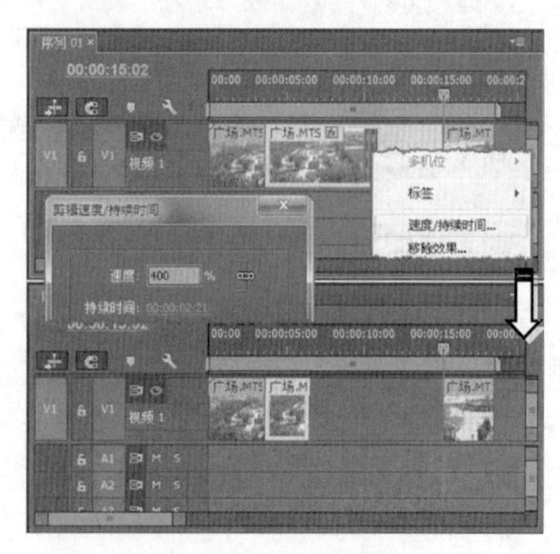

图 4-106 设置播放速度

7 右击右侧视频，在弹出的菜单中选择【速度/持续时间】命令，在弹出的对话框中，设置【速度】选项为40%，放慢播放速度，如图4-107所示。

图4-107 放慢播放速度

注 意

如果要设置放慢播放速度的视频在中间，那么需要先将后半部分素材向后移动，设置中间素材的速度时间后，再将后面的素材向前移动，避免素材的叠加。

8 将右侧视频向左移动，与中间视频衔接后复制该视频。选中"V2"轨道进行粘贴，并且移动其位置，使其与"V1"轨道中相同视频的播放时间一致，如图4-108所示。

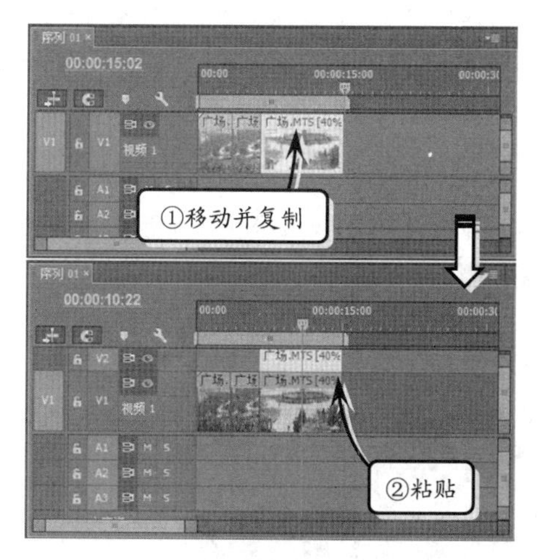

图4-108 移动与复制视频

9 选中"V2"轨道中的视频，在【效果控件】面板中设置【运动】选项组中的【缩放】选项为20%，如图4-109所示。

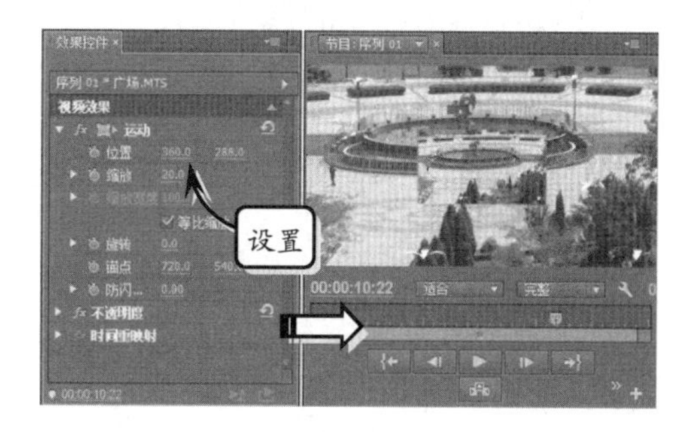

图4-109 缩放视频尺寸

10 继续在【效果控件】面板中设置【运动】选项组中的【位置】选项为536.0，465.0，改变小尺寸视频的显示位置，形成画中画效果，如图4-110所示。

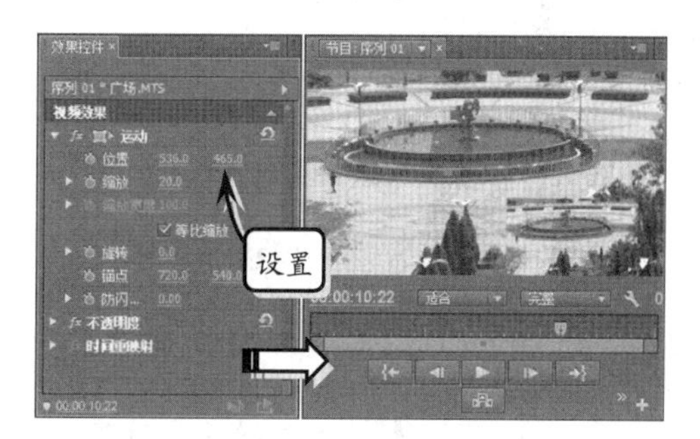

图4-110 确定视频显示位置

技 巧

画中画效果中的小尺寸视频，其摆放位置是根据大尺寸视频中的主题位置来决定的。只要不影响主题显示，可以任意放置小尺寸视频。

11 设置完成后，单击【节目】监视器面板中的【播放-停止切换】按钮，查看视频效果，确定视频无误后，按快捷键Ctrl+S保存文件，完成快慢镜头效果的制作。

4.8 思考与练习

一、填空题

1. 在__________面板中，时间轴标尺上的各种控制选项决定了查看影片素材的方式，以及影片渲染和导出的区域。

2. Premiere Pro CC中的安全区分为_______

安全区和动作安全区两种类型。

3. ＿＿＿＿＿示波器的画面由R、G、B、MG、Cy和YL这6个包含“田”字形方框的区域组成。

4. 在【时间轴】面板中，通过单击＿＿＿＿＿可以添加标记。

5. 利用＿＿＿＿＿工具，可以在【时间轴】面板内通过直接拖动相邻素材边界的方法，同时编辑两侧素材的入点或出点。

二、选择题

1. 在下列选项中，无法在【源】监视器面板内进行的操作是＿＿＿＿＿。

   A. 设置入点与出点
   B. 设置标记
   C. 预览素材内容
   D. 分离素材中的音频与视频部分

2. 拖动【时间轴】面板中的＿＿＿＿＿，能够查看视频效果。

   A. 缩放滑块
   B. 当前时间指示器
   C. 查看区域
   D. 时间标尺

3. YC波形示波器的作用是＿＿＿＿＿。

   A. 查看视频画面的色彩饱和度
   B. 查看视频画面的色彩强度
   C. 查看音频信号的播放强度
   D. 查看音频信号的波形图

4. 在下列选项中，无法将素材添加至序列的是＿＿＿＿＿。

   A. 选择素材后，在英文输入法状态下按“逗号”(,)键
   B. 直接将素材拖至时间轴内
   C. 在【项目】面板内双击素材
   D. 右击素材后，执行【插入】命令

5. 在下列有关嵌套序列的描述中，错误的是＿＿＿＿＿。

   A. 合理使用嵌套序列可降低影片编辑难度
   B. 合理使用嵌套序列可提高影片编辑效率
   C. 合理使用嵌套序列可优化主序列的序列装配结构
   D. 嵌套序列只会影响影片输出速度，无其他任何益处

三、问答题

1. 如何在【时间轴】面板中添加标记？

2. 简述【源】面板与【节目】面板之间的区别。

3. 在【源】面板中，怎么为素材设置入点与出点？

4. 提升与提取之间有什么区别？

5. 要使用工具栏中的编辑工具编辑【时间轴】面板中的视频时有哪些编辑方式？

四、上机练习

1. 在视频中插入另外一个视频

在【时间轴】面板中添加视频素材后，将当前时间指示器放置在视频片段的某个时间点。然后将【项目】面板中的另外一个视频素材放置在【源】面板中，最后单击【源】面板中的【插入】按钮，即可在当前时间指示器所在的位置插入另外一段视频，而当前时间指示器右侧的原视频片段会向右偏移，如图4-111所示。

图4-111　插入另一视频

2．创建片头素材

Premiere Pro CC 中的片头素材是指影片正式开始播放前的倒计时部分，根据需要用户可自定义该素材。执行【文件】|【新建】|【通用倒计时片头】命令，在弹出的【新建通用倒计时片头】对话框内设置素材参数，单击【确定】按钮，在接下来弹出的【通用倒计时设置】对话框内设置素材内容，如图 4-112 所示。

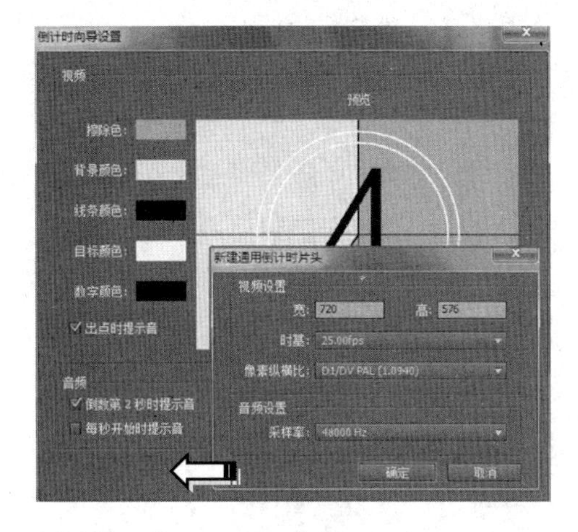

图 4-112　设置参数

继续单击【确定】按钮关闭对话框，【项目】面板中会显示新建的“通用倒计时片头”视频素材。将该视频插入【时间轴】面板后，即可在【节目】监视器面板中查看倒计时视频效果，如图 4-113 所示。

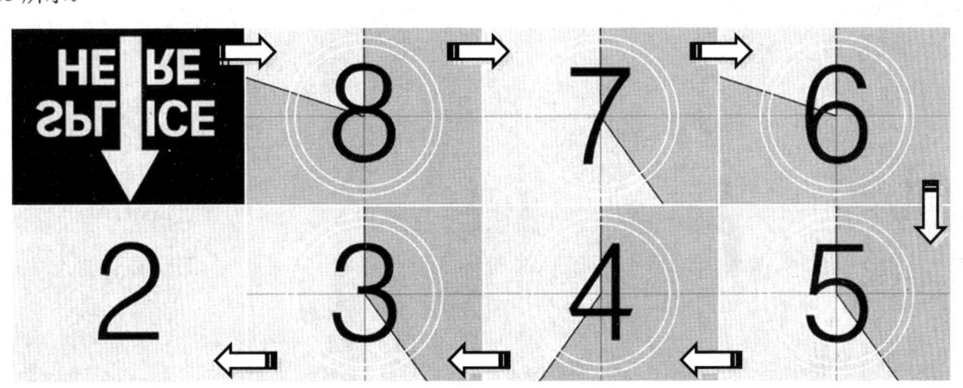

图 4-113　倒计时视频

第5章 添加过渡效果

视频过渡是指在镜头切换中加入过渡效果。这种技术被广泛应用于数字电视制作中，是比较普遍的技术手段。过渡的加入会使节目更富有表现力，影片风格更加突出。

本章主要介绍 Premiere 中的视频过渡效果。通过对本章的学习，可以了解视频过渡在影片中的运用和一些常用视频过渡的效果，并掌握如何为影片添加视频过渡。另外，本章还介绍了预设动画效果的添加方法。

本章学习要点：

- 预设动画效果
- 认识视频过渡
- 添加和删除视频过渡
- 修改默认过渡参数
- 了解不同过渡的效果

5.1 镜头的切换与过渡概述

镜头是构成影片的基本要素，在影片中，镜头的切换就是过渡。镜头的切换包括两种：一种是硬切，即利用简单的衔接来完成切换；另外一种是软切，即由第一个镜头淡出，向第二个镜头淡入切换。

5.1.1 过渡的基本原理

过渡就是指前一个素材逐渐消失，后一个素材逐渐出现的过程。这就需要素材之间有交叠的部分，即额外帧，使用期间的额外帧做为过渡帧。

制作一部电影作品往往要用成百上千个镜头。这些镜头的画面和视角大都千差万别，直接将这些镜头连接在一起会让整部影片的显示断断续续。为此，在编辑影片时便需要在镜头之间添加视频过渡，使镜头与镜头间的过渡更为自然、顺畅，使影片的视觉连续性更强。

例如，拍摄由远至近的人物，由于长镜头的拍摄时间过长，所以删除中间拉近过程，直接通过渐隐为白色将相对独立的两个镜头连接在一起，形成统一视频效果，如图 5-1 所示。

图 5-1 使用过渡连接镜头

5.1.2 添加过渡

在 Premiere Pro CC 中，系统共为我们提供了 70 多种视频过渡效果。这些视频过渡被分类放置在【效果】面板【视频过渡】文件夹中的 10 个子文件夹中，如图 5-2 所示。

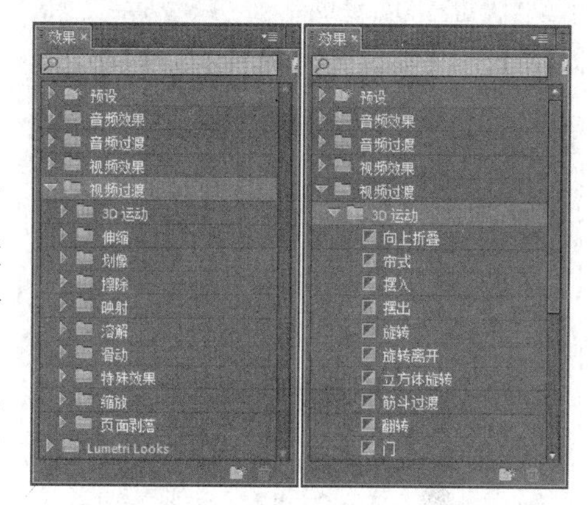

图 5-2 视频过渡分类列表

欲在两段素材之间添加过渡，这两段素材必须在同一轨道上，且期间没有间隙。在镜头之间应用视频过渡，只需将某一过渡效果拖曳至时间轴上的两素材之间即可，如图 5-3 所示。

此时，单击【节目】面板内的【播放-停止切换】 按钮，或直接按空格键，即可预览所应用视频过渡的效果，如图 5-4 所示。

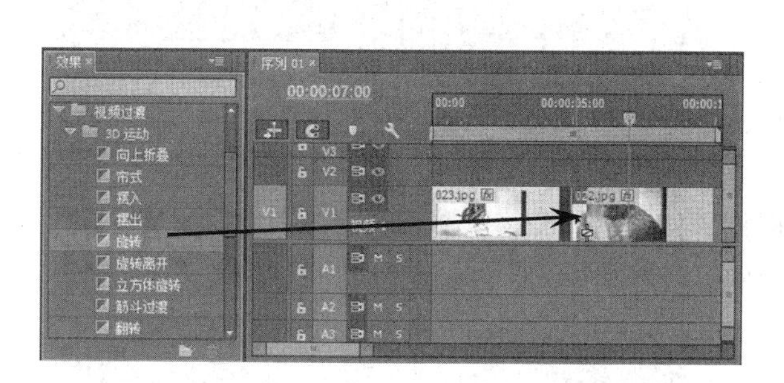

图 5-3 添加视频过渡

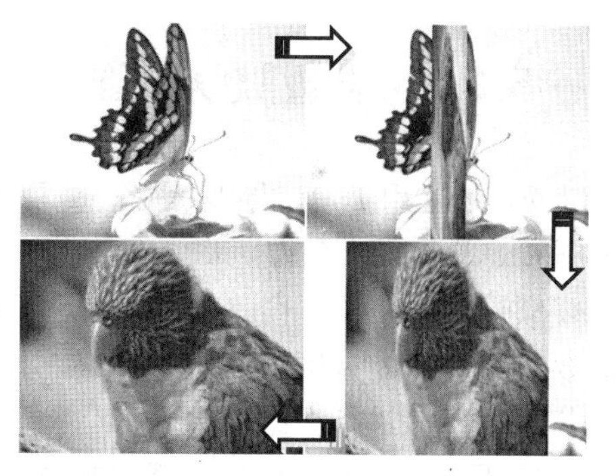

图 5-4 预览视频过渡效果

5.1.3 清除与替换过渡

在编排镜头的过程中，有些时候很难预料镜头在添加视频过渡后会产生怎样的效果。此时，往往需要通过清除、替换的方法，尝试应用不同的过渡，并从中挑选出最为合适的效果。

1. 清除过渡

在感觉当前所应用视频过渡不太合适时，只需在【时间轴】面板内右击视频过渡，选择【清除】命令，即可清除相应的过渡效果，如图 5-5 所示。

2. 替换过渡

当修改项目时，往往需要使用新的过渡替换之前添加的过渡。从【效果】面板中，将所需的视频或音频过渡拖放到序列中原有过渡上即可完成替换。

与清除过渡后再添加新的过渡相比，使用替换过渡来更新镜头过渡的方法更为简便。操作时，只需将新的过渡效果覆盖在原有过渡上即可，如图 5-6 所示。

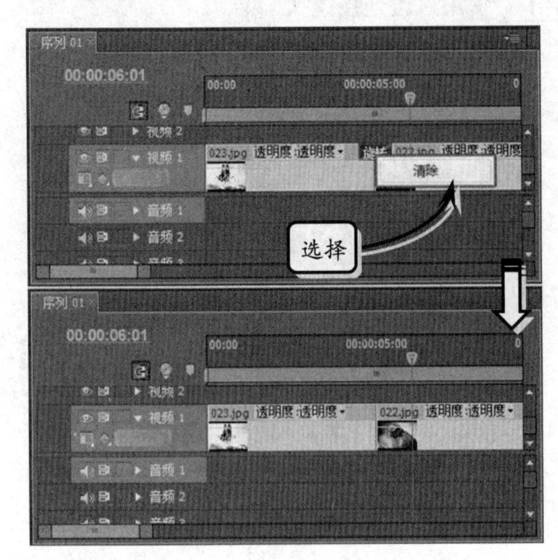

图 5-5 清除视频过渡

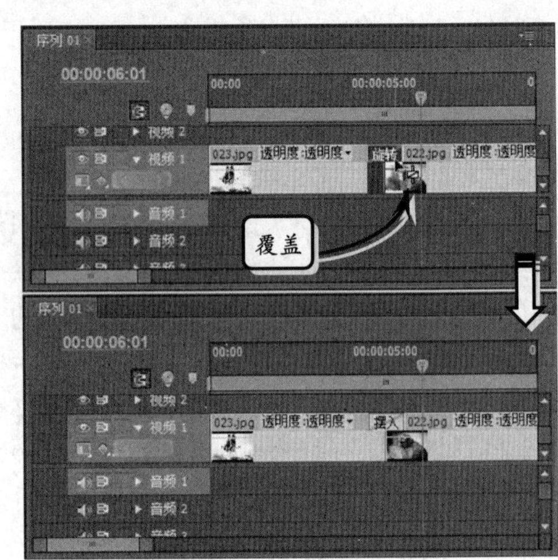

图 5-6 替换过渡效果

5.1.4 设置默认过渡

为了让用户自由地发挥想象力，Premiere Pro CC 允许用户在一定范围内修改视频过渡的效果。也就是说，用户可根据需要对添加后的视频过渡进行调整，下面将对其操作方法进行介绍。

在【时间轴】面板内选择视频过渡后，【效果控件】面板中便会显示该视频过渡的各项参数，如图 5-7 所示。

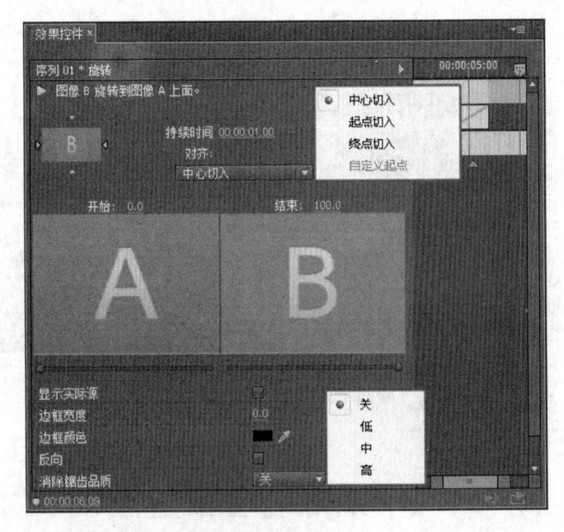

图 5-7 视频过渡参数面板

单击【持续时间】选项右侧的数值后，在出现的文本框内输入时间数值，即可设置视频过渡的持续时间，如图 5-8 所示。

提 示

将鼠标置于选项参数的数值上，当光标变成形状时，左右拖动鼠标便可以更改参数数值。

在【效果控件】面板中，启用【显示实际源】选项后，过渡所连接镜头画面在过渡过程中的前后效果将分别显示在 A、B 区域内，如图 5-9 所示。

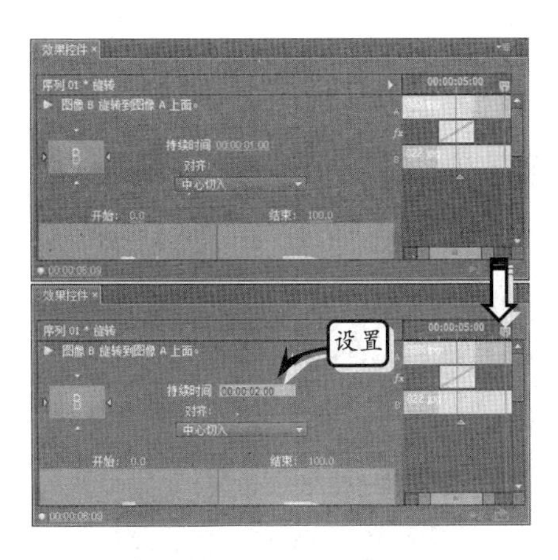

图 5-8　修改视频过渡的持续时间

图 5-9　显示素材画面

当添加的过渡效果为上下或左右动画时，在预览区中，通过单击方向按钮，即可设置视频过渡效果的开始方向与结束方向，如图 5-10 所示。

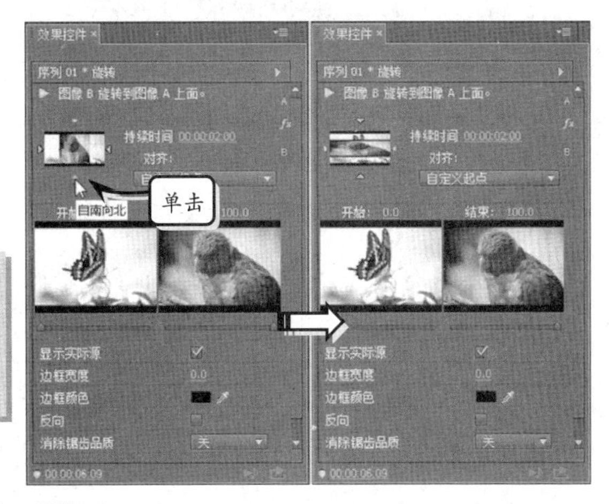

图 5-10　设置视频过渡方向

注　意

当添加的过渡效果为圆形动画时，在效果预览区中，就不会出现方向按钮，所以不能进行方向的改变。此外，可以单击【播放过渡】按钮，在预览区中预览视频过渡效果。

单击【对齐】下拉按钮，能够在【对齐】下拉列表中选择效果位于两个素材上的位置。例如，选择“起点切入”选项，视频过渡效果会在时间滑块进入第 2 个素材时开始播放，如图 5-11 所示。

在调整【开始】或【结束】选项内的数值，或拖动该选项下方的时间滑块后，还可设置视频过渡在开始和结束时的效果，如图 5-12 所示。

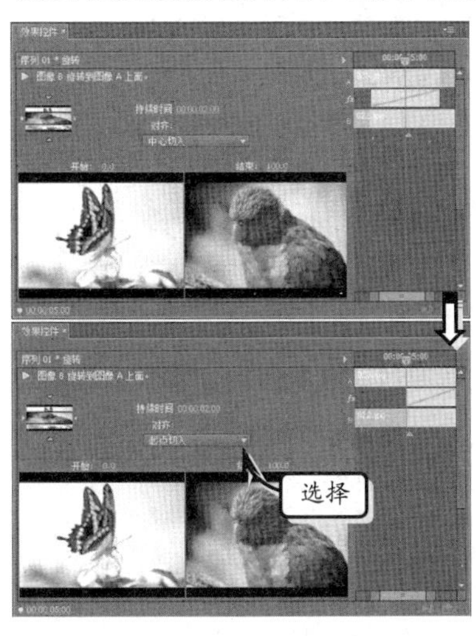

图 5-11　改变视频过渡在素材上的位置

图 5-12　调整过渡的初始与结束效果

此外，在调整【边框宽度】选项后，还可更改素材在过渡效果中的边框宽度。如果需要设置边框颜色，则可设置【边框颜色】选项，如图 5-13 所示。

如果想要更为个性化的效果，则可启动【反向】复选框，从而使视频过渡采用相反的顺序进行播放，如图 5-14 所示。

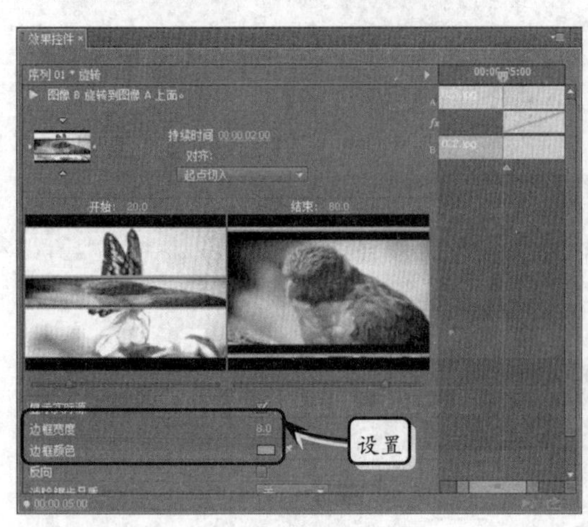

图 5-13　调整素材的边框宽度与边框颜色

图 5-14　视频过渡反向效果

单击【消除锯齿品质】按钮，并在【消除锯齿品质】下拉列表中选择品质级别选项后，还可调整视频过渡的画面效果，如图 5-15 所示。

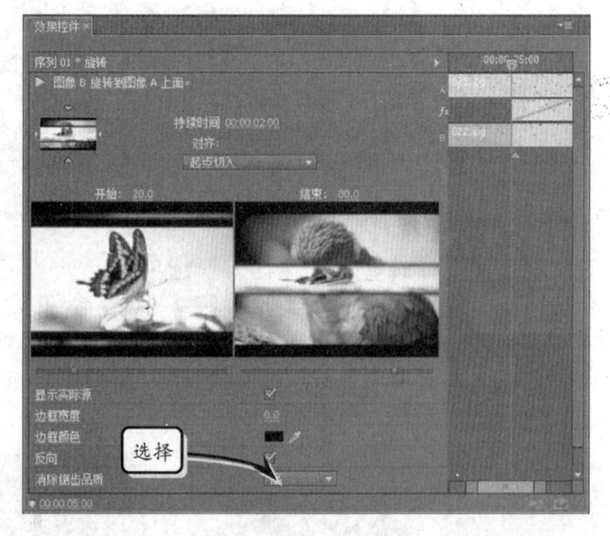

图 5-15　设置过渡消除锯齿品质

5.2　预设动画效果

在 Premiere Pro CC 中，针对视频素材中的各种情况准备了不同的效果，比如过渡的音频与视频效果、用于调整素材色调的效果以及改变画面质量的效果等。而要应用这些效果，除了需要将其添加至轨道中的素材上，还需要在【效果控件】面板中进行选项参数设置。

当不熟悉视频效果操作时，可以使用【预设】效果组中的各种效果，将其直接添加至素材中，能基本解决视频画面中所遇到的各种问题。

5.2.1　画面效果

在【预设】动画效果组中，有一些效果是专门用来修饰视频画面效果的，比如，【斜角边】与【卷积内核】效果。添加这些效果组中的预设效果，能够直接得到想要的效果。

1. 斜角边

将【斜角边】效果组中的效果添加至素材后，即可在视频画面中显示出相应的效果。该效果组中包括【厚斜角边】与【薄斜角边】效果，如图 5-16 所示。

图 5-16 【厚斜角边】与【薄斜角边】效果

2. 卷积内核

【卷积内核】效果组的效果与【视频效果】|【调整】中的【卷积内核】效果基本相同，只是后者需要参数设置，前者不需要参数设置，只要将效果添加至素材，视频画面即可显示出与效果名称相符的效果，如图 5-17 所示。

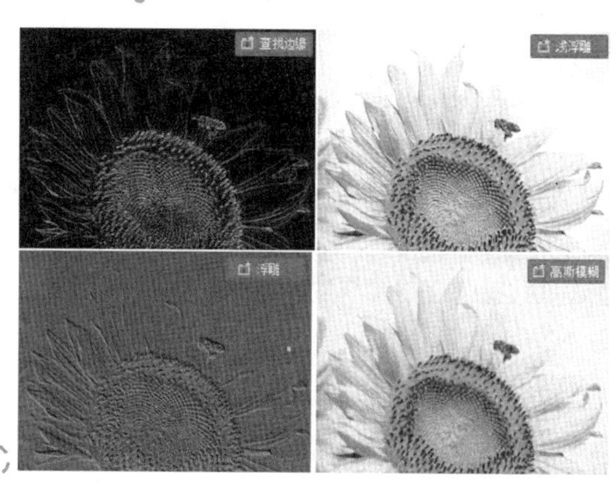

图 5-17 【卷积内核】效果组效果

5.2.2 入画与出画预设动画

【预设】效果组中，有一部分效果是专门用来设置素材在播放的开始或是结束时的画面效果。由于这些效果带有动画效果，所以也添加了关键帧。

1. 扭曲

【扭曲】效果组能够为画面添加扭曲效果，该效果组中包括【扭曲入点】与【扭曲出点】两个效果。这两个效果的效果相同，只是播放时间不同，一个是在素材播放开始时显示；一个是在素材播放结束时显示，如图 5-18 所示。

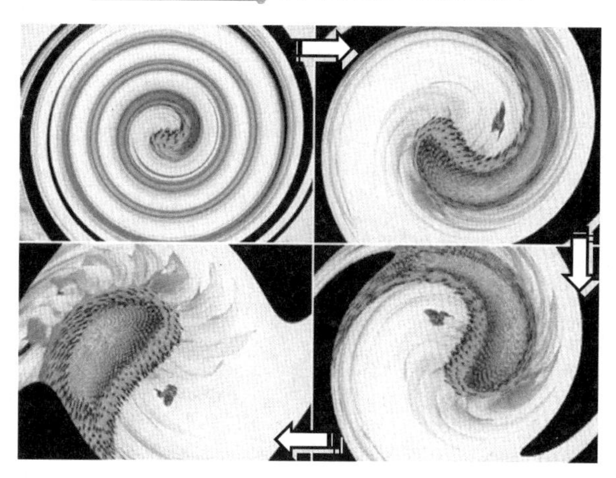

图 5-18 【扭曲入点】效果

2. 过度曝光

【过度曝光】效果组是改变画面色调显示曝光效果。虽然同样是曝光过度效果，但是入画与出画曝光效果不仅在播放时间方面不一样，其效果也完全相反，图 5-19 所示为【过度曝光入点】效果。

3. 模糊

【模糊】效果组中同样包括入画与出画模糊动画，并且效果完全相反。只要将【快速模糊入点】或者【快速模糊出点】效果添加至素材上即可，图 5-20 所示为【快速模糊入点】效果。

图 5-19 【过度曝光入点】效果

4．马赛克

【马赛克】效果组中的【马赛克入点】与【马赛克出点】效果是同一个效果中的两个相反的动画效果，同时这两个效果分别设置在播放的前一秒或者后一秒，如图 5-21 所示。

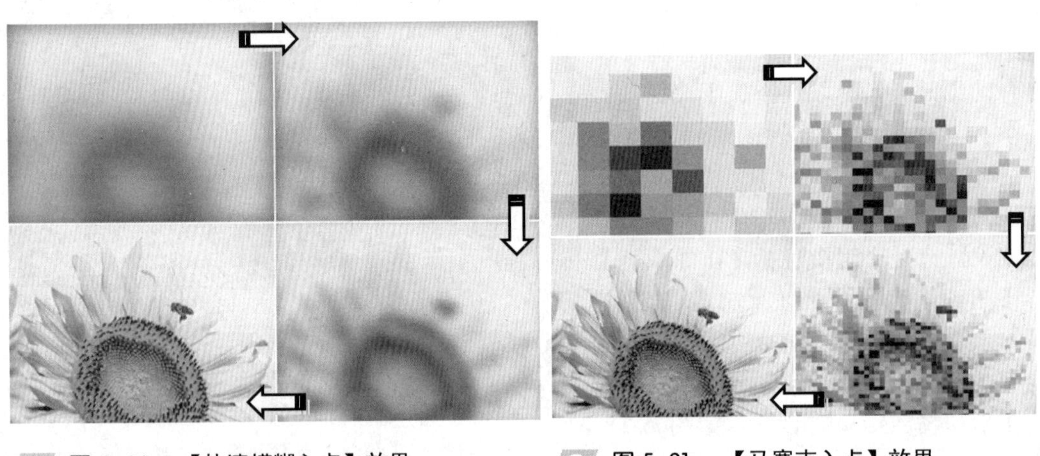

图 5-20 【快速模糊入点】效果

图 5-21 【马赛克入点】效果

5．画中画

当两个或两个以上的素材出现在同一时间段时，要想同时查看效果，必须将位于上方的素材画面缩小。【画中画】效果组中准备了一种缩放尺寸的画中画效果——25%画幅，并且以该比例的画面为基准，设置了各种运动动画。

以【25%UR】效果组为例，在该效果组中包括 7 个不同的效果。比如静止在上右位置、由上右位置进入并放大至 25%、由上右位置放置至全屏、由上右位置旋转进入画面等，均是以画面右上角进行动画播放，图 5-22 所示为【画中画 25%UL 按比例放大至完全】效果。

提 示

【画中画】效果是通过在素材本身的【运动】选项组中的【位置】【缩放】以及【旋转】选项中添加关键帧并设置参数来实现的。

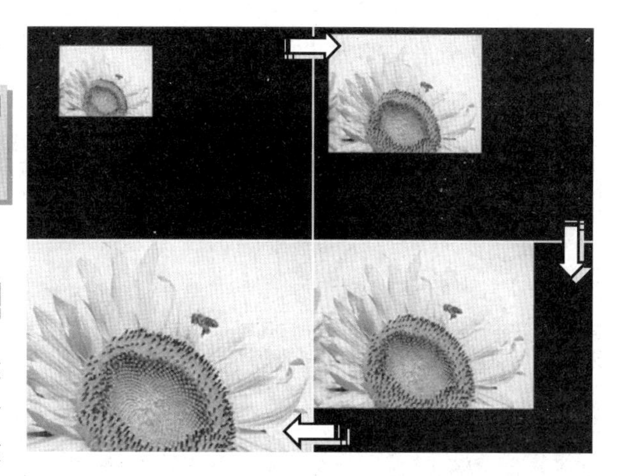

图 5-22 画中画效果

5.3 3D 运动

三维运动类视频过渡主要体现镜头之间的层次变化，从而给观众带来一种从二维空间到三维空间的立体视觉效果。三维运动类视频过渡包含多种过渡方式，如向上折叠、帘式、摆入、摆出等。

5.3.1 旋转式 3D 运动

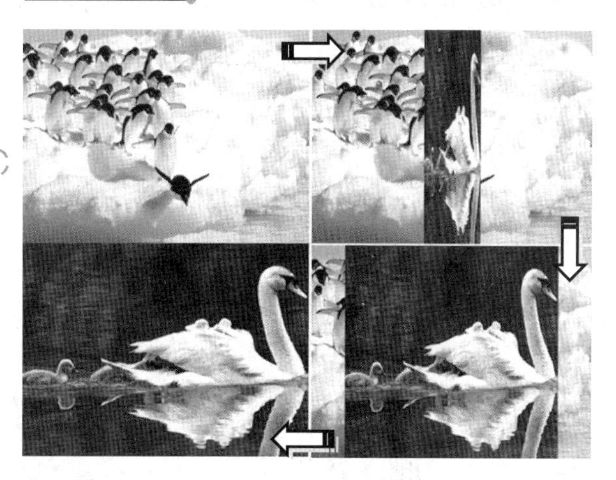

图 5-23 【旋转】视频过渡效果

旋转方式的三维运动效果最能够表现出三维对象在三维空间中的运动效果。而在【3D 运动】效果组中，包括多种旋转方式的过渡效果。

在【旋转】视频过渡中，镜头二画面从镜头一画面的中心处逐渐伸展开来，特征是镜头二画面的高度始终保持正常，变化的只是镜头二画面的宽度，如图 5-23 所示。

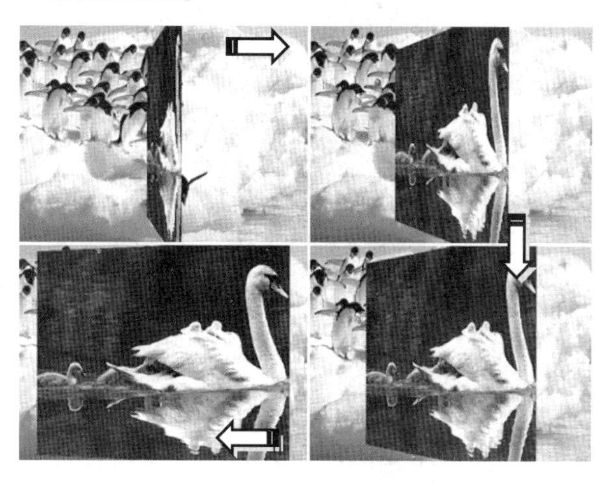

图 5-24 【旋转离开】视频过渡效果

与【旋转】采用二维方式进行变换的方式不同，【旋转离开】采用镜头二画面从镜头一画面中心处“翻出”的方式将当前画面切换至镜头二，从而给人一种画面通过三维空间变化而来的效果，如图 5-24 所示。

在【立方体旋转】过渡中，镜头一与镜头二画面都只是某个立方体的一个面，而整个过渡所展现的便是在立方体旋转过程中，画面从一个面（镜头一画面）切换至另一个面（镜头二画面）的效果，如图 5-25 所示。

【筋斗过渡】和【翻转】都是通过镜头一画面不断翻腾来显现镜头二画面的过渡效果，不过它们在表现形式上有些许的不同。其中，【筋斗过渡】采用镜头一画面在翻腾时逐渐缩小直至消失的方式来显示镜头二画面，感觉上镜头一画面和镜头二画面原本是“叠放”在一起似的，如图 5-26 所示。

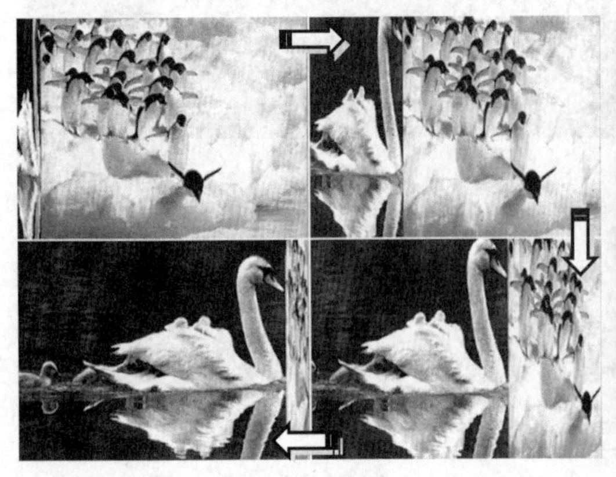

图 5-25 【立方体旋转】视频过渡效果

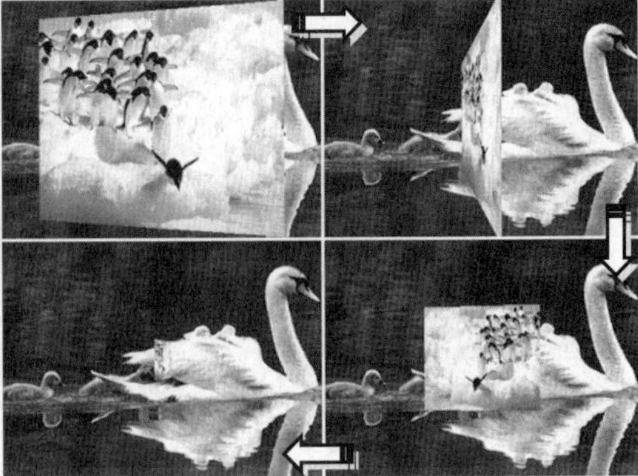

图 5-26 【筋斗过渡】视频过渡效果

相比之下，【翻转】视频过渡中的镜头一和镜头二画面更像是一个平面物体的两个面，而该物体在翻腾结束后，朝向屏幕的画面由原本的镜头一画面改为了镜头二画面，如图 5-27 所示。

图 5-27 【翻转】视频过渡效果

选择【翻转】视频过渡后，单击【效果控件】面板中的【自定义】按钮，还可在弹出的对话框内设置镜头画面翻转时的条带数量，以及翻转过程中的背景颜色，如图 5-28 所示。

例如，在将条带数量设置为 2，翻转背景色设置为草绿色后，其效果如图 5-29 所示。

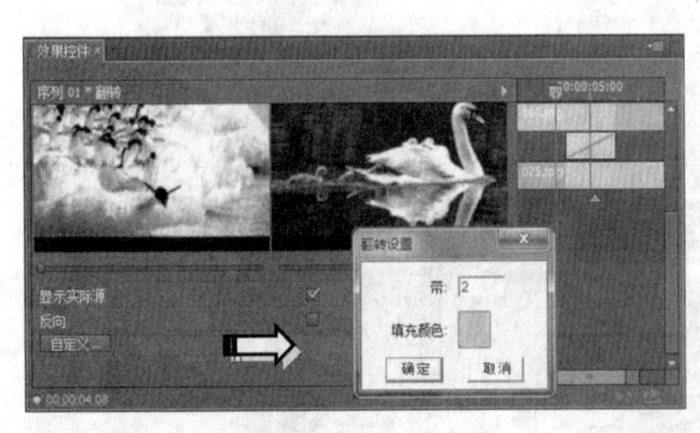

图 5-28 自定义【翻转】视频过渡参数

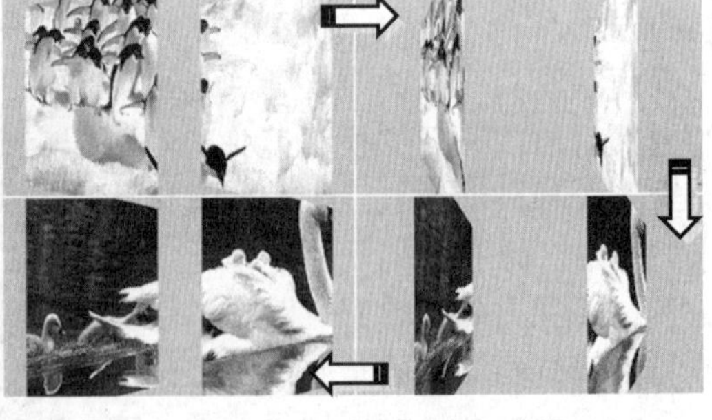

图 5-29 自定义【翻转】视频过渡效果

5.3.2 其他 3D 运动

在【3D 运动】视频过渡效果组中，除了三维旋转运动动画外，还准备了折叠等三维运动过渡动画。

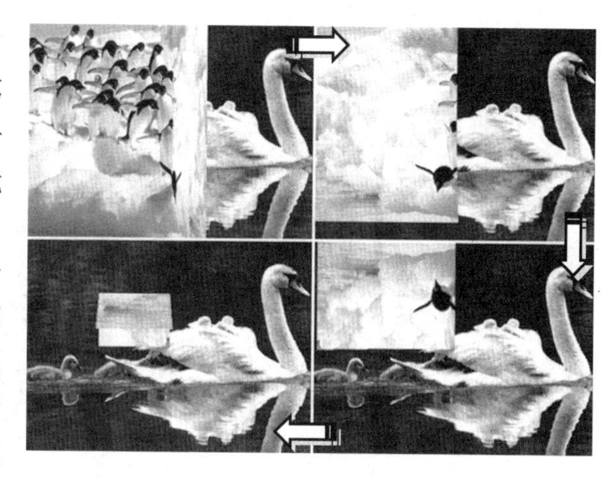

图 5-30 【向上折叠】视频过渡效果

应用【向上折叠】视频过渡，第一个镜头中的画面将会像“折纸”一样被折叠起来，从而显示出第二个镜头中的内容，如图 5-30 所示。

【帘式】视频过渡效果是，前一个镜头将会在画面中心处被分割为两部分，并采用向两侧拉开窗帘的方式显示下一个镜头中的画面，如图 5-31 所示。【帘式】过渡多用于娱乐节目或 MTV 中，可以起到让影片更生动，并具有立体感的效果。

【摆入】与【摆出】都是采用镜头二画面覆盖镜头一画面进行切换的视频过渡，两者的效果极其类似。其中，【摆入】过渡采用的是镜头二画面的移动端由小到大进行变换，从而给人一种画面从屏幕下方摆入的效果，如图 5-32 所示。

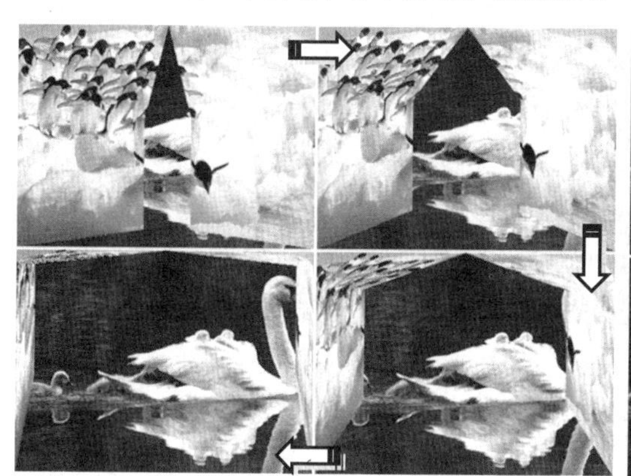

图 5-31 【帘式】视频过渡效果

图 5-32 【摆入】视频过渡效果

与【摆入】过渡效果不同的是，【摆出】过渡采用的是镜头二画面的移动端由大到小进行变换，从而给人一种画面从屏幕上方进入的效果，如图 5-33 所示。

图 5-33 【摆出】视频过渡效果

在【门】视频过渡效果中，镜头二画面会被一分为二，然后像两扇“门”一样的被“合拢”。当镜头二画面的两部分完全合拢在一起时，镜头一画面就会从屏幕上完全消失，整个视频过渡过程也就随之结束，如图 5-34

所示。

5.4 拆分过渡

在【视频过渡】效果组中，有一些效果组是通过拆分上一个素材画面来显示下一个素材画面的，比如【划像】【页面剥落】【擦除】以及【滑动】等效果组。

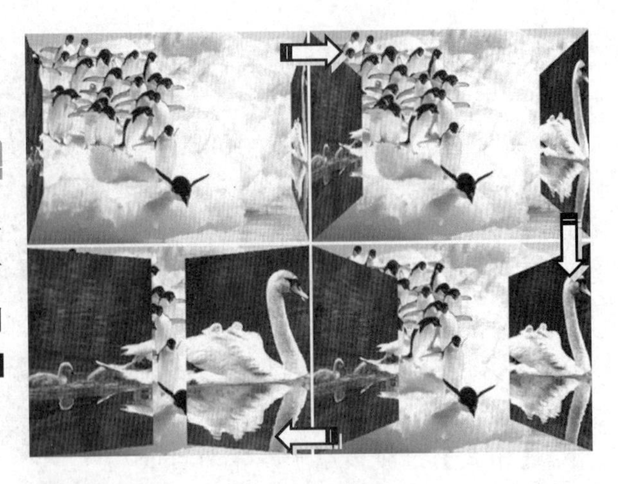

图 5-34 【门】视频过渡效果

5.4.1 划像

划像类视频过渡的特征是直接进行两镜头画面的交替切换，其方式通常是在前一镜头画面以划像方式退出的同时，后一镜头中的画面逐渐显现。

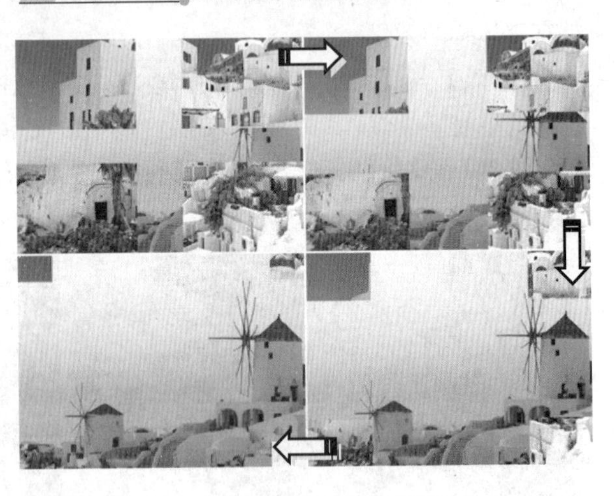

图 5-35 【交叉划像】视频过渡效果

1. 交叉划像

在【交叉划像】视频过渡中，镜头二画面会以十字状的形态出现在镜头一画面中。随着“十字”的逐渐变大，镜头二画面会完全覆盖镜头一画面，从而完成划像过渡效果，如图 5-35 所示。

2. 划像形状

【划像形状】与【交叉划像】过渡的效果较为类似，都是在镜头一画面中出现某一形状后，将镜头二画面展现在大家面前。例如，默认设置的【划像形状】过渡便是通过 3 个逐渐放大的菱形图案来将镜头二画面带至观众面前，如图 5-36 所示。

图 5-36 默认效果的【划像形状】过渡

在时间轴上选择【划像形状】视频过渡后，除了能够在【效果控件】面板内调整【边框宽度】【边框颜色】等常规设置外，还可在单击【自定义】按钮后，在弹出的对话框内设置“透明部分”的形状数量和形状类型，如图 5-37 所示。

3. 圆划像、星形划像、点划像、盒形划像和菱形划像

事实上，无论是哪种样式的划像过渡，其表现形式除了划像形状不同外，本质上并没有什么差别。在划像类过渡中，最为典型的便是圆划像、星形划像这种以圆、星形等平面图形为蓝本，通过逐渐放大或缩小由平面图形所组成的“透明部分”来达到镜头切换的过渡效果。

图 5-37 自定义划像形状

5.4.2 滑动

滑动类视频过渡主要通过画面的平移变化来实现镜头画面间的切换，其中共包括 12 种过渡样式，如互换、多旋转、滑动等。接下来，本节将主要介绍滑动类视频过渡的常用类型。

1. 中心合并与中心拆分

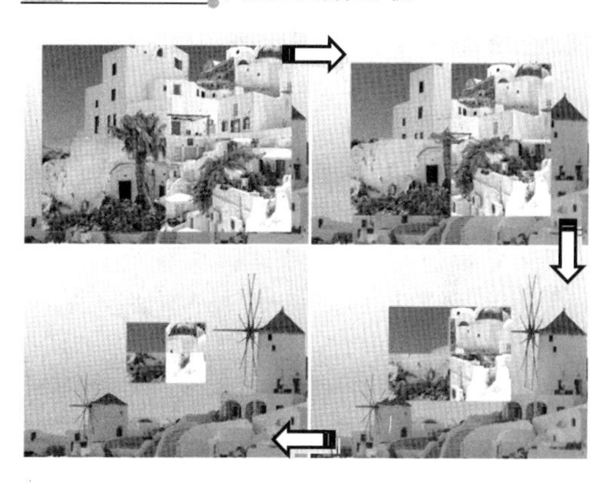

图 5-38 【中心合并】视频过渡效果

【中心合并】过渡是在将镜头一画面均分为 4 部分后，让这 4 部分镜头一画面同时向屏幕中心“挤压”，并最终渐变为一个点从屏幕上消失，如图 5-38 所示。

【中心拆分】视频过渡的画面切换方式与【中心合并】视频过渡有着几分相似之处。例如，都是在将画面分割为相同大小、尺寸的 4 部分后，通过移动分割后 4 部分画面的位置来完成画面切换。所不同的是，【中心拆分】过渡中的镜头一画面通过向 4 角移动来完成画面切换，如图 5-39 所示。

图 5-39 【中心拆分】视频过渡效果

2. 互换

【互换】视频过渡采用了一种类似于“切牌”的画面转换方式，即在前半段过渡中，镜头一画面和镜头二画面同时向屏幕的左侧水平移动。当进行到后半段过渡时，镜头一的画面又向反方向移动，切入镜头二画面的下方，如图 5-40 所示。

3. 多旋转与漩绕

【多旋转】视频过渡是在将镜头二画面分割为多个尺寸相同的区域后，所有区域同

时以旋转的方式进行从小到大的动作，直止铺满整个屏幕，如图 5-41 所示。

图 5-40 【互换】视频过渡效果

图 5-41 【多旋转】视频过渡效果

提 示

选择【多旋转】视频过渡后，在【效果控件】面板内单击【自定义】按钮，可在弹出的对话框内设置镜头二画面被分割的数量。

【漩绕】视频过渡同样是在将镜头二画面分割为多个部分后，采用由小到大并旋转的方式覆盖在镜头一画面上方。所不同的是，【漩绕】视频过渡中的镜头二画面自身还会进行旋转，因此画面切换效果较【多旋转】视频过渡要复杂一些，如图 5-42 所示。

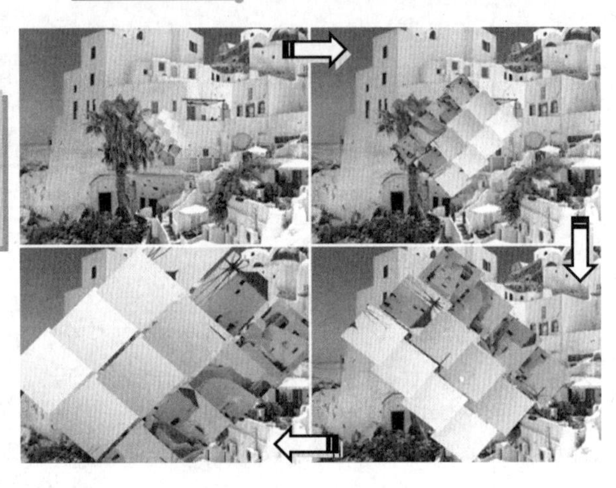

图 5-42 【漩绕】视频过渡效果

技 巧

在选择【漩绕】视频过渡后，单击【效果控件】面板中的【自定义】按钮，可在弹出的对话框内设置分割后的镜头二画面数量及其旋转速率。

4．带状滑动与斜线滑动

【带状滑动】过渡是在将镜头二画面分割为多个条带状切片后，将这些切片分为两队，然后同时从屏幕两侧滑入，并覆盖镜头一画面，如图 5-43 所示。

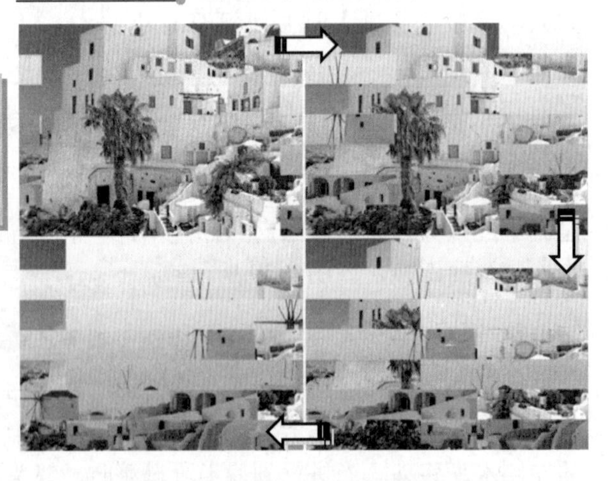

图 5-43 【带状滑动】视频过渡效果

提 示

在【时间轴】面板内选择【带状滑动】视频过渡后，单击【效果控件】面板中的【自定义】按钮，可在弹出的对话框内设置条带数量。

与【带状滑动】视频过渡不同，【斜线滑动】视频过渡是将镜头二画面分割为斜倾的线条切片。然后，按照设置从屏幕的一角滑入，直至全部覆盖镜头一画面为止，如图 5-44 所示。

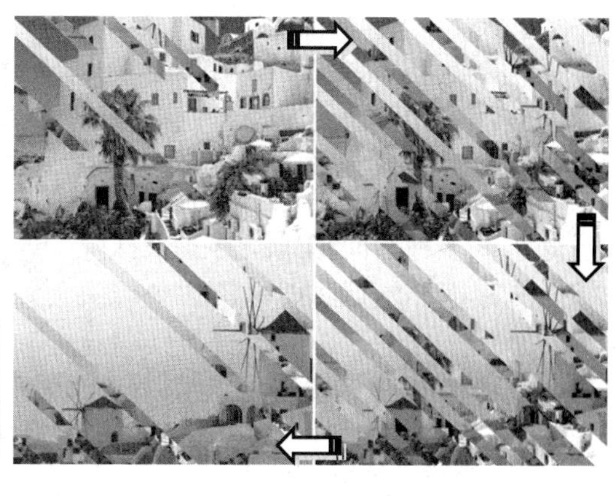

图 5-44 【斜线滑动】视频过渡效果

技 巧

在选择【斜线滑动】视频过渡后，单击【效果控件】面板中的【自定义】按钮，可在弹出的对话框内设置斜线切片的数量。

5. 其他滑动过渡效果

在【滑动】效果组中，除了上述介绍的各种滑动过渡效果外，还可以通过【拆分】【推】【滑动】【滑动带】与【滑动框】等各种样式的滑动效果，来实现更加丰富的滑动过渡效果，如图 5-45 所示。

【拆分】视频过渡效果

【推】视频过渡效果

【滑动】视频过渡效果

【滑动带】视频过渡效果

【滑动框】视频过渡效果

图 5-45 各种滑动过渡效果

5.4.3 擦除

擦除类视频过渡是在画面的不同位置，以多种不同形式的方式来抹除镜头一画面，然后显现出第二个镜头中的画面。目前，擦除类过渡共包括以下几种类型的视频过渡方式。

1. 双侧平推门与划出

在【双侧平推门】视频过渡中，镜头二画面会以极小的宽度，但高度与屏幕相同的尺寸显现在屏幕中央。接下来，镜头二画面会向左右两边同时伸展覆盖镜头一画面，直至铺满整个屏幕为止，如图 5-46 所示。

图 5-46 【双侧平推门】视频过渡效果

相比之下，【划出】过渡的效果则较为简单。应用后，镜头二画面会从屏幕一侧显现出来，并快速推向屏幕另一侧，直到镜头二画面全部占据屏幕为止，如图 5-47 所示。

图 5-47 【划出】视频过渡效果

2. 带状擦除

【带状擦除】效果是一种采用矩形条带左右交叉的形式来擦除镜头一画面，从而显示镜头二画面的视频过渡，如图 5-48 所示。

在【时间轴】面板内选择【带状擦除】过渡后，单击【效果控件】面板中的【自定义】按钮，可在弹出的对话框内修改条带的数量，如图 5-49 所示。

图 5-48 【带状擦除】视频过渡效果

图 5-49 修改过渡设置

3．径向擦除、时钟式擦除和锲形擦除

【径向擦除】过渡是以屏幕的某一角做为圆心，以顺时针方向擦除镜头一画面，从而显露出后面的镜头二画面，如图 5-50 所示。

相比之下，【时钟式擦除】过渡则是以屏幕中心为圆心，采用时钟转动的方式擦除镜头一画面，如图 5-51 所示。

【锲形擦除】过渡同样是将屏幕中心做为圆心，不过在擦除镜头一画面时采用的是扇状图形，如图 5-52 所示。

图 5-50 【径向擦除】视频过渡效果

图 5-51 【时钟式擦除】视频过渡效果

图 5-52 【锲形擦除】视频过渡效果

4．插入

【插入】过渡通过一个逐渐放大的矩形框，将镜头一画面从屏幕的某一角处开始擦除，直至完全显露出镜头二画面为止，如图 5-53 所示。

图 5-53 【插入】视频过渡效果

5．棋盘和棋盘擦除

在【棋盘】视频过渡中，屏幕画面会被分割为大小相等的方格。随着【棋盘】过渡的播放，屏幕中的方格会以棋盘格的方式将镜头一画面替换为镜头二画面，如图 5-54 所示。

在选择【棋盘】视频过渡后，单击【效果控件】面板中的【自定义】按钮后，还可在弹出的对话框内设置“棋盘”中的纵横方格数量，如图 5-55 所示。

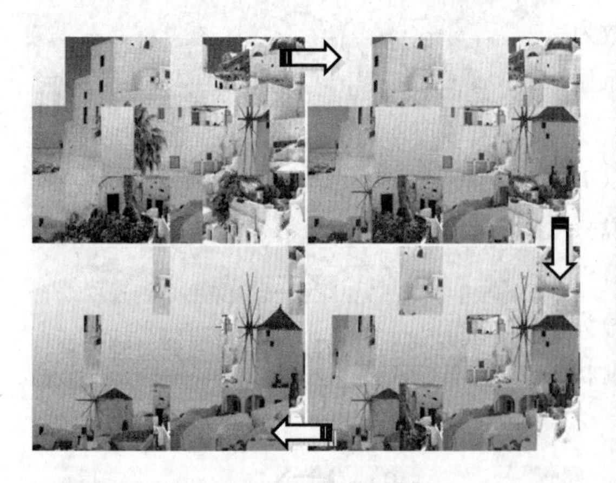

图 5-54 【棋盘】视频过渡效果

图 5-55 自定义“棋盘”

【棋盘擦除】视频过渡是将镜头二中的画面分成若干方块后，从指定方向同时进行划像操作，从而覆盖镜头一画面，如图 5-56 所示。

图 5-56 【棋盘擦除】视频过渡效果

提 示

同样方法，在选择【棋盘擦除】视频过渡后，单击【效果控件】面板中的【自定义】按钮，可在弹出的对话框内设置【棋盘擦除】过渡中的纵横切片数量。

6. 其他擦除过渡效果

【擦除】效果组中的其他效果，其使用方法与上述的效果基本相同。只是过渡样式有所不同，比如【水波块】【螺旋框】【油漆飞溅】【百叶窗】【风车】【渐变擦除】【随机块】【随机擦除】等过渡效果，如图 5-57 所示。

【水波块】视频过渡效果

【螺旋框】视频过渡效果

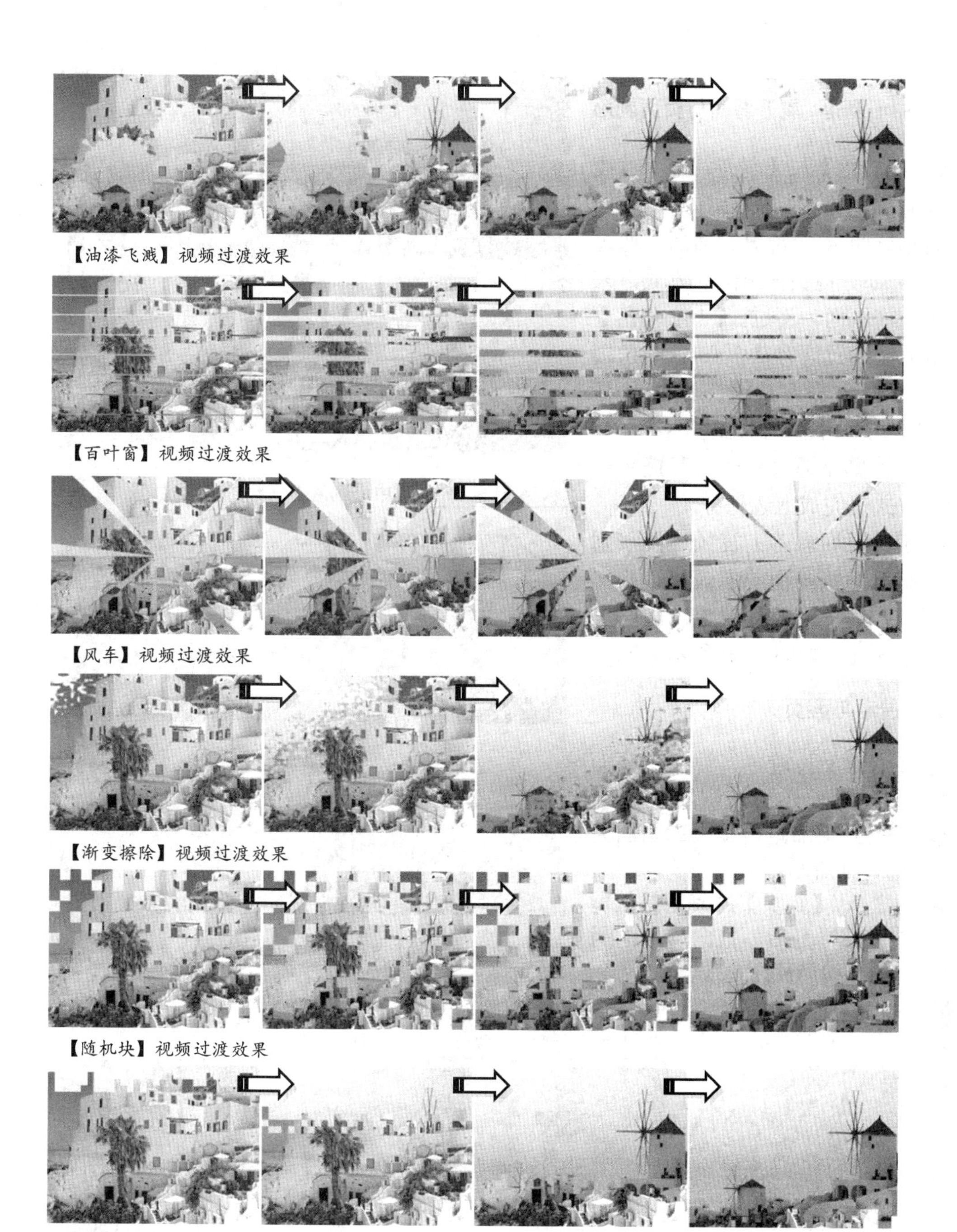

图 5-57 各种擦除样式效果

5.4.4 页面剥落

从切换方式上来看，页面剥落类视频过渡与部分 GPU 类视频过渡相类似。两者的不同之处在于，GPU 过渡的立体效果更为明显、逼真，而页面剥落类视频过渡仅关注镜头切换时的视觉表现方式。

1. 中心剥落、剥开背面与页面剥落

【中心剥落】与【剥开背面】过渡在实现画面切换时，都会首先将画面均匀地划分为 4 个部分。然后，通过揭开这 4 部分镜头一画面的方式，来展现镜头二画面。不过，【中心剥落】视频过渡是通过同时从中心向 4 角揭开镜头一画面的方式来完成这一任务，如图 5-58 所示。相比之下，【剥开背面】过渡则是通过逐一揭开镜头一画面的方式来完成上述任务。

图 5-58 【中心剥落】视频过渡效果

至于【页面剥落】视频过渡，则是采用揭开整张画面的方式让镜头一画面退出屏幕，同时让镜头二画面呈现在大家面前，如图 5-59 所示。

图 5-59 【页面剥落】视频过渡效果

2. 卷走与翻页

在【卷走】过渡中，镜头一画面会像一张画纸一样的从屏幕侧面被“卷起”，直到全部露出镜头二画面为止，如图 5-60 所示。

相比之下，【翻页】过渡则是从屏幕一角被“揭”开后，拖向屏幕的另一角，如图 5-61 所示。

图 5-60 【卷走】视频过渡效果

图 5-61 【翻页】视频过渡效果

提 示

【卷走】过渡效果与 GPU 类过渡中的【页面滚动】过渡效果相类似，而【翻页】过渡则与同类过渡中的【页面剥落】过渡有几分相似之处。【卷走】过渡与【翻页】过渡在视觉上都没有立体感，是一种纯粹的二维过渡效果。

5.5 变形过渡

在【视频过渡】效果组中，有一些过渡动画是通过改变前一个素材画面形状，使该素材消失，从而显示出下一个素材画面的，比如【伸缩】效果组与【缩放】效果组。

5.5.1 伸缩

伸缩类视频过渡主要通过素材的伸缩来达到画面切换的目的，通过该类型过渡可制作出挤压、飞入等多种镜头切换效果。

1. 交叉伸展

在【交叉伸展】过渡中，镜头一画面的宽度会逐渐收缩，而镜头二画面的宽度则会相应增加。这样一来，当镜头二画面的宽度与屏幕宽度相同时，【交叉伸展】过渡便完成了整个画面的切换任务，如图 5-62 所示。

图 5-62 【交叉伸展】视频过渡效果

提 示

【交叉伸展】视频过渡的播放效果与【立方体旋转】视频过渡的效果极其类似。两者的差别在于，无论镜头一和镜头二画面的宽度做出怎样的变化，【交叉伸展】过渡中整个镜头画面都位于屏幕范围内；而在【立方体旋转】视频过渡中，镜头的画面会随着过渡进度的不同，逐渐进入（镜头二画面）或逐渐退出（镜头一画面）屏幕范围。

2. 伸展

在【伸展】过渡中，镜头一画面的尺寸、位置始终不会发生变化。不过，随着镜头二画面从屏幕的一侧切入，而且其宽度的不断变化，最终整个屏幕范围都将会被镜头二画面所占据，如图 5-63 所示。

图 5-63 【伸展】视频过渡效果

3. 伸展覆盖

在【伸展覆盖】视频过渡中，镜头二画面仿佛是在被拉扯后，以极度变形的姿态出现。随着过渡的播放，镜头二画面的比例慢慢恢复正常，并最终完全覆盖在镜头一画面之上，如图 5-64 所示。

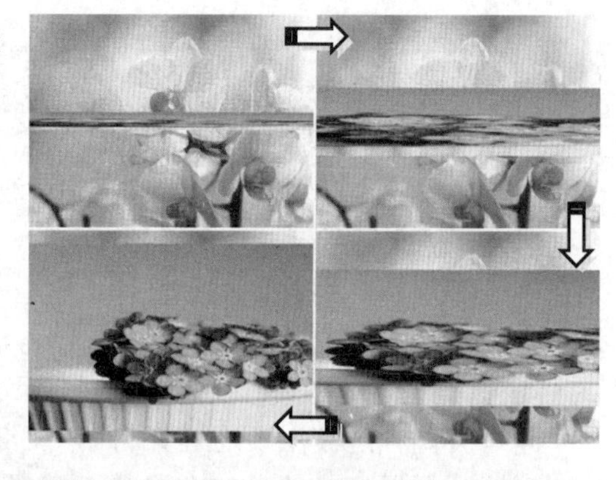

图 5-64 【伸展覆盖】视频过渡效果

4．伸展进入

【伸展进入】视频过渡的效果是在镜头二画面被无限放大的情况下，以渐显的方式出现，并在极短时间内恢复画面的正常比例与透明度，从而覆盖在镜头一画面上方，如图 5-65 所示。

技 巧

如果想要调整【伸展进入】视频过渡的切换效果，可在时间轴内选择该过渡后，首先单击【效果控件】面板中的【自定义】按钮。然后在弹出的【伸展进入设置】对话框中，设置镜头二画面的分割份数。

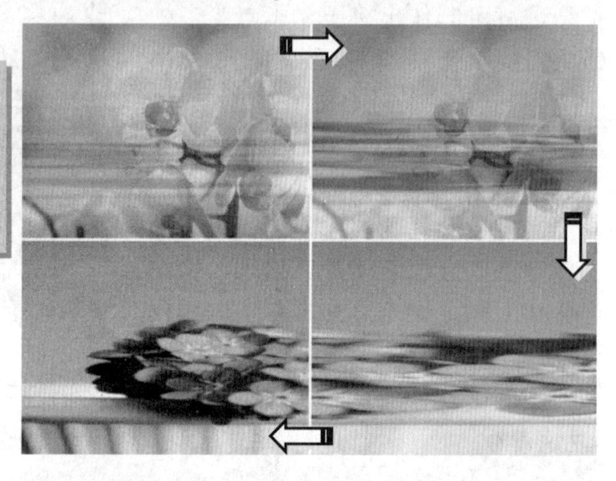

图 5-65 【伸展进入】视频过渡效果

5.5.2 缩放

缩放类视频过渡通过快速切换缩小与放大的镜头画面来完成视频过渡任务，默认情况下 Premiere Pro CC 为用户提供了 4 种不同的缩放类视频过渡效果，本节将对其分别进行介绍。

1．交叉缩放与缩放

【交叉缩放】视频过渡的效果是在将镜头一画面放大后，使用同样经过放大的镜头二画面代替镜头一画面。然后，再将镜头二画面恢复至正常比例，如图 5-66 所示。

图 5-66 【交叉缩放】视频过渡效果

相比之下，【缩放】视频过渡则是通过直接从屏幕中央放大镜头二画面的方式，来完成镜头之间的过渡转换的，如图 5-67 所示。

2．缩放轨迹

在应用【缩放轨迹】视频过渡后，镜头一画面会在逐渐缩小的过程中，留下缩小之前的部分画面，即“拖尾”画面。随着“拖尾”画面的逐渐缩小，镜头一画面将完全从屏幕上消失，取而代之的便是镜头二画面，如图 5-68 所示。

图 5-67 【缩放】视频过渡效果

图 5-68 【缩放轨迹】视频过渡效果

提 示

选择【缩放轨迹】过渡后，单击【效果控件】面板中的【自定义】按钮，可在弹出的对话框内设置“拖尾”数量。

3. 缩放框

【缩放框】视频过渡是在将镜头二画面分割为多个部分后，在屏幕上同时放大这些分割后的镜头二画面，直到画面铺满屏幕为止，如图 5-69 所示。

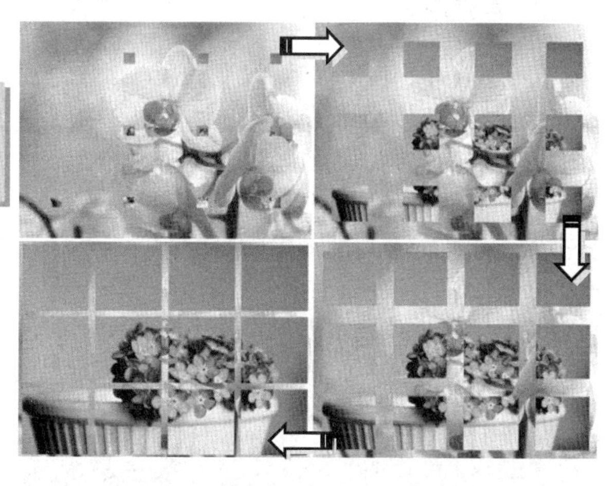

图 5-69 【缩放框】视频过渡效果

技 巧

在选择【缩放框】视频过渡后，单击【效果控件】面板中的【自定义】按钮，可在弹出的对话框内设置镜头二画面被分割的数量。

5.6 变色过渡

并不是所有的过渡效果都是通过拆分画面，或者挤压画面实现的。在【视频过渡】效果组中，【映射】【溶解】以及【特殊效果】效果组就是专门通过色彩变化来实现视频过渡效果的。

5.6.1 映射

映射类视频过渡主要通过更改某一镜头画面的色彩，在两个镜头之间插入其他内容，并以此实现过渡效果。接下来，本节将对 Premiere Pro CC 中的两个映射类过渡效果进行介绍。

1．明亮度映射

【明亮度映射】视频过渡通过计算镜头一画面与镜头二画面的明亮度，将它们叠加在一起作为切换时的过渡画面，如图 5-70 所示。

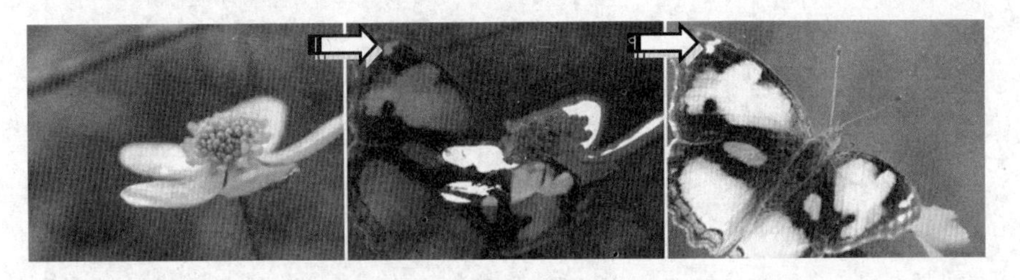

图 5-70 【明亮度映射】视频过渡效果

2．声道映射

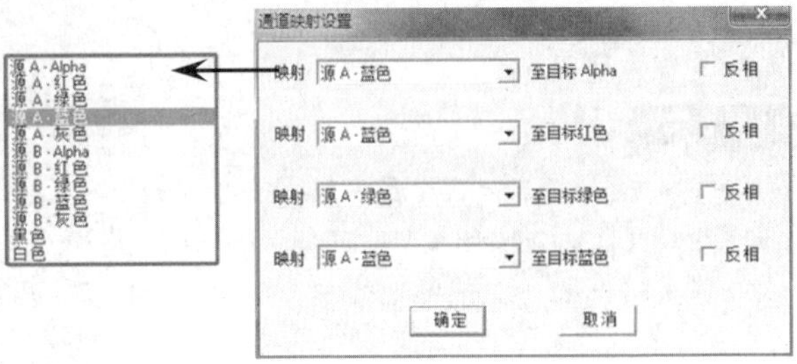

【声道映射】视频过渡通过更改镜头一画面与镜头二画面色彩间的对应关系来生成新的画面内容，并将其作为镜头一与镜头二切换时的过渡画面来播放。在为素材应用该视频过渡时，Premiere Pro CC 将首先弹出【通道映射设置】对话框，要求用户设置不同画面间的色彩通道对应关系，如图 5-71 所示。

图 5-71 设置【声道映射】过渡参数

参数设置完成后，即可通过【节目】面板预览过渡应用效果，效果如图 5-72 所示。

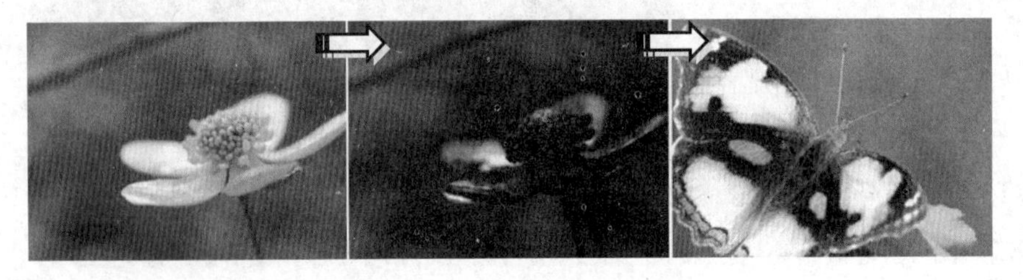

图 5-72 【声道映射】视频过渡效果

5.6.2 溶解

溶解类视频过渡主要以淡入淡出的形式来完成不同镜头间的过渡。这类过渡中，前一个镜头画面以柔和的方式过渡到后一个镜头画面。

1．交叉溶解

【交叉溶解】过渡是最基础、最简单的叠化过渡。在【交叉溶解】视频过渡中，随着镜头一画面透明度越来越高（淡出，即逐渐消隐），镜头二画面的透明度变得越来越低（淡入，即逐渐显现），直至在屏幕上完全取代镜头一画面，如图 5-73 所示。

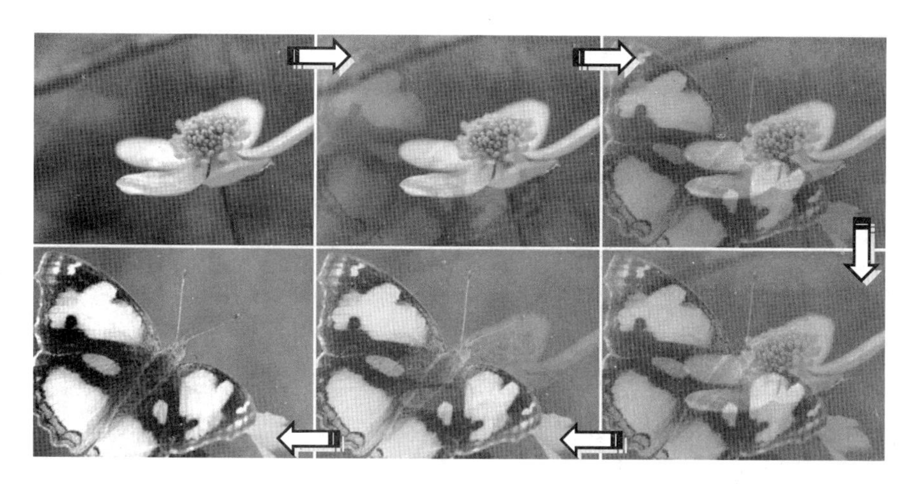

图 5-73 【交叉溶解】视频过渡效果

提 示

当镜头画面质量不佳时，使用溶解过渡效果能够减弱因此而产生的负面影响。此外，由于【交叉溶解】过渡的过渡效果柔和、自然，所以成为最为常用的视频过渡之一。

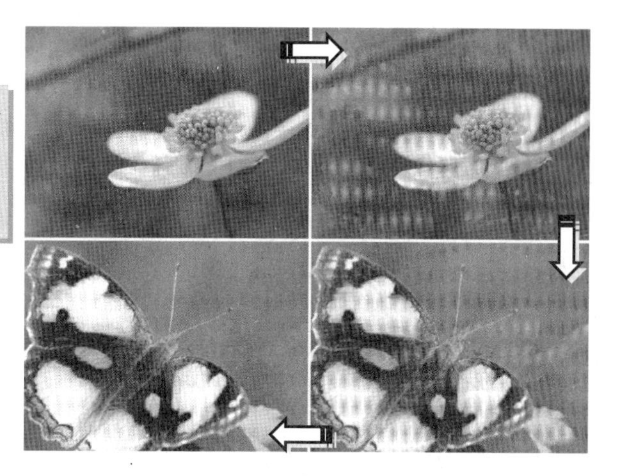

图 5-74 【抖动溶解】视频过渡效果

2. 抖动溶解

【抖动溶解】过渡属于一种快速转换类的视频过渡，播放时镜头一画面内会出现数量众多的点状矩阵。在这些点状矩阵发生一系列变化的同时，屏幕中的镜头一画面会被快速替换为镜头二画面，从而完成过渡操作，如图 5-74 所示。

提 示

在【效果控件】面板中，通过调整【消除锯齿品质】选项，可以起到局部调整【抖动溶解】过渡效果的目的。

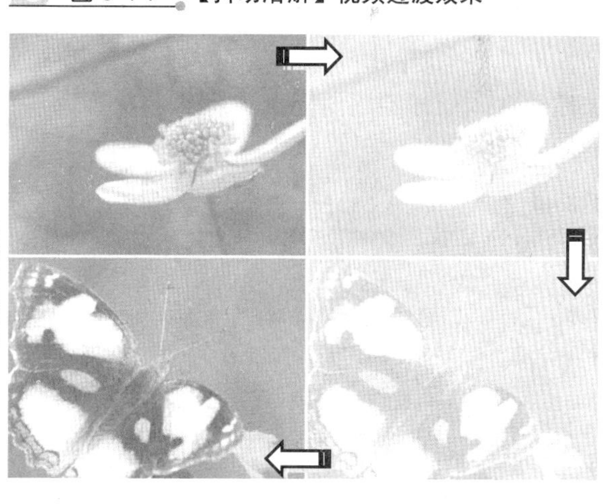

图 5-75 【渐隐为白色】视频过渡效果

3. 渐隐为白色与渐隐为黑色

渐隐为白色，是指镜头一画面在逐渐变为白色后，屏幕内容再从白色逐渐变为镜头二画面，如图 5-75 所示。相比之下，渐隐为黑色则是指镜头一画面在逐渐变为黑色后，屏幕内容再由黑色转变为镜头二画面。

注 意

与白场过渡相比，黑场过渡给人的感觉更为柔和。因此影视节目的片头和片尾处常常使用黑场过渡，以免让观众产生过于突然的感觉。

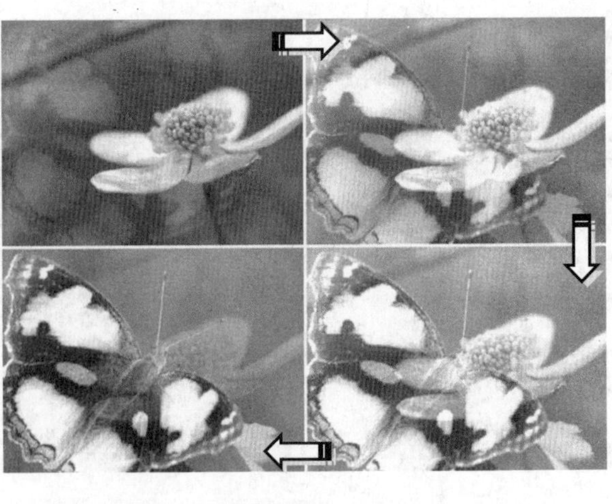

图 5-76 【叠加溶解】视频过渡效果

4．叠加溶解与非叠加溶解

【叠加溶解】过渡是在镜头一和镜头二画面淡入淡出的同时，附加一种屏幕内容逐渐过曝并消隐的效果，如图 5-76 所示。

与【叠加溶解】不同，【非叠加溶解】过渡的效果是镜头二画面在屏幕上直接替代镜头一画面。在画面交替的过程中，交替的部分呈不规则形状，画面内容交替的顺序则由画面的颜色所决定，如图 5-77 所示。

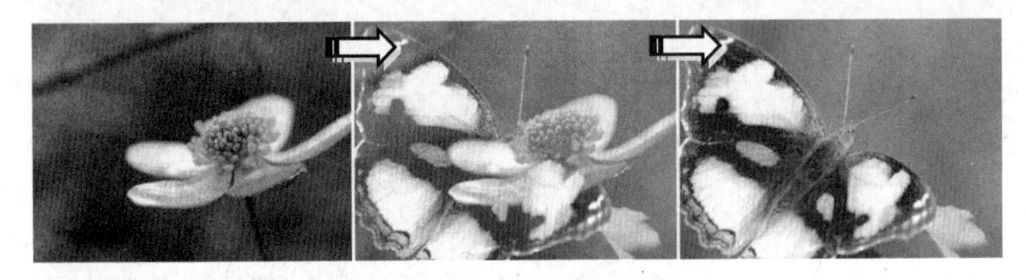

图 5-77 【非叠加溶解】视频过渡效果

5．随机反转

【随机反转】视频过渡的效果是在镜头一画面上随机出现一些内容与镜头一画面相同，但颜色相反的块状画面。随着此类块状画面逐渐布满屏幕，内容为镜头二画面的第二波块状画面开始逐渐显现在屏幕上，直到整个镜头二画面完全展现为止，如图 5-78 所示。

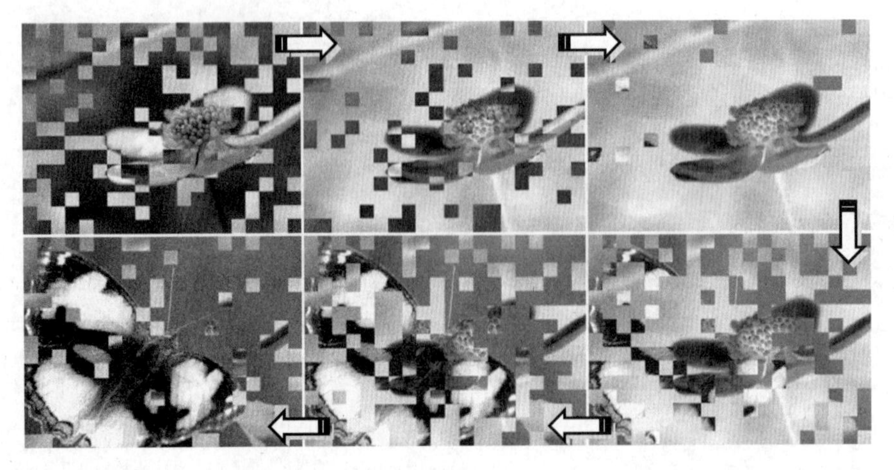

图 5-78 【随机反转】视频过渡效果

在选择【随机反转】过渡后，单击【效果控件】面板中的【自定义】按钮，可在弹出的对话框内设置屏幕表面随机块的数量。此外，通过选择【反转源】和【反转目标】单选按钮，还可设置镜头切换过程中，是利用镜头一画面生成反相图像，还是利用镜头二画面生成反相图像，如图5-79所示。

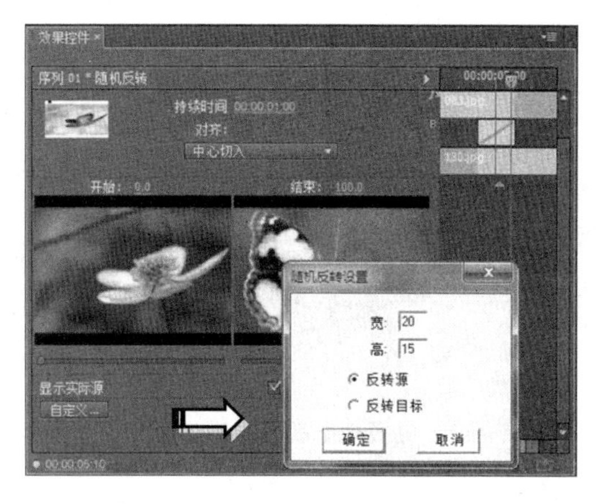

图 5-79 自定义【随机反转】视频过渡设置

5.6.3 特殊效果

在特殊效果过渡分类中，各种视频过渡的视觉效果、实现原理和作用都不相同。接下来，我们将讲解特殊效果过渡分类中的各种视频过渡。

1. 三维

【三维】视频过渡是在利用镜头一、镜头二画面的通道信息生成一段全新的画面内容后，将其应用于这两个镜头之间的过渡，如图5-80所示。

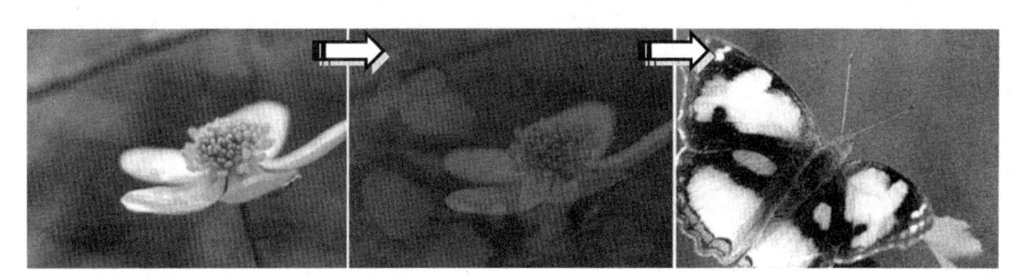

图 5-80 【三维】视频过渡效果

2. 纹理化

应用【纹理化】视频过渡后，Premiere Pro CC 会将镜头二的画面作为纹理映射在镜头一画面上，从而生成一段切换镜头时显示的过渡画面，如图5-81所示。

图 5-81 【纹理化】视频过渡效果

3. 置换

【置换】视频过渡是在将镜头二画面作为透明纹理应用于镜头一画面后，生成一段用于切换镜头时显示的过渡内容，从而使两镜头之间的切换不会过于突兀，如图 5-82 所示。

图 5-82 【置换】视频视频过渡

5.7 课堂练习：花卉集锦

对于喜欢花儿的人来说，会经常用 DV 将身边看到的花朵拍摄下来。为了查看方便，可以将拍摄的花朵视频合成为一个视频。在合成过程中，为了使不同视频衔接自然，使用了多种不同的转换效果，如图 5-83 所示。

图 5-83 视频过渡效果

操作步骤：

1 在 Premiere Pro CC 中创建“花卉集锦”视频文档后，双击【项目】面板中的空白位置，导入准备好的花朵视频文件，如图 5-84 所示。

图 5-84 导入视频文件

2 在【项目】面板中，通过滑动鼠标查看视频，并为每个视频依次设置出入点。然后将视频依次插入【时间轴】面板中的“V1”轨道中，如图 5-85 所示。

图 5-85 插入视频

3 在【时间轴】面板中，由左至右依次单击视频，设置【效果控件】面板中【运动】选项组的【缩放】选项为 55%，使视频恰好显示在【节目】面板，如图 5-86 所示。

图 5-86 设置【缩放】选项

提 示

不同品牌的 DV 拍摄出来的视频尺寸各不相同，而【预设序列】对话框中只包括 4 种画面尺寸。所以在插入视频后，需要设置视频尺寸使其尽可能地显示在【节目】面板中。

4 在【效果】面板中，选择【视频过渡】|【3D 运动】|【旋转】选项，将其拖至【时间轴】面板中的第一个与第二个视频之间，添加该过渡效果，如图 5-87 所示。

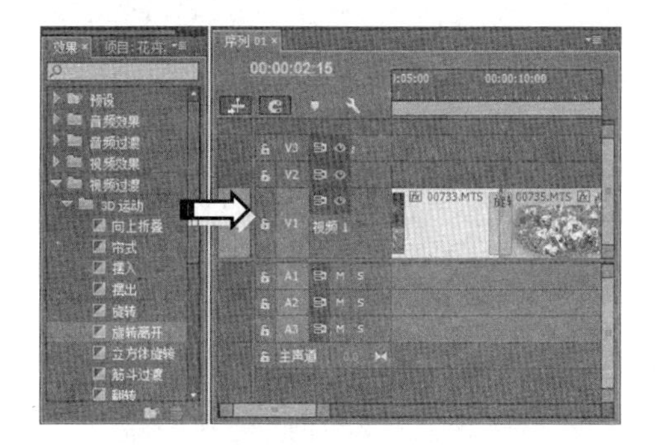

图 5-87 添加【旋转】过渡

5 在【效果】面板中，选择【视频过渡】|【页面剥落】|【中心剥落】选项，将其拖至【时间轴】面板中的第二个与第三个视频之间，添加该过渡效果，如图 5-88 所示。

6 按照上述方法，在【效果】面板中，选择【视频过渡】|【缩放】|【缩放轨迹】选项，将其拖至【时间轴】面板中的第三个与第四个视频之间，添加该过渡效果，如图 5-89 所示。

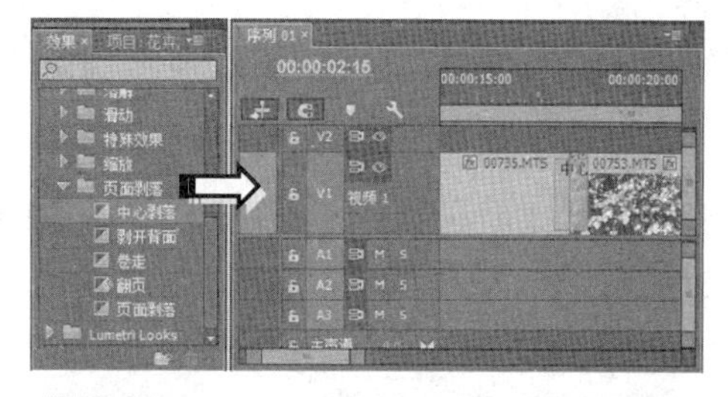

图 5-88 添加【中心剥落】过渡

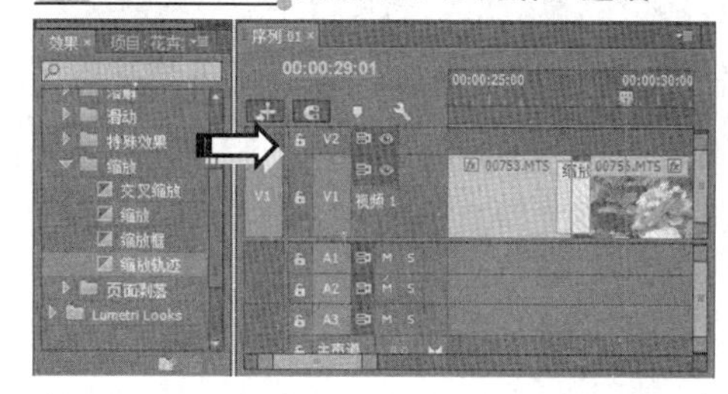

图 5-89 添加【缩放轨迹】过渡

7 在【效果】面板中，选择【视频过渡】|【特殊效果】|【纹理化】选项，将其拖至【时间轴】面板中的第四个与第五个视频之间，添加该过渡效果，如图 5-90 所示。

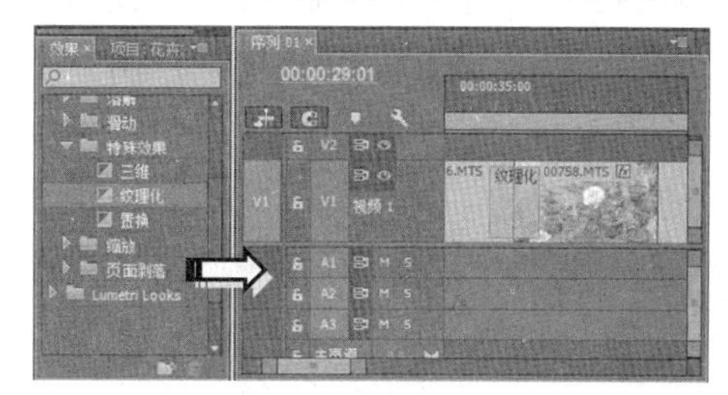

图 5-90 添加【纹理化】过渡

8 完成过渡添加后，单击【节目】监视器面板中的【播放-停止切换】按钮，查看视频过渡效果，如图 5-91 所示。确认无误后，按快捷键 Ctrl+S 保存文件。

图 5-91 播放视频

5.8 课堂练习：制作风光宣传片

本实例制作的是风光宣传片视频，其效果由不同风景区的视频进行组合。搭配优美的音乐，形成具有欣赏性的视频效果，如图 5-92 所示。为了使不同视频画面衔接自然，这里使用了过渡效果。

图 5-92　风光宣传片

操作步骤：

1 在 Premiere Pro CC 中新建项目“风光宣传片”，双击【项目】面板中的空白位置，导入准备好的视频文件与音频文件，如图 5-93 所示。

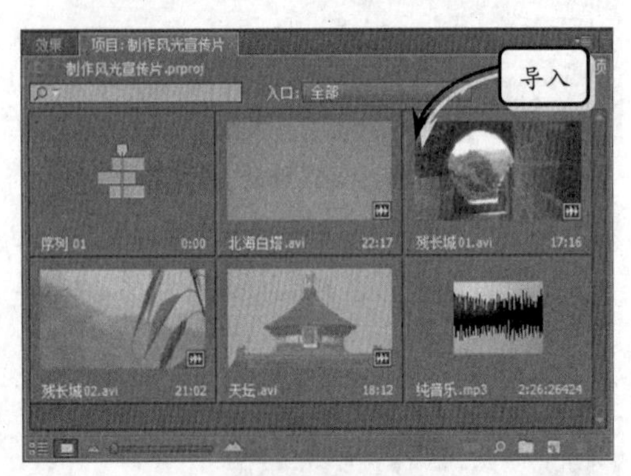

图 5-93　导入文件

2 在【项目】面板中滑动鼠标，依次查看视频，并且根据需要进行视频的出入点设置。这里只是为视频“残长城 02.avi”设置了入点，如图 5-94 所示。

3 依次将视频“北海白塔.avi”“残长城 01.avi”“残长城 02.avi”与“天坛.avi”插入【时间轴】面板的“V1”轨道中，如图 5-95 所示。

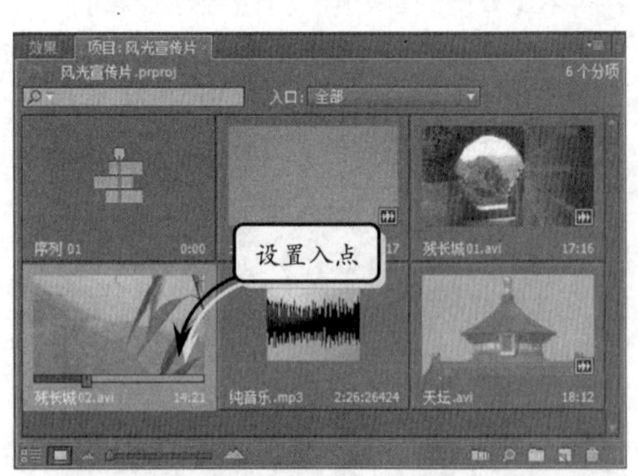

图 5-94　设置入点

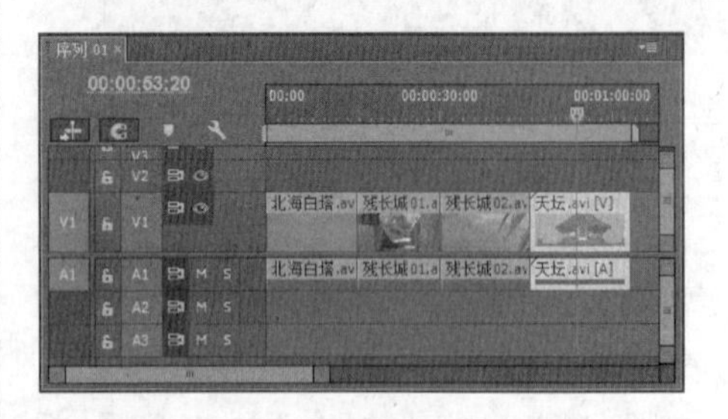

图 5-95　插入视频

4 依次右击视频片段，选择【取消链接】命令。

然后逐一单击音频素材，按 Delete 键删除音频素材，如图 5-96 所示。

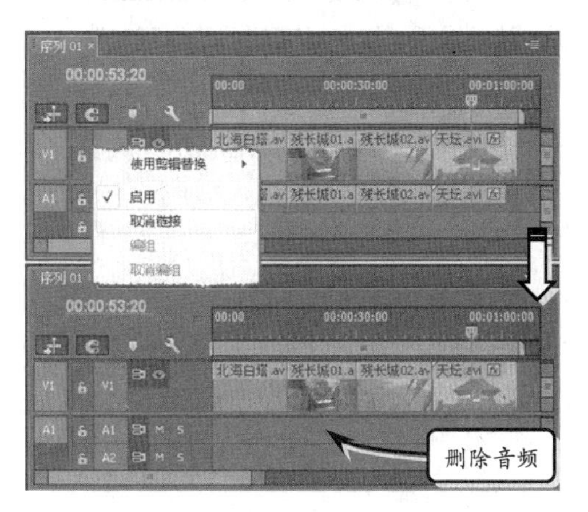

图 5-96 删除音频

5 在【时间轴】面板中，由左至右依次单击视频，设置【效果控件】面板中【运动】选项组的【缩放】选项为 55%，使视频恰好显示在【节目】监视器中，如图 5-97 所示。

图 5-97 设置缩放选项

6 在【效果】面板中，选择【视频过渡】|【擦除】|【随机块】选项，将其拖至【时间轴】面板的第一个与第二个视频之间，添加该过渡效果，如图 5-98 所示。

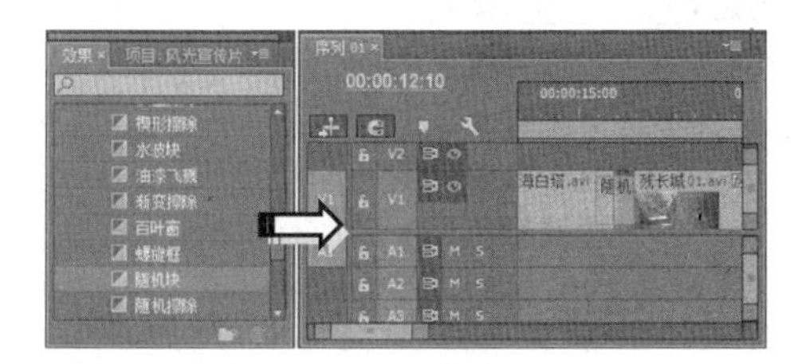

图 5-98 添加【随机块】过渡

7 在【效果】面板中，选择【视频过渡】|【滑动】|【斜线滑动】选项，将其拖至【时间轴】面板的第二个与第三个视频之间，添加该过渡效果，如图 5-99 所示。

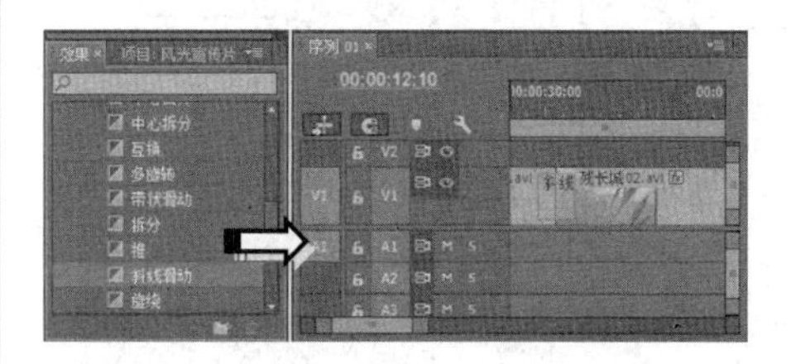

图 5-99 添加【斜线滑动】过渡

8 继续在【效果】面板中，选择【视频过渡】|【溶解】|【叠加溶解】选项，将其拖至【时间轴】面板的第三个与第四个视频之间，添加该过渡效果，如图 5-100 所示。

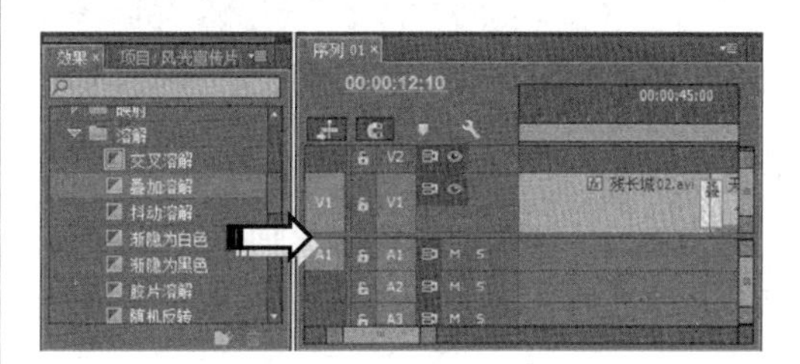

图 5-100 添加【叠加溶解】过渡

9 选中【项目】面板中的音频文件，拖动至【时间轴】面板中的“A1”轨道中。将【当前时间指示器】拖至视频尾部，如图 5-101 所示。

图 5-101 插入音频

10 选择工具箱中的【剃刀工具】，在【当前时间指示器】位置单击音频素材，将其切割为两段音频。然后将右侧音频删除，如图 5-102 所示。

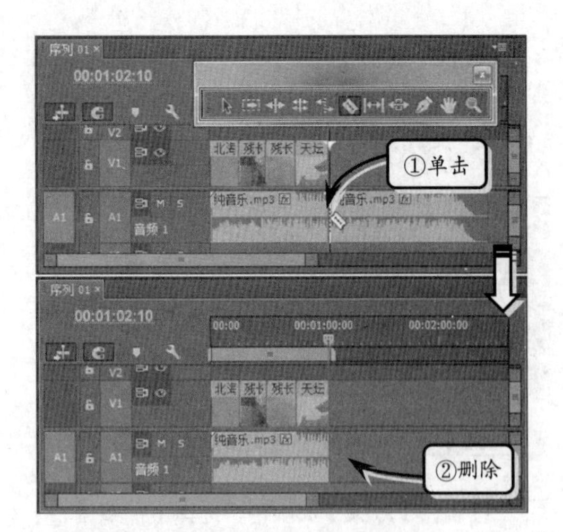

图 5-102 切割并删除音频

11 单击【节目】监视器面板中的【播放-停止切换】按钮，查看视频过渡效果。确认无误后，按快捷键 Ctrl+S 保存文件。

5.9 思考与练习

一、填空题

1．为了避免镜头与镜头之间连接出现断断续续的感觉，便需要在连接镜头时使用__________。

2．Premiere Pro CC 中的视频过渡被分类后放置在【效果】面板的【__________】文件夹中。

3．只须将视频过渡拖曳至时间轴上的__________，即可完成添加视频过渡的操作。

4．在【时间轴】面板内选择视频过渡后，直接按__________键即可将其清除。

5．更改视频过渡默认参数的操作是在【__________】面板中进行。

二、选择题

1．在下列选项中，无法完成清除视频过渡操作的是__________。

A．选择视频过渡后，按 delete 键进行清除

B．在时间轴上右击视频过渡后，执行【清除】命令

C．调整素材位置，使其间出现空隙后，视频过渡自然会被清除

D．直接将视频过渡从时间轴上拖曳下来即可

2．在 3D 运动类视频过渡中，采用画面不断翻腾来切换镜头的是？__________

A．筋斗过渡与翻转

B．摆入与摆出

C．帘式

D．旋转与旋转离开

3．下列选项不属于擦除类视频过渡的是？__________

A．双侧平推门

B．带状擦除

C．中心合并

D．径向擦除

4．滑动类视频过渡主要通过画面的__________变化来实现镜头画面间的切换。

A．平移

B．立体

C．色彩

D．翻转

5．在下列选项中，不属于视频过渡常规参数的是？__________

A．边框宽度

B．不透明度

C．消除锯齿品质

D．边框颜色

三、问答题

1．过渡在影片剪辑中起到的作用是什么？

2．在 Premiere Pro CC 中，如何添加视频过渡？

3．要想为视频添加三维效果的过渡效果可以添加什么效果组中的效果？

4．怎么改变过渡效果中的参数?

5．叠化类视频过渡的作用是什么？

四、上机练习

1．在时间轴上调整视频过渡的长度

视频过渡在连接镜头时，除了过渡本身的画面切换样式会影响镜头连接效果外，视频过渡的持续时间也会对连接效果产生一定影响。如果需要调整视频过渡的持续时间，除了可以在【效果控件】面板内进行调整外，还可在【时间轴】面板内通过直接拖曳视频过渡两侧端点的方式进行调整，如图 5-103 所示。

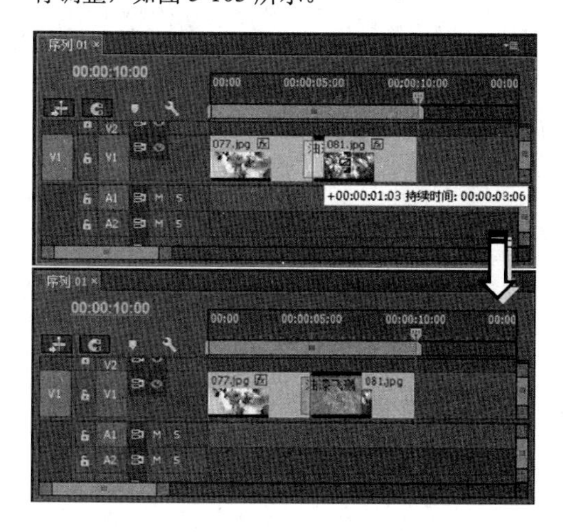

图 5–103 调整视频过渡的持续时间

2．制作三维效果的过渡效果

具有三维效果的过渡效果，可以通过【效果】面板中【3D 运动】效果组中的效果添加来实现。只要将两个素材放置在轨迹中，然后选择某个【3D 运动】效果组中的效果添加至两个素材之间即可，如图 5-104 所示。

图 5–104 【帘式】三维运动效果

第 6 章

音频混合

在现代影视节目的制作过程中，所有节目都会在后期编辑时添加适合的背景音效，从而使节目能够更加精彩、完美。用户不仅可以在多个音频素材之间添加过渡效果，还可根据需要为音频素材添加音频滤镜，从而改变原始素材的声音效果，使视频画面和声音效果能够更加紧密的结合起来。音轨混合器是播送和录制节目时必不可少的重要设备之一。在整套音响系统中，音轨混合器的作用是对多路输入信号进行放大、混合、分配及音质的修饰与音响效果的加工等。

本章学习要点：

- 编辑音频素材
- 音频转换
- 混音技巧
- 音频过渡
- 音频效果
- 音轨混合器
- 音频剪辑混合器

6.1 Premiere Pro 与音频混合基础

音频，就是正常人耳能听到的，相应于正弦声波的任何频率。具有声音的画面更有感染力，在制作影片的过程中，声音素材的好坏将直接影响到节目的质量，所以编辑音频素材在 Premiere 的后期制作中非常重要。

6.1.1 音频概述

人类能够听到的所有声音都可被称为音频，如话语声、歌声、乐器声和噪音等，但由于类型的不同，这些声响都具有一些与其他类音频不同的特性。

声音通过物体振动所产生，正在发声的物体被称为声源。由声源振动空气所产生的疏密波在进入人耳后，会通过振动耳膜产生刺激信号，并由此形成听觉感受，这便是人们“听”到声音的整个过程。

1. 不同类型的声音

声源在发出声音时的振动速度称为声音频率，以 Hz 为单位进行测量。通常情况下，人类能够听到的声音频率在 20Hz～20kHz 范围之内。按照内容、频率范围和时间领域的不同，可以将声音大致分为以下几种类型：

- **自然音** 自然音是指大自然的声音，如流水声、雷鸣声或风的声音等。
- **纯音** 当声音只由一种频率的声波所组成时，声源所发出的声音便称为纯音。例如，音叉所发出的声音便是纯音。
- **复合音** 复合音是由基音和泛音结合在一起形成的声音，即由多个不同频率声波构成的组合频率。复合音的产生原因是声源物体在进行整体振动的同时，其内部的组合部分也在振动而形成的。
- **协和音** 协和音由两个单独的纯音组合而成，但它与基音存在整比的关系。例如，当按下钢琴相差 8 度的音符时，二者听起来犹如一个音符，因此被称为协和音；若按下相邻 2 度的音符，则由于听起来不融合，因此会被称为不协和音。
- **噪音** 噪音是一种会引起人们烦躁或危害人体健康的声音，其主要来源于交通运输、车辆鸣笛、工业噪音、建筑施工等。
- **超声波与次声波** 频率低于 20Hz 的音波信号称为次声波，而当音波的频率高于 20kHz 时，则被称为超声波。

2. 声音的三要素

在日常生活中我们会发现，轻轻敲击钢琴键与重击钢琴键时感受到的音量大小会有所不同；敲击不同钢琴键时产生的声音不同；甚至钢琴与小提琴在演奏相同音符时的表现也会有所差别。根据这些差异，人们从听觉心理上为声音归纳出响度、音高与音色这 3 种不同的属性。

- **响度** 又称声强或音量，用于表示声音能量的强弱程度，主要取决于声波振幅的大小，振幅越大响度越大。声音的响度采用声压或声强来计量，单位为帕（Pa），与基准声压比值的对数值称为声压级，单位为分贝（dB）。

响度是听觉的基础，正常人听觉的强度范围在 0dB～140dB 之间，当声音的频率超出人耳可听频率范围时，其响度为 0。

- **音高** 音高也称为音调，表示人耳对声音高低的主观感受。音调由频率决定，频率越高音调越高。一般情况下，较大物体振动时的音调较低，较小物体振动时的音调较高。
- **音色** 音色也称为音品，由声音波形的谐波频谱决定。举例来说，当人们在听到声音时，通常都能够立刻辨别出是哪种类型的声音，其原因便在于不同声源在振动发声时产生的音色不同，因此会为人们带来不同的听觉印象。

提 示

音色由发声物体本身的材料、结构决定的。

6.1.2 音频信号的数字化处理技术

随着科学技术的发展，无论是广播电视、电影、音像公司、唱片公司，还是个人录音棚，都在使用数字化技术处理音频信号。数字化正成为一种趋势，而数字化的音频处理技术也将拥有广阔的前景。

1. 数字音频技术概述

所谓数字音频是指把声音信号数字化，并在数字状态下进行传送、记录、重放以及加工处理的一整套技术。与之对应的是，将声音信号在模拟状态下进行加工处理的技术称为模拟音频技术。

模拟音频信号的声波振幅具有随时间连续变化的性质，音频数字化的原理就是将这种模拟信号按一定时间间隔取值，并将取值按照二进制编码表示，从而将连续的模拟信号变换为离散的数字信号的操作过程。

与模拟音频相比，数字音频拥有较低的失真率和较高的信噪比，能经受多次复制与处理而不会明显降低质量。在多声道音频领域中，数字音频还能够消除通道间的相位差。不过，由于数字音频的数字量较大，因此会提高和增加存储与传输数据时的成本和复杂性。

2. 数字音频技术的应用

由于数字音频在存储和传输方面拥有很多模拟音频无法比拟的技术优越性，因此数字音频技术已经广泛地应用于如今的音频制作过程中。

1）数字录音机

数字录音机采用了数字化方式记录音频信号，因此能够实现很高的动态范围和极好的频率响应，抖晃率也低于可测量的极限。与模拟录音机相比，剪辑功能也有极大的增强与提高，还可以实现自动编辑。

2）数字音轨混合器

数字音轨混合器除了具有 A/D 和 D/A 转换器外，还具有 DSP 处理器。在使用及控制方面，音轨混合器附设有计算机磁盘记录、电视监视器。以及各种控制器的调校程序、位置、电平、声源记录分组等均具有自动化功能，包括推拉电位器运动、均衡器、滤波器、压限器、输入、输出、辅助编组等，均由计算机控制。

3）数字音频工作站

数字音频工作站，是一种计算机多媒体技术应用到数字音频领域后的产物。它包括了许多音频制作功能。多轨数字记录系统可以进行音乐节目录音、补录、搬轨及并轨使用，用户可以根据需要对轨道进行扩充，从而能够更方便地进行音频、视频同步编辑等后期制作。

6.2 音频添加与处理

所谓音频素材，是指能够持续一段时间，含有各种乐器音响效果的声音。在制作影片的过程中，声音素材的好坏将直接影响影视节目的质量。

6.2.1 添加音频

在 Premiere Pro CC 中，添加音频素材的方法与添加视频素材的方法基本相同，同样是通过在菜单或是【项目】面板来完成。

利用【项目】面板添加音频素材，在【项目】面板中，既可以利用右键菜单添加音频素材，也可以使用鼠标拖动的方式添加音频素材。

若要利用右键菜单，可以在【项目】面板中，右击要添加的音频素材，执行【插入】命令，即可将相应素材添加到音频轨中，如图 6-1 所示。

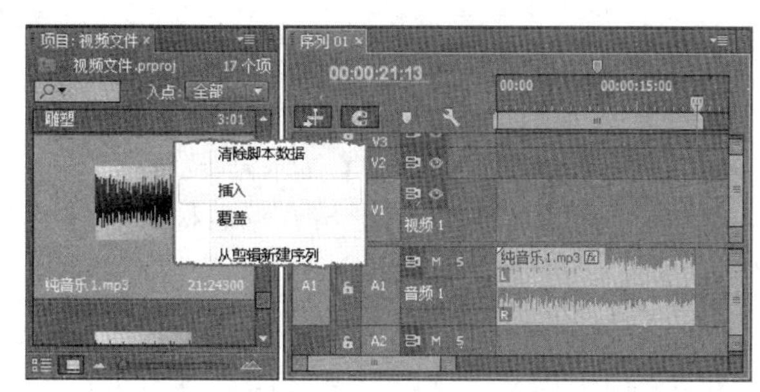

图 6-1　利用右键菜单添加音频素材

提　示

在使用右键菜单添加音频素材时，需要先在【时间轴】面板中激活要添加素材的音频轨道。被激活的音频轨道将以白色显示在【时间轴】面板中。

若要利用鼠标拖动的方式添加音频素材，则只需在【项目】面板内选择音频素材后，将其拖至相应音频轨道即可，如图 6-2 所示。

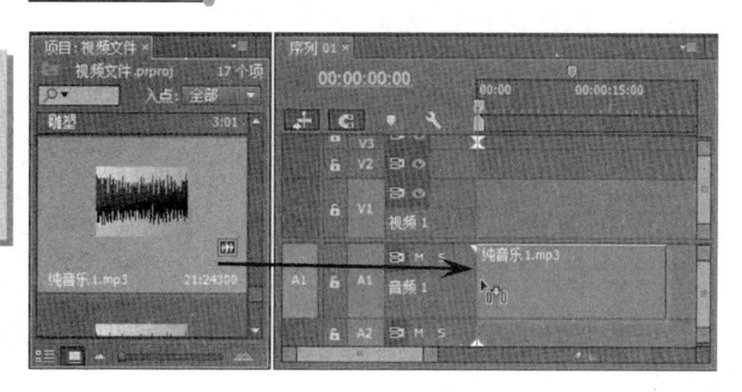

图 6-2　以拖动方式添加音频素材

利用菜单添加音频素材，若要利用菜单添加音频素材，需要先激活要添加音频素材的音频轨，并在【项目】面板中选择要添加的音频素材后，单击【素材】菜单，选择【插入】命令。

注　意

如果在【时间轴】面板中没有激活相应的音频轨道，则在【项目】菜单中，【插入】选项将被禁用。

6.2.2 在时间轴中编辑音频

源音频素材可能无法满足用户在制作视频时的需求，Premiere Pro CC 提供了强大的视频编辑功能的同时，还可以处理音频素材。其中，在【时间轴】面板中即可简单地编辑音频。

1．使用音频单位

对于视频来说，视频帧是其标准的测量单位，通过视频帧可以精确地设置入点或者出点。然而在 Premiere Pro CC 中，音频素材应当使用毫秒或音频采样率来做为显示单位。

若要查看音频的单位及音频素材的声波图形，应当先将音频素材或带有声音的视频素材添加至【时间轴】面板内。默认情况下，时间轴中的音频素材是显示音频波形与音频名称的。要想控制音频素材的名称与波形显示与否，只需要单击【时间轴】面板中的【时间轴显示设置】按钮，在弹出的菜单中取消对【显示音频波形】与【显示音频名称】的选择，即可隐藏音频波形与音频名称，如图 6-3 所示。

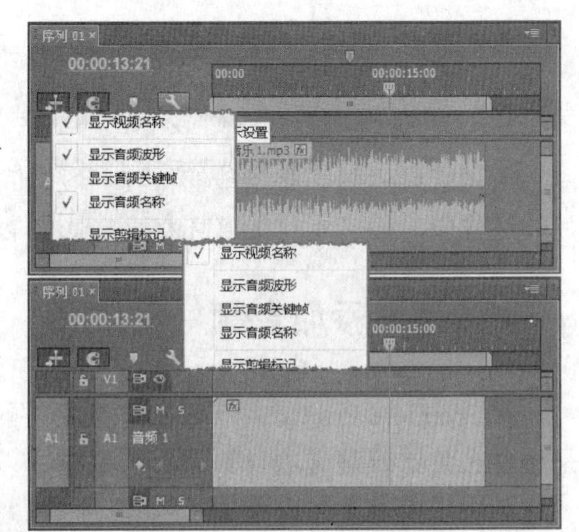

图 6-3　音频波形与音频名称的显示与否

若要显示音频单位，只需在【时间轴】面板内单击【面板菜单】按钮后，选择【显示音频时间单位】命令，即可在时间标尺上显示相应的时间单位，如图 6-4 所示。

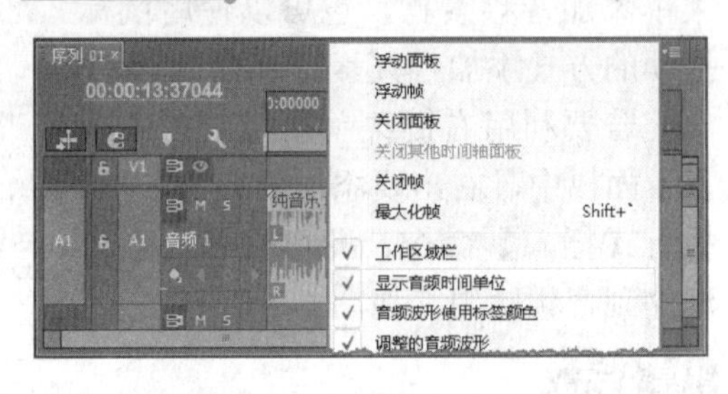

图 6-4　显示音频时间单位

默认情况下，Premiere 项目文件会采用音频采样率做为音频素材单位，用户可根据需要将其修改为毫秒。操作时，执行【项目】|【项目设置】|【常规】命令。在弹出的【项目设置】对话框中，单击【音频】栏中的【显示格式】下拉按钮，选择【毫秒】选项即可，如图 6-5 所示。

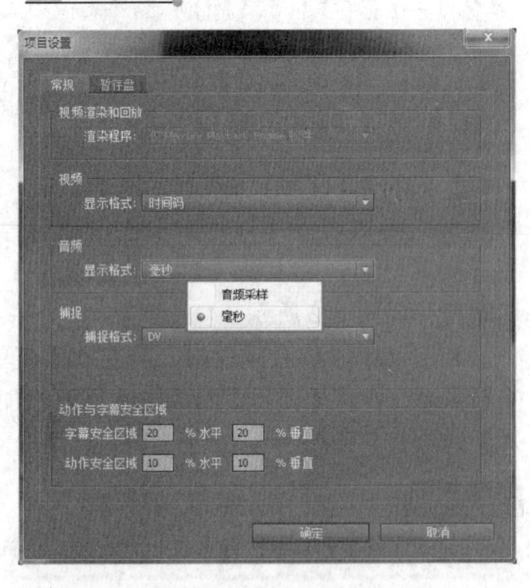

图 6-5　更改音频单位

2．调整音频素材的持续时间

音频素材的持续时间是指音频素材的播放长度，用户可以通过设置音频素材的入点和出点来调整其持续时间。除此之外，Premiere Pro CC 还允许用户通过更改素材长度和播放速度的方式来调整其持续时间。

若要通过更改其长度来调整音频素材的持续时间，可以在【时间轴】面板中，将鼠标置于音频素材的末尾，当光标变成形状时，拖动鼠标即可更改其长度，如图 6-6 所示。

提　示

在调整素材长度时，向左拖动鼠标则持续时间变短，向右拖动鼠标则持续时间变长。但是当音频素材处于最长持续时间状态时，将不能通过向外拖动鼠标的方式来延长其持续时间。

使用鼠标拖动来延长或者缩短音频素材持续时间的方式，会影响到音频素材的完整性。因此，若要在保证音频内容完整的前提下更改持续时间，则必须通过调整播放速度的方式来实现。

操作时，应当在【时间轴】面板内右击相应音频素材，并选择【速度/持续时间】命令，如图 6-7 所示。

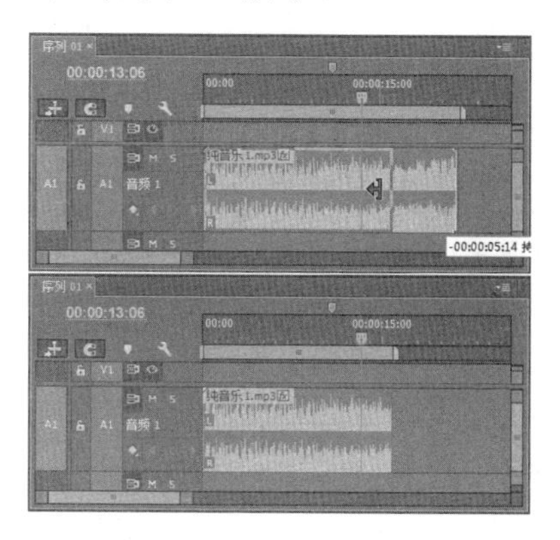

图 6-6 利用鼠标调整音频素材的持续时间

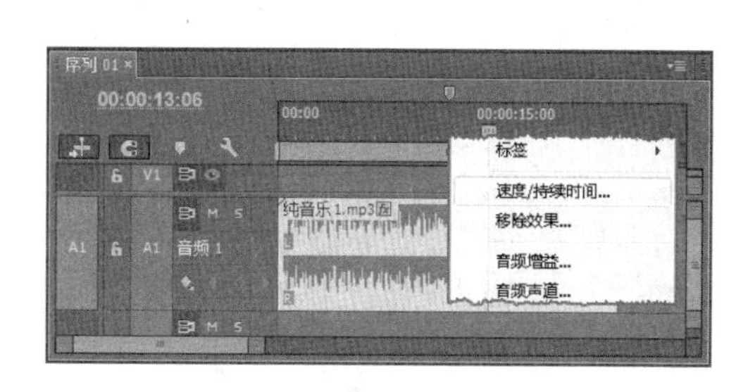

图 6-7 选择【速度/持续时间】命令

在弹出的【剪辑速度/持续时间】对话框内调整【速度】选项，即可改变音频素材【持续时间】的长度，如图 6-8 所示。

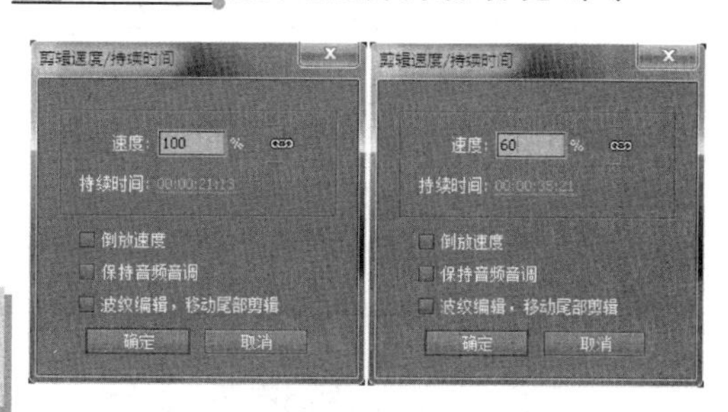

图 6-8 调整速度

提　示

在【剪辑速度/持续时间】对话框中，可以直接更改【持续时间】选项，从而精确控制素材的播放长度。

3. 快速编辑音频

在 Premiere Pro CC 中，为【时间轴】面板中的轨道添加了自定义轨道头。通过自定义音频头，能够为音频轨道添加编辑与控制音频的功能按钮。通过这些功能按钮，能够快速地控制与编辑音频素材。

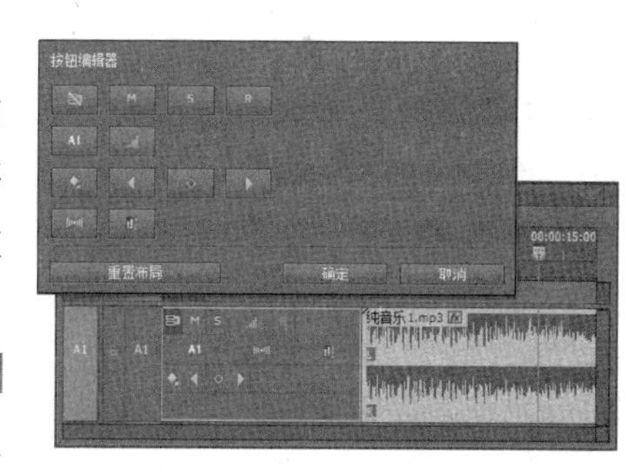

图 6-9 按钮编辑器

单击【时间轴】面板中的【时间轴显示设置】按钮，选择【自定义音频头】选项，在打开的【按钮编辑器】面板中，将音频轨道中没有或者需要的功能按钮拖入轨道头中，如图 6-9 所示。

单击【确定】按钮后，关闭【按钮编辑器】面板，添加的功能按钮显示在音频轨道头中，如图 6-10 所示。

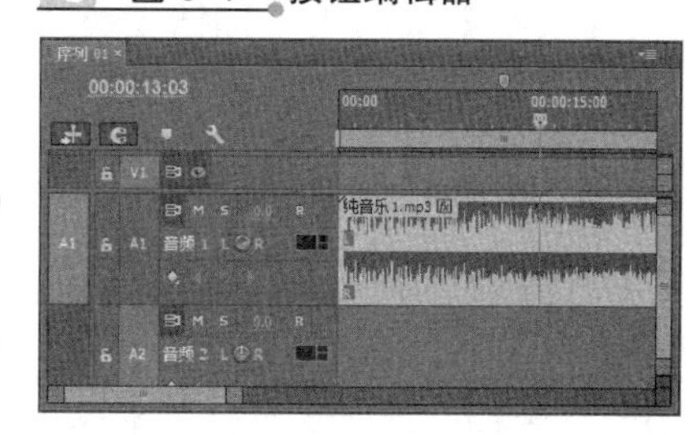

图 6-10 添加的功能按钮

音频轨道中的功能按钮操作起来非常简单，在播放音频的过程中，只要单击某个功能按钮，即可在音频中听到相应的变化。其中，每个功能按钮的名称，以及作用如表 6-1 所示。

表 6-1　音频轨道中功能按钮的名称与作用

名称	按钮	作　用
静音轨道	M	单击该按钮，相对应轨道中的音频将无法播放出声音
独奏轨道	S	当两个或两个以上的轨道同时播放音频时，单击其中一个轨道中的该按钮即可禁止播放除该轨道以外其他轨道中的音频
启用轨道以进行录制	R	单击该按钮，能够启用相应的轨道进行录音。如果无法进行录音，只要执行【编辑】|【首选项】|【音频硬件】命令，在弹出的【首选项】对话框中单击【ASIO 设置】按钮，弹出【音频硬件设置】对话框。在其中【输入】选项卡中，启用【麦克风】选项，连续单击【确定】按钮，即可开始录音
轨道音量		添加该按钮后以数字形式显示在轨道头。直接输入或者单击并左右拖动鼠标，即可降低或提高音频音量
左/右平衡		添加该按钮后以圆形滑轮形式显示在轨道头。单击并左右拖动鼠标，即可控制左右声道音量的大小
轨道计		音频轨道头添加后提供了一个水平音频计
轨道名称	A1	添加该按钮后，显示轨道名称
显示关键帧		该按钮用来显示添加的关键帧，单击该按钮可以选择【剪辑关键帧】或者【轨道关键帧】选项
添加-移除关键帧		单击该按钮可以在轨道中添加或移除关键帧
转到上一关键帧		当轨道中添加两个或两个以上关键帧时，可以通过单击该按钮选择上一个关键帧
转到下一关键帧		当轨道中添加两个或两个以上关键帧时，可以通过单击该按钮选择下一个关键帧

6.2.3　在效果控件中编辑音频

除了能够在【时间轴】面板中快速地编辑音频外，某些音频的效果还可以在【效果控件】面板中进行精确地设置。

当选中【时间轴】面板中的音频素材后，在【效果控件】面板中将显示【音量】【声道音量】以及【声像器】三个选项组，如图 6-11 所示。

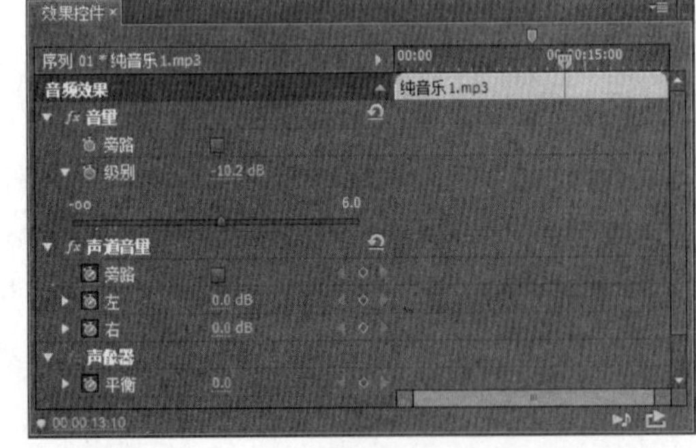

图 6-11　【效果控件】面板中的音频选项

1. 音量

【音量】选项组中包括【旁路】与【级别】选项，其中，【旁路】选项是用于指定是应用还是绕过合唱效果的关键帧选项；【级别】选项则是用来控制总体音量的高低。

在【级别】选项中，除了能够设置总体音量的高低，还能够为其添加关键帧，从而使音频素材在播放时的音量能够时高时低。方法是，确定【当前时间指示器】在时间轴中的位置后，在【效果控件】面板中单击【级别】选项左侧【切换动画】按钮，创建第一个关键帧，如图 6-12 所示。

拖动【当前时间指示器】改变其位置，单击该选项右侧的【添加/移除关键帧】按钮，添加第二个关键帧，如图 6-13 所示。

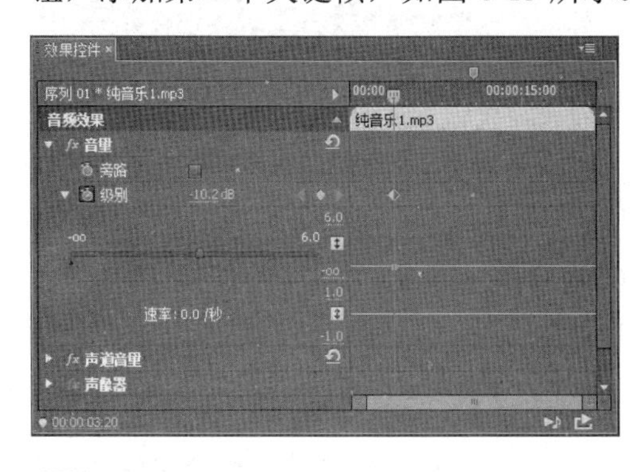

图 6-12　创建第一个关键帧

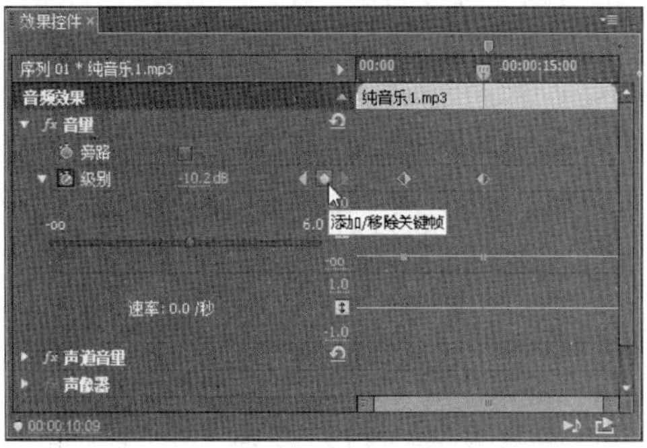

图 6-13　添加第二个关键帧

按照上述方法，单击【添加/移除关键帧】按钮创建多个关键帧后，通过单击【转到上一关键帧】按钮或者【转到下一关键帧】按钮，输入数字或者直接拖动滑块设置相应关键帧位置的音量，如图 6-14 所示。

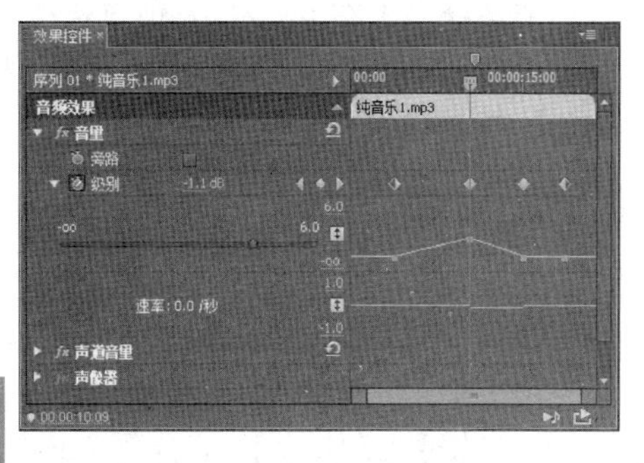

图 6-14　设置关键帧参数

技　巧

在【效果控件】面板中，除了能够通过设置参数值与拖动滑块来设置音频音量外，还能够直接拖动关键帧相对应的点来控制音量的高低。

2. 声道音量

【声道音量】选项组中的选项是用来设置音频素材的左右声道的音量，在该选项组中既可以同时设置左右声道的音量，还可以分别设置左右声道的音量。其设置方法与【音量】选项组中的方法相同，如图 6-15 所示。

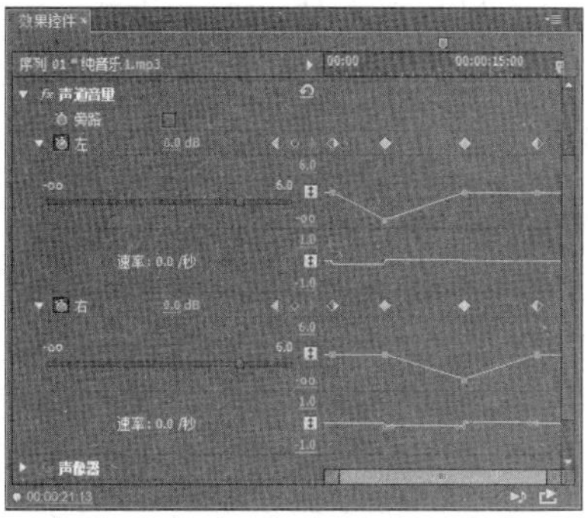

图 6-15　分别设置左右声道的音量

3. 声像器

【效果控件】面板中的【声像器】选项是用来设置音频的立体声声道，使用【音量】选项创建关键帧的方法创建多个关键帧，通过拖动关键帧下方相对应的点，同时还可以通过拖动改变点与点之间线的弧度，从而控制声音变化的缓急，改变音频轨道中音频的立体声效果，如图 6-16 所示。

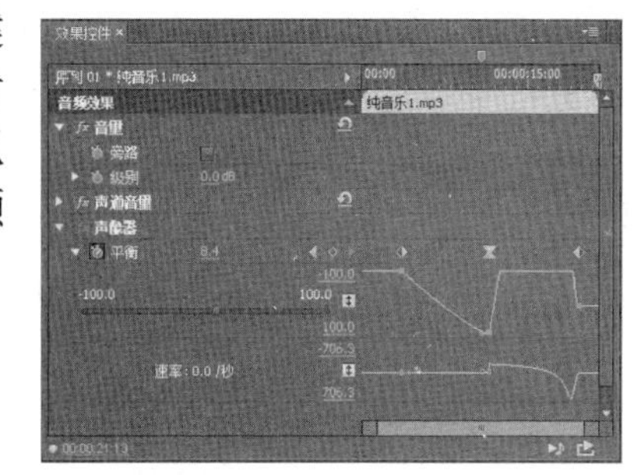

图 6-16　设置声像器

6.2.4　声道映射

声道是指录制或者播放音频素材时，在不同空间位置采集或回放的相互独立的音频信号。在 Premiere Pro CC 中，不同的音频素材具有不同的音频声道，如左右声道、立体声道和单声道等。

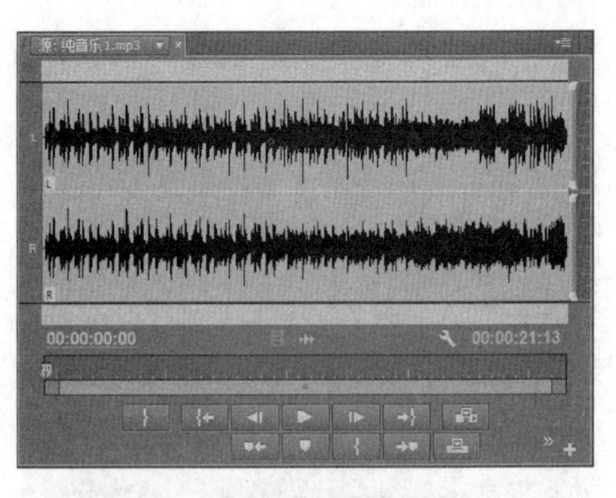

图 6-17 原始的音频素材

1. 源声道映射

在编辑影片的过程中，经常会遇到卡拉OK 等双声道或多声道的音频素材。此时，如果只需要使用其中一个声道中的声音，则应当利用 Premiere Pro CC 中的源声道映射功能，对音频素材中的声道进行转换。

在执行源声道映射操作时，需要先将待处理的音频素材导入至 Premiere 项目内。在【源】面板中，我们可以查看到相应音频素材的声道情况，如图 6-17 所示。

提 示

在【项目】面板中，双击音频素材，即可在【源】面板中预览该素材。

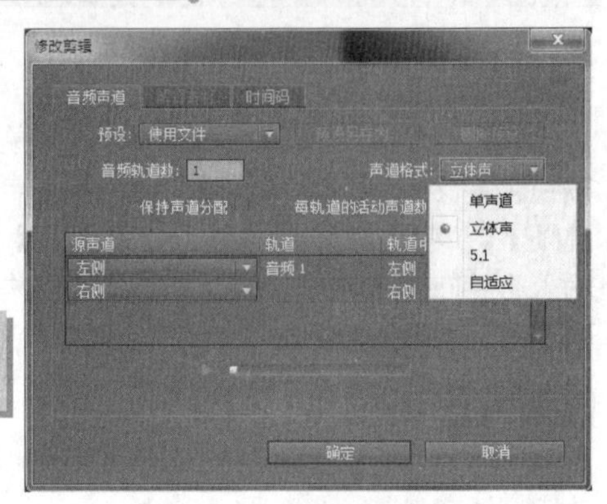

图 6-18 【修改剪辑】对话框

接下来，在【项目】面板内选择素材文件后，执行【剪辑】|【修改】|【音频声道】命令。在弹出的【修改剪辑】对话框中，上半部分显示了音频素材的所有轨道格式，而下半部分则列出了当前音频素材具有的源声道模式，如图 6-18 所示。

提 示

在【修改剪辑】对话框中，所有选项的默认设置均与音频素材的属性相关。这里导入的音频素材格式为立体声，因此该对话框中的【声道格式】默认为“立体声”。此外，单击对话框底部的【播放】按钮后，还可以对所选音频素材进行试听。

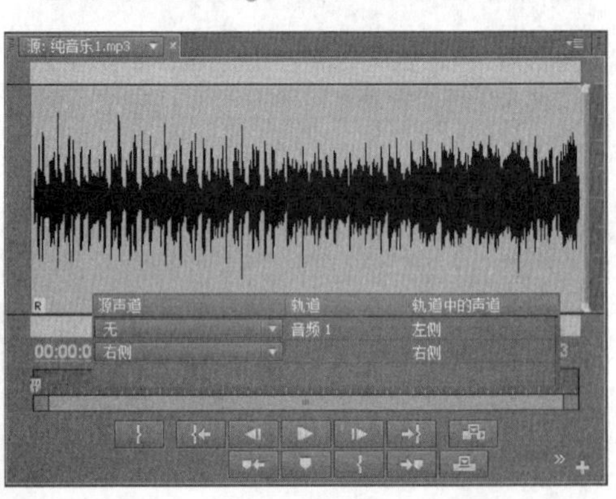

图 6-19 修改音频声道效果

在【修改剪辑】对话框中，选择【左侧】声道栏下拉列表中的“无”，即可“关闭”音频素材左声道，从而使音频素材仅留右声道中的声音，如图 6-19 所示。

提 示

如果用户在【修改剪辑】对话框内选择【右侧】声道栏中的“无”，则音频素材将只保留左声道中的声音。

2. 拆分为单声道

Premiere Pro CC 除了具备修改素材声道的功能外，还可以将音频素材中的各个声道分离为单独的音频素材。也就是说，能够将一个多声道的音频素材分离为多个单声道的音频素材。

进行此类操作时，只需在【项目】面板内选择音频素材后，执行【剪辑】|【音频选项】|【拆分为单声道】命令，即可将原始素材分离为多个不同声道的音频素材，如图 6-20 所示。

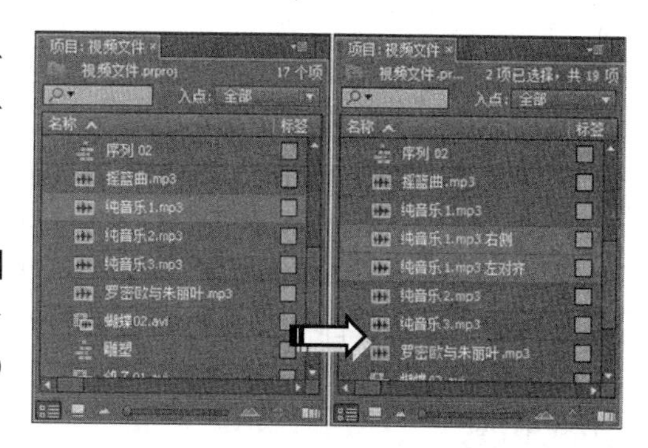

图 6-20 拆分为单声道

此时，即可在【源】面板内分别预览分离后的单声道音频素材，如图 6-21 所示。

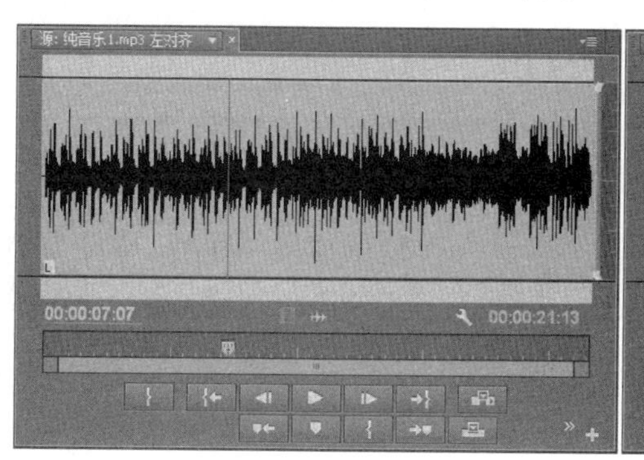

图 6-21 分离后的音频素材

3. 提取音频

在编辑某些影视节目时，可能只是需要某段视频素材中的音频部分，此时便需要将素材中的音频部分提取为独立的音频素材。方法是在【项目】面板内选择相应的视频素材后，执行【剪辑】|【音频选项】|【提取音频】命令。稍等片刻后，Premiere Pro CC 便会利用提取出的音频部分生成独立的音频素材文件，并将其自动添加至【项目】面板内，如图 6-22 所示。

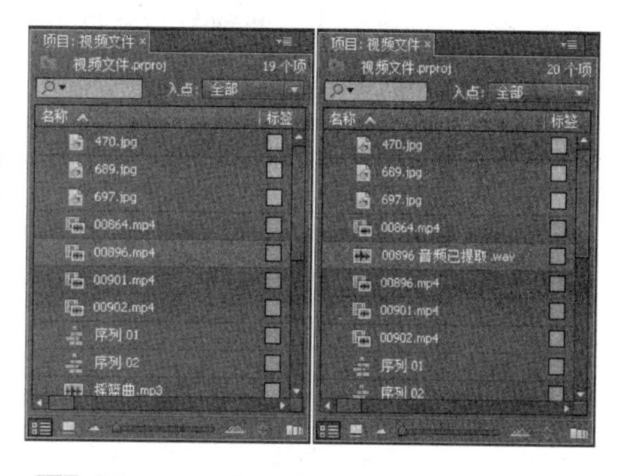

图 6-22 提取音频

6.2.5 增益、淡化和均衡

在 Premiere Pro CC 中，音频素材内音频信号的声调高低称为增益，而音频素材内各声道间的平衡状况被称为均衡。接下来，本节便将介绍调整音频增益，以及调整音频素材均衡状态的操作方法。

1. 调整增益

制作影视节目时，整部影片内往往会使用多个音频素材。此时，便需要对各个音频素材的增益进行调整，以免部分音频素材出现声调过高或过低的情况，最终影响整个影片的制作效果。

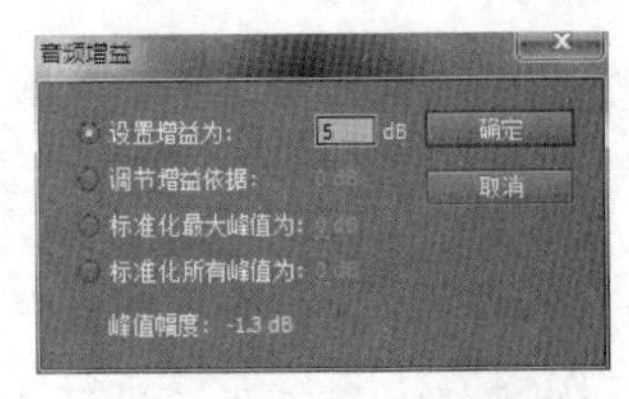

图 6-23 【音频增益】对话框

调节音频素材增益时，可在【项目】或【时间轴】面板内选择音频素材后，执行【剪辑】|【音频选项】|【音频增益】命令。在弹出的【音频增益】对话框中，启用【将增益设置为】单选按钮后，即可直接在其右侧文本框内设置增益数值，如图 6-23 所示。

提 示

当设置的参数大于 0dB 时，表示增大音频素材的增益；当其参数小于 0dB 时，则为降低音频素材的增益。

2. 均衡立体声

利用 Premiere Pro CC 中的钢笔工具，用户可直接在【时间轴】面板上为音频素材添加关键帧，并调整关键帧位置上的音量大小，从而达到均衡立体声的目的。

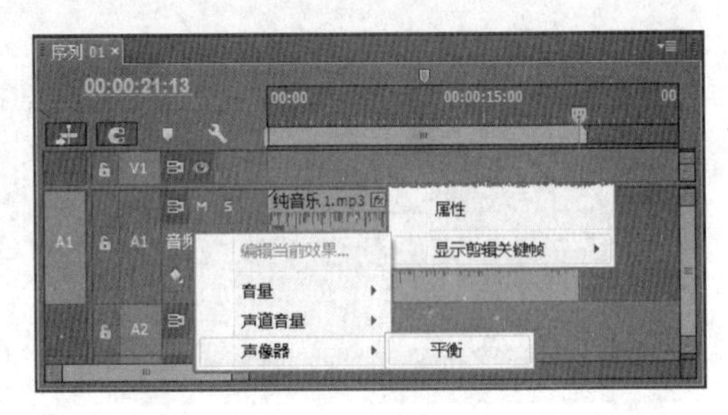

图 6-24 切换【平衡】音频效果

首先，在【时间轴】面板内添加音频素材，并在音频轨内展开音频素材后，右击音频素材，选择【显示剪辑关键帧】|【声像器】|【平衡】命令，便可将【时间轴】面板中的关键帧控制模式切换至【平衡】音频效果方式，如图 6-24 所示。

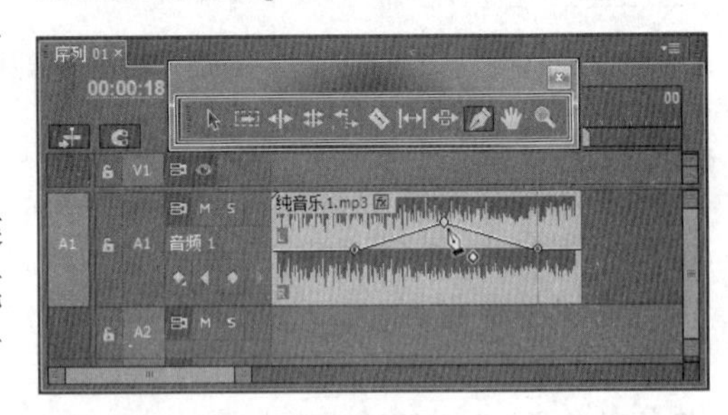

图 6-25 均衡立体声

单击相应音频轨道中的【添加-移除关键帧】按钮，并使用【工具】面板中的【钢笔工具】调整关键帧调节线，即可调整立体声的均衡效果，如图 6-25 所示。

提 示

使用【工具】面板中的【选择工具】，也可以调整关键帧调节线。

3. 淡化声音

在影视节目中，对背景音乐最为常见的一种处理效果是随着影片的播放，背景音乐的声音逐渐减小，直至消失。这种效果称为声音的淡化处理，可以通过调整关键帧的方式来制作。

图 6-26 为淡化声音添加音量关键帧

若要实现音频素材的淡化效果，至少应当为音频素材添加两处音量关键帧：一处位于声音开始淡化的起始阶段，另一处位于淡化效果的末尾阶段，如图 6-26 所示。

在【工具】面板内选择【钢笔工具】，并使用钢笔工具降低淡化效果末尾关键帧的增益，即可实现相应音频素材的逐渐淡化至消失的效果，如图 6-27 所示。

在实际编辑音频素材的过程中，如果对两段音频素材分别应用音量逐渐降低和音量逐渐增大的设置，则能够创建出两段音频素材交叉淡出与淡入的效果，如图 6-28 所示。

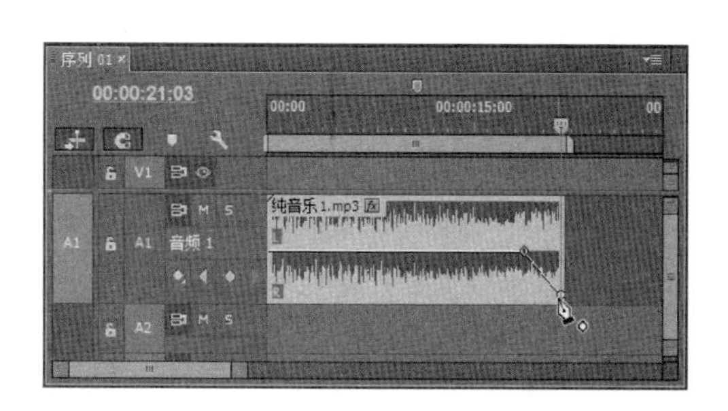

图 6-27 调整音量关键帧

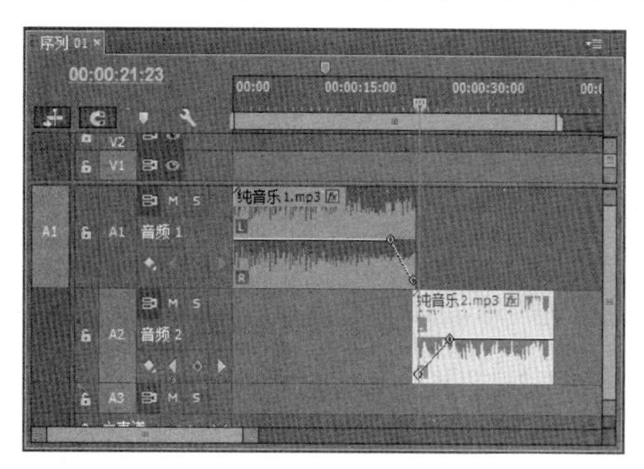

图 6-28 交叉淡出与淡入

6.3 音频过渡与音频效果

在制作影片的过程中，为音频素材添加音频过渡效果或音频效果，能够使音频素材间的连接更为自然、融洽，从而提高影片的整体质量。也可以更为快速地利用 Premiere Pro CC 内置的音频效果制作出想要的音频效果。

6.3.1 音频过渡概述

与视频切换效果相同，音频过渡也放在【效果】面板中。在【效果】面板内依次展开【音频过渡】|【交叉淡化】选项后，即可显示 Premiere Pro CC 内置的 3 种音频过渡效果，如图 6-29 所示。

图 6-29 音频过渡

【交叉淡化】文件夹内的不同音频过渡可以实现不同的音频处理效果。若要为音频素材应用过渡效果，只需先将音频素材添加至【时间轴】面板后，将相应的音频过渡效果拖动至音频素材的开始或末尾位置即可，如图 6-30 所示。

图 6-30 添加【音频过渡】效果

提 示

【恒定功率】音频过渡可以使音频素材以逐渐减弱的方式过渡到下一个音频素材；【恒定增益】能够让音频素材以逐渐增强的方式进行过渡。

默认情况下，所有音频过渡的持续时间均为 1 秒。不过，当在【时间轴】面板内选择某个音频过渡，如图 6-31 所示。在【效果控件】面板中，可在【持续时间】右侧选项内设置音频的播放长度。

图 6-31　设置【持续时间】选项

6.3.2　音频效果概述

尽管 Premiere 并不是专门用于处理音频素材的工具，但仍旧为音频这一现代电影中不可或缺的重要部分提供了大量音频效果滤镜。利用这些滤镜，用户可以非常方便地为影片添加混响、延时、反射等声音特技。

1．添加音频效果

虽然 Premiere Pro CC 将音频素材根据声道数量划分为不同的类型，但是在【效果】面板内的【音频效果】文件夹中，则没有进行分类，而是将所有音频效果罗列在一起，如图 6-32 所示。

图 6-32　音频效果

就添加方法来说，添加音频效果的方法与添加视频效果的方法相同，用户即可通过【时间轴】面板来完成，也可通过【效果控件】面板来完成。

2．相同的音频效果

尽管 Premiere Pro CC 音频效果被统一放置在一起，但是由于声道类型的不同有些音频效果适用于所有类型的声道，而有些音频效果只特定用于某个类型声道。下面这些音频效果则适用于所有类型的声道。

1）多功能延迟

该音频效果能够对音频素材播放时的延迟进行更高层次的控制，对于在电子音乐内产生同步、重复的回声效果非常有用，如图 6-33 所示为该效果的参数控制面板。

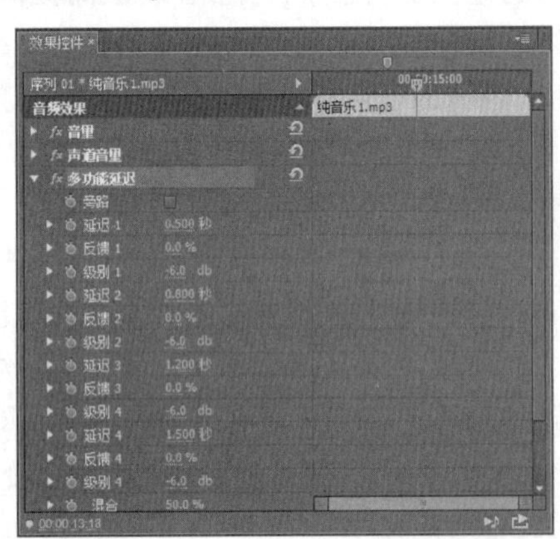

图 6-33　【多功能延迟】音频效果

在【效果控件】面板中，【多功能延迟】音频效果的参数名称及其作用如表 6-2 所示。

表 6-2　【多功能延迟】音频效果参数介绍

名称	作　用
延迟	该音频效果含有 4 个【延迟】选项，用于设置原始音频素材的延时时间，最大的延时为 2 秒
反馈	该选项用于设置有多少延时音频反馈到原始声音中
级别	该选项用于设置每个回声的音量大小
混合	该选项用于设置各回声之间的融合状况

2）EQ（均衡器）

该音频效果用于实现参数平衡效果，可对音频素材中的声音频率、波段和多重波段均衡等内容进行控制。设置时，用户可通过图形控制器或直接更改参数的方式进行调整，如图 6-34 所示。

当使用图形控制器调整音频素材在各波段的频率时，只需在【效果控件】面板内分别启动 EQ 选项组内的 Low、Mid 和 High 复选框后，利用鼠标拖动相应的控制点即可，如图 6-35 所示。在 EQ 选项组中，部分重要参数的功能与作用如表 6-3 所示。

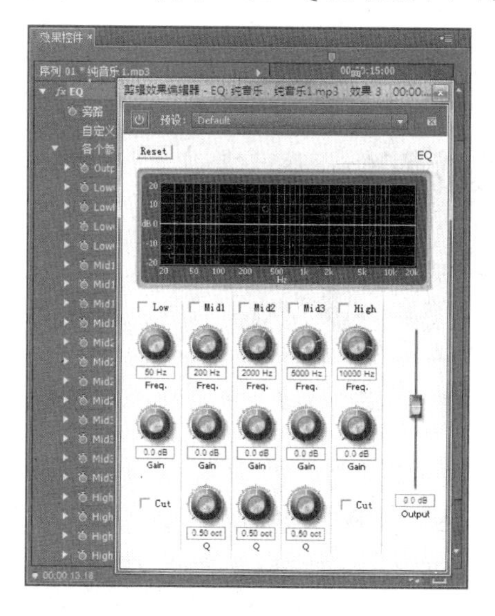

图 6-34 EQ 音频效果参数

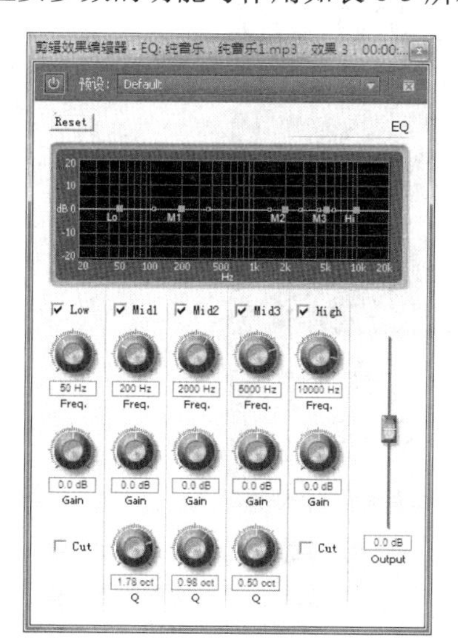

图 6-35 利用图形控制器调整波段参数

表 6-3 部分 EQ 音频效果参数介绍

名称	作　用
Low、Mid 和 High	用于显示或隐藏自定义滤波器
Gian	该选项用于设置常量之上的频率值
Cut	启用该复选框，即可设置从滤波器中过滤掉的高低波段
Frequency	该选项用于设置波段增大和减小的次数
Q	该选项用于设置各滤波器波段的宽度
Output	用于补偿过滤效果之后造成频率波段的增加或减少

3）低通

低通音频效果的作用是去除高于指定频率的声波。该音频效果仅有【屏蔽度】一项参数，作用在于指定可通过声音的最高频率。

4）低音

顾名思义，【低音】音频效果的作用便是调整音频素材中的低音部分，其中的【提升】选项是对声音的低音部分进行提升或降低，取值范围为–24dB～24dB。

提　示

当【提升】选项的参数为正时，表示提升低音，负值则表示降低低音。与【低音】音频效果相对应的是，【高音】音频效果用于提升或降低音频素材内的高音频率。

5）Reverb（混响）

【Reverb】音频效果用于模拟在室内播放音乐时的效果，从而能够为原始音频素材添加环境音效。通俗地说，【Reverb】音频效果能够添加家庭环绕式立体声效果，如图 6-36 是该音频效果的参数面板。

在【效果控件】面板中，可通过拖动图形控制器中的控制点，或通过直接设置选项栏中的具体参数来调整房间大小、混音、衰减、漫射以及音色等内容，如图 6-37 所示。

图 6-36　混响音频效果

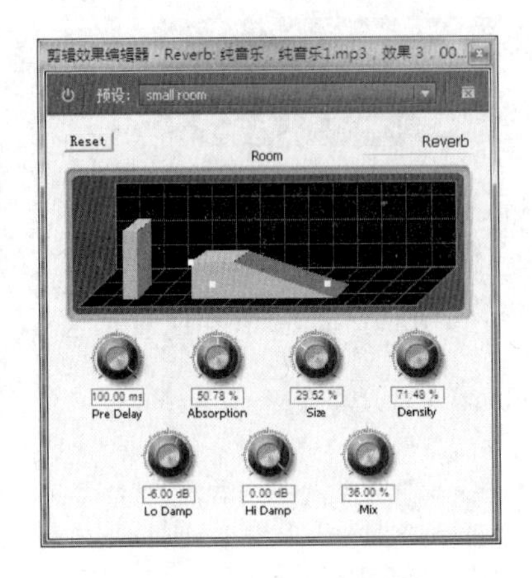

图 6-37　设置混响效果参数

6）延迟

该效果用来设置原始音频和回声之间的时间间隔声道的高音部分。为素材添加【延迟】效果后，在【效果控件】面板中，展开【延迟】效果，出现【延迟】【反馈】【混合】三个选项，如图 6-38 所示。

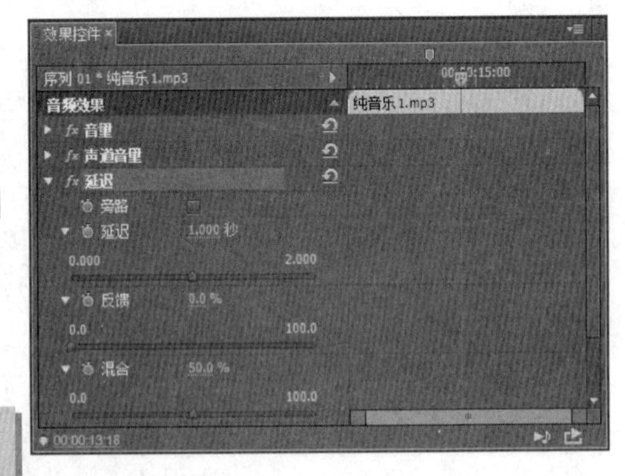

图 6-38　【延迟】效果

提　示

【延迟】选项是调节在同一时间上与原始音频的滞后或提前的时间；【反馈】是可以设定有多少延迟音频被反馈到原始音频中；【混合】是设置原始音频与延迟音频的混合比例。

7）音量

在编辑影片的过程中，如果要在标准效果之前渲染音量，则应当使用【音量】音频效果代替默认的音量调整选项。为了便于操作，【音量】音频效果仅有【级别】这一项参数，用户可直接调整该参数调节音频素材的声音大小。

3. 不同的音频效果

除了各种相同的音频效果外，Premiere Pro CC 还根据音频素材声道类型的不同而推出了一些独特的音频效果。这些音频效果只能应用于对应的音频轨道内，接下来本节便将对三大声道类型中的不同音频效果进行具体讲解。

1）平衡

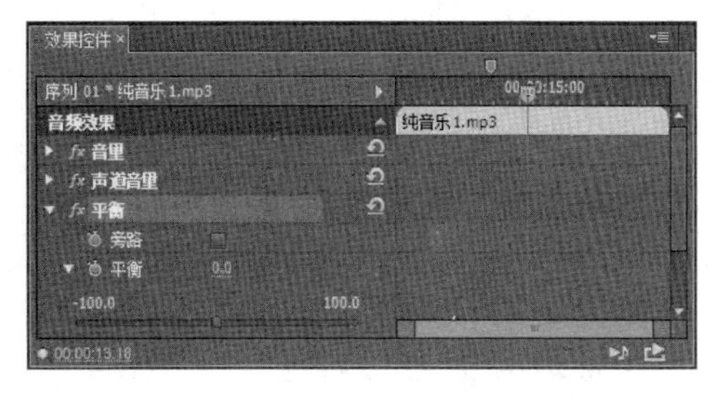

图 6-39 设置【平衡】参数

【平衡】音频效果是立体声音频轨道独有的音频效果，其作用在于平衡音频素材内的左右声道。在【效果控件】面板中，调节【平衡】滑块，可以设置左右声道的效果。向右调节【平衡】滑块，推进音频均衡向右声道倾斜，向左调节，则音频均衡向左声道倾斜，如图 6-39 所示。当【平衡】音频效果的参数值为正值时，Premiere Pro CC 将对右声道进行调整，而为负值时则会调整左声道。

2）使用右声道

该音频效果仅用于立体声轨道中，功能是将右声道中的音频信号复制并替换左声道中的音频信号。

提 示

与【使用右声道】音频效果相对应的是，Premiere Pro CC 还提供了一个【使用左声道】的音频效果，两者的使用方法虽然相同，但功能完全相反。

3）互换声道

利用【互换声道】音频效果，可以使立体声音频素材内的左右声道信号相互交换。由于功能的特殊性，该音频效果多用于原始音频的录制、处理过程。

提 示

【互换声道】音频效果没有参数，直接应用即可实现声道互换效果。

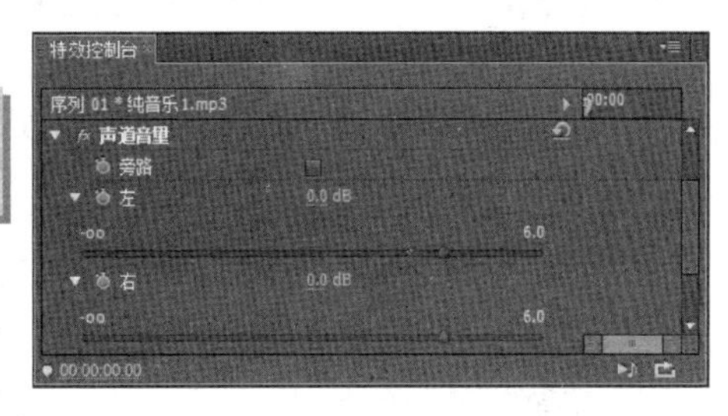

图 6-40 【声道音量】音频效果

4）声道音量

【声道音量】音频效果适用于 5.1 和立体声音频轨道，其作用是控制音频素材内不同声道的音量大小，其参数面板如图 6-40 所示。

6.4 音轨混合器

在【音轨混合器】中，可在听取音频轨道和查看视频轨道时调整设置。每条音频轨道混合器轨道均对应于活动序列时间轴中的某个轨道，并会在音频控制台布局中显示时间轴音频轨道。

6.4.1 音轨混合器概述

音轨混合器是 Premiere Pro CC 为用户制作高质量音频所准备的多功能音频素材处理平台。利用 Premiere 音轨混合器，用户可以在现有音频素材的基础上创建复杂的音频效果，不过在此之前我们需要首先对音轨混合器有一定的了解，熟悉音轨混合器各控件的功能及使用方法。

从【音轨混合器】面板内可以看出，音轨混合器由若干音频轨道控制器和播放控制器所组成，而每个轨道控制器内又由对应轨道的控制按钮和音量控制器等控件组成，如图 6-41 所示。

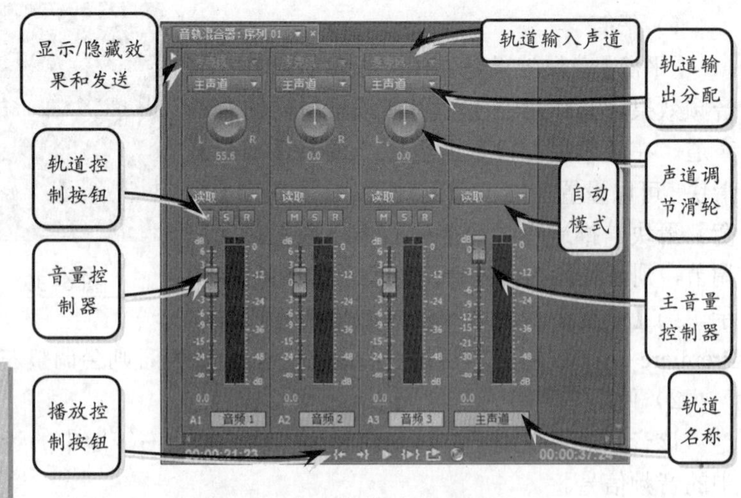

图 6-41 【音轨混合器】面板

提 示

默认情况下，【音轨混合器】面板内仅显示当前所激活序列的音频轨道。因此，如果希望在该面板内显示指定的音频轨道，就必须将序列嵌套至当前被激活的序列内。

接下来，对【音轨混合器】面板中的各个控件进行具体介绍。

1. 自动模式

在【音轨混合器】面板中，自动模式控件对音频的调节作用主要分为调节音频素材和调节音频轨道两种方式。当调节对象为音频素材时，音频调节效果仅对当前素材有效，且调节效果会在用户删除素材后一同消失。如果是对音频轨道进行调节，则音频效果将应用于整个音频轨道内，即所有处于该轨道的音频素材都会在调节范围内受到影响。

在实际应用时，将音频素材添加至【时间轴】面板内的音频轨道后，在【音轨混合器】面板内单击相应轨道中的【自动模式】下拉按钮，即可选择所要应用的自动模式选项，如图 6-42 所示。

图 6-42 自动模式列表

提 示

【音轨混合器】面板内的轨道数量与【时间轴】面板内的音频轨道数量相对应，当用户在【时间轴】面板内添加或删除音频轨道时，【音轨混合器】面板也会自动做出相应的调整。

2. 轨道控制按钮

在【音轨混合器】面板中，【静音轨道】M、【独奏轨道】S、【启用轨道以进行录制】R等按钮的作用是在用户预听音频素材时，让指定轨道以完全静音或独奏的方式进行播放。

例如在“音频 1”“音频 2”和“音频 3”轨道都存在音频素材的情况下，预听播放时的【音轨混合器】面板内相应轨道中均会显示素材的波形变化。但是，当我们单击“音频 2”轨道中的【静音轨道】M按钮后再预听音频素材，则“音频 2”轨道内将不再显示素材波形，这表示该音频轨道已被静音，如图 6-43 所示。

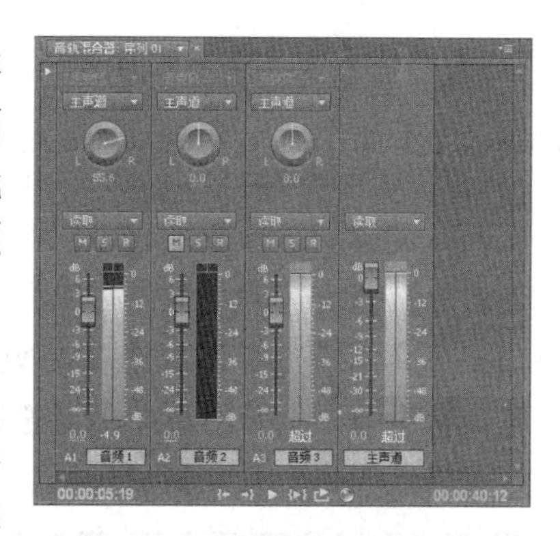

图 6-43　让指定轨道静音

在编辑项目内包含众多音频轨道的情况下，如果只想试听某一音频轨道中的素材播放效果，则应在预听音频前在【音轨混合器】面板内单击相应轨道中的【独奏轨】按钮，如图 6-44 所示。

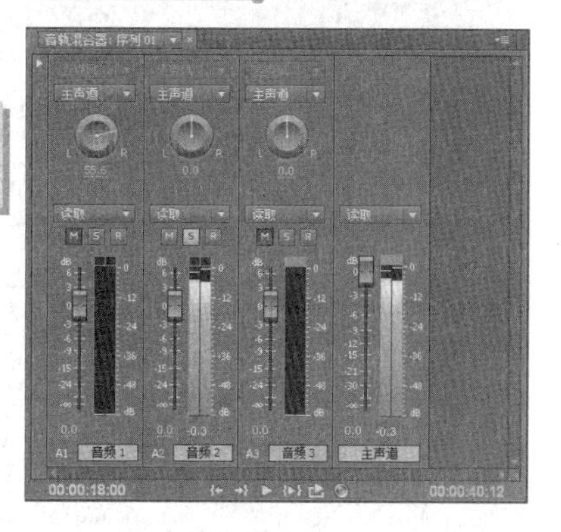

图 6-44　设置独奏轨

提　示

若要取消音频轨道中素材的静音或者独奏效果，只需再次单击【静音轨道】或【独奏轨道】按钮即可。

3．声道调节滑轮

当调节的音频素材只有左、右两个声道时，声道调节滑轮可用来切换音频素材的播放声道。例如，当我们向左拖动声道调节滑轮时，相应轨道音频素材的左声道音量将会得到提升，而右声道音量会降低；若是向右拖动声道调节滑轮，则右声道音量得到提升，而左声道音量降低，如图 6-45 所示。

图 6-45　使用声道调节滑轮

技　巧

除了拖动声道调节滑轮设置音频素材的播放声道外，还可以直接单击其数值，使其进入编辑状态后，采用直接输入数值的方式进行设置。

4. 音量控制器

音量控制器的作用是调节相应轨道内音频素材的播放音量，由左侧的 VU 仪表和右侧的音量调节滑杆所组成，根据类型的不同分为主音量控制器和普通音量控制器。其中，普通音量控制器的数量由相应序列内的音频轨道数量所决定，而主音量控制器只有一项。

在我们预览音频素材播放效果时，VU 仪表将会显示音频素材音量大小的变化。此时，利用音量调节滑标即可调整素材的声音大小，向上拖动滑块可增大素材音量，反之则可降低素材音量，如图 6-46 所示。

图 6-46 调整音量大小

注 意

完成播放声道的设置后，在【音轨混合器】面板中预览音频素材时，可以通过主 VU 仪表查看各声道的音量大小。

5. 播放控制按钮

播放控制按钮位于【音轨混合器】面板的正下方，其功能是控制音频素材的播放状态。当用户为【时间轴】面板中的音频素材剪辑设置入点和出点之后，便可以利用各个播放控制按钮对其进行控制。在这些控制按钮中，各按钮的名称及其作用如表 6-4 所示。

表 6-4 播放控制按钮功能作用

按钮	名 称	作 用
	转到入点	将当前时间指示器移至音频素材的开始位置
	转到出点	将当前时间指示器移至音频素材的结束位置
	播放-停止切换	播放音频素材，单击后按钮图案将变为“方块” 形状
	从入点播放到出点	播放音频素材入点与出点间的部分
	循环	使音频素材不断进行循环播放
	录制	单击该按钮后，即可开始对音频素材进行录制操作

6. 显示/隐藏效果和发送

默认情况下，效果与发送选项被隐藏在【音轨混合器】面板内，但用户可通过单击【显示/隐藏效果和发送】▶按钮的方式展开该区域，如图 6-47 所示。

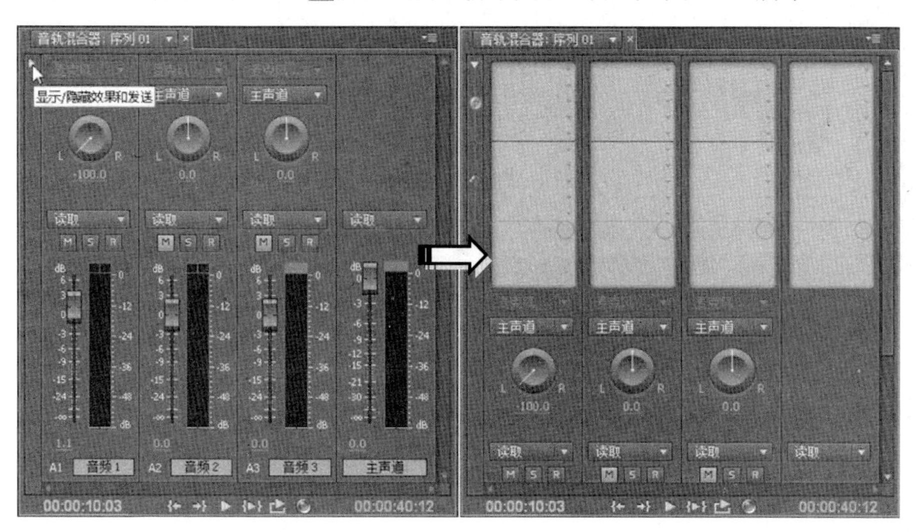

图 6-47 效果和发送选项

7.【音轨混合器】面板菜单

由于【音轨混合器】面板内的控制选项众多，Premiere Pro CC 特别允许用户通过【音轨混合器】面板菜单自定义【音轨混合器】面板中的功能。使用时，只需右击面板右上角的面板菜单按钮，即可显示该面板菜单。

在编辑音频素材的过程中，选择【音轨混合器】面板菜单内的【显示音频时间单位】命令后，还可在【音轨混合器】面板内按照音频单位显示音频时间，从而能够以更精确的方式来设置音频处理效果，如图 6-48 所示。

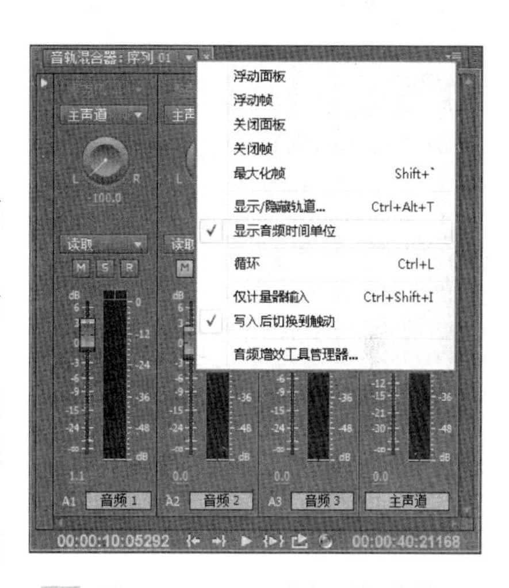

图 6-48 显示音频时间单位

8. 重命名轨道名称

在【音轨混合器】面板中，轨道名称不再是固定不变的，而是能够更改的。方法是只要在【轨道名称】文本框中输入文本，即可更改轨道名称，如图 6-49 所示。

6.4.2 摇动和平衡

在为影片创建背景音乐或旁白时，根据需要我们还可为声音添加摇动或平衡效果，从而实现突出指定声道中的声音或均衡音频播放效果的目的。

图 6-49　轨道名称重命名

1. 摇动/平衡单声道及立体声素材

与混合音频不同，为音频素材创建摇动和平衡效果时，最终效果都要依赖于正在回放的音频轨道和输出音频时的目标轨道。例如，在对某个单声道/立体声道进行摇动或平衡操作时，可将其输出目标设置为【主声道】，并使用声道调节滑轮来调整效果，如图 6-50 所示。

此外，用户也可在调整音频素材的效果之后，单击【轨道输出分配】下拉按钮，选择将音频效果输出到子混合音轨内。

图 6-50　输出到主声道

提　示

当为单声道或立体声道创建摇动和平衡效果之后，即可在【时间轴】面板内观察相应的关键帧效果。

2. 摇动 5.1 声道素材

在 Premiere 中，只有当序列的主音轨为 5.1 声道时，才能够创建 5.1 声道的摇动和平衡效果。这就要求用户在创建 Premiere 项目时，将【新建序列】对话框【轨道】选项卡内的【主音轨】选项设置为 5.1，如图 6-51 所示。

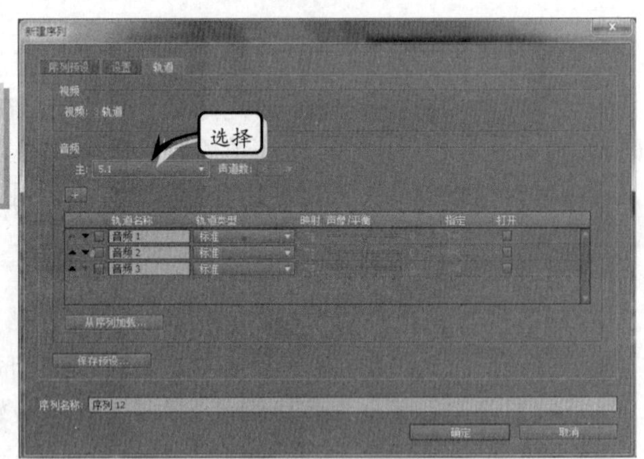

图 6-51　设置主音轨

由于声道类型的差异，5.1 声道【音轨混合器】内的声道调节滑轮将被摇动/平衡托盘所代替，如图 6-52 所示。

在摇动/平衡托盘中，沿着边缘分别放置了 5 个环绕声扬声器，调整时只需要将摇动/平衡托盘中心位置的黑色控制点置于不同的位置，即可产生不同的音频效果。预览时，还可在【音轨混合器】面板内通过主音轨下的 VU 仪表来查看其变化，如图 6-53 所示。

提　示

在摇动/平衡托盘中，可以将黑色控制点移动到托盘内的任意位置。

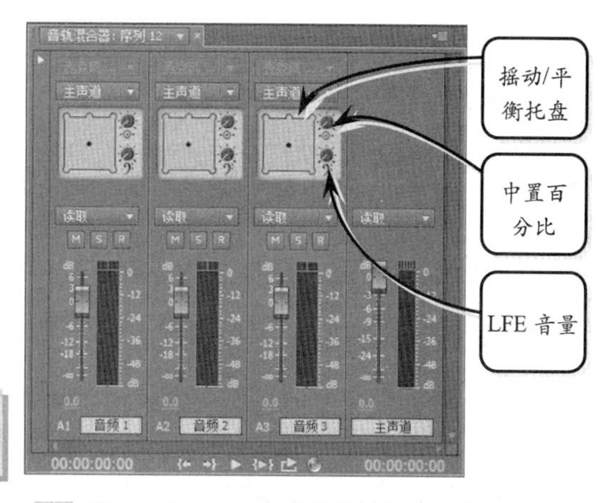

图 6-52　5.1 声道【音轨混合器】内的摇动/平衡托盘

此外，利用摇动/平衡托盘右侧的【中置百分比】旋钮，可以快速调整音频素材的中间通道。调整时，向左拖动旋钮可减小其取值，而向向右拖动旋钮则会增大其取值。完成中置百分比的取值调整后，同样可通过 VU 仪表来查看波形的变化，如图 6-54 所示即为取值分别为 0%和 100%时的波形效果。

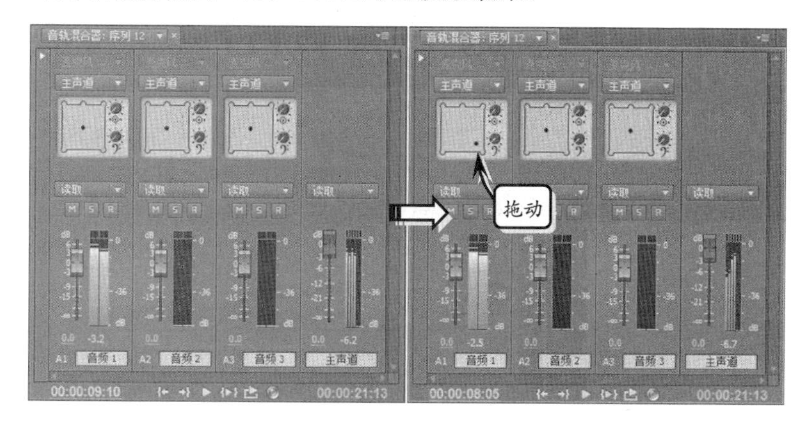

图 6-53　调整摇动/平衡托盘扬声器

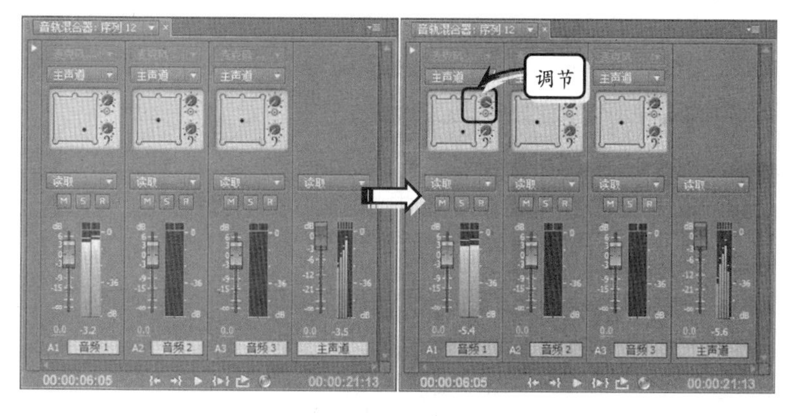

图 6-54　中置百分比调整前后对比效果

提　示

当调整【中置百分比】旋钮的值时，将鼠标置于该控件之上，即可查看当前取值的大小。

6.4.3 创建特殊效果

通过认识和使用【音轨混合器】，已经了解了显示效果与发送区域的方法，接下来，将介绍通过效果与发送区域添加各种效果的方法，以创建特殊效果。

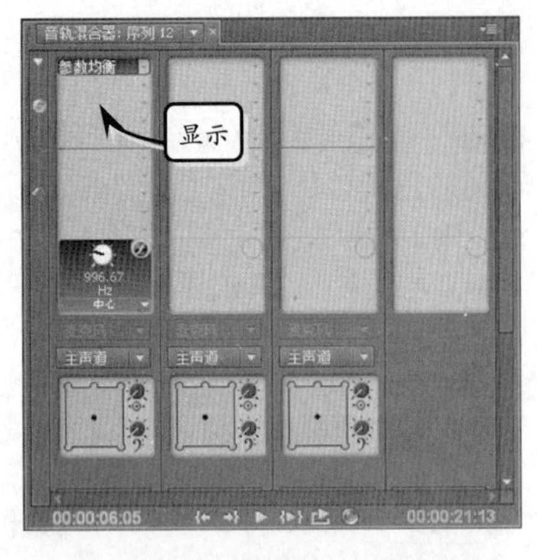

图 6-55 音频效果的参数控制

1. 设置和删除效果

在【音轨混合器】面板中，所有可以使用的音频效果都来源于【效果】面板中的相应滤镜。在【音轨混合器】面板内为相应音频轨道添加效果后，折叠面板的下方将会出现用于设置该音频效果的参数控件，如图 6-55 所示。

在音频效果的参数控件中，即可通过单击参数值的方式来更改选项参数，也可通过拖动控件上的指针来更改相应的参数值。

如果需要更改音频滤镜内的其他参数，只需单击控件下方的下拉按钮后，在列表内选择所要设置的参数名称即可，如图 6-56 所示。

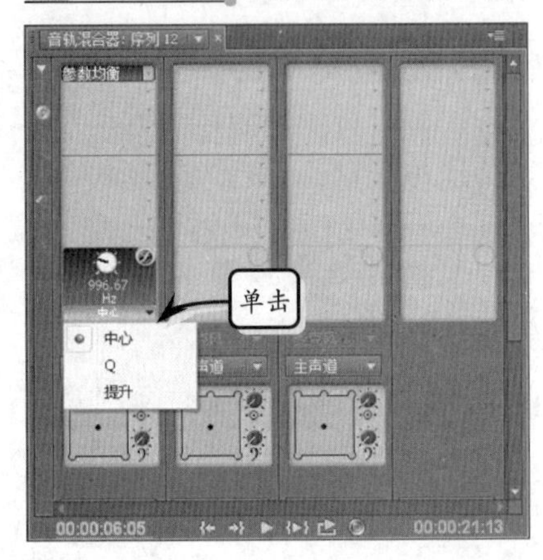

图 6-56 更改音频效果参数

在应用多个音频滤镜的情况下，用户只需选择所要调整的音频效果后，控件位置处即可显示相应效果的参数调整控件。

如果需要在效果与发送区域内清除部分音频效果，只需单击相应音频效果右侧的下拉按钮后，选择【无】选项即可，如图 6-57 所示。

2. 绕开效果

顾名思义，绕开效果的作用就是在不删除音频效果的情况下，暂时屏蔽音频轨道内的指定音频效果。设置绕开效果时，只需在【音轨混合器】面板内选择所要屏蔽的音频效果后，单击参数控件右上角的【绕开】按钮即可，如图 6-58 所示。

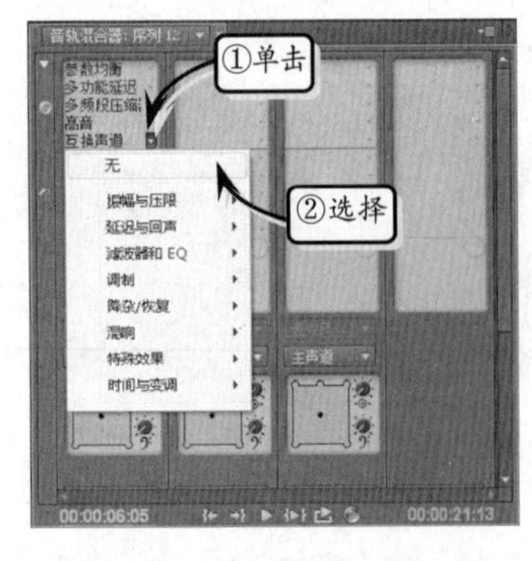

图 6-57 删除音频效果

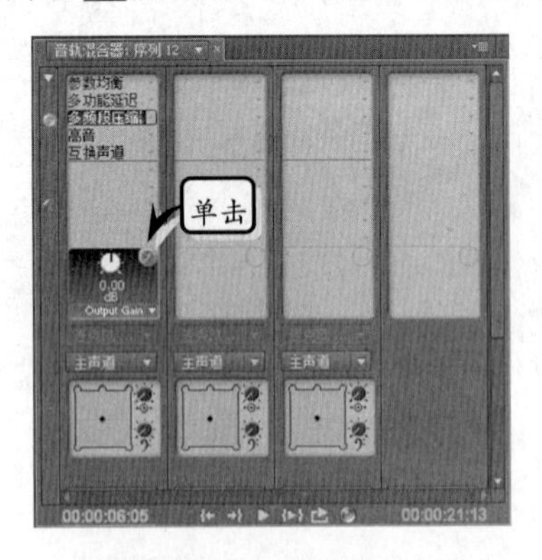

图 6-58 绕开指定音频效果

6.5 音频剪辑混合器

音频剪辑混合器是 Premiere Pro CC 中混合音频的新方式。除混合轨道外，现在还可以控制混合器界面中的单个剪辑，并创建更平滑的音频淡化效果。

6.5.1 音频剪辑混合器概述

【音频剪辑混合器】面板与【音轨混合器】面板之间相互关联，但是当【时间轴】面板是目前所关注的面板时，可以通过【音频剪辑混合器】监视并调整序列中剪辑的音量和声像；同样，当【源】监视器面板是所选中的面板时，可以通过【音频剪辑混合器】监视源监视器中的剪辑，如图 6-59 所示。

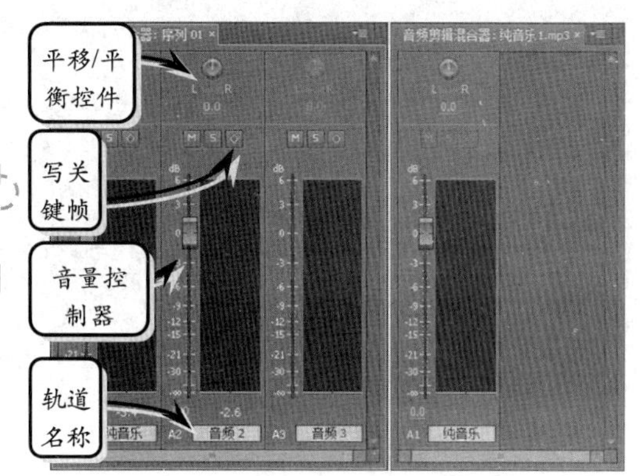

图 6-59 【音频剪辑混合器】面板

Premiere Pro CC 中的【音频剪辑混合器】起着检查器的作用。其音量控制器会映射至剪辑的音量水平，而声像控制会映射至剪辑的声像。

当【时间轴】面板处于选中状态时，播放指示器当前位置下方的每个剪辑都将映射到【音频剪辑混合器】的声道中。例如，时间轴面板的 A1 轨道上的剪辑，会映射到剪辑混合器的 A1 声道上，如图 6-60 所示。

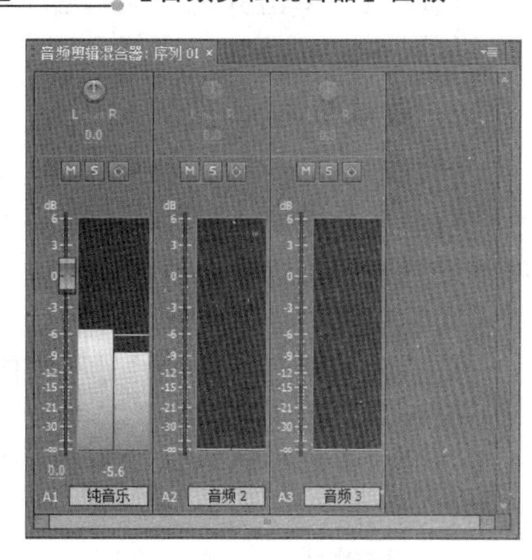

图 6-60 映射当前声道

只有播放指示器下存在剪辑时，【音频剪辑混合器】才会显示剪辑音频。当轨道包含间隙时，则剪辑混合器中相应的声道为空，如图 6-61 所示。

6.5.2 声道音量与关键帧

【音频剪辑混合器】面板与【音轨混合器】面板相比，除了能够进行音量的设置外，还能够进行声道音量以及关键帧的设置。

1. 声道音量

在【音频剪辑混合器】面板中除了能够设置音频轨道中的总体音量外，还可以单独设置声道音量。但是在默认情况下是禁用的。

要想单独设置声道音量，首先要在【音频剪辑混合器】面板中右击音量表，在弹出的菜单中选择【显示声道音量】选项，即可显示出声道衰减器，如图 6-62 所示。

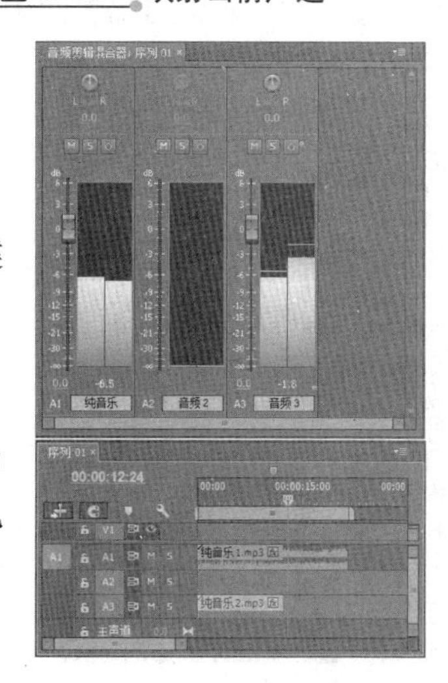

图 6-61 显示剪辑音频

当鼠标指向【音频剪辑混合器】面板中的音量表时，衰减器会变成按钮形式，如图6-63所示。

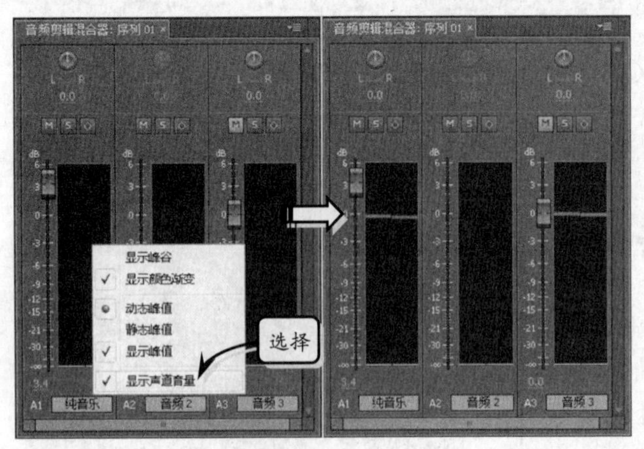

图 6-62 显示声道音量

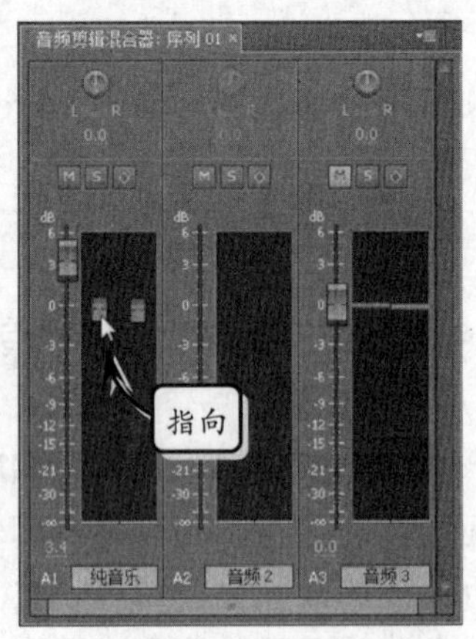

图 6-63 指向衰减器

这时上下单击并拖动衰减器，可以单独控制声道音量。如图6-64所示，为降低左声道音量得到的效果。

图 6-64 控制左声道音量

2. 关键帧

【音频剪辑混合器】面板中的写关键帧按钮状态，是决定可对音量或声像器进行更改的性质。在该面板中不仅能够设置音频轨道中音频总体音量与声道音量，还能够设置不同时间段的音频音量，并且方法非常简单。

要想在不同时间段中设置不同的音量，首先在【时间轴】面板中，确定播放指示器在音频片段中的位置。然后在【音频剪辑混合器】面板中单击【写关键帧】按钮，如图6-65所示。

按空格键播放音频片段后，在不同的时间段中单击并拖动【音频剪辑混合器】面板中的控制音量的衰减器，从而创建关键帧，设置音量高低，如图6-66所示。

图 6-65 单击【写关键帧】按钮

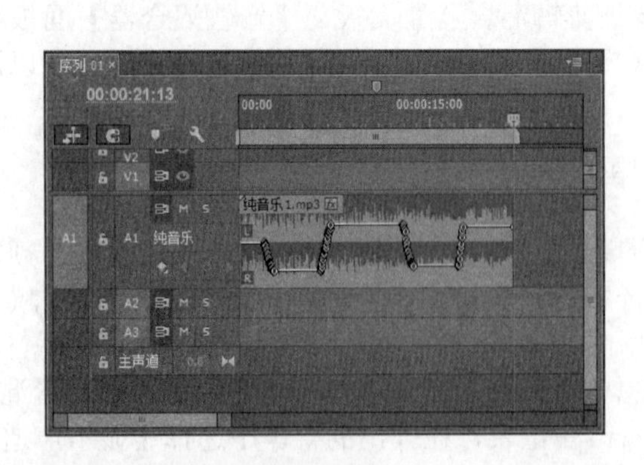

图 6-66 创建关键帧

当再次按空格键播放音频时，发现声音时高时低，并且【音频剪辑混合器】面板中的衰减器会跟随着【时间轴】面板中的关键帧来回移动。

6.6 高级混音技巧

混合音频是【音轨混合器】面板的重要功能之一，该功能可以让用户实时混合不同轨道内的音频素材，从而实现单一素材无法实现的特殊音频效果。

制作混音是可以让我们将多个轨道内的音频信号发送至一个混合音频轨道内，并对该混合音频应用音频效果。在处理方式上，混音音轨与普通音轨没有什么太大的差别，输出的音频信号也会被并入主音轨内，这样便解决了为普通音轨创建相同效果时的重复操作问题。

6.6.1 自动化控制

在 Premiere Pro CC 中，自动模式的设置直接影响着混合音频效果的制作是否成功。在认识【音轨混合器】面板的各控件时，我们已经了解到每个音频轨的自动模式列表中，各包含了 5 种模式。

在自动模式选项列表中，不同列表选项的含义与作用如下：

- **关**　选择该选项后，Premiere 将会忽略当前音频轨道中的音频效果，而只按照默认设置来输出音频信号。
- **读取**　这是 Premiere 的默认选项，作用是按照每个轨道的自动模式设置进行回放。例如，在调整某个音频素材的音量级别后，我们即能够在回放时听到差别，又能够在 VU 仪表内看到波形变化。
- **闭锁**　【闭锁】模式会保存用户对音频素材做出的调整，并将其记录在关键帧内。用户每调整一次，调节滑块的初始位置就会自动转为音频素材在进行当前编辑前的参数。在【时间轴】面板中，单击音频轨道前的【显示关键帧】下拉按钮，并选择【轨道关键帧】命令，即可查看 Premiere 自动记录的关键帧，如图 6-67 所示。

图 6-67　自动记录的关键帧

- **触动**　该模式与【闭锁】模式相同，也是将做出的调整记录到关键帧。
- **写入**　【写入】模式可以立即保存用户对音频轨道所做出的调整，并且在【时间轴】面板内创建关键帧。通过这些关键帧，即可查看对音频素材的设置。

6.6.2 创建子混音轨道

为混音效果创建独立的混音轨道是编辑音频素材时的良好习惯，这样做能够使整个项目内的音频编辑工作看起来更具条理性，从而便于进行修改或其他类似操作。

若要创建子混合音频轨道，只需执行【序列】|【添加轨道】命令后，在弹出的对话框内将【音频子混合轨道】选项组内的【添加】选项设置为1，如图6-68所示。

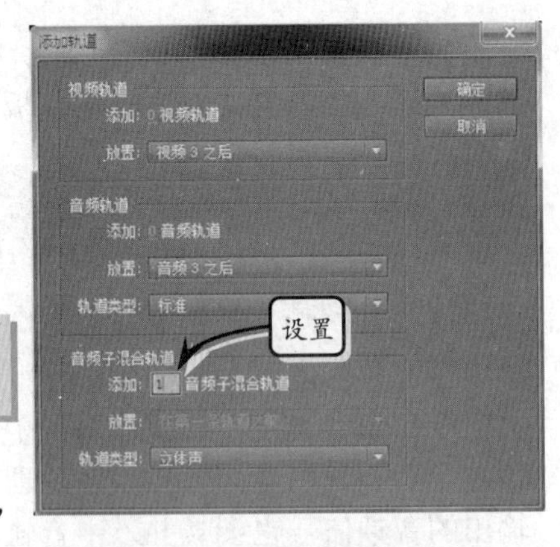

图 6-68 设置轨道添加选项

提　示

在创建音频子混合轨道时，也可以选择创建单声道子混合音轨或者5.1声道子混合音轨。

在单击【添加轨道】对话框中的【确定】按钮后，【音轨混合器】面板内便会多出一条名为"子混合1"的混合音频轨道，如图6-69所示。

创建子混合音频轨道后，即可将其他轨道内的音频信号发送至混音轨道内，如图6-70所示。

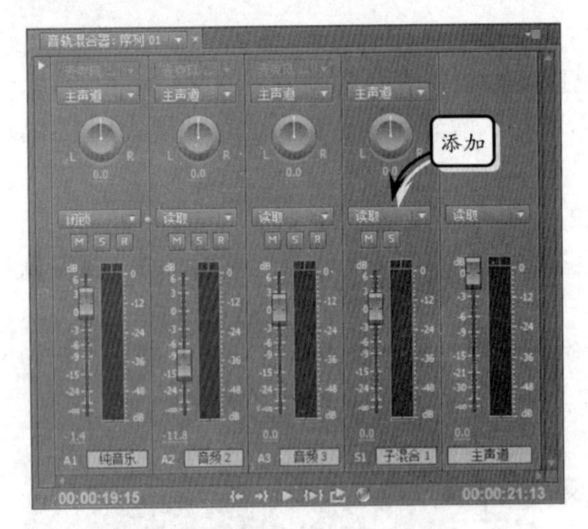

图 6-69 添加子混合音频轨道

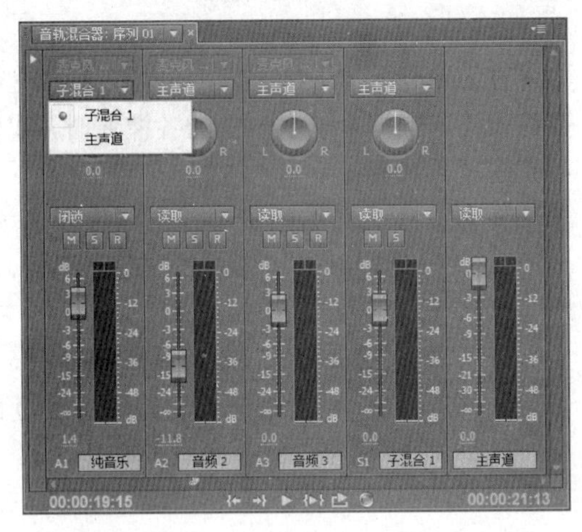

图 6-70 将音频信号发送至混音轨道

6.6.3 混合音频

在了解自动模式列表内各个选项的作用后，即可开始着手进行音频素材的混音处理工作，接下来我们将要介绍的便是生成混合音效的操作方法。

要制作混合音频效果，首先需要将待合成的音频素材分别放置在不同音频轨道内，并将当前时间指示器移至音频素材的开始位置，如图6-71所示。

图 6-71 准备混音所用的音频素材

接下来，在【音轨混合器】面板中为音频轨道选择相应的自动模式，如【写入】模式。此时，音频轨道上部将显示信号被发送到的位置。默认情况下，将音轨输出发送到主音轨中，如图 6-72 所示。

提 示

要制作混合音频效果，【时间轴】面板内至少应当包括两个音频轨道。而根据制作需要，用户也可以将音轨输出发送到子混合音频轨道中。

图 6-72 音轨输出分配

单击【音轨混合器】面板内的【播放-停止切换】按钮后，即可在播放音频素材的同时对相应控件进行设置，如调整音频轨道中的素材音量，如图 6-73 所示。

在完成对音频轨道的设置后，单击【播放-停止切换】按钮，并将【时间轴】面板内的轨道模式切换为【轨道关键帧】，如图 6-74 所示。

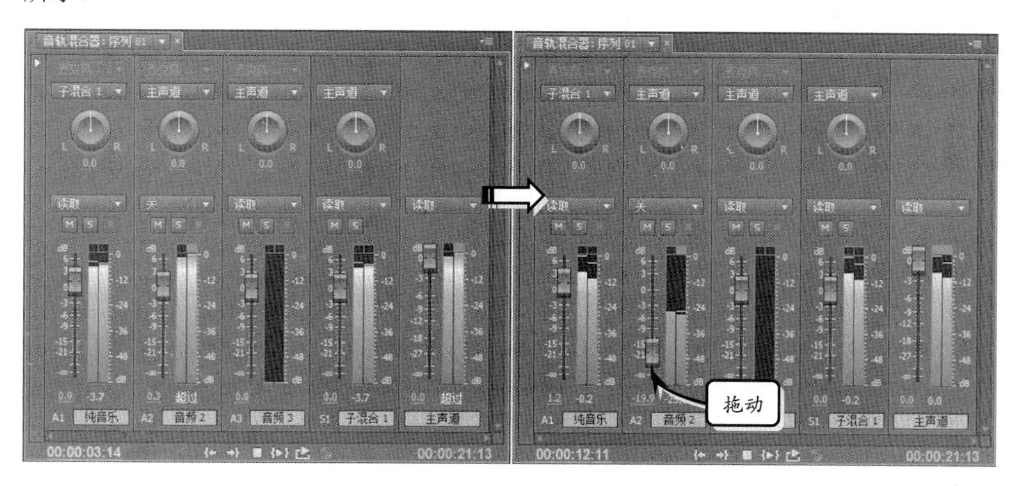

图 6-73 调整音量

提 示

在使用【音轨混合器】面板制作混合音效时，若要撤销某操作，可以利用【历史记录】面板恢复之前的操作记录。

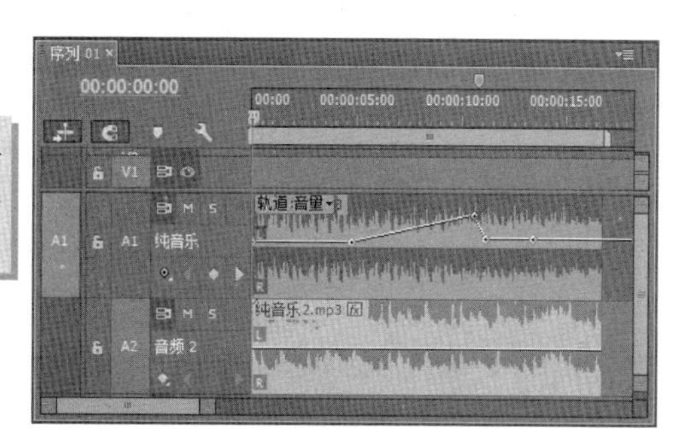

图 6-74 显示轨道关键帧

完成混合音效的制作之后，将当前时间指示器移至音频素材的开始位置，并单击【播放-停止切换】按钮，即可试听制作完成的混音效果。

6.7 课堂练习：制作回声效果

回音是声波折射后，与原有声音混合在一起后造成的物理现象，通常发生在山谷、密室等环境内。在 Premiere 中，我们只需利用音轨混合器中的音频效果，即可创建出类似山谷回音的效果。

操作步骤：

1 启动 Premiere Pro CC，在【新建项目】对话框中，单击【浏览】按钮，选择文件的保存位置。在【名称】栏中输入“回声效果”，单击【确定】按钮，如图 6–75 所示。

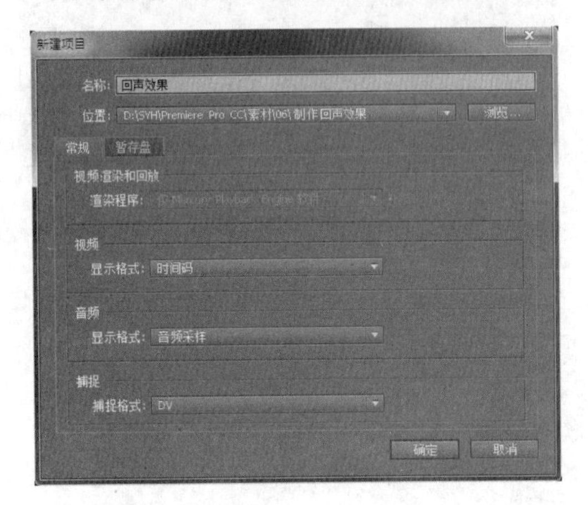

图 6–75 新建项目

2 按快捷键 Ctrl+N，执行【文件】|【新建】|【序列】命令。在【新建序列】对话框中，选择【轨道】选项卡，设置【主音轨】为【立体声】，单击【确定】按钮，创建序列，如图 6–76 所示。

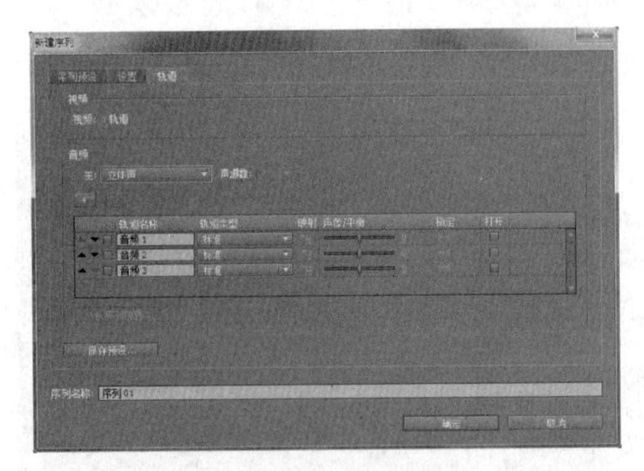

图 6–76 创建序列

3 在【项目】面板中双击空白处，弹出【导入】对话框，选择音频素材，导入到【项目】面板中，如图 6–77 所示。

4 将“纯音乐 2.mp3”音频素材导入至当前项目后，将该素材添加至“音频 1”轨道内，如图 6–78 所示。

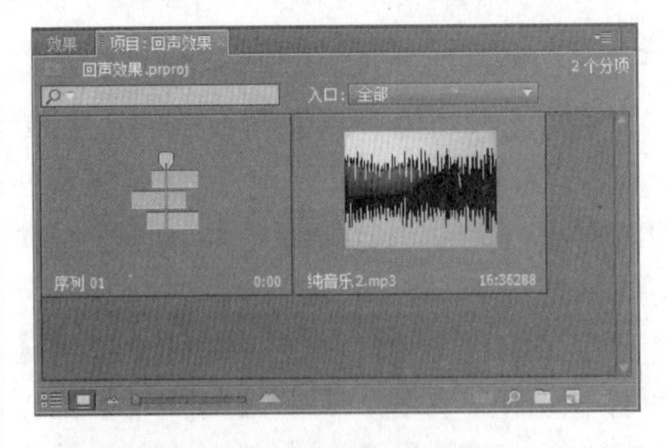

图 6–77 导入素材

图 6–78 插入音频素材

5 在【时间轴】面板内选择“纯音乐 2.mp3”音频素材后，在【音轨混合器】面板内单击效果与发送按钮。然后，在“音频 1”轨道对应的效果列表内单击任意一个【效果选择】下拉列表，并选择【多功能延迟】选项，如图 6–79 所示。

图 6–79 添加音频效果

注　意

如果为音频素材添加【延迟】音频效果，也可以实现回声，但该音频效果仅能产生一次回声效果。

6 添加音频效果后，在该音频效果对应的参数控件中，将【延迟 1】的参数设置为“1 秒”，如图 6-80 所示。

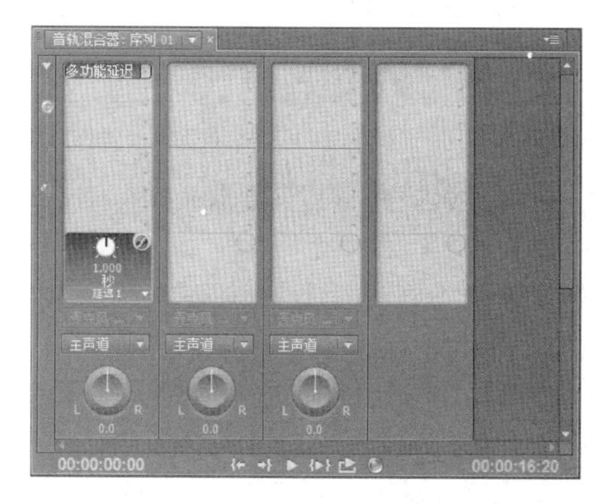

图 6-80　调整音频效果参数

7 在【多功能延迟】音频效果参数控件内单击参数列表下拉按钮后，选择【反馈 1】选项，并将该参数值设置为 10%，如图 6-81 所示。

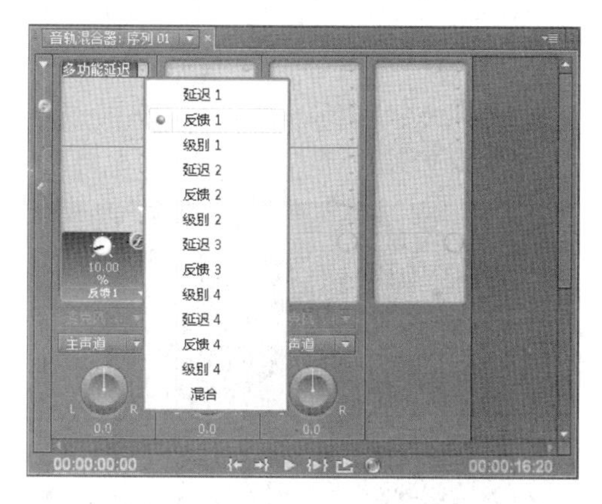

图 6-81　调整【反馈 1】选项的参数值

8 按照上述方法，将【多功能延迟】音频效果的【混合】选项参数值设置为 60%，如图 6-82 所示。

9 接下来，依次将【延迟 2】【延迟 3】和【延迟 4】的参数设置为“1.5 秒”、“1.8 秒”和“2 秒”，如图 6-83 所示。

图 6-82　调整【混合】选项参数值

图 6-83　设置音频效果的其他参数

10 将【音频 1】轨道的音量调节按钮移至 1 的位置，如图 6-84 所示。完成后，即可在【节目】面板内预览回音效果。

图 6-84　调整音频轨道的音量

6.8 课堂练习：制作双音效果

本例制作左右声道各自播放的双音效果。在制作的过程中，通过使用【音频效果】中的【使用左声道】和【使用右声道】效果，将音频调节为左右声道。再为音频添加【平衡】效果，完成左右声道效果的制作。

操作步骤：

1 启动 Premiere Pro CC，在【新建项目】对话框中，单击【浏览】按钮，选择文件的保存位置。在【名称】栏中，输入“双音效果”，单击【确定】按钮，新建项目，如图 6-85 所示。

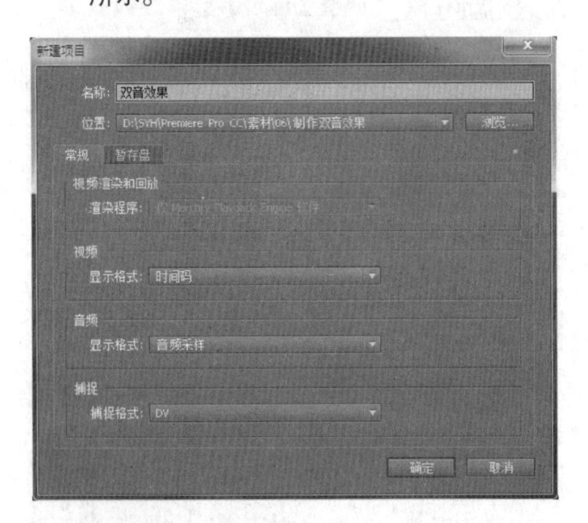

图 6-85 新建项目

2 在【项目】面板中双击空白处，弹出【导入】对话框，选择音频素材，导入到【项目】面板中，如图 6-86 所示。

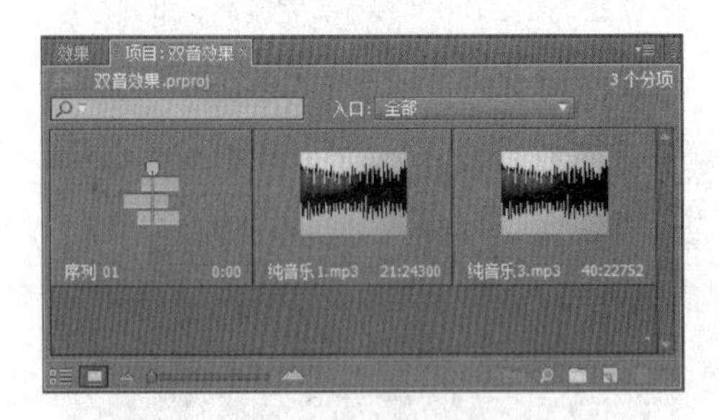

图 6-86 导入素材

3 在【项目】面板中双击素材“纯音乐 1.mp3”，打开【源】面板。在【源】面板中，拖动【当前时间指示器】至 00:00:14:00 位置处，单击【标记出点】按钮，设置音频的出点，如图 6-87 所示。

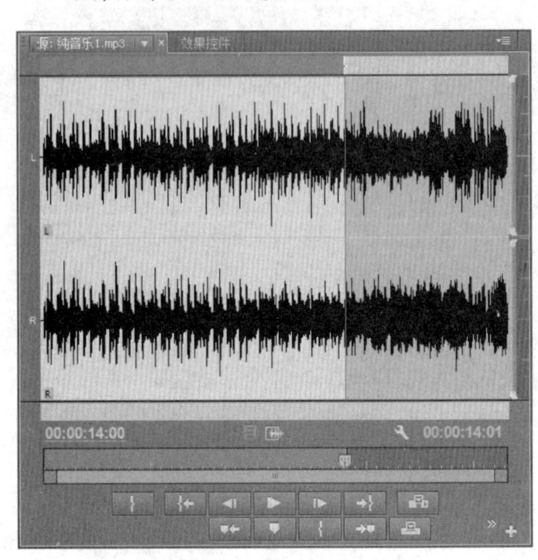

图 6-87 标记出点（1）

4 在【项目】面板中双击素材“纯音乐 3.mp3”，打开【源】面板。在【源】面板中，在相同位置处单击【标记出点】按钮，设置音频的出点，如图 6-88 所示。

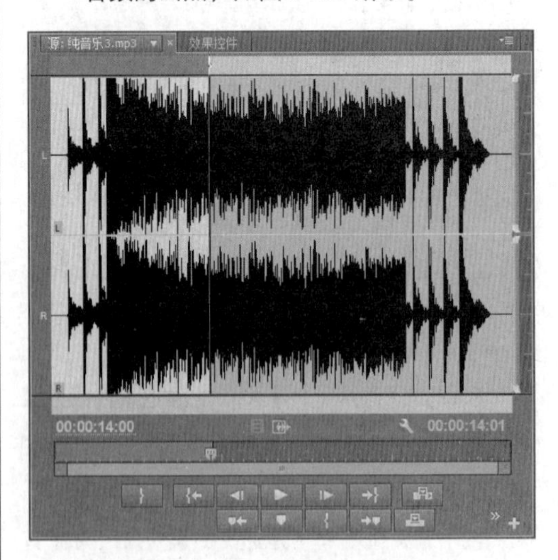

图 6-88 标记出点（2）

5 将“纯音乐 1.mp3”添加到“音频 1”轨道上，将“纯音乐 3.mp3”添加到“音频 2”轨道上，如图 6-89 所示。

图 6-89 插入素材

6 在【效果】面板中，展开【音频效果】文件夹，选择【使用左声道】效果，添加到“音频 1”轨道上的“纯音乐 1.mp3”上，如图 6-90 所示。

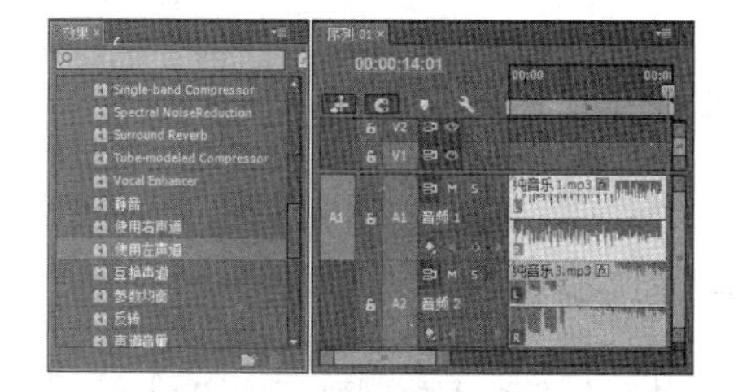

图 6-90 添加【使用左声道】效果

7 继续在【效果】面板中，选择【平衡】音频效果，添加到“纯音乐 1.mp3”上。在【效果控件】面板中，设置【平衡】为-100，如图 6-91 所示。

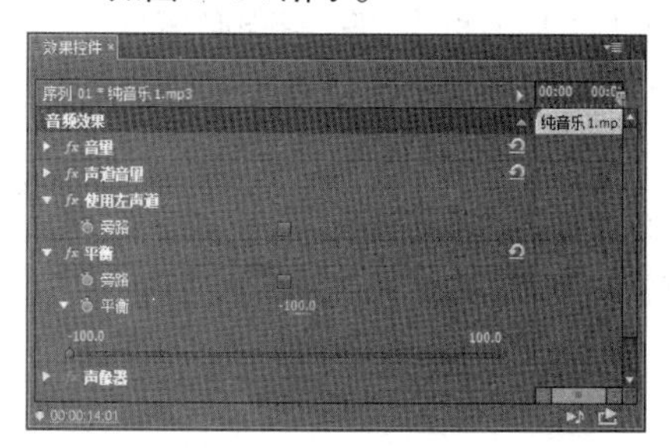

图 6-91 添加【平衡】效果

8 在【效果】面板中，选择【使用右声道】音频效果，添加到“音频 2”轨道的“纯音乐 3.mp3”素材上，如图 6-92 所示。

图 6-92 添加【使用右声道】效果

9 为“纯音乐 3.mp3”添加【平衡】音频效果，在【效果控件】面板中，设置【平衡】为 100，如图 6-93 所示。

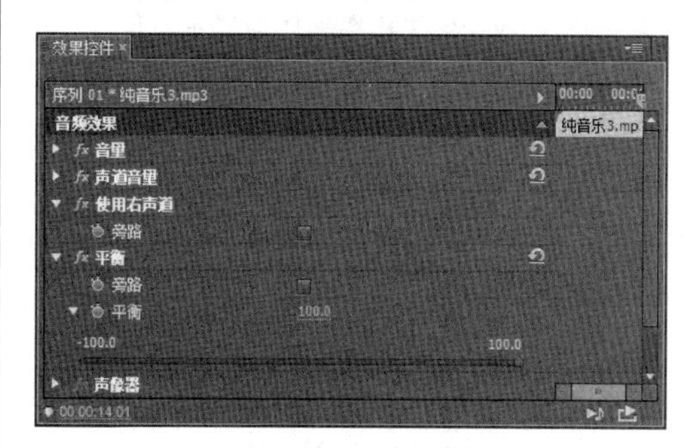

图 6-93 添加【平衡】效果

10 在【节目】面板中，试听音频效果，可以听到左右声道各自播放不同的音频。保存文件，完成左右声道各自播放的效果的制作。

6.9 思考与练习

一、填空题

1. 声音通过物体振动所产生，正在发声的物体被称为__________。

2. 默认情况下，Premiere 项目文件会采用音频采样率做为音频素材单位，用户可根据需要将其修改为__________。

3．为音频素材添加__________的作用是为了让音频素材间的连接更为自然、融洽，从而提高影片的整体质量。

4．在【音轨混合器】面板中，自动模式控件对音频的调节作用主要分为调节音频素材和调节__________两种方式。

5．在【音轨混合器】面板的效果与发送区域中，所有可供使用的音频效果都来源于【__________】面板中的相应滤镜。

二、选择题

1．当声音只由一种频率的声波所组成时，声源所发出的声音便称为__________。

A．自然音
B．纯音
C．复合音
D．噪音

2．在 Premiere 中，音频素材应当使用__________或音频采样率来作为显示单位。

A．毫秒
B．秒
C．帧
D．Hz

3．下列关于调整音频素材持续时间的选项中，描述错误的是__________。

A．音频素材的持续时间是指音频素材的播放长度
B．调整音频素材的播放速度可起到改变素材持续时间的作用
C．执行【剪辑】|【速度/持续时间】命令后，可直接修改所选素材的持续时间
D．可通过鼠标拖动素材端点的方式减少或增加素材的持续时间

4．在下列选项中，默认情况下不会显示的是__________。

A．效果与发送区域
B．轨道控制按钮
C．主音量控制器
D．音量控制器

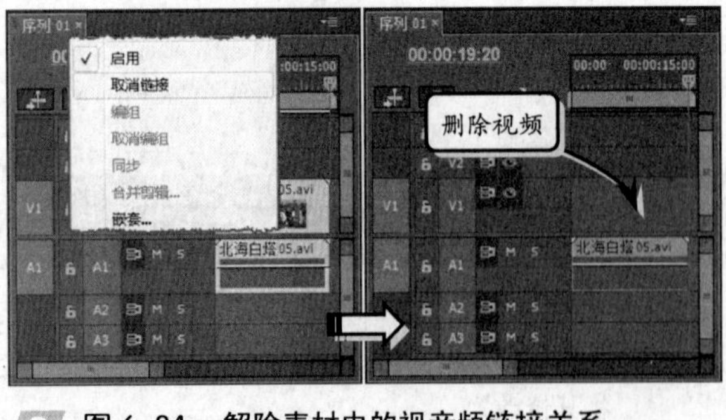

5．下列关于绕开效果的描述中，正确的是__________。

A．绕开效果的作用是从混合音频内隐藏当前音频素材的影响
B．绕开效果的作用是暂时隐藏音频效果对音频素材的影响
C．绕开效果的作用是删除音频素材中的指定音频效果
D．绕开效果与音频效果无关

三、问答题

1．简述声音三要素都是什么？

2．简述对音频素材进行增益、淡化和均衡的作用。

3．为音频素材添加音频过渡的方法是什么？

4．什么是混音？简单介绍在 Premiere 内混合音频的操作方法？

5．摇动立体声素材和摇动 5.1 声道素材的差别是什么？

四、上机练习

1．快速分离素材的音频与视频部分

Premiere 提供的音频素材提取功能虽然强大，但很多时候我们只需要进行简单的操作，即可将音频部分从整个素材剪辑内独立出来。例如，在之前学习时我们已经了解到素材剪辑内的音频与视频部分之间存在一定的关联，而我们只要解除它们之间的相互关联，并删除素材中的视频部分，即可对素材剪辑中的音频部分进行单独操作。

操作时，只需在【时间轴】面板内右击素材后，选择【取消链接】命令，即可删除素材剪辑在视频轨道中的素材内容，如图 6-94 所示。

图 6-94 解除素材中的视音频链接关系

2. 为音频素材添加【恒定功率】音频过渡效果

在编辑影片素材时，直接添加源音频素材，播放时音频的出现会显得突兀，那么 Premiere Pro CC 提供了 3 个音频过渡效果，解决了这个问题。其中，【恒定功率】音频过渡可以使音频素材以逐渐减弱的方式过渡到下一个音频素材；【恒定增益】音频过渡则能够让音频素材以逐渐增强的方式进行过渡。

要为素材添加【恒定功率】音频过渡效果，在【效果】面板中展开【音频过渡】文件夹，选择【恒定功率】效果，拖入到【时间轴】面板的素材的结束位置，如图 6-95 所示。

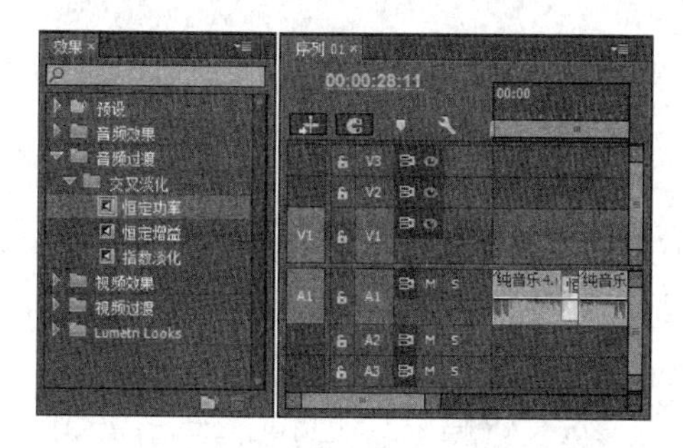

图 6-95 添加【恒定频功率】效果

添加完后，在【效果控件】面板中，设置其【持续时间】为 3 秒，完成【恒定功率】参数的设置，如图 6-96 所示。

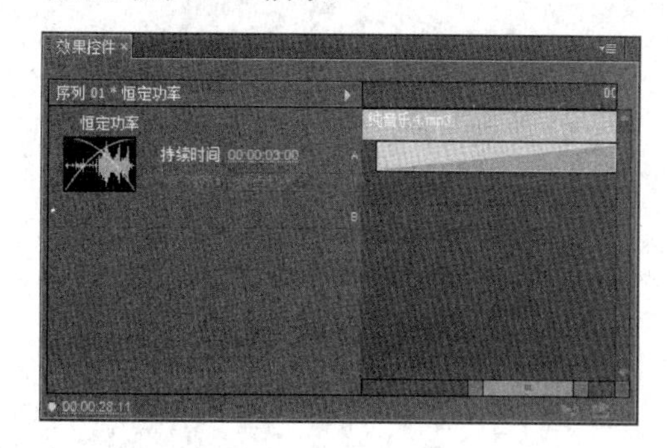

图 6-96 设置持续时间

第 7 章 创建字幕效果

字幕是影视作品中的重要组成部分，能够帮助观众更好地理解影片的含义。此外，在各式各样的广告中，精美的字幕不仅能够起到为影片增光添彩的作用，还能够快速、直接地向观众传达信息。

在本章中，我们除了会对 Premiere 的字幕创建工具进行讲解外，还将对 Premiere 文本字幕和图形对象的创建方法，以及字幕样式、字幕模板的使用方法和字幕效果的编辑与制作过程进行介绍。

本章学习要点：

- 了解字幕工具
- 创建文本字幕
- 调整字幕属性
- 使用字幕模板

7.1 创建字幕

所谓字幕，是指在视频素材和图片素材之外，由用户自行创建的可视化元素，例如文字、图形等。而作为影片中的一个重要组成部分，字幕独立于视频、音频这些常规内容。为此，Premiere 为字幕准备了一个与音视频编辑区域完全隔离的字幕工作区，以便用户能够专注于字幕的创建工作。

7.1.1 认识字幕工作区

在 Premiere 中，所有字幕都是在字幕工作区域内创建完成的。在该工作区域中，不仅可以创建和编辑静态字幕，还可以制作出各种动态的字幕效果。要想打开字幕工作区，

首先要执行【文件】|【新建】|【字幕】命令（快捷键 Ctrl+T），直接单击【新建字幕】对话框中的【确定】按钮，即可弹出字幕工作区，如图 7-1 所示。在默认工具下，在工作区中部显示素材画面的区域内单击鼠标，即可输入文字内容。

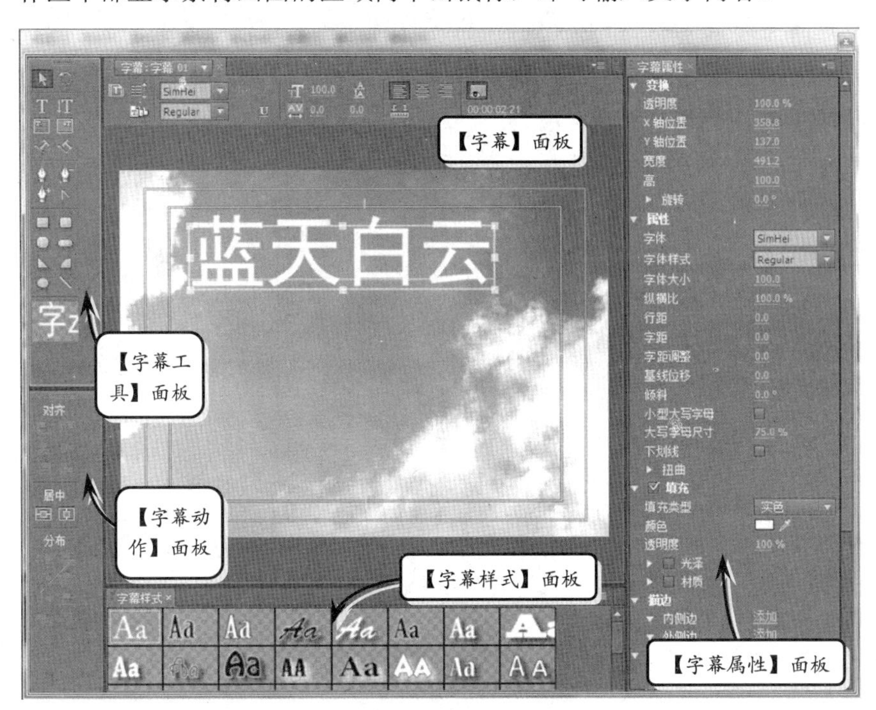

图 7-1 Premiere Pro CC 字幕工作区

1.【字幕】面板

该面板是创建、编辑字幕的主要工作场所，不仅可在该面板内直观地了解字幕应用于影片后的效果，还可直接对其进行修改。【字幕】面板共分为属性栏和编辑窗口两部分，其中编辑窗口是创建和编辑字幕的区域，而属性栏内则含有【字体系列】【字体样式】等字幕对象的常见属性设置项，以便快速调整字幕对象，从而提高创建及修改字幕时的工作效率，如图 7-2 所示。

图 7-2 【字幕】面板的组成

2.【字幕工具】面板

【字幕工具】面板内放置着制作和编辑字幕时所要用到的工具。利用这些工具，不仅可以在字幕内加入文本，还可绘制简单的几何图形，以下是各个工具作用的详细介绍：

- **选择工具** 利用该工具，只需在【字幕】面板内单击文本或图形后，即可选择这些对象。此时，所选对象的周围将会出现多个角点，如图 7-3 所示。在结合 Shift 键后，还可选择多个文本或图形对象。

图 7-3　选择字幕对象

- **旋转工具**　用于对文本进行旋转操作。
- **文字工具**　该工具用于输入水平方向上的文字。
- **垂直文字工具**　该工具用于在垂直方向上输入文字。
- **区域文字工具**　可用于在水平方向上输入多行文字。
- **垂直区域文字工具**　可在垂直方向上输入多行文字。
- **路径文字工具**　可沿弯曲的路径输入平行于路径的文本。
- **垂直路径文字工具**　可沿弯曲的路径输入垂直于路径的文本。
- **钢笔工具**　用于创建和调整路径，如图 7-4 所示。此外，还可通过调整路径的形状而影响由【路径文字工具】和【垂直路径文字工具】所创建的路径文字。

图 7-4　路径与路径节点

提　示

Premiere 字幕内的路径是一种即可反复调整的曲线对象，又是具有填充颜色、线宽等文本或图形属性的特殊对象。

- **添加锚点工具**　可增加路径上的节点，常与【钢笔工具】结合使用。路径上的节点数量越多，用户对路径的控制也就越为灵活，路径所能够呈现出的形状也就越为复杂。
- **删除锚点工具**　可减少路径上的节点，也常与【钢笔工具】结合使用。当使用【删除定位点工具】将路径上的所有节点删除后，该路径对象也会随之消失。
- **转换锚点工具**　路径内每个节点都包含两个控制柄，而【转换锚点工具】的作用便是通过调整节点上的控制柄，达到调整路径形状的作用，如图 7-5 所示。

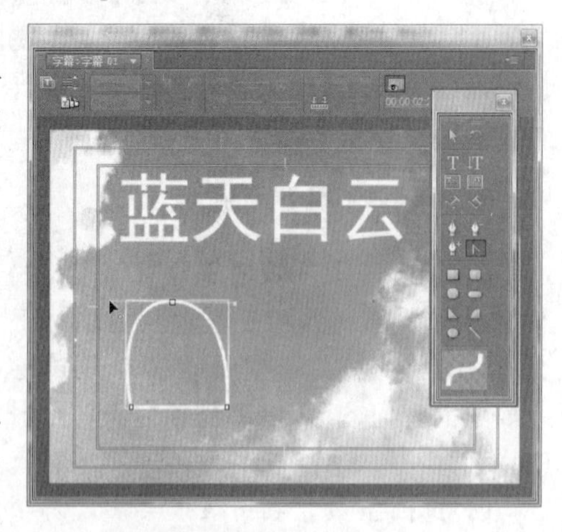

图 7-5　调整节点控制柄

- ❑ **矩形工具** 用于绘制矩形图形，配合 Shift 键使用时可绘制正方形。
- ❑ **圆角矩形工具** 用于绘制圆角矩形，配合 Shift 键使用后可绘制出长宽相同的圆角矩形。
- ❑ **切角矩形工具** 用于绘制八边形，配合 Shift 键后可绘制出正八边形。
- ❑ **圆角矩形工具** 该工具用于绘制形状类似于胶囊的图形，所绘图形与圆角矩形图形的差别在于：圆角矩形图形具有 4 条直线边，而圆角矩形图形只有 2 条直线边。
- ❑ **楔形工具** 用于绘制不同样式的三角形。
- ❑ **弧形工具** 用于绘制封闭的弧形对象。
- ❑ **椭圆工具** 该工具用于绘制椭圆形。
- ❑ **直线工具** 用于绘制直线。

3.【字幕动作】面板

该面板内的工具在【字幕】面板的编辑窗口对齐或排列所选对象时使用。其中，各工具的作用如表 7-1 所示。

表 7-1 对齐与分布工具按钮的作用

名称		作用
对齐	水平靠左	所选对象以最左侧对象的左边线为基准进行对齐
	水平居中	所选对象以中间对象的水平中线为基准进行对齐
	水平靠右	所选对象以最右侧对象的右边线为基准进行对齐
	垂直靠上	所选对象以最上方对象的顶边线为基准进行对齐
	垂直居中	所选对象以中间对象的垂直中线为基准进行对齐
	垂直靠下	所选对象以最下方对象的底边线为基准进行对齐
居中	水平居中	在垂直方向上，与视频画面的水平中心保持一致
	垂直居中	在水平方向上，与视频画面的垂直中心保持一致
分布	水平靠左	以左右两侧对象的左边线为界，使相邻对象左边线的间距保持一致
	水平居中	以左右两侧对象的垂直中心线为界，使相邻对象中心线的间距保持一致
	水平靠右	以左右两侧对象的右边线为界，使相邻对象右边线的间距保持一致
	水平等距间隔	以左右两侧对象为界，使相邻对象的垂直间距保持一致
	垂直靠上	以上下两侧对象的顶边线为界，使相邻对象顶边线的间距保持一致
	垂直居中	以上下两侧对象的水平中心线为界，使相邻对象中心线的间距保持一致
	垂直靠下	以上下两侧对象的底边线为界，使相邻对象底边线的间距保持一致
	垂直等距间隔	以上下两侧对象为界，使相邻对象的水平间距保持一致

注 意

至少应选择 2 个对象后，【对齐】选项组内的工具才会被激活，而【分布】选项组内的工具则至少要在选择 3 个对象后才会被激活。

4.【字幕样式】面板

该面板存放着 Premiere 内的各种预置字幕样式。利用这些字幕样式，用户只需创建字幕内容后，即可快速获得各种精美的字幕素材，如图 7-6 所示。其中，字幕样式可应用于所有字幕对象，包括文本与图形。

5.【字幕属性】面板

在 Premiere Pro CC 中，所有与字幕内各对象属性相关的选项都被放置在【字幕属性】面板中。利用该面板内的各种选项，用户不仅可对字幕的位置、大小、颜色等基本属性进行调整，还可为其定制描边与阴影效果，如图 7-7 所示。

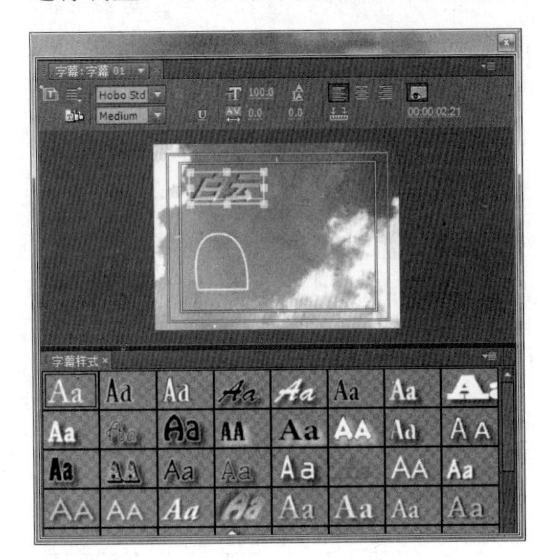

图 7-6 快速创建精美的字幕素材

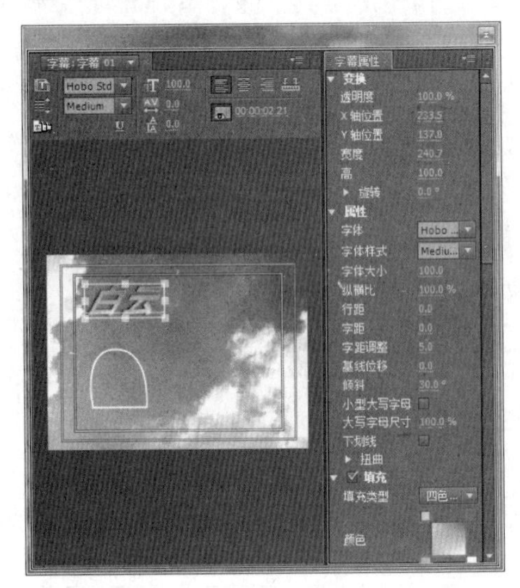

图 7-7 调整字幕属性

提 示

Premiere 内的各种字幕样式实质上是记录着不同属性的属性参数集，而应用字幕样式便是将这些属性参数集内的参数设置应用于当前所选对象。

7.1.2 创建各种类型字幕

文本字幕分为多种类型，除基本的水平字幕和垂直文本字幕外，Premiere 还能够创建路径文本字幕，以及动态字幕。

1. 创建水平文本字幕

水平文本字幕是指沿水平方向进行分布的字幕类型。在字幕工作区中，使用【输入工具】在【字幕】面板内的编辑窗口任意位置单击后，即可输入相应文字，从而创建水平文本字幕，如图 7-8 所示。在输入文本内容的过程中，按【回车】键可实行换行，从而使接下来的内容另起一行。

图 7-8 创建水平文本字幕

此外，使用【区域文字工具】在编辑窗口内绘制文本框，并输入文字内容后，还可创建水平多行文本字幕，如图 7-9 所示。

在实际应用中，虽然使用【文字工具】时只须按下【回车】键即可获得多行文本效果，但仍旧与【区域文字工具】所创建的水平多行文本字幕有着本质的区别。例如，当使用【选择工具】拖动文本字幕的角点时，字幕文字将会随角点位置的变化而变形；但在使用相同方法调整多行文本字幕时，只是文本框的形状发生变化，从而使文本的位置发生变化，但文字本身却不会有什么改变，如图 7-10 所示。

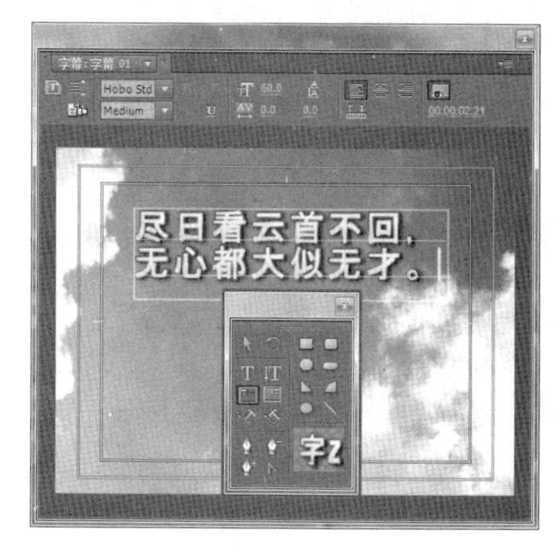

图 7-9 创建水平多行文本字幕

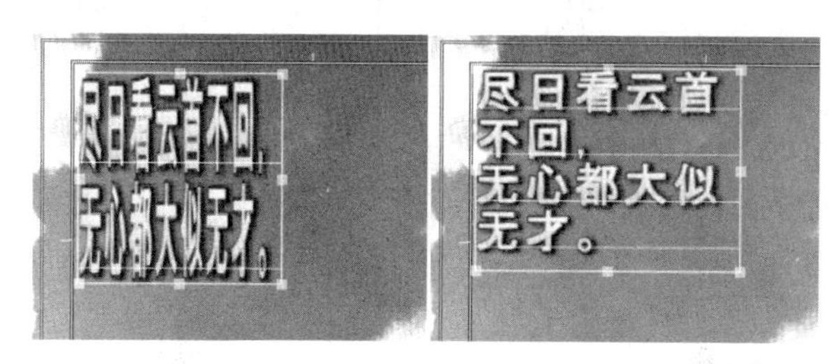

图 7-10 不同水平文本字幕间的差别

2. 创建垂直文本字幕

垂直类文本字幕的创建方法与水平类文本字幕的创建方法极为类似。例如，使用【垂直文字工具】在编辑窗口内单击后，输入相应的文字内容即可创建垂直文本字幕；使用【垂直区域文字工具】在编辑窗口内绘制文本框后，输入相应文字即可创建垂直多行文本字幕，如图 7-11 所示。

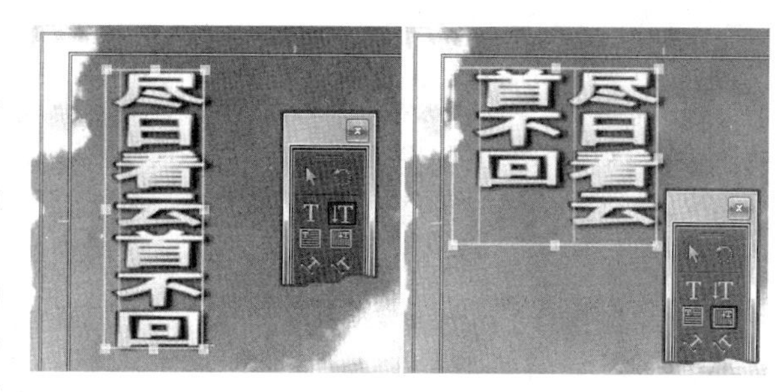

图 7-11 创建垂直类文本字幕

提 示

无论是普通的垂直文本字幕，还是垂直多行文本字幕，其阅读顺序都是从上至下、从右至左的顺序。

3. 创建路径文本字幕

与水平文本字幕和垂直文本字幕相比，路径文本字幕的特点是能够通过调整路径形状而改变字幕的整体形态，但必须依附于路径才能够存在。其创建方法如下：

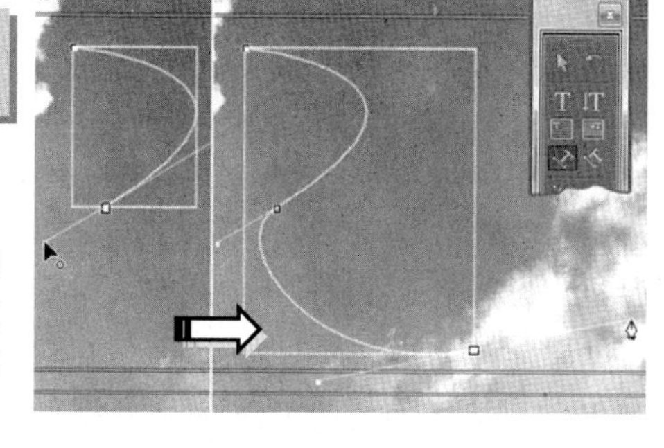

图 7-12 绘制路径

使用【路径文字工具】单击字幕编辑窗口内的任意位置后，创建路径的第一个节点。使用相同方法创建第二个节点，并通过调整节点上的控制柄来修改路径形状，如图 7-12 所示。

完成路径的绘制后，使用相同的工具在路径中单击，直接输入文本内容，即可完成路径文本的创建，如图 7-13 所示。

运用相同方法，使用【垂直路径文字工具】，则可创建出沿路径垂直方向的文本字幕，如图 7-14 所示。

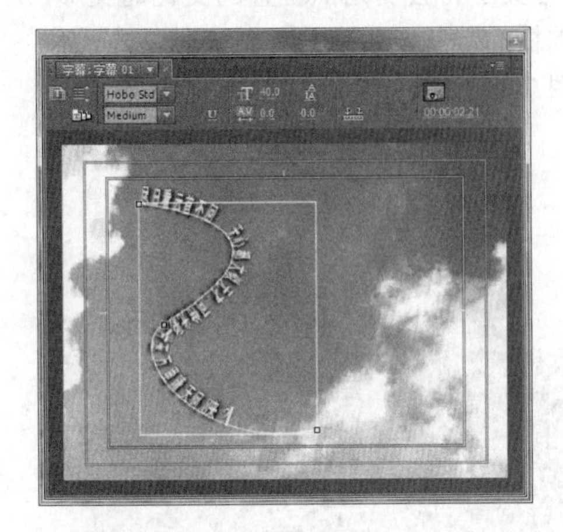

图 7-13　创建路径文本

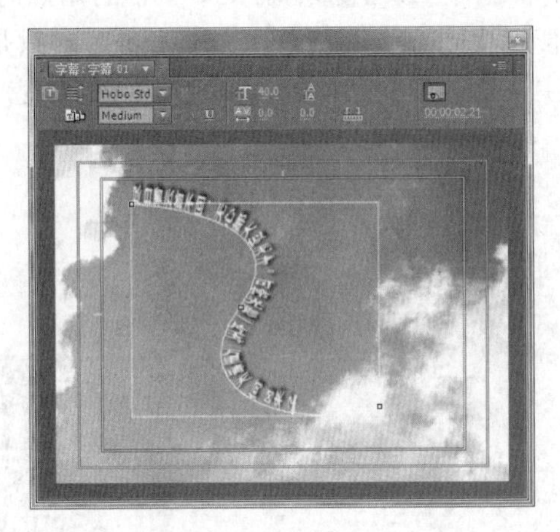

图 7-14　创建垂直路径文字

注　意

创建路径文本字幕时必须重新创建路径，而无法在现有路径的基础上添加文本。

4. 创建动态字幕

根据素材类型的不同，可以将 Premiere 内的字幕素材分为静态字幕和动态字幕两大类型。在此之前所创建的都属于静态字幕，即本身不会运动的字幕；相比之下，动态字幕则是字幕本身可运动的字幕类型。

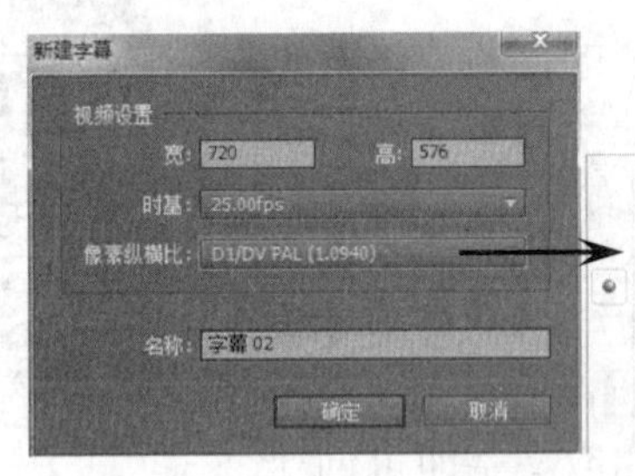

图 7-15　设置游动字幕属性

1）创建游动字幕

游动字幕是指在屏幕上进行水平运动的动态字幕类型，分为从左至右游动和从右至左游动两种方式。其中，从右至左游动是游动字幕的默认设置，电视节目制作时多用于飞播信息，在 Premiere 中，游动字幕的创建方法如下：

在 Premiere Pro CC 主界面中，执行【字幕】|【新建字幕】|【默认游动字幕】命令后，在弹出的对话框内设置字幕素材的各项属性，如图 7-15 所示。

接下来，即可按照创建静态字幕的方法，在打开的字幕工作区内创建游动字幕。完成后，选择字幕文本，并执行【字幕】|【滚动/游动选项】命令后，在弹出的对话框内启用【开始于屏幕外】和【结束于屏幕外】复选框，如图 7-16 所示。

图 7-16　调整字幕游动设置

在【滚动/游动选项】对话框中，各选项的含义及其作用，如表 7-2 所示。

表 7-2 【滚动/游动选项】对话框内各选项的作用

选项组	选项名称	作　用
字幕类型	静态图像	将字幕设置为静态字幕
	滚动	将字幕设置为滚动字幕
	向左游动	设置字幕从右向左运动
	向右游动	设置字幕从左向右运动
定时（帧）	开始于屏幕外	将字幕运动的起始位置设于屏幕外侧
	结束于屏幕外	将字幕运动的结束位置设于屏幕外侧
	预卷	字幕在运动之前保持静止的帧数
	缓入	字幕在到达正常播放速度之前，逐渐加速的帧数
	缓出	字幕在即将结束之时，逐渐减速的帧数
	过卷	字幕在运动之后保持静止的帧数

单击对话框内的【确定】按钮后，即可完成游动字幕的创建工作。此时，便可将其添加至【时间轴】面板内，并预览其效果，如图 7-17 所示。

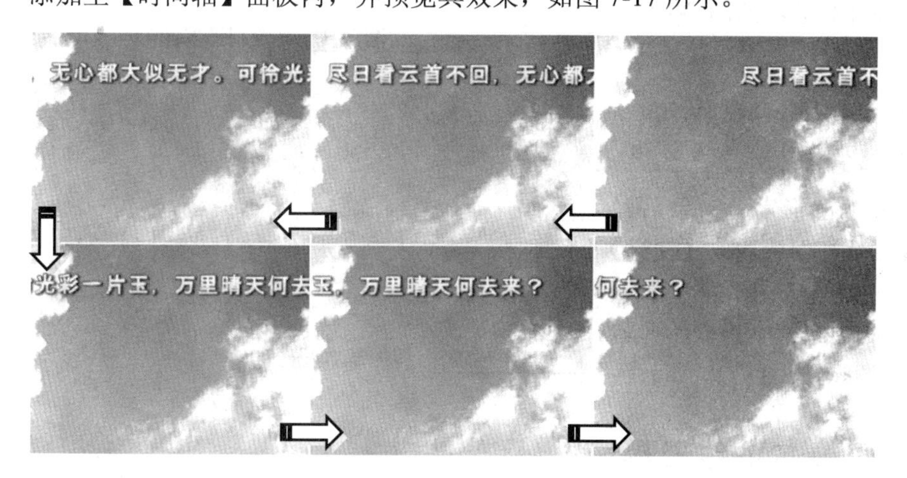

图 7-17　游动字幕效果

2）创建滚动字幕

滚动字幕的效果是从屏幕下方逐渐向上运动，在影视节目制作中多用于节目末尾演职员表的制作。在 Premiere Pro CC 中，执行【字幕】|【新建字幕】|【默认滚动字幕】命令，并在弹出的对话框内设置字幕素材的属性后，即可参照静态字幕的创建方法，在字幕工作区内创建滚动字幕。然后执行【字幕】|【滚动/游动选项】命令后，设置其选项即可，其播放效果如图 7-18 所示。

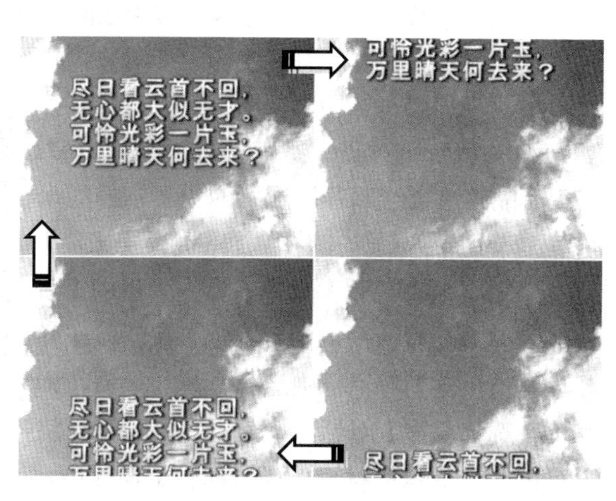

图 7-18　滚动字幕效果

7.2　应用图形字幕对象

在 Premiere Pro CC 中，图形字幕对象主要通过【矩形工具】、【圆角矩形工具】、【切角矩形工具】等绘图工具绘制而成。接下来，将介绍创建图形对象以及对图形对象进行变形和风格化处理时的操作方法。

7.2.1　绘制图形

任何使用 Premiere 绘图工具可直接绘制出来的图形，都称为基本图形。而且，所有 Premiere 基本图形的创建方法都相同，只需选择某一绘制工具后，在字幕编辑窗口内单击并拖动鼠标，即可创建相应的图形字幕对象，如图 7-19 所示。

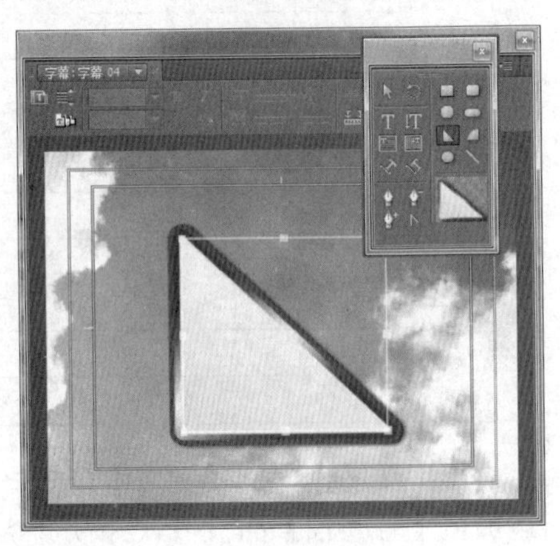

图 7–19　绘制基本图形

提　示

默认情况下，Premiere 会将之前刚刚创建字幕对象的属性应用于新创建字幕对象本身。

在选择绘制的图形字幕对象后，还可在【字幕属性】面板内的【属性】选项组中，通过调整【图形类型】下拉列表内的选项，将一种基本图形转化为其他基本图形，如图 7-20 所示。

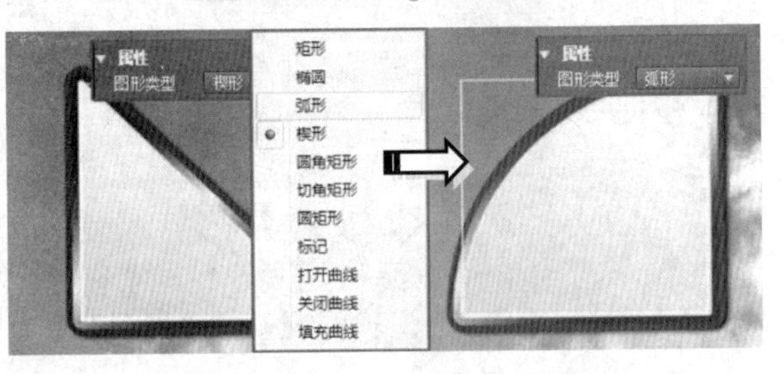

图 7–20　转换基本图形

7.2.2　贝塞尔曲线工具

在创建字幕的过程中，仅仅依靠 Premiere 所提供的绘图工具往往无法满足图形绘制的需求。此时，用户可通过变形图形对象，并配合使用【钢笔工具】【转换锚点工具】等工具，实现创建复杂图形字幕对象的目的。

利用 Premiere Pro CC 提供的【钢笔】类工具，能够通过绘制各种形状的贝赛尔曲线来完成复杂图形的创建工作。首先执行【文件】|【新建】|【颜色遮罩】命令，单击弹出的【新建颜色遮罩】对话框中的【确定】按钮，在弹出的【拾色器】对话框中选择颜色。最后在弹出的【选择名称】对话框中设置名称，即可将创建的颜色遮罩素材导入【时间轴】面板中，如图 7-21 所示。

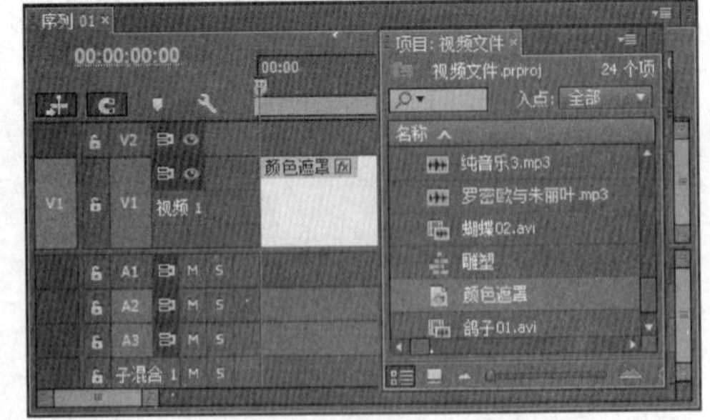

图 7–21　创建颜色遮罩

提 示

创建并在【时间轴】面板内添加颜色遮罩素材并不是绘制复杂图形字幕的必要前提，但完成上述操作可以使【字幕】面板拥有一个单色的绘制区域，从而便于用户的图形绘制操作。

接着创建字幕，在【字幕工具】面板内选择【钢笔工具】按钮后，在【字幕】面板的绘制区内创建第一个路径节点，如图 7-22 所示。在创建节点时，按下鼠标左键后拖动鼠标，可以调出该节点的两个节点控制柄，从而便于随后对路径的调整操作。

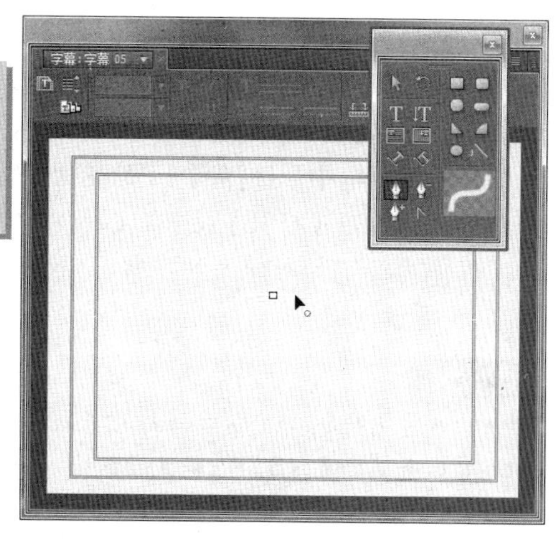

图 7–22 创建路径节点

使用相同方法，连续创建多个带有节点控制柄的路径节点，并使其形成字幕图形的基本外轮廓，如图 7-23 所示。

在【字幕工具】面板内选择【转换锚点工具】后，调整各个路径节点的节点控制柄，从而改变字幕对象外轮廓的形状，如图 7-24 所示。

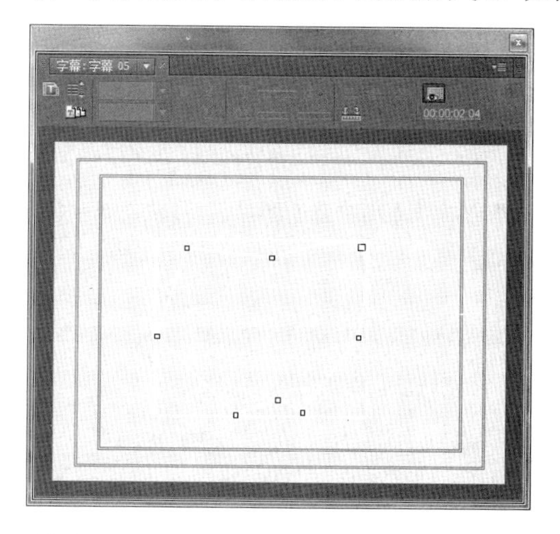

图 7–23 绘制路径

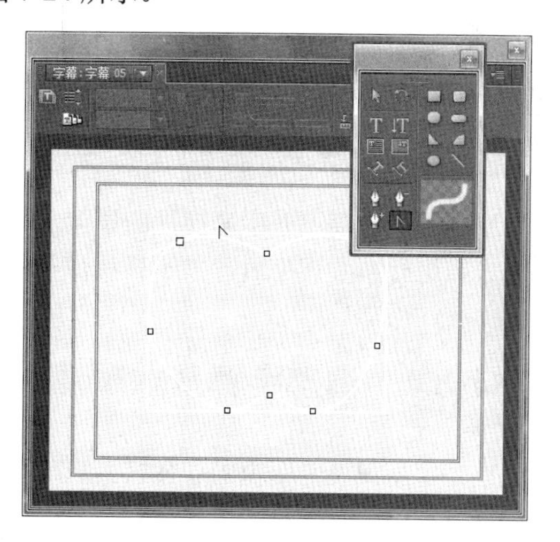

图 7–24 调整路径节点

提 示

在这一过程中，还可以使用【添加锚点工具】单击当前路径后，在当前路径上添加一个新的节点。或者使用【删除锚点工具】单击当前路径上的路径节点后，即可以删除这些节点。

7.2.3 插入 Logo

绘图并不是 Premiere 的主要功能，因此仅仅依靠 Premiere 有限的绘图工具往往无法满足创建精美字幕的需求。为此，Premiere 提供了导入标记元素的功能，以便用户将图形或照片导入字幕工作区内，并将其作为字幕的创作元素进行使用。

要想导入标记元素，首先要创建字幕。然后右击【字幕】面板内的字幕编辑窗口区域后，选择【图形】|【插入图形】命令。在弹出的【导入图形】对话框中，选择所要添加的照片或图形文件，并单击【打开】按钮，即可将所选素材文件作为标记元素导入到字幕工作区内，如图 7-25 所示。

图 7-25　导入标记素材

提　示

调整标记元素的大小后，在字幕编辑窗口内右击标记元素，并选择【图形】|【恢复图形大小】命令，即可恢复标记元素的原始大小；如果选择的是【标记】|【恢复图形长宽比】命令，则可恢复其原始的长宽比例。

最后，添加字幕文本，并设置其属性后，即可得到之前我们所看到的字幕素材。图形在作为标记导入 Premiere 后会遮盖其下方的内容，因此当需要导入非矩形形状的标记时，必须将图形文件内非标记部分设置为透明背景，以便正常显示这些区域下的视频画面。

7.3　编辑字幕属性

字幕的创建离不开字幕属性的设置，只有对【变换】【填充】【描边】等选项组内的各个参数进行精心调整后，才能够获得各种精美的字幕。

7.3.1　调整字幕基本属性

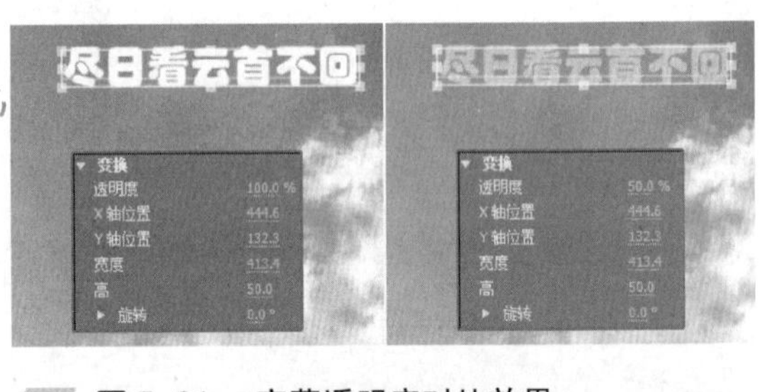

图 7-26　字幕透明度对比效果

在【字幕属性】面板的【变换】选项组中，用户可以对字幕在屏幕画面中的位置、尺寸大小与角度等属性进行调整。其中，各参数选项的作用如下：

- **不透明度**　决定字幕对象的透明程度，为 0 时完全透明，100%时不透明，如图 7-26 所示。
- **X/Y 位置**　【X 位置】选项用于控制对象中心距画面原点的水平距离，而【Y 位置】选项用于控制对象中心距画面原点的垂直距离，如图 7-27 所示。
- **宽度/高度**　【宽度】选项用于调整对象最左侧至最右侧的距离，而【高度】选项则用于调整对象最顶部至最底部的距离，如

图 7-27　对象位置

图 7-28 所示。

提 示

【X 位置】和【Y 位置】选项的参数单位为像素，当其取值是-64000~64000，但只有当其取值在 (0,0) ~（画面水平宽度,画面垂直宽度）之间时，字幕才会出现在视频画面之内，此外都将部分或全部位于视频画面之外。

- **旋转** 控制对象的旋转对象，默认为 0°，即不旋转。输入数值，或者单击下方的角度圆盘，即可改变文本显示角度，如图 7-29 所示。

图 7-28 设置宽度与高度参数

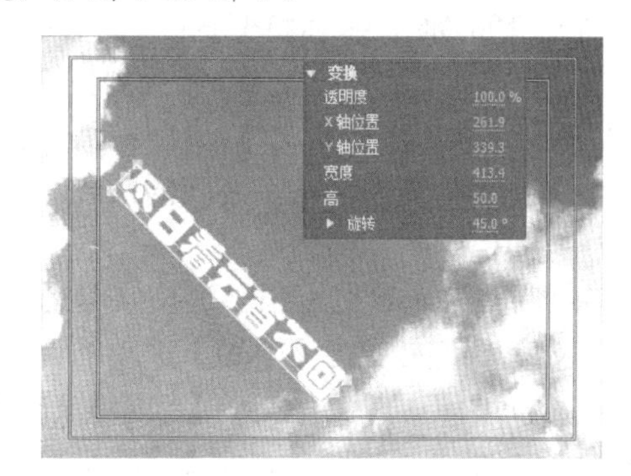

图 7-29 旋转文本

7.3.2 设置文本对象

在【字幕属性】面板中，【属性】选项组内的选项主要用于调整字幕文本的字体类型、大小、颜色等基本属性，接下来我们便将对其选项功能进行讲解。

【字体系列】选项用于设置字体的类型，即可直接在【字体系列】列表框内输入字体名称，也可在单击该选项的下拉按钮后，在弹出的【字体系列】下拉列表内选择合适的字体类型，如图 7-30 所示。

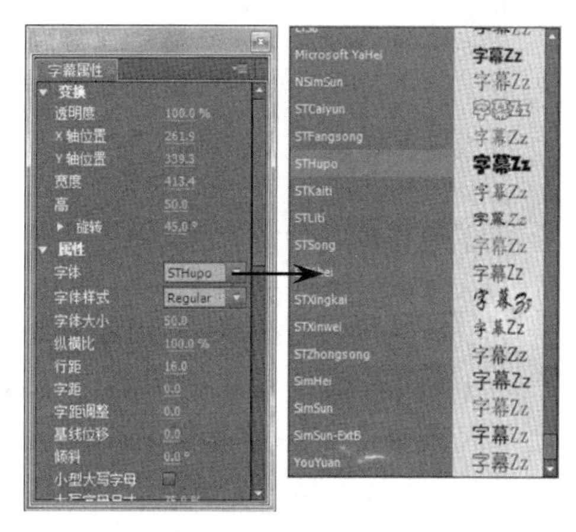

图 7-30 选择字体类型

根据字体类型的不同，某些字体拥有多种不同的形态效果，而【字体样式】选项便用于指定当前所要显示的字体形态。各样式选项的含义及作用如表 7-3 所示。

表 7-3 部分样式选项的含义与作用

选项名称	含义	作 用
Regular	常用	即标准字体样式
Bold	粗体	字体笔划要粗于标准样式
Italic	斜体	字体略微向右侧倾斜
Bold Italic	粗斜体	字体笔划较标准样式要粗，且略微向右侧倾斜
Narrow	瘦体	字体宽高比小于标准字体样式，整体效果略“窄”

注　意

并不是所有的字体都拥有多种样式，大多数字体仅拥有 Regular 样式。

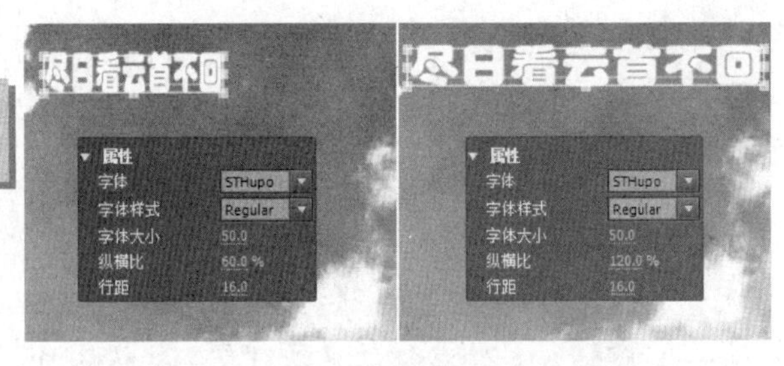

图 7-31　不同方向对比效果

【字体大小】选项用于控制文本的尺寸，其取值越大，则字体的尺寸越大；反之，则越小。而【方向】选项则是通过改变字体宽度来改变字体的宽高比，其取值大于 100%时，字体将变宽；当取值小于 100%时，字体将变窄，效果如图 7-31 所示。

【行距】选项用于控制文本内行与行之间的距离，而【字距】则用于调整字与字之间的距离，如图 7-32 所示。

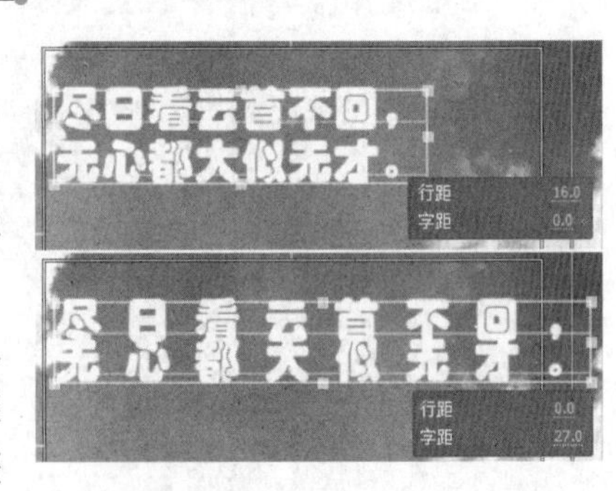

图 7-32　行距与字偶间距

【字距调整】选项也可用于调整字幕内字与字之间的距离，其调整效果与【字距】选项的调整效果类似。两者之间的不同之处在于，【字距】选项所调整的仅仅是字与字之间的距离，而【字距调整】选项调整的则是每个文字所拥有的位置宽度，如图 7-33 所示。

从图中可以看出，随着【字符间距】选项参数值的增大，字幕的右边界逐渐远离最右侧文字的右边界，而调整【字距】选项却不会出现上述情况。

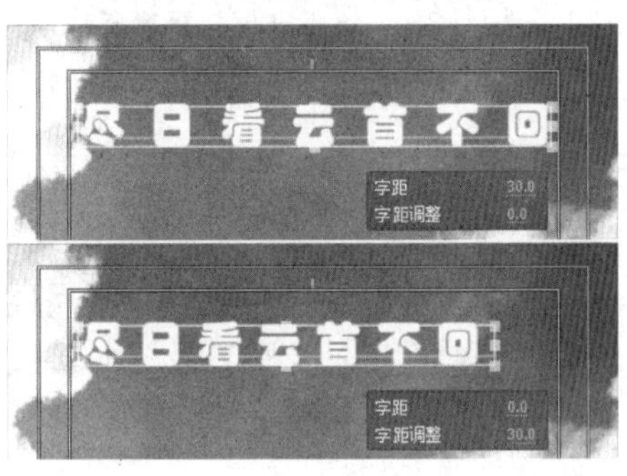

图 7-33　字距与字符间距调整对比效果

- ❑ **基线位移**　该选项用于设置文字基线的位置，通常在配合【字体大小】选项后用于创建上标文字或下标文字。
- ❑ **倾斜**　该选项用于调整字体的倾斜程度，其取值越大，字体所倾斜的角度也就越大。
- ❑ **小型大写字母和小型大写字母大小**　启用【小型大写字母】复选框后，当前所选择的小写英文字母将被转化为大写英文字母，而【小型大写字母尺寸】选项则用于调整转化后大写英文字母的字体大小。

提　示

【小型大写字母】选项只对小写英文字母有效，且只有在启用【小型大写字母】复选框后，【小型大写字母尺寸】选项才会起作用。

- ❑ **下划线**　启用该复选框后，Premiere 便会在当前字幕或当前所选字幕文本的下方添加一条直线。
- ❑ **扭曲**　在该选项中，分别通过调整 X 和 Y 选项的参数值，便可起到让文字变形的效果。其中，当 X 项的取值小于 0 时，文字顶部宽度减小的程度会大于底部宽度减小的程度，此时文字会呈现出一种金字塔般的形状；当 X 项的取值大于 0

时，文字则会呈现出一种顶大底小的倒金字塔形状，如图 7-34 所示。

提　示

当 Y 项的取值小于 0 时，文字将呈现一种左小右大的效果；而当 Y 项的取值大于 0 时，文字则会呈现出一种左大右小的效果。

图 7-34　X 项扭曲效果

7.3.3　为字幕设置填充效果

完成字幕素材的内容创建工作后，通过在【字幕属性】面板内启用【填充】复选框，并对该选项内的各项参数进行调整，即可对字幕的填充颜色进行控制，如图 7-35 所示。如果不希望填充效果应用于字幕，则可在禁用【填充】复选框后，关闭填充效果，从而使字幕的相应部分成为透明状态。

注　意

如果决定关闭字幕元素的填充效果，则必须通过其他方式将字幕元素呈现在观众面前，如使用阴影或描边效果等。

图 7-35　启用【填充】选项

在开启字幕的填充效果后，Premiere Pro CC 共为我们提供了实底填充、渐变填充、四色填充等多种不同的填充样式。通过选择不同的填充方式，即可得到不同显示效果的文本。

1. 实底填充

实底填充又称单色填充，即字体内仅填充有一种颜色，如图 7-36 所示即为关闭其他字幕效果后的实底填充字幕效果。如果单击【颜色】色块，即可在弹出对话框内选择字幕的填充色彩。

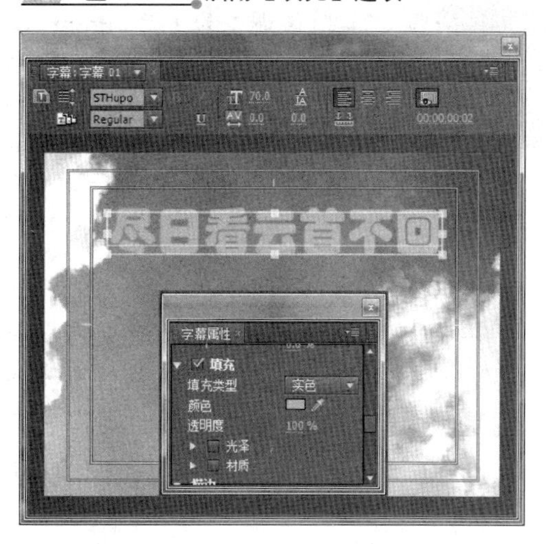

图 7-36　实底填充字幕效果

2. 线性渐变填充

线性渐变填充是从一种颜色逐渐过渡到另一种颜色的字幕填充方式，当选择【填充类型】为“线性渐变”，并且重新设置【颜色】选项中的不同颜色值，即可得到渐变填充效果，如图 7-37 所示。

在将【填充类型】设置为【线性渐变】选项后，【填充】选项组中的控制选项将会出现一些变化。在新的控制选项中，各个选项的作用及含义如下所示：

- **颜色** 该选项通过一条含有两个游标的色度滑杆来进行调整，色度滑杆的颜色便是字幕填充色彩。在色度滑杆上，游标的作用是确定线性渐变色彩在字幕上的位置分布情况。
- **色彩到色彩** 该选项的作用是调整线性渐变填充的颜色。在【颜色】色度滑杆上选择某一游标后，单击【色彩到色彩】色块，即可在弹出对话框内设置线性渐变中的一种填充色彩；选择另一游标后，使用相同方法，即可设置线性渐变中的另一种填充色彩。
- **色彩到不透明** 用于设置当前游标所代表填充色彩的透明度，100%为完全不透明，0%为完全透明。
- **角度** 用于设置线性渐变填充中的色彩渐变方向。
- **重复** 用于控制线性渐变在字幕上的重复排列次数，其默认取值为 0，表示仅在字幕上进行 1 次线性色彩渐变；在将其取值调整为 1 后，Premiere 将会在字幕上填充 2 次线性色彩渐变；如果【重复】选项的取值为 2，则进行 3 次线性渐变填充，其他取值效果可依次类推，效果如图 7-38 所示。

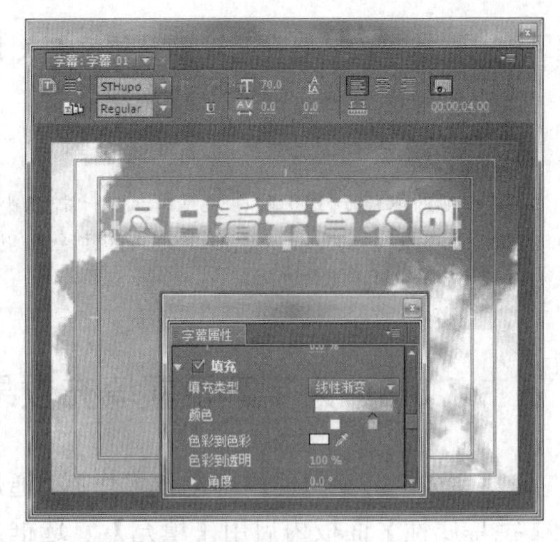

图 7-37 线性渐变

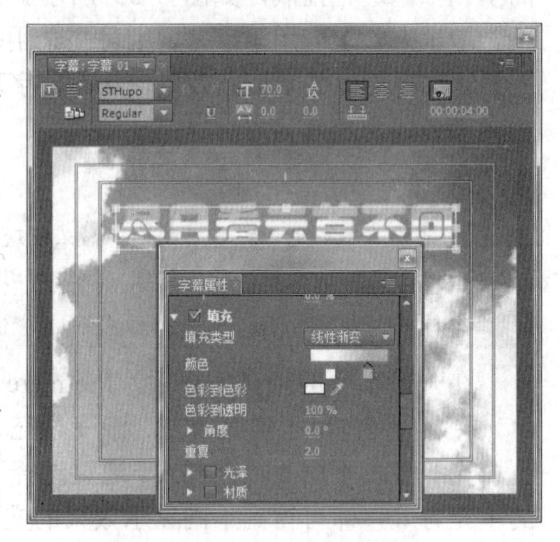

图 7-38 重复线性渐变效果

3. 径向渐变填充

径向渐变填充也是从一种颜色逐渐过渡至另一种颜色的填充样式。与线性渐变所不同的是，径向渐变填充会将某一点作为中心点后，向四周扩散另一颜色，其效果如图 7-39 所示。

图 7-39 径向渐变填充效果

提 示

径向渐变填充的选项及选项含义与线性渐变填充样式的选项完全相同，因此其设置方法在此不再进行介绍。但是，由于径向渐变是从中心向四周均匀过渡的渐变效果，因而在此处调整【角度】选项不会影响放射渐变的填充效果。

4．四色渐变填充

与线性渐变填充和径向渐变填充效果相比，四色渐变填充效果的最大特点在于渐变色彩由 2 种颜色增加至 4 种，从而便于实现更为复杂的色彩渐变，其填充效果如图 7-40 所示。

在四色渐变填充模式中，【色彩】颜色条 4 角的色块分别用于控制填充目标对应位置处的颜色，整体填充效果则由这 4 种颜色共同决定。

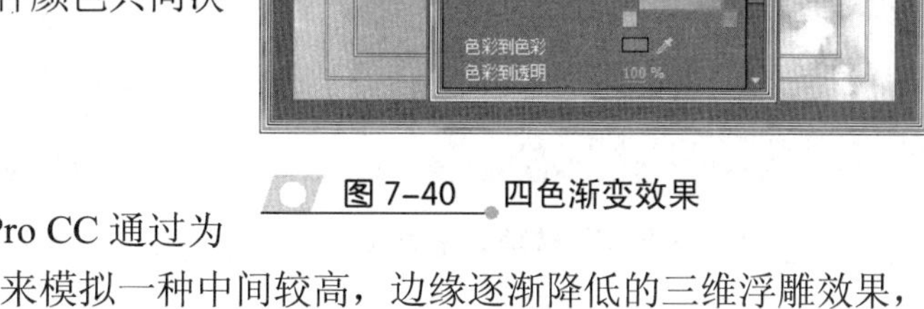

图 7-40　四色渐变效果

5．斜面填充

在该填充模式中，Premiere Pro CC 通过为字幕对象设置阴影色彩的方式，来模拟一种中间较高，边缘逐渐降低的三维浮雕效果，如图 7-41 所示。

将【填充类型】设置为【斜面】选项后，【填充】选项组内的各填充选项作用如下：

- **高光颜色/高光不透明度**　【高光颜色】选项用于设置字幕文本的主体颜色，即字幕内“较高”部分的颜色；【高光不透明度】选项则用于调整字幕主体颜色的透明程度，如图 7-42 所示。

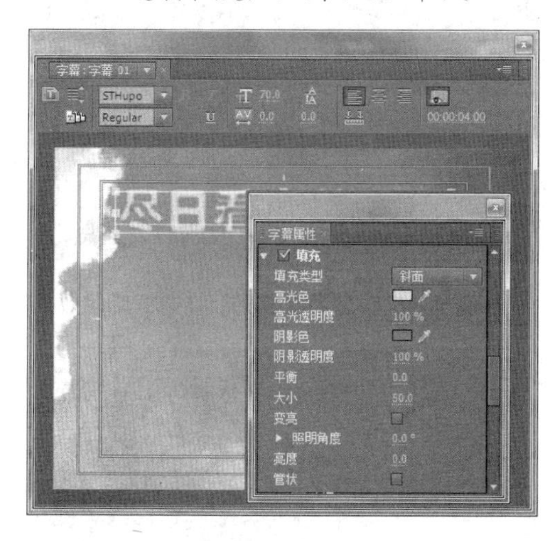

图 7-41　斜面渐变效果

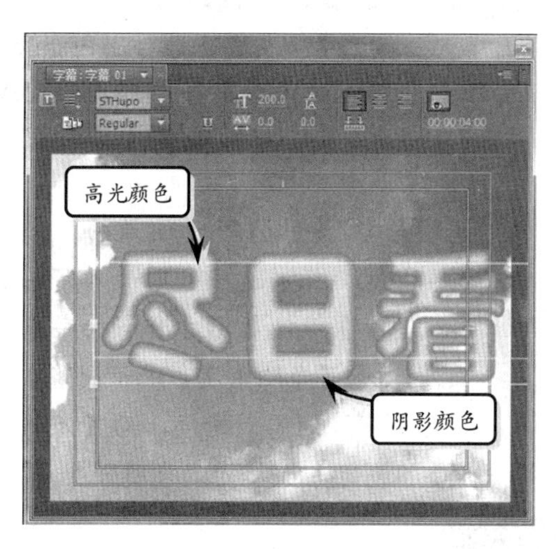

图 7-42　斜面填充模式内的颜色分布情况

- **阴影颜色/阴影不透明度**　【阴影颜色】选项用于设置字幕文本边缘处的颜色，即字幕内“较低”部分的颜色；【阴影不透明】选项则用于调整字幕边缘颜色的透明程度。
- **平衡**　该选项用于控制字幕内“较高”部分与“较低”部分间的落差，效果表现为高光颜色与阴影颜色之间在过渡时的柔和程度，其取值范围为–100~100。在实际应用中，【平衡】选项的取值越大，高光颜色与阴影颜色的过渡越柔和，反之则较锐利，如图 7-43 所示。

- ❑ **大小** 该选项用于控制高光颜色与阴影颜色的过渡范围，其取值越大，过渡范围越大；取值越小，则过渡范围越小，如图 7-44 所示。

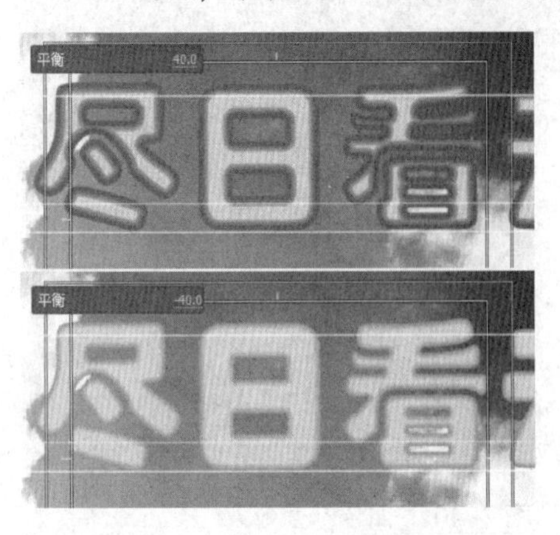

图 7-43 【平衡】选项调整效果

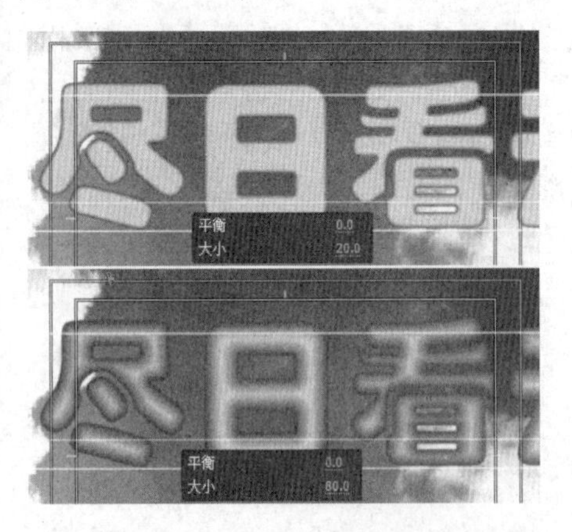

图 7-44 【大小】选项调整效果

提 示

【大小】选项的取值范围为 0~200，其取值为 0 时将不显示阴影颜色，此时的效果与实底填充效果相同。当【大小】选项的取值为 200 时，其效果与使用阴影颜色进行实底填充相类似。

- ❑ **变亮** 当启用该复选框后，Premiere Pro CC 将会为当前字幕应用灯光效果，此时字幕文本的浮雕效果会更为明显，如图 7-45 所示。

图 7-45 启用【变亮】复选框后的效果

- ❑ **光照角度/光照强度** 这是两个用于控制灯光效果的选项，因此只有在启用【变亮】复选框后才会影响字幕效果。其中，【光照角度】用于调整灯光相对于字幕的照射角度，而【光照强度】则用于控制灯光的光照强度。

提 示

【光照强度】选项的取值越小，光照强度越弱，阴影颜色在受光面和背光面的反差越小；反之，则光照强度越强，阴影颜色在受光面和背光面的反差也越大。当【光照强度】选项的取值为-100 时，其效果与禁用【变亮】复选框，关闭灯光时的效果相同。

- ❑ **管状** 在启用该复选框后，字幕文本将呈现出一种由圆管环绕后的效果，如图 7-46 所示。

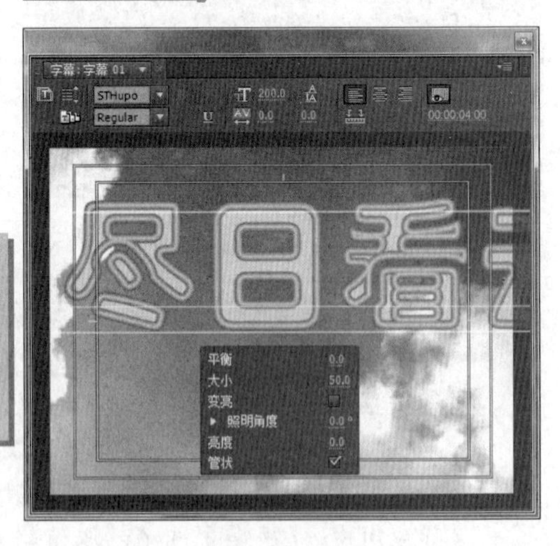

图 7-46 管状填充效果

注　意

同一字幕文本上不可同时应用管状填充效果与变亮填充效果，且当开启变亮填充效果后，原字幕文本上的管状填充效果将被覆盖。

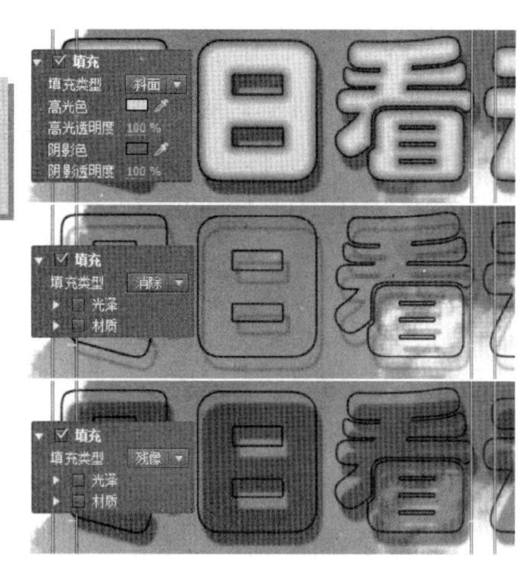

图 7-47　斜面、消除与重影填充效果的对比

6. 消除与重影填充

这两种填充模式都能够实现隐藏字幕的效果。两者的区别在于，消除填充模式能够暂时性地“删除”字幕文本，包括其阴影效果；而重影填充模式则只隐藏字幕本身，却不会影响其阴影效果。

下面，在为字幕添加描边与阴影效果后，通过对比斜面模式、消除模式和重影模式的填充效果，来更为直观地了解消除模式与重影模式在填充效果上的差别，如图 7-47 所示。

提　示

上面所展示的斜面、消除与重影填充效果对比图中，黑色轮廓线为描边效果，灰色部分为阴影效果。在消除模式的填充效果图中，灰色部分为黑色轮廓线的阴影，而字幕对象本身的阴影已被隐藏。

图 7-48　应用光泽效果后的字幕

7. 光泽与纹理

【光泽】与【纹理】选项属于字幕填充效果内的通用选项，即每种填充效果都拥有这两种设置，而且其作用也都相同。其中，光泽效果的功能是在字幕上叠加一层逐渐向两侧淡化的光泽颜色层，从而模拟物体表面的光泽感，效果如图 7-48 所示。

其中，【光泽】选项组内各个选项参数的作用，如表 7-4 所示。

表 7-4　【光泽】选项组各选项的作用

选项	作　用
色彩	用于设置光泽颜色层的色彩，可实现模拟有色灯光照射字幕的效果
不透明度	用于设置光泽颜色层的透明程度，可起到控制光泽强弱的作用
大小	用于控制光泽颜色层的宽度，其取值越大，光泽颜色层所覆盖字幕的范围越大；反之，则越小
角度	用于控制光泽颜色层的旋转角度
偏移	用于调整光泽颜色层的基线位置，与【角度】选项配合使用后即可使光泽效果出现在字幕上的任意位置

相比之下，纹理填充效果较为复杂，其作用是隐藏字幕本身的填充效果，而显示其他纹理贴图的内容。在启用【纹理】复选框后，其效果如图 7-49 所示。

在【纹理】选项组中，常用选项的作用及其使用方法如下：

1）纹理

该选项用于预览和设置填充在字幕内的纹理图片，单击纹理预览区域内的图标后，即可在弹出对话框内选择其他的纹理图像。

2）缩放

该选项组内的各个参数用于调整纹理图像的长宽比例与大小。其中，【水平】和【垂直】选项用于控制纹理图像在应用于字幕时的宽度和高度。

图 7-49 启用【纹理】选项

注 意

【缩放】选项对纹理图像进行的是有损图像质量的变形操作，因此当纹理图像过小时，一味地调整纹理图像的缩放比例，会极大地影响字幕的显示效果。

【平铺 X】和【平铺 Y】选项的作用是控制纹理在水平方向和垂直方向上的填充方式。例如，在启用【平铺 X】复选框后，Premiere Pro CC 便会在纹理图像的宽度小于字幕文本的宽度时，在水平方向上平铺当前纹理图像，从而使字幕文本在水平方向上都贴有纹理图像，如图 7-50 所示。

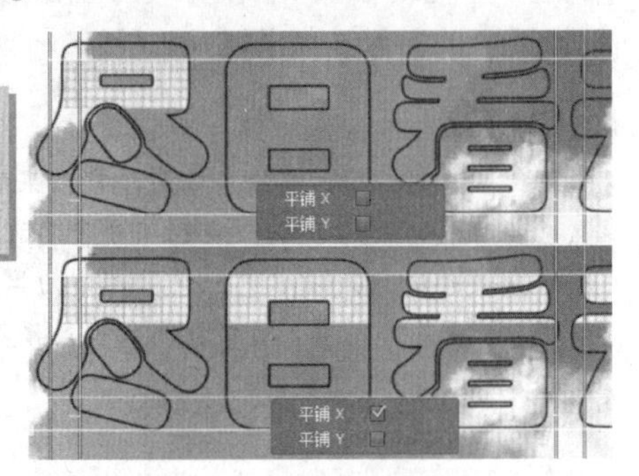

图 7-50 【平铺 X】选项开启与关闭效果对比

3）对齐

该选项组内的各个参数用于调整纹理图像在字幕中的位置。例如，在将【X 偏移】选项的参数值从 0 调整为 20 后，即可在字幕文本内将纹理图像向右移动 20 个单位。

4）混合

默认情况下，Premiere Pro CC 会在字幕开启纹理填充功能后，忽略字幕本身的填充效果。不过，【混合】选项组内的各个参数则能够在显示纹理效果的同时，使字幕显现出原本的填充效果。

其中，【混合】选项适用于调整纹理填充效果和字幕原有填充效果的比例，其取值范围为 –100%～100%。当取值小于 0 时字幕的填充效果将以原有填充效果为主，且取值越小，字幕原有的填充效果越明显；当取值大于 0 时，字幕的填充效果将以纹理填充为主，且取值越大，纹理填充效果越明显，如图 7-51 所示。

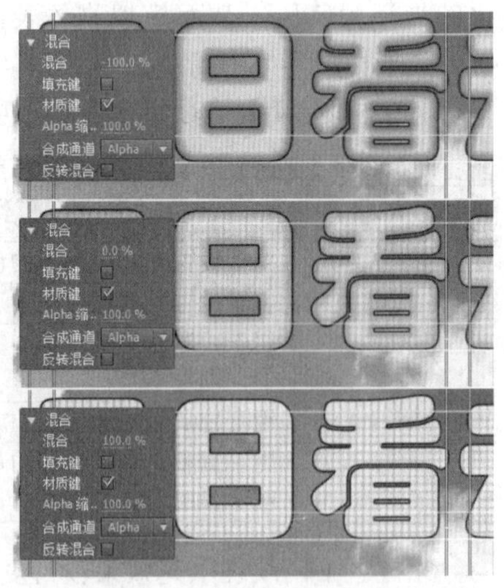

图 7-51 纹理填充与原有字幕填充的融合效果

提　示

当【混合】选项的取值为–100%时，纹理填充效果将完全不可见，而当该选项的取值为100%时，字幕原有的填充效果将完全不可见。

7.3.4　对字幕进行描边

Premiere Pro CC 将描边分为内描边和外描边两种类型，内描边的效果是从字幕边缘向内进行扩展，因此会覆盖字幕原有的填充效果；外描边的效果是从字幕文本的边缘向外进行扩展，因此会增大字幕所占据的屏幕范围，如图 7-52 所示。

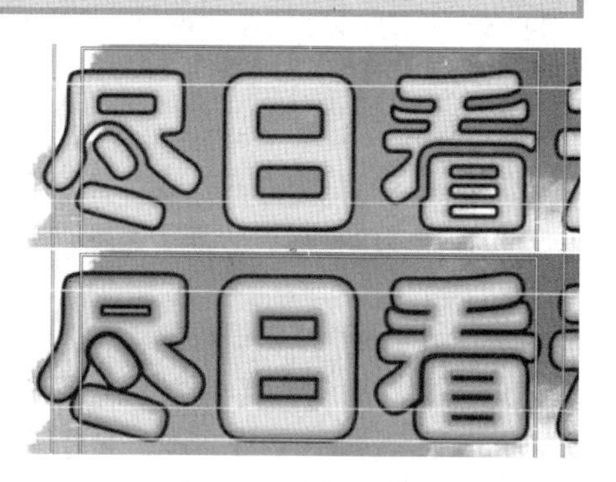

图 7–52　内描边和外描边

不过，无论是内描边还是外描边，其添加和修改方法，以及控制参数都完全相同。这里，我们将以添加外描边为例，介绍描边效果的添加与编辑方法。

展开【描边】选项组后，单击【外描边】选项右侧的【添加】按钮，即可为当前所选字幕对象添加默认的黑色描边效果，如图 7-53 所示。

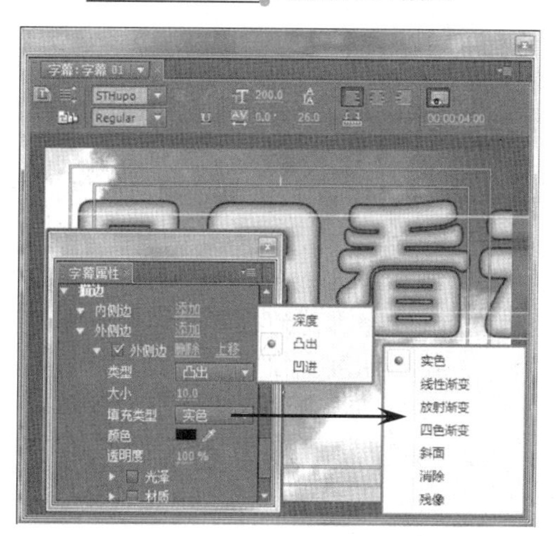

图 7–53　添加描边效果

在【类型】下拉列表中，Premiere Pro CC 根据描边方式的不同提供了【边缘】【深度】和【凹进】3 种不同选项。下面，将对其描边效果和调整方法分别进行介绍。

1. 边缘描边

这是 Premiere 默认采用的描边方式，之前我们所看到的各种描边效果即为边缘描边效果。对于边缘描边效果来说，其描边宽度可通过【大小】选项进行控制，该选项的取值越大，描边的宽度也就越大，【颜色】选项则用于调整描边的色彩。

提　示

至于【填充类型】【不透明度】，以及【纹理】等选项，其作用和控制方法与【填充】选项组内的相应选项完全相同，这里不再进行介绍。

2. 深度描边

图 7–54　深度描边效果

当采用该方式进行描边时，Premiere 中的描边只能出现在字幕的一侧。而且，描边的一侧与字幕相连，且描边宽度受到【大小】选项的控制，如图 7-54 所示。

注 意

当为字幕应用深度描边模式时，除【角度】选项用于控制深度描边的出现位置外，其他选项的作用及调整方式与【填充】选项组内的相应选项相同。

3. 凹进描边

这是一种描边位于字幕对象下方，效果类似于投影效果的描边方式，如图 7-55 所示。

默认情况下，为字幕添加凹进描边时无任何效果。在调整【强度】选项后，凹进描边便会显现出来，并随着【强度】选项参数值的增大而逐渐“远离”字幕文本。至于【角度】选项，则用于控制凹进描边相对于字幕文本的偏离方向。

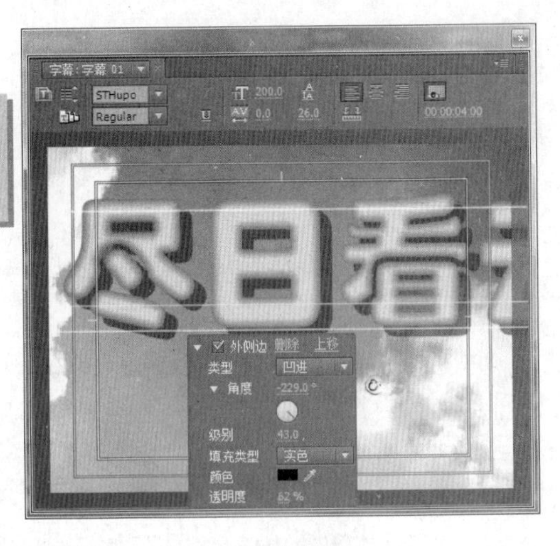

图 7–55 凹进描边效果

7.3.5 为字幕应用阴影效果

与填充效果相同的是，阴影效果也属于可选效果，用户只有在启用【阴影】复选框后，Premiere 才会为字幕添加投影。在【阴影】选项组中，各选项的含义及其作用如下：

- ❑ **颜色** 该选项用于控制阴影的颜色，用户可根据字幕颜色、视频画面的颜色，以及整个影片的色彩基调等多方面进行考虑，从而最终决定字幕阴影的色彩。
- ❑ **不透明度** 控制投影的透明程度。在实际应用中，应适当降低该选项的取值，使阴影呈适当的透明状态，从而获得接近于真实情形的阴影效果。
- ❑ **角度** 该选项用于控制字幕阴影的投射位置。
- ❑ **距离** 用于确定阴影与主体间的距离，其取值越大，两者间的距离越远；反之，则越近。
- ❑ **大小** 默认情况下，字幕阴影与字幕主体的大小相同，而该选项的作用便是在原有字幕阴影的基础上，增大阴影的大小。
- ❑ **扩展** 该选项用于控制阴影边缘的发散效果，其取值越小，阴影就越为锐利；取值越大，阴影就越为模糊，如图 7-56 所示。

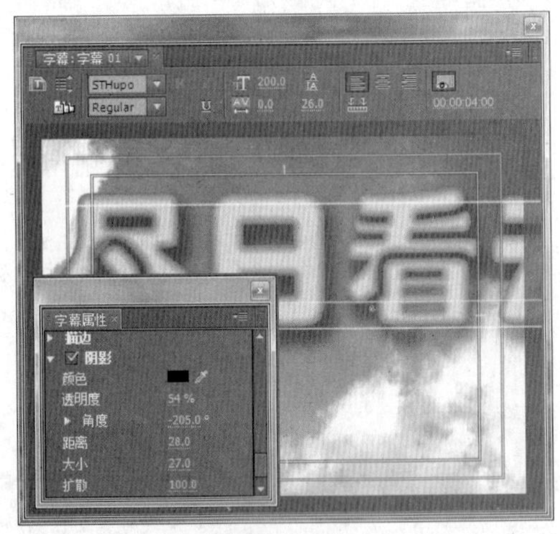

图 7–56 扩散效果

7.4 字幕样式

字幕样式即 Premiere 预置的字幕属性设置方案，作用是帮助用户快速设置字幕属性，从而获得效果精美的字幕素材。在【字幕】面板中，不仅能够应用预设的样式效果，还可以自定义文字样式。

7.4.1 应用样式

在 Premiere 中，字幕样式的应用方法极其简单，只需在输入相应的字幕文本内容后，在【字幕样式】面板内单击某个字幕样式的图标，即可将其应用于当前字幕，如图 7-57 所示。

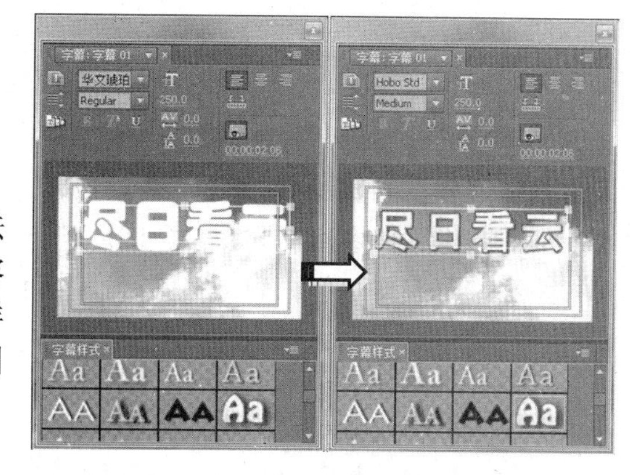

图 7-57 应用字幕样式

提 示

在为字幕添加字幕样式后，还可在【字幕属性】面板内设置字幕文本的各项属性，从而在字幕样式的基础上获取新的字幕效果。

如果需要有选择地应用字幕样式所记录的字幕属性，则可在【字幕样式】面板内右击字幕样式预览图后，执行【应用带字体大小的样式】或【仅应用样式颜色】命令，如图 7-58 所示。

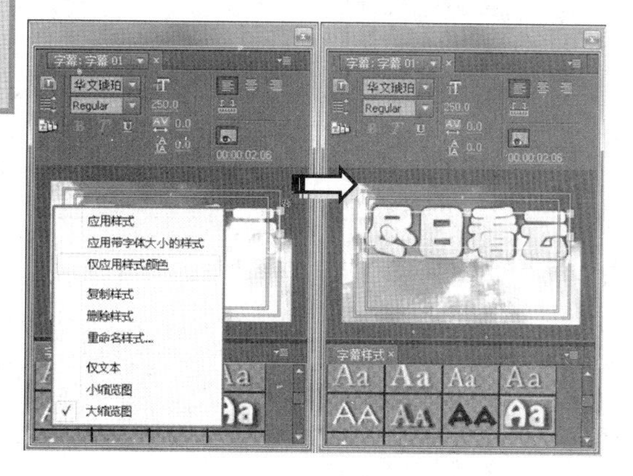

图 7-58 有选择的应用字幕样式

7.4.2 创建字幕样式

为了进一步提高用户创建字幕时的工作效率，Premiere 还为用户提供了自定义字幕样式的功能。这样一来，便可将常用的字幕属性配置方案保存起来，从而便于随后设置相同属性或相近属性的设置。

新建字幕素材后，使用【文字工具】在字幕编辑窗口内输入字幕文本。然后在【字幕属性】面板内调整字幕的字体、字号、颜色，以及填充效果、描边效果和阴影，如图 7-59 所示。

完成后，在【字幕样式】面板内单击【面板菜单】按钮，并选择【新建样式】命令。在弹出的【新建样式】对话框中，输入字幕样式名称后，单击【确定】按钮，Premiere 便会以该名称保存字幕样式。此时，即可在【字幕面板】内查看到所创建字幕样式的预览图，如图 7-60 所示。

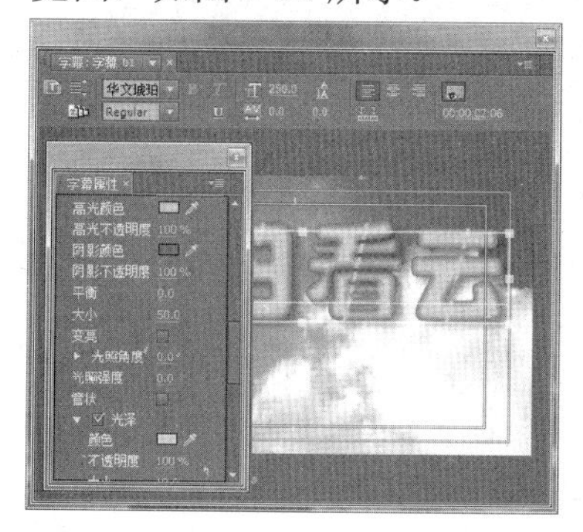

图 7-59 输入并设置文字属性

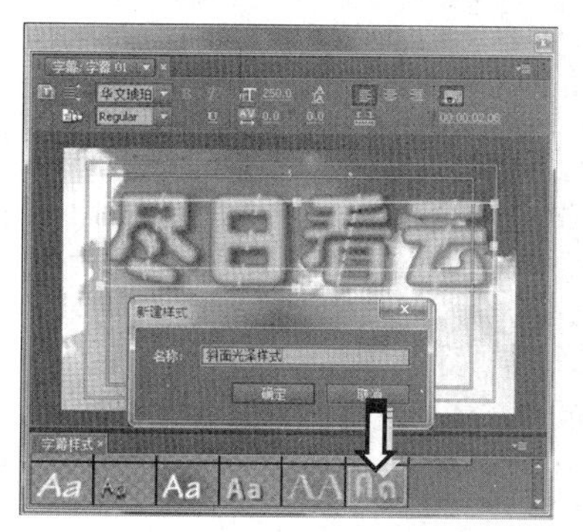

图 7-60 保存自定义字幕样式

7.5 课堂练习：制作 MTV

本实例制作的是 MTV 效果，其效果主要由不同图像与游动字幕组合而成，如图 7-61 所示。在制作过程中，不同图像之间的组合有视频过渡进行衔接，其中搭配了预设动画使其完整。而歌曲名称由静态字幕与预设动画组合创建，歌词则由游动字幕进行显示。

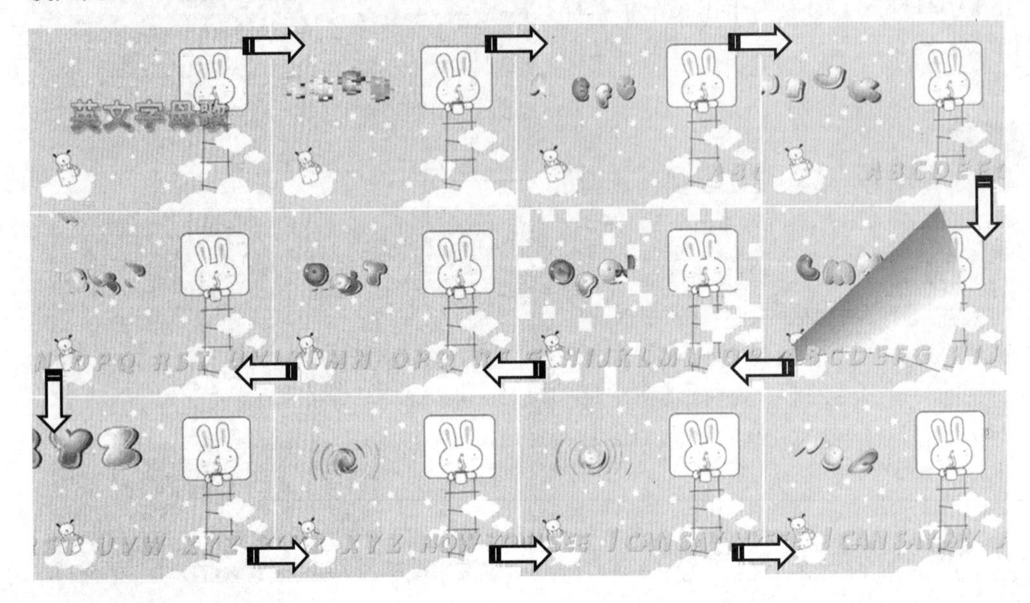

图 7-61 MTV 效果

操作步骤：

1 启动 Premiere Pro CC，在【新建项目】对话框中单击【浏览】按钮，选择文件的保存位置。在【名称】栏中输入“英文字母歌”文本，单击【确定】按钮，即可创建新项目，如图 7-62 所示。

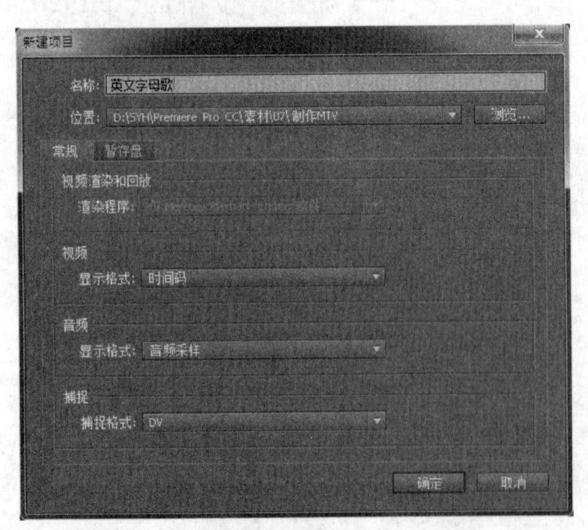

图 7-62 创建项目

2 在【项目】面板中右击，选择【导入】命令，在弹出的【导入】对话框中选择素材文件，导入到【项目】面板中，如图 7-63 所示。

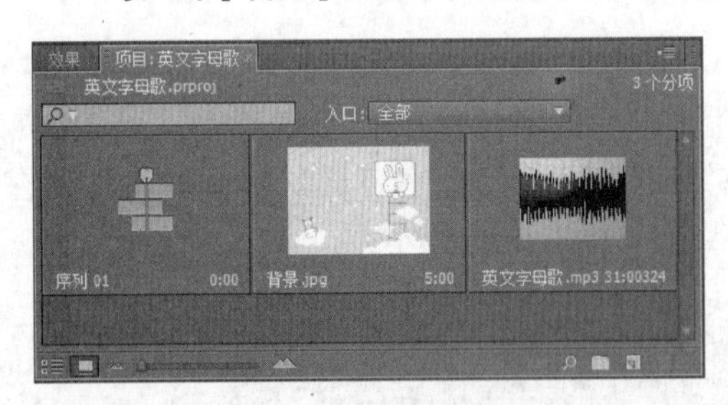

图 7-63 导入素材文件

3 继续在【项目】面板中右击，选择【导入】命令，在弹出的【导入】对话框中选择文件夹“英文字母”，单击【导入文件夹】按钮后，在弹出的【导入分层文件】对话框中单击【确定】按钮，导入到【项目】面板中，如图 7-64 所示。

图 7-64 导入文件夹

4 选中【项目】面板中的音频素材“英文字母歌.mp3”，将其插入【时间轴】面板的“A1”轨道中。然后将素材“背景.jpg”插入“V1”轨道中，单击并向右拖动使其播放长度与音频相等，如图 7-65 所示。

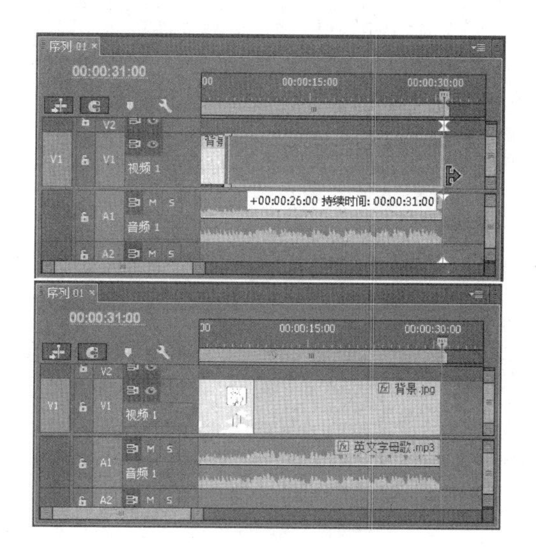

图 7-65 插入音频与图像素材

5 单击【节目】监视器面板中的【播放-停止切换】按钮，试听歌曲。在歌唱之前再次单击该按钮停止，这时将【项目】面板中“英文字母”文件夹中的 ABCD.psd 素材插入“V2”轨道中，如图 7-66 所示。

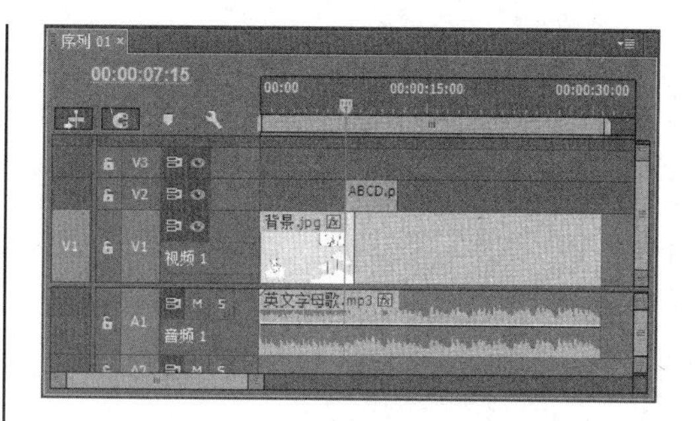

图 7-66 插入素材

提 示

当单击【节目】监视器面板中的【播放-停止切换】按钮停止播放后，【时间轴】面板中的【当前时间指示器】同时停止在相同时间位置上。这时将素材插入【当前时间指示器】所在位置即可。

6 配合【节目】监视器面板播放音频，在第二句歌词开始位置缩短“ABCD.psd”素材的显示长度，并插入“EFG.psd”素材。按照上述方法，根据歌词依次在“V2”轨道中插入字母图像，如图 7-67 所示。

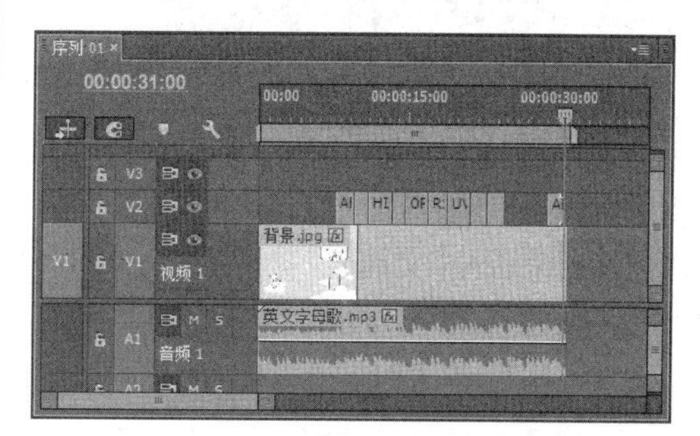

图 7-67 依次插入素材

7 单击选中“V2”轨道中的素材“ABCD.psd”，在【效果控件】面板中设置【运动】选项组中【缩放】选项为 20%，并移动其位置于 238.5，179.2 处，如图 7-68 所示。

8 按照上述方法，依次将“视频 2”轨道中的所有图像素材进行位置与尺寸设置。其中移动位置时，可以单击【运动】选项组，在【节目】监视器面板中使用鼠标进行大致位置的移动，如图 7-69 所示。

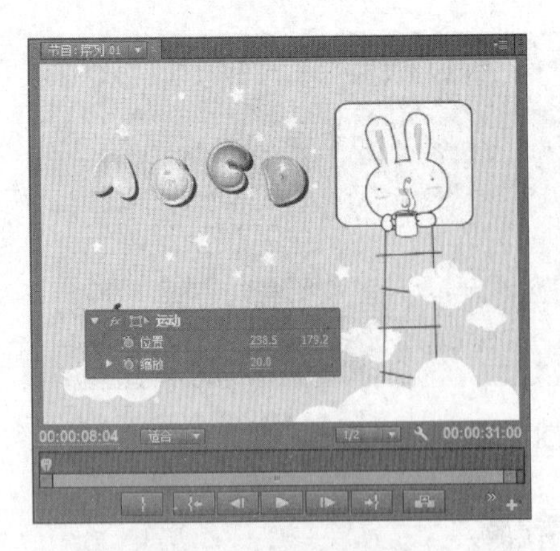

图 7-68　设置图像位置与尺寸

图 7-69　移动图像位置

9　单击【效果】面板中的【预设】|【马赛克】|【马赛克入点】效果，将其拖至【时间轴】面板“V2”轨道中的素材“ABCD.psd”上，为其添加入画动画，如图 7-70 所示。

图 7-70　添加【马赛克入点】预设效果

10　单击【效果】面板中的【视频过渡】|【3D 运动】|【旋转】效果，将其拖至素材“ABCD.psd”与“EFG.psd”之间，为其添加该过渡效果，如图 7-71 所示。

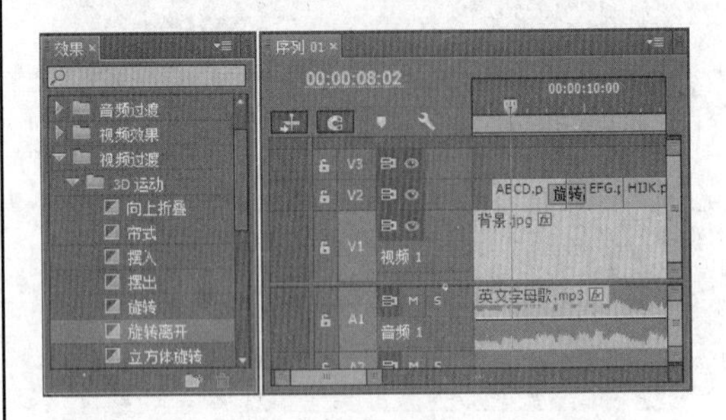

图 7-71　添加【旋转】过渡效果

11　按照上述方法，依次在两个素材之间添加不同的视频过渡效果：【伸展覆盖】效果、【页面剥落】效果、【随机反转】效果、【带状擦除】效果、【斜线滑动】效果与【交叉缩放】效果，如图 7-72 所示。

图 7-72　添加不同的过渡效果

12　单击【效果】面板中的【预设】|【扭曲】|【扭曲出点】效果，将其拖至素材“XYZ.psd”上。然后将【扭曲入点】效果拖至“ABC.psd”上，完成视频效果的添加，如图 7-73 所示。

13　单击【项目】面板底部的【新建项】按钮，选择弹出菜单中的【字幕】命令，在【新建字幕】对话框中设置【名称】为“歌名”，单击【确定】按钮进入字幕工作区，如图7-74所示。

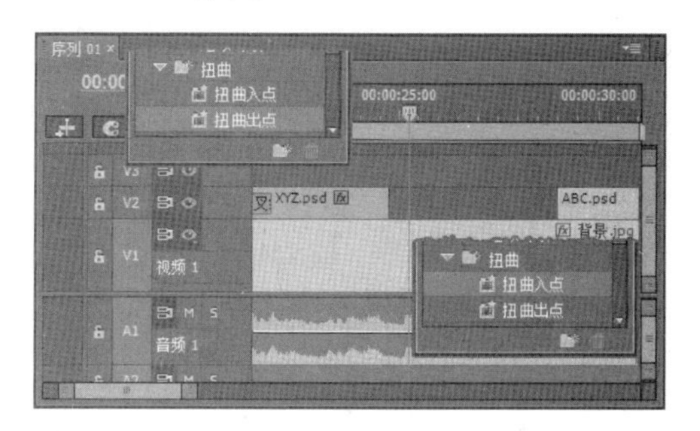

图 7-73 添加预设效果

图 7-74 创建“歌名”字幕

14 选择【字幕工具】面板中的【文字工具】，在编辑窗口中单击并输入文本“英文字母歌”，如图7-75所示。

图 7-75 输入文本

15 使用【选择工具】选中输入的文本并确定其显示位置后，单击【字幕样式】面板中的 Charlemagne Grass 52，为选中的文本添加样式，如图7-76所示。

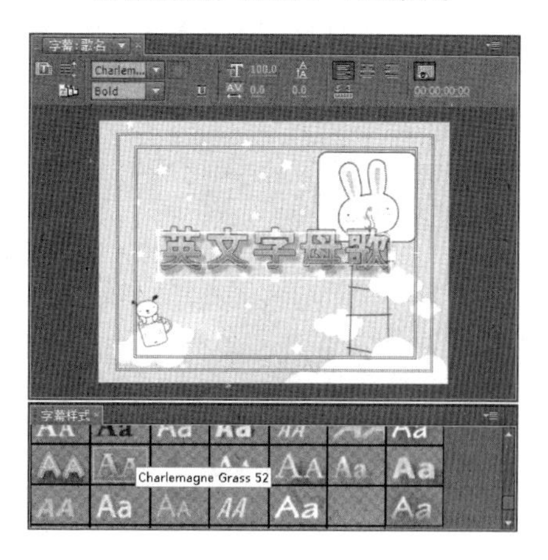

图 7-76 添加字母样式

16 关闭字幕工作区后，执行【字幕】|【新建字幕】|【默认游动字幕】命令，在打开的“歌词”字幕工作区中，使用【文字工具】输入歌词，如图7-77所示。

图 7-77 新建游动字幕

17 使用【选择工具】选中输入的文本并确定其显示位置后，单击【字幕样式】面板中的 Myriad Italic Water 55，为选中的文本添加样式，如图7-78所示。

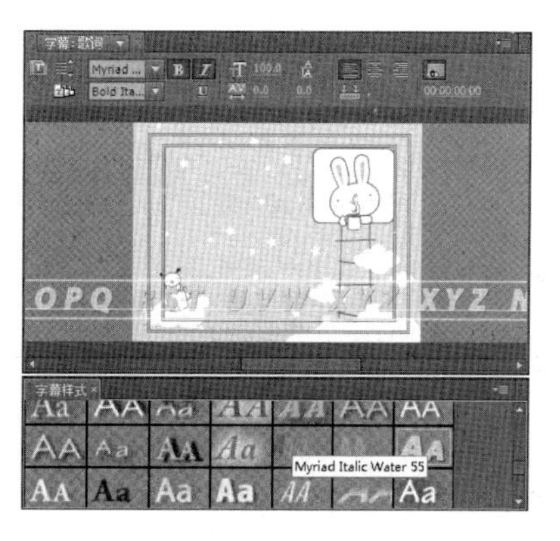

图 7-78 添加字幕样式

18 执行【字幕】|【滚动/游动选项】命令，在弹出的【滚动/游动选项】对话框中启用【开始于屏幕外】选项，单击【确定】按钮，如图 7-79 所示。

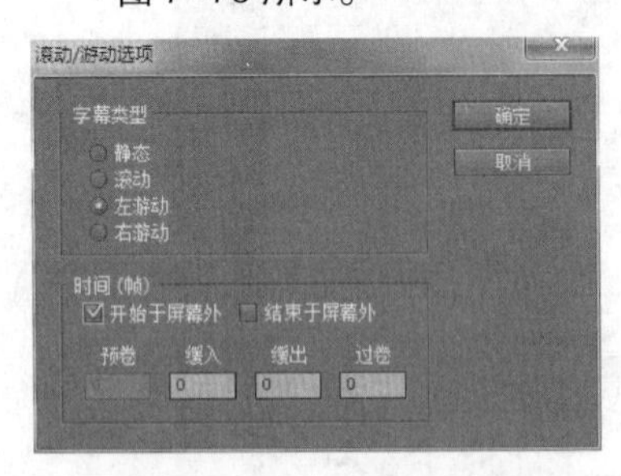

图 7-79　设置游动字幕选项

19 关闭字幕工作区后，将【项目】面板中的字幕“歌名”插入【时间轴】面板的“V3”轨道中，设置其播放长度为歌曲的过门音乐，如图 7-80 所示。

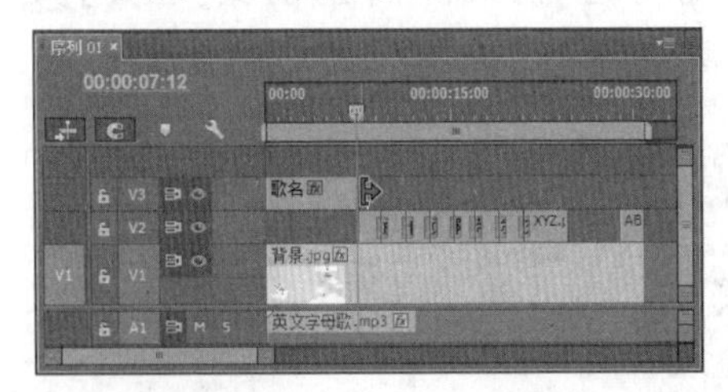

图 7-80　插入字幕“歌名”

20 依次单击【效果】面板中的【预设】|【模糊】|【快速模糊入点】效果，与【预设】|【过度曝光】|【过渡曝光出点】效果，将其拖至【时间轴】面板中的字幕“歌名”上，为其添加预设效果，如图 7-81 所示。

图 7-81　添加预设动画

21 将【项目】面板中的字幕“歌词”插入“V3”轨道中，并且放置在字幕“歌名”右侧。将其长度拉长至音频长度，如图 7-82 所示。

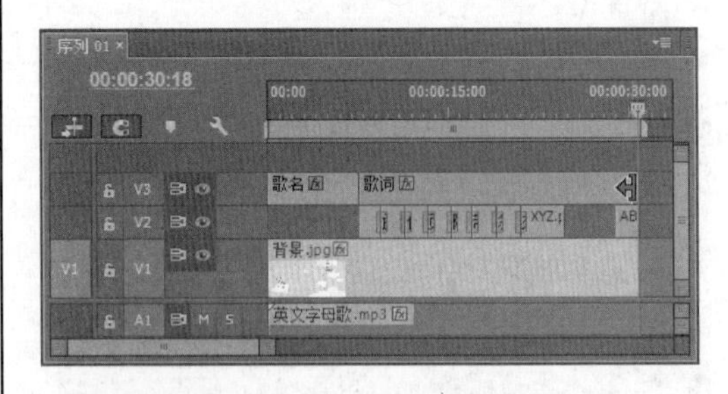

图 7-82　插入字幕“歌词”

22 完成操作后，单击【节目】监视器面板中的【播放-停止切换】按钮，查看视频效果，如图 7-83 所示。确认无误后，按快捷键 Ctrl+S 进行保存，完成 MTV 的制作。

图 7-83　播放视频

7.6　课堂练习：制作光芒字幕效果

在制作视频广告或影视节目片头时，动态的、光彩夺目的文字内容较普通文字更加能够吸引观众的注意力。为此，下面我们将介绍利用 Premiere 内置滤镜来制作泛光光芒字的制作方法。

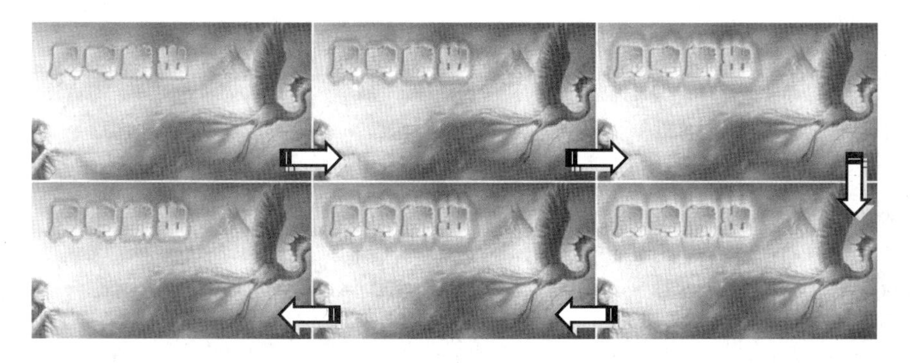

图 7-84　光芒字幕效果

操作步骤：

1　创建“光芒字”Premiere 项目，并使用 DV-PAL 文件夹中的【宽屏 48kHz】作为预置方案创建序列，如图 7-85 所示。

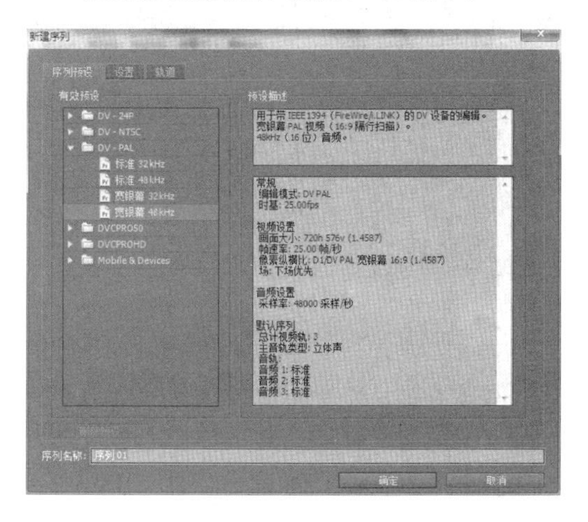

图 7-85　创建序列

2　进入 Premiere Pro CC 主界面后，双击【项目】面板的空白区域，打开【导入】对话框。将准备好的素材“背景.jpg”导入该项目中，如图 7-86 所示。

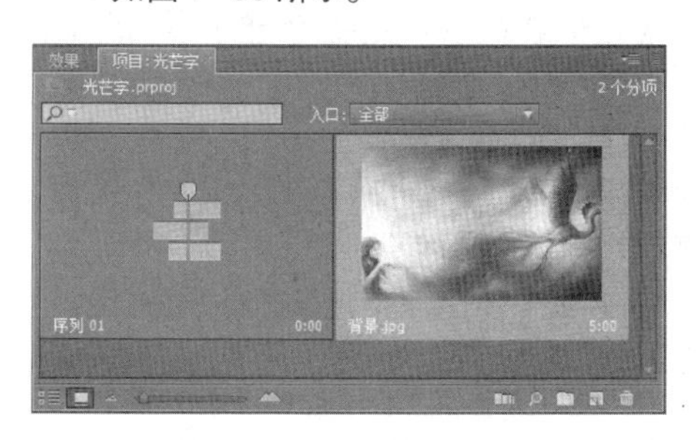

图 7-86　导入素材

3　将素材插入【时间轴】面板的“V1”轨道后，选中该素材，在【效果控件】面板中设置【运动】选项组中【缩放】选项为 57.0，使图像尽可能地显示在监视器中，如图 7-87 所示。

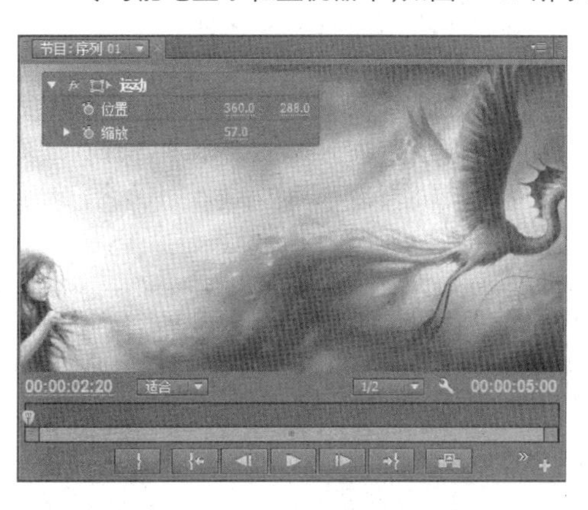

图 7-87　插入并设置素材尺寸

4　在【项目】面板内单击【新建项】按钮后，选择【字幕】命令。然后，将弹出对话框内的【名称】选项设置为“凤鸣麟出”，如图 7-88 所示。

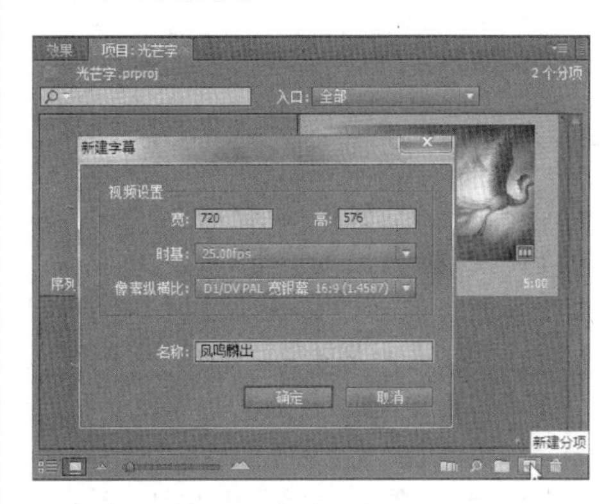

图 7-88　创建字幕素材

5 在【字幕】面板中，使用【文字工具】 创建字幕文本后，在【字幕属性】面板中分别设置【字体】与【字距】选项，如图 7-89 所示。

图 7-89 输入并设置文字

6 使用【选择工具】 选中文本后，右击【字幕样式】面板中的 HoboStd Slant Gold 80 样式，选择【仅应用样式颜色】命令，为字幕应用样式，如图 7-90 所示。

图 7-90 应用样式

7 返回 Premiere Pro CC 主界面后，将“龙之战争”字幕素材添加至“视频 2”轨道内，并为该素材添加【视频效果】|【风格化】|【Alpha 发光】视频效果，如图 7-91 所示。

8 在影片起始位置处，分别单击【Alpha 发光】选项组内的【发光】和【起始颜色】选项的【切换动画】 图标，创建关键帧，并分别设置这两个选项的参数值，如图 7-92 所示。

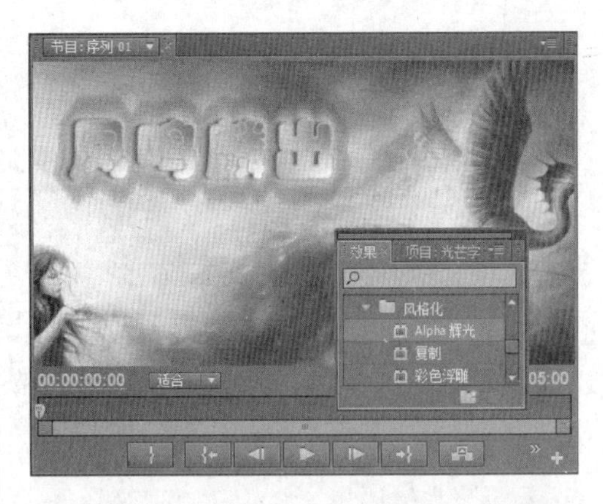

图 7-91 添加【Alpha 发光】视频效果

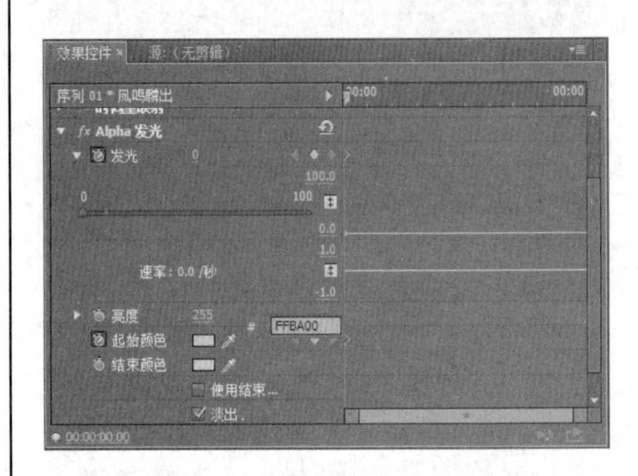

图 7-92 创建关键帧

9 依次在影片的中间和末尾部分单击【添加/移除关键帧】 按钮，创建【发光】和【起始颜色】选项的关键帧后，修改中间部分关键帧的参数，如图 7-93 所示。

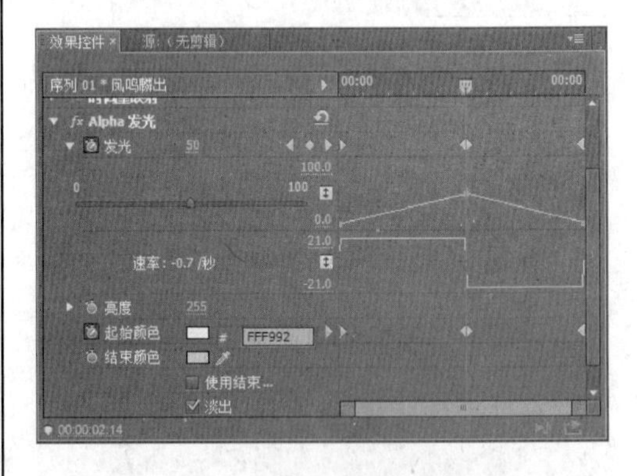

图 7-93 创建关键帧并设置参数

10 上述操作全部完成后，即可在【节目】监视器面板内预览光芒字幕的播放效果，如图 7-94 所示。确认无误后，按快捷键 Ctrl+S 保存文档，完成光芒字的制作。

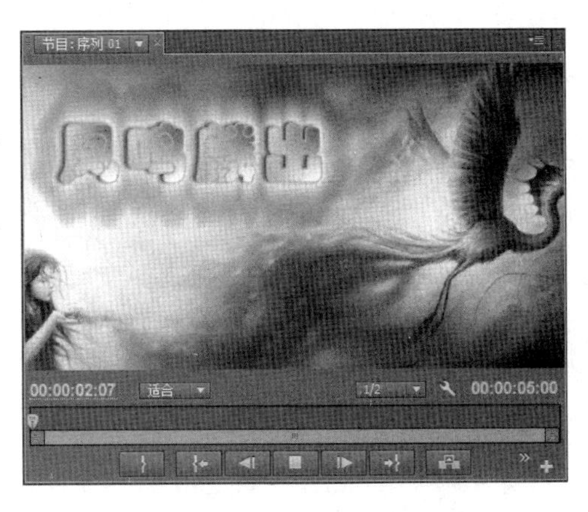

图 7-94 预览光芒字效果

7.7 思考与练习

一、填空题

1. __________面板是用户创建、编辑字幕的主要工作场所，用户不仅可在该面板内直观地了解字幕应用于影片后的效果，还可直接对其进行修改。

2. __________字幕的特点是能够通过调整路径形状而改变字幕的整体形态，但必须依附于路径才能够存在。

3. 根据素材类型的不同，Premiere 中的字幕素材分为静态字幕和动态字幕两大类型，其中动态字幕又分为__________字幕和滚动字幕。

4. __________字幕对象主要通过【矩形工具】【圆角矩形工具】【切角矩形工具】等绘图工具绘制而成。

5. 在 Premiere 中，描边分为__________描边和__________描边两种类型。

二、选择题

1. 在 Premiere Pro CC 中，字幕工作区共由【字幕】面板【字幕工具】面板、__________、【字幕样式】面板和【字幕属性】面板所组成。

A.【字幕对象】面板
B.【对齐】面板
C.【字幕动作】面板
D.【分布】面板

2. Premiere 字幕包含文本、图形、__________共 3 种内容元素，通过有机的组合这些元素，用户可以创建出各种各样精美的字幕素材。

A. 图标
B. 标记
C. 表格
D. 蒙版

3. 在下列选项中，不属于 Premiere Pro CC 文本字幕类型的是__________。

A. 水平文本字幕
B. 垂直文本字幕
C. 路径文本字幕
D. 矢量文本字幕

4. 在下列选项中，不属于字幕填充类型的是__________。

A. 实底填充
B. 线性渐变填充
C. 三维填充
D. 重影填充

5. 选择字幕对象后，只需在【__________】面板内单击某个字幕样式的图标，即可将该样式应用于当前所选字幕。

A. 字幕
B. 工具
C. 样式
D. 属性

三、问答题

1. 使用 Premiere Pro CC 创建字幕的基本流程是什么？

2. 字幕包括哪些类型？

3．简述标记字幕的制作方法。

4．字幕的填充类型包括哪几类？

5．如何创建字幕样式？

四、上机练习

1．快速制作样式字幕

在 Premiere Pro CC【字幕】面板组中，还包括【字幕样式】面板。只要使用文字工具输入文字后，就可以在该面板中单击任何一个样式图标，从而使文字应用该样式，省去属性设置，如图 7-95 所示。

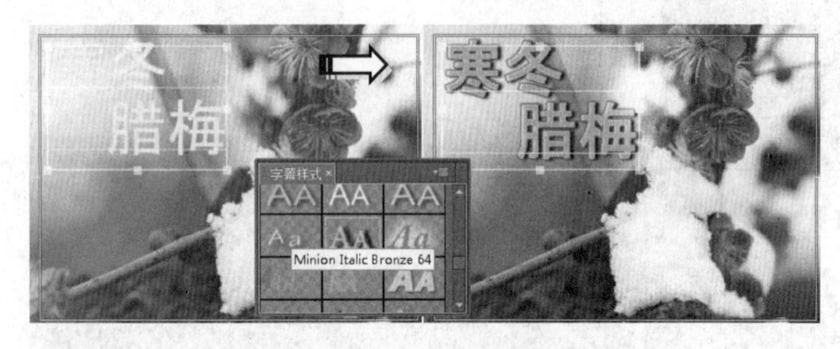

图 7-95　字幕样式效果

2．制作片尾的演职人员字幕表

现如今，几乎所有影视节目在片尾播出演职人员表时，都采用了滚动字幕的播放方式。因此，通过在 Premiere 内制作滚动字幕，可以方便地创建出演职人员字幕表，如图 7-96 所示。

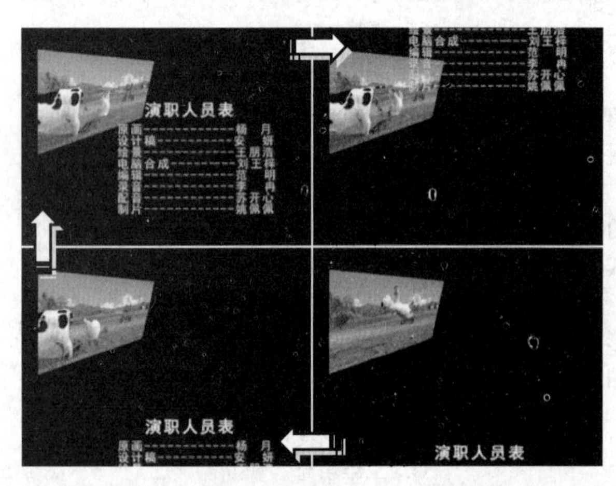

图 7-96　演职人员字幕

第 8 章 动画与视频效果

在编辑所拍摄的视频时，不仅能够在视频与视频之间添加各种样式的过渡效果，还可以为视频本身添加各种效果，使枯燥无味的画面变得生动有趣，并且弥补拍摄过程中造成的画面缺陷等问题。

在 Premiere Pro CC 中，系统提供了多种类型的视频效果供用户使用，其功能分为增强视觉效果、校正视频缺陷和辅助视频合成 3 大类。并且增加了独立的调整图层，可以在不破坏原视频的情况下添加视频效果，并且其效果即可显示在该调整图层下方的所有视频片段中。

本章学习要点：

- 调整图层
- 关键帧
- 运动效果
- 变形类视频效果
- 增强画面视频效果
- 光照类视频效果
- 过渡类视频效果
- 时间类视频效果

8.1 关键帧动画

所谓运动效果，是指在原有视频画面的基础上，通过后期制作与合成技术对画面进行的移动、变形和缩放等效果。由于拥有强大的运动效果生成功能，用户只需在 Premiere 中进行少量设置，即可使静态的素材画面产生运动效果，或为视频画面添加更为精彩的视觉内容。为此，接下来我们向用户介绍在 Premiere 中创建和编辑运动效果的方法。

8.1.1 设置关键帧

Premiere 中的关键帧可以帮助用户控制视频或者音频效果内的参数变化，并将效果的渐变过程附加在过渡帧中，从而形成个性化的节目内容。

1. 添加关键帧

若要为影片剪辑创建运动效果，便需要为其添加多个关键帧。在 Premiere 中，在【时间轴】面板或【效果控件】面板中都可以为素材添加关键帧，下面将对其分别进行介绍。

1）在【时间轴】面板内添加关键帧

通过【时间轴】面板，可以针对应用于素材的任意视频效果属性进行添加或删除关键帧的操作，此外还可控制关键帧在【时间轴】面板中的可见性。若要使用该方法添加关键帧，需要选择【时间轴】中的素材片段后，指定需要添加关键帧的视频效果及其属性，如图 8-1 所示。

接下来，将【当前时间指示器】移动至适当位置后，在【时间轴】面板内单击素材所在轨道中的【添加-移除关键帧】按钮，即可在当前位置创建关键帧，如图 8-2 所示。

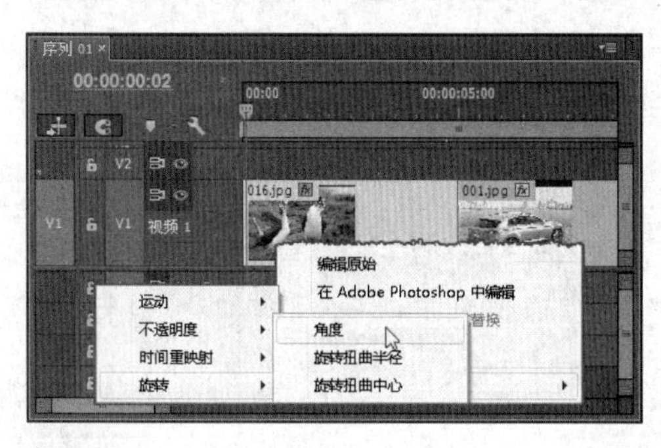

图 8-1 指定需要添加关键帧的视频效果属性

图 8-2 直接在【时间轴】面板内创建关键帧

注 意

若要在【时间轴】面板内直接创建关键帧，则必须在【效果控件】面板内开启相应视频效果属性的【切换动画】选项。

2）在【效果控件】面板内添加关键帧

通过【效果控件】面板，不仅可以为影片剪辑添加或删除关键帧，还能够通过对关键帧各项参数的设置，实现素材的自定义运动效果。

在【时间轴】面板内选择素材后，打开【效果控件】面板，此时需在某一视频效果栏内单击属性选项前的【切换动画】按钮，即可开启该属性的切换动画设置。与此同时，Premiere 会在【当前时间指示器】所在位置为之前所选的视频效果属性添加关键帧，如图 8-3 所示。

此时，已开启【切换动画】选项的属性栏，【添加/移除关键帧】按钮将被激活。若要添加新的关键帧，只需移动【当前时间指示器】的位置后，单击【添加/移除关键帧】按钮即可，如图 8-4 所示。当视频效果的某一属性栏中包含有多个关键帧时，单击【添加/移除关键帧】按钮两侧的【转到上一关键帧】或【转到下一关键帧】按钮，即可在多个关键帧之间进行快速切换。

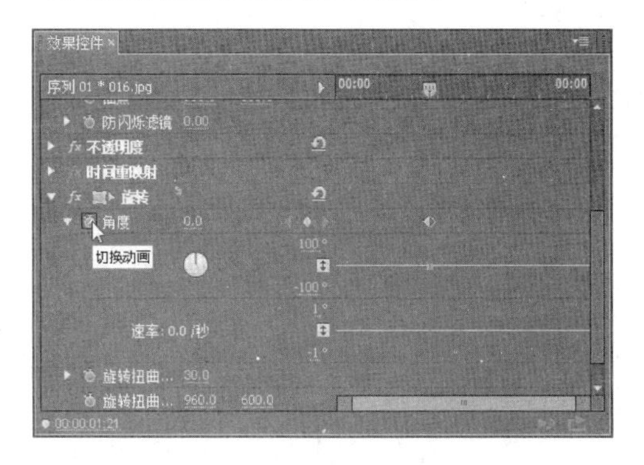

图 8-3 通过【效果控件】面板添加关键帧

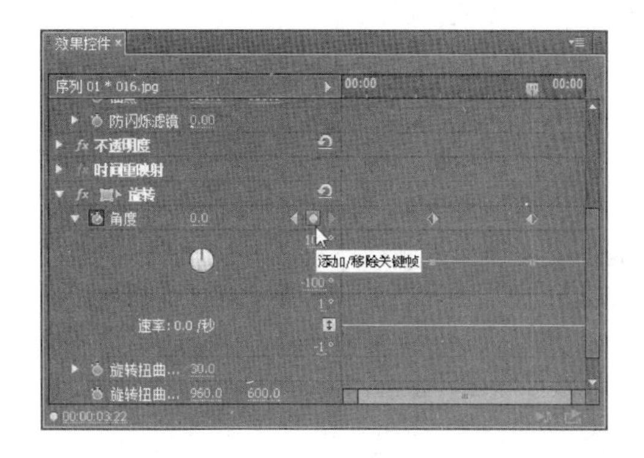

图 8-4 添加多个关键帧

注 意

在已开启【切换动画】选项的状态下，单击【切换动画】按钮，则会清除相应属性栏中的所有关键帧。

2. 移动关键帧

为素材添加关键帧后，只需在【效果控件】面板内选择关键帧，并通过鼠标将其拖至合适位置后，即可完成移动关键帧的操作，如图 8-5 所示。

技 巧

利用 Ctrl 和 Shift 键选择多个关键帧后，还可进行同时移动多个关键帧的操作。

3. 复制与粘贴关键帧

在创建运动效果的过程中，如果多个素材中的关键帧具有相同的参数，则可利用复制和粘贴关键帧的功能来提高操作效率。操作时，应当首先右击所要复制的关键帧，并选择【复制】命令，如图 8-6 所示。

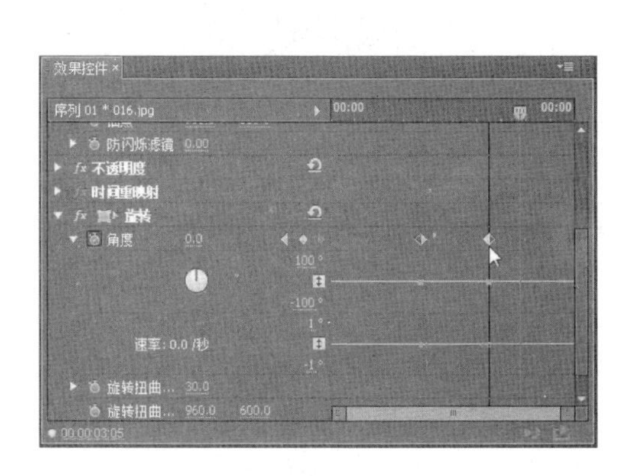

图 8-5 移动关键帧

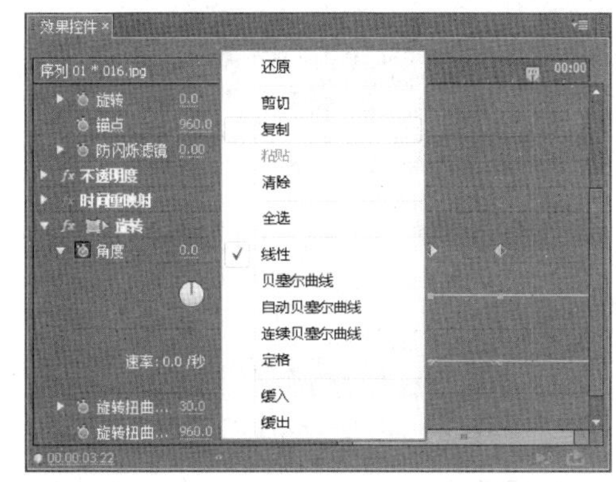

图 8-6 复制关键帧

接下来，移动【当前时间指示器】至合适位置后，在【效果控件】面板内右击轨道区域，并选择【粘贴】命令，即可在当前位置创建一个与之前对象完全相同的关键帧，如图 8-7 所示。

4. 删除关键帧

选择某一关键帧后，右击【效果控件】面板的轨道区域，并在弹出菜单内执行【清除】命令，即可删除所选关键帧。此外，直接按 Delete 或 Backspace 键，也可删除所选关键帧。

提　示

右击【效果控件】面板的轨道区域，选择弹出菜单内的【清除所有关键帧】命令后，Premiere 将会移除当前素材内的所有关键帧，而无论该关键帧是否处于被选中状态。

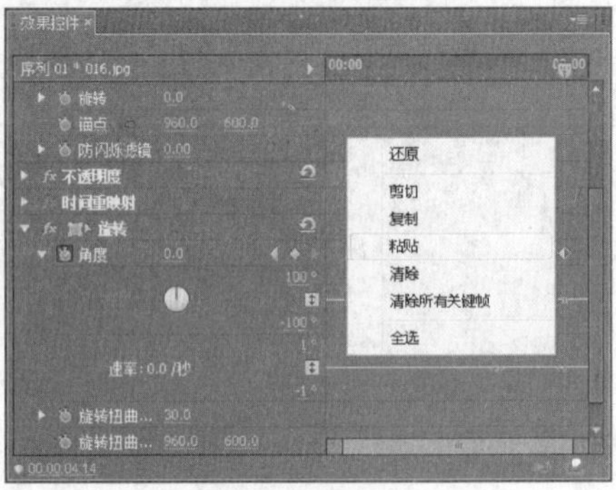

图 8-7　粘贴关键帧

8.1.2　快速添加运动效果

在了解了 Premiere 的关键帧功能后，通过更改素材在屏幕画面中的位置，即可快速创建出各种不同的素材运动效果。

在【节目】面板中，双击监视器画面后，即可选择屏幕最顶层的视频素材。此时，所选素材上将会出现一个中心控制点，而素材周围也会出现 8 个控制柄，如图 8-8 所示。

接下来，直接在【节目】面板的监视器画面区域内拖动所选素材，即可调整该素材在屏幕画面中的位置，如图 8-9 所示。

图 8-8　在【节目】面板中选择素材

图 8-9　调整素材画面的位置

技　巧

在【节目】面板中，利用素材四周的控制柄可以调整素材图像在屏幕画面中的尺寸大小。

不过，如果在移动素材画面之前创建了【位置】关键帧，并对【当前时间指示器】的位置进行了调整，则 Premiere 将在监视器画面上创建一条标识素材画面运动轨迹的路径，如图 8-10 所示。

默认情况下，新的运动路径全部为直线。在拖动路径端点附近的锚点后，还可以将素材画面的运动轨迹更改为曲线状态，如图 8-11 所示。

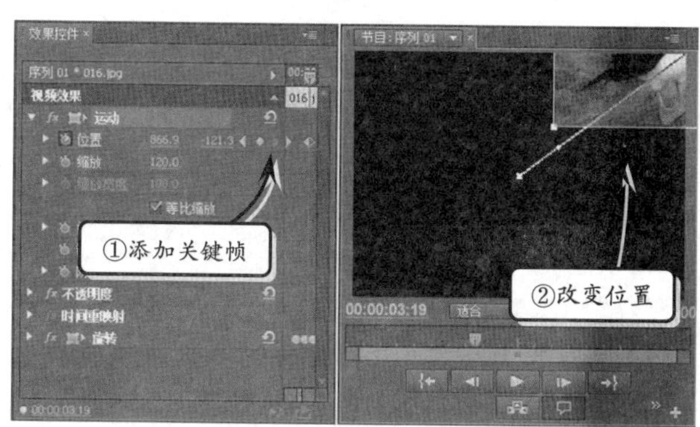

图 8-10 设置运动轨迹

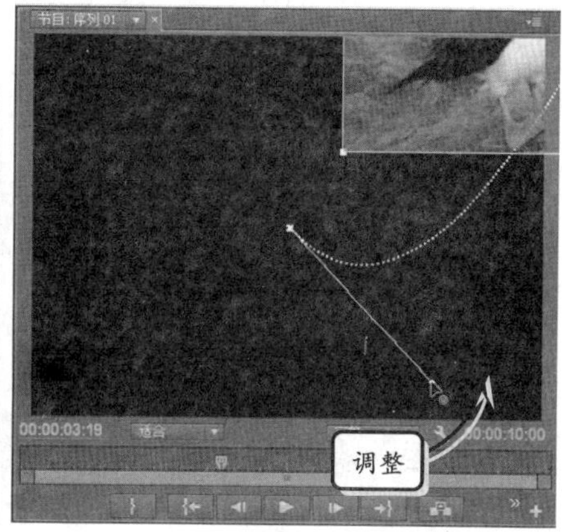

图 8-11 更改运动路径

不断重复上述操作，并在每次调整素材画面的位置后，添加新的【位置】关键帧，即可得到一段所选素材画面在屏幕上不断移动的影片剪辑，如图 8-12 所示。

图 8-12 移动效果

8.1.3 更改不透明度

制作影片时，降低素材的不透明度可以使素材画面呈现半透明效果，从而利于各素材之间的混合处理。在 Premiere Pro CC 中，选择需要调整的素材后，在【效果控件】面板内单击【不透明度】折叠按钮，即可打开用于所选素材的【不透明度】滑杆，如图 8-13 所示。

在开启【不透明度】属性的【切换动画】选项后，为素材添加多个【不透明度】关键帧，并为各个关键帧设置不同的【不透明度】参数值，即可完成一段简单的【不透明度】过渡动画效果，如图 8-14 所示。

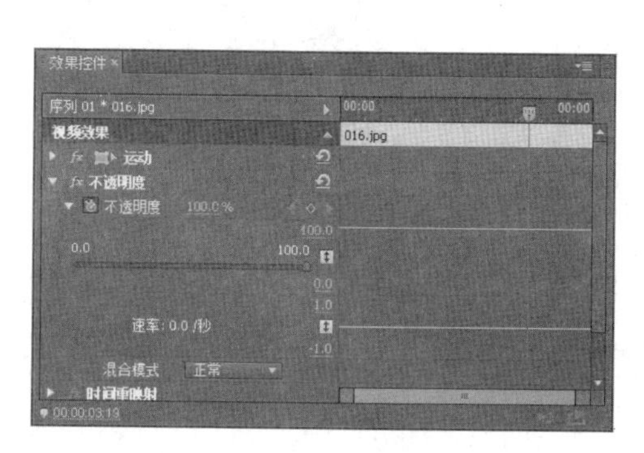

图 8-13 用于调整素材【不透明度】的选项

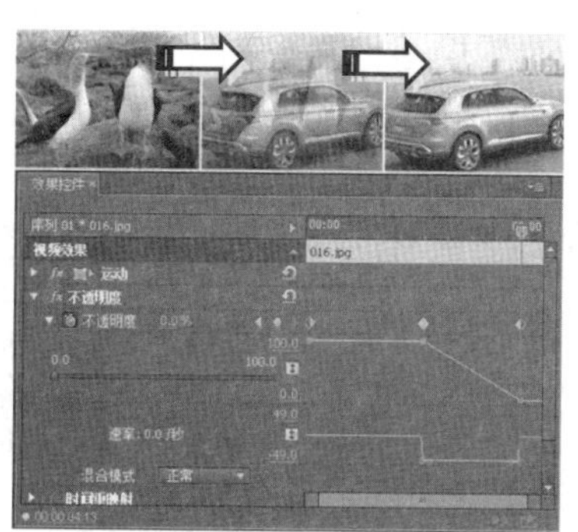

图 8-14 利用【不透明度】创建过渡动画

8.1.4 缩放与旋转效果

除了通过调整素材位置实现的运动效果外，对素材进行旋转和缩放也是较为常见的两种运动效果。通过调整【效果控件】面板中的特定选项，用户可轻松制作出旋转和缩放动画效果。

1．缩放效果

缩放运动效果通过调整素材在不同关键帧上的大小来实现，制作时需要首先在【运动】选项组内的【缩放】选项中创建关键帧。在单击【缩放】栏中的【切换动画】按钮后，即可开启该属性的动画选项，并在当前时间指示器的位置处创建【缩放】关键帧，如图 8-15 所示。

接下来，依次通过调整当前时间指示器的位置，并调整【缩放】选项参数值的方法，即可完成【缩放】动画的设置工作，如图 8-16 所示。

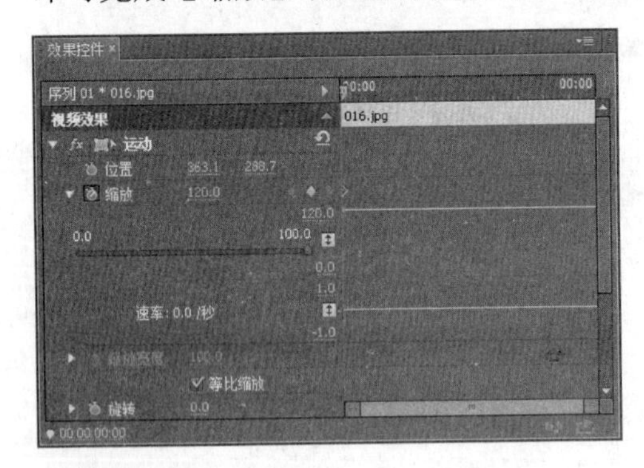

图 8-15　开启【缩放】动画选项

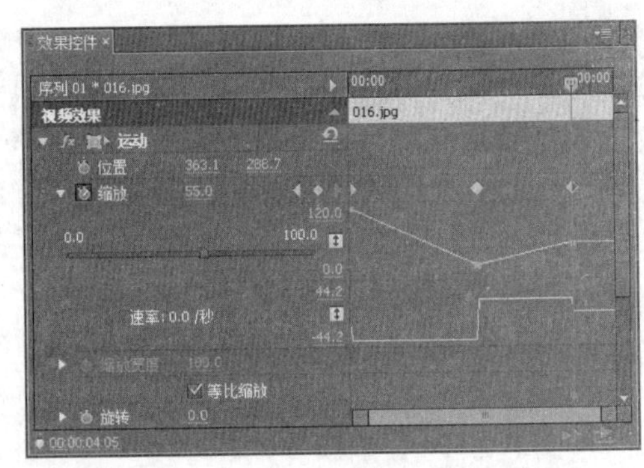

图 8-16　设置【缩放】动画关键帧

动画设置完成后，单击【节目】面板中的【播放-停止切换】按钮，即可欣赏刚刚创建的【缩放】动画，如图 8-17 所示。

图 8-17　【缩放】动画效果

2．旋转效果

旋转运动效果是指素材图像围绕指定轴线进行转动，并最终使其固定至某一状态的运动效果。在 Premiere 中，用户可通过调整素材旋转角度的方法来制作旋转效果。

若要制作旋转效果，只需在选择相应素材后，在【效果控件】面板内首先单击【运动】选项组【旋转】属性栏中的【切换动画】按钮，如图 8-18 所示。

然后，不断在新的位置创建关键帧，并调整素材在这些关键帧上的旋转角度，如图8-19所示。

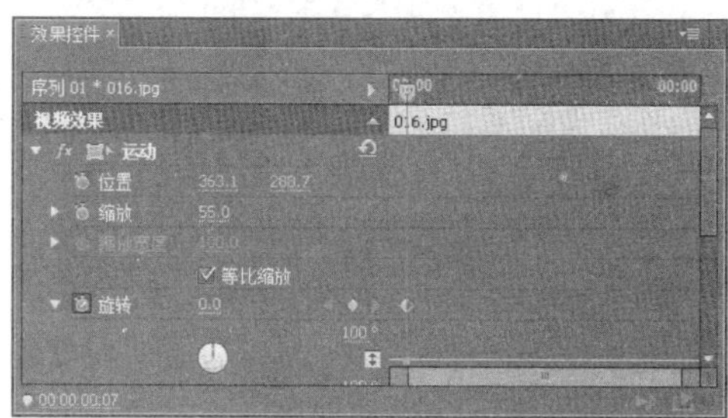

图 8-18 开启【旋转】动画选项

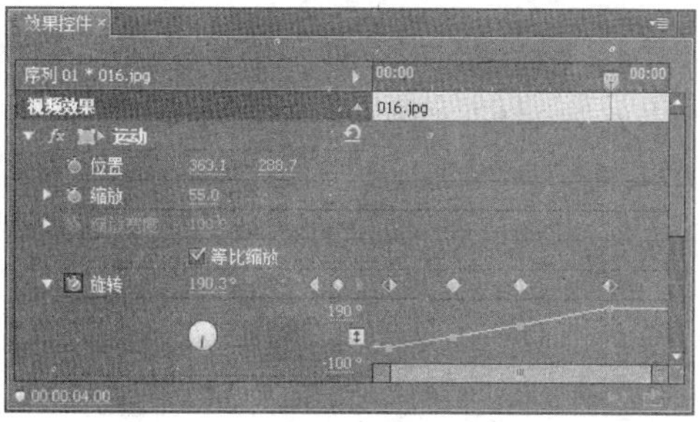

图 8-19 设置【缩转】动画关键帧

设置完成后，即可在【节目】面板内查看旋转动画的播放效果，如图8-20所示。

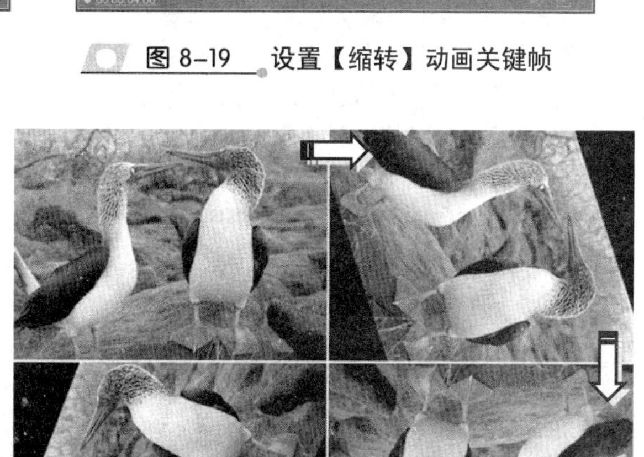

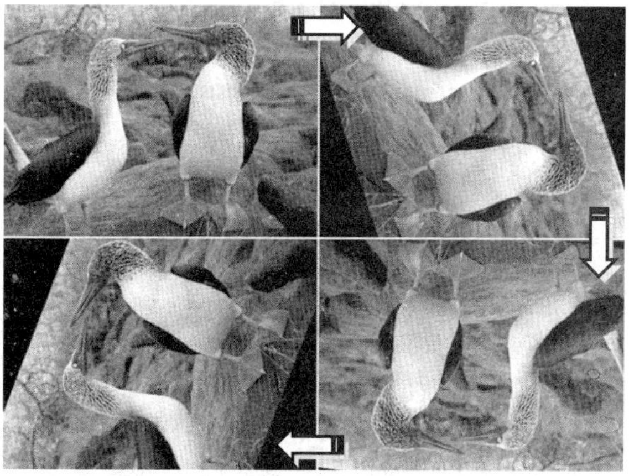

图 8-20 自定义旋转动画

8.2 应用视频效果

在直接对电影胶片进行编辑的年代里，为影片添加视频效果是一件极其复杂且昂贵的事情，因为不仅需要应用售价高昂的效果制作专用设备，还需要经验丰富的操作人员。当影视节目的制作迈入数字时代后，即使是刚刚学习非线性视频编辑的初学者，也能够在Premiere的帮助下快速完成多种视频效果的应用。

8.2.1 添加视频效果

Premiere 的强大视频效果功能，使得用户可以在原有素材的基础上创建出各种各样的艺术效果。而且，应用视频效果的方法也极其简单，用户可以为任意轨道中的视频素材添加一个或者多个效果。

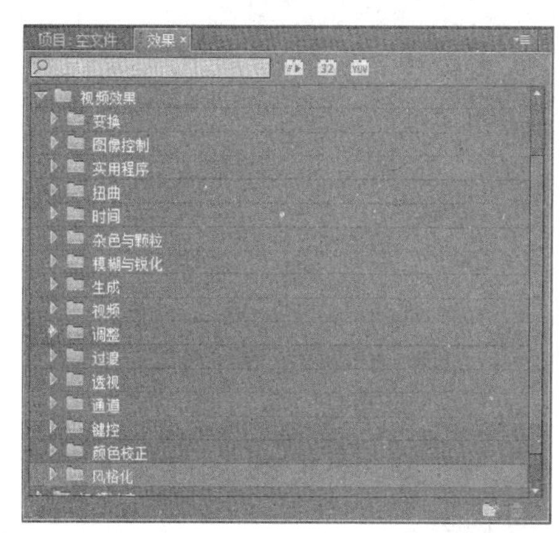

图 8-21 视频效果

1. 视频效果的添加

Premiere Pro CC 共为用户提供了 130 多种视频效果，所有效果按照类别被放置在【效果】面板【视频效果】文件夹下的 16 个子文件夹中，如图 8-21 所示。这样一来，可以使用户查找指定视频效果时更加方便。

为素材添加视频效果的方法主要有两种：一种是利用【时间轴】面板添加，另一种则是利用【效果控件】面板添加。

1）利用【时间轴】面板添加视频效果

在通过【时间轴】面板为视频素材添加视频效果时，只需在【视频效果】文件夹内选择所要添加的视频效果，然后将其拖曳至视频轨道中的相应素材上即可，如图 8-22 所示。

图 8-22　通过【时间轴】面板添加效果

提　示

所有已添加视频效果的素材上都会出现一条紫色线条，以便用户区分素材是否添加了视频效果。

2）利用【效果控件】面板添加视频效果

使用【效果控件】面板为素材添加视频效果，是最为直观的一种添加方式。因为即使用户为同一段素材添加了多种视频效果，也可在【效果控件】面板内一目了然地查看这些视频效果。

若要利用【效果控件】面板添加视频效果，只需在选择素材后，从【效果】面板中选择所要添加的视频效果，并将其拖至【效果控件】面板中即可，如图 8-23 所示。

若要为同一段视频素材添加多个视频效果，只需依次将要添加的视频效果拖动到【效果控件】面板中即可，如图 8-24 所示。

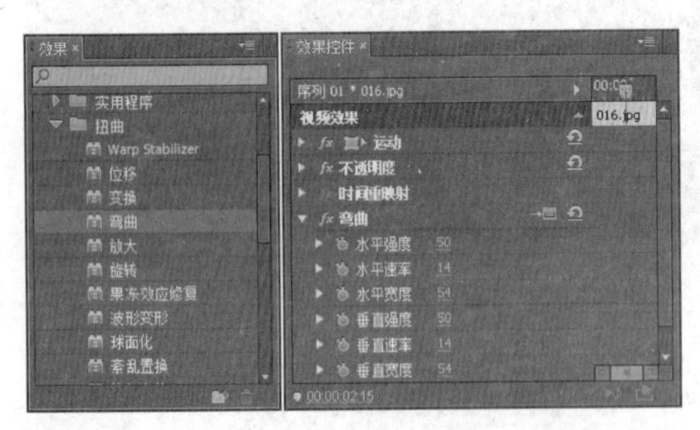

图 8-23　【效果控件】面板中的视频效果

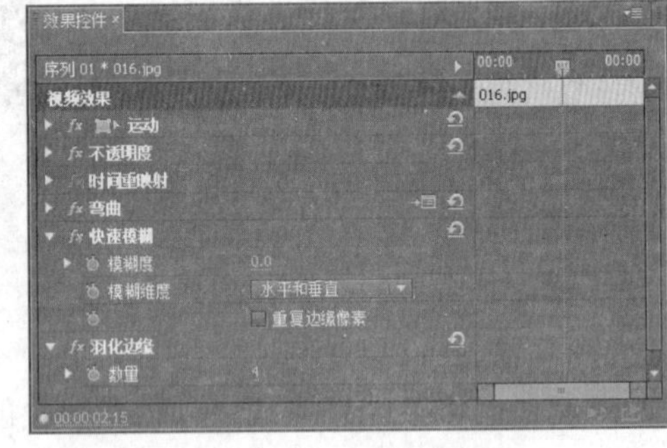

图 8-24　应用多个视频效果

提　示

在【效果控件】面板中，用户可以通过拖动各个视频效果来实现调整其排列顺序的目的。

2. 删除视频效果

当不再需要影片剪辑应用视频效果时，可利用【效果控件】将其删除。操作时，只需在【效果控件】面板中右击视频效果后，选择【清除】命令即可，如图 8-25 所示。

技　巧

在【效果控件】面板中选择视频效果后，按 Delete 键或者 Backspace 键也可将其删除。

3. 复制视频效果

当多个影片剪辑使用相同的视频效果时，复制、粘贴视频效果可以减少操作步骤，加快影片编辑的速度。操作时，只需选择源视频效果所在影片剪辑，并在【效果控件】面板内右击视频效果后，选择【复制】命令。然后，选择新的素材，并右击【效果控件】面板空白区域，选择【粘贴】命令即可，如图 8-26 所示。

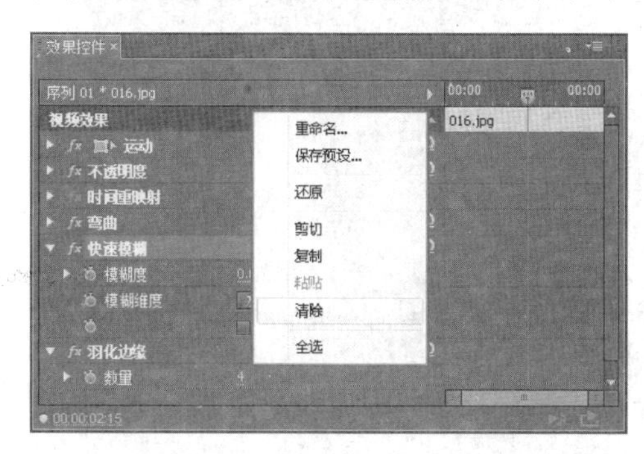

图 8-25 清除视频效果

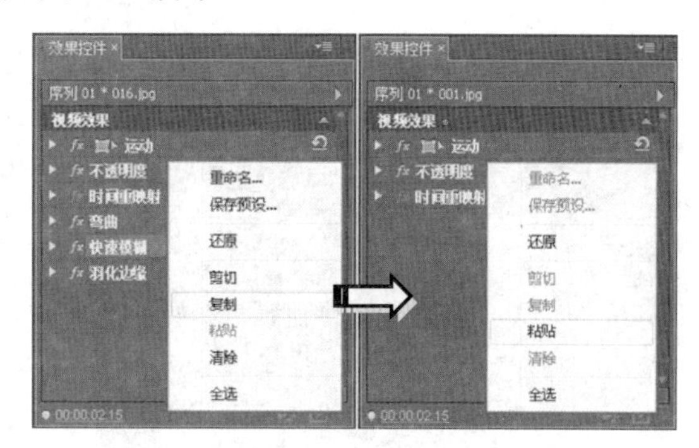

图 8-26 复制/粘贴视频效果

8.2.2 编辑视频效果

当用户为影片剪辑应用视频效果后，还可对其属性参数进行设置，从而使效果的表现效果更为突出，为用户打造精彩影片提供了更为广阔的创作空间。

选择影片剪辑后，在【效果控件】面板内单击视频效果前的“三角”按钮，即可显示该效果所具有的全部参数，如图 8-27 所示。

注 意

Premiere 中的视频效果根据效果的不同，其属性参数及设置方法也会有所差别。

若要调整某个属性参数的数值，只需单击参数后的数值，并在使其进入编辑状态后，输入具体数值即可，如图 8-28 所示。

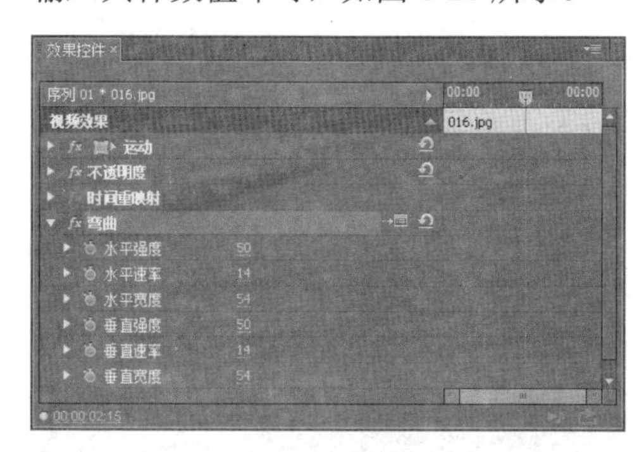

图 8-27 查看效果参数

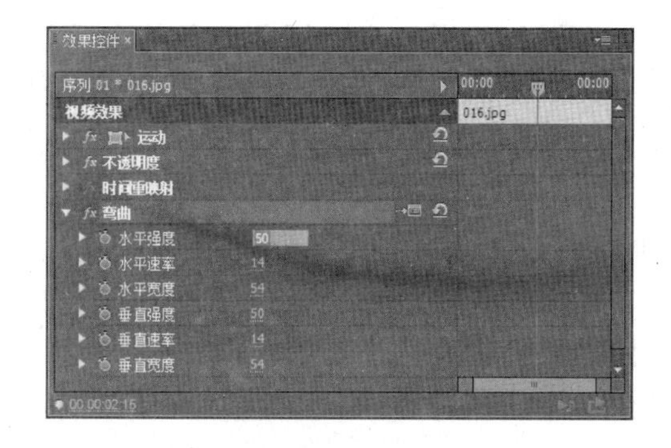

图 8-28 修改参数值

提 示

将鼠标置于属性参数值的位置上后，当光标变成形状时，拖动鼠标也可修改参数值。

除此之外，展开参数的详细设置面板后，我们还可以通过拖动其中的指针或者滑块来更改属性的参数值，如图 8-29 所示。

在【效果控件】面板内完成属性参数的设置之后，视频效果应用于影片剪辑后的效果将即时显示在【节目】面板中，如图 8-30 所示。

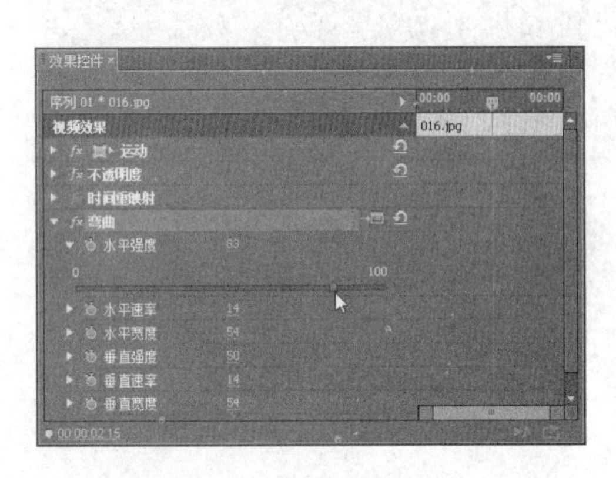

图 8-29 利用滑块调整参数

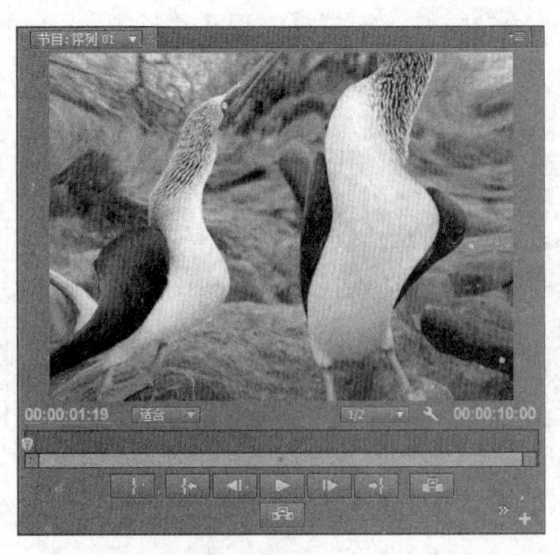

图 8-30 效果显示

在【效果控件】面板中，单击视频效果前的【切换效果开关】按钮后，还可在影片剪辑中隐藏该视频效果的效果，如图 8-31 所示。

提 示

再次单击【切换效果开关】按钮后，即可重新显示影片剪辑在应用视频效果后的效果。

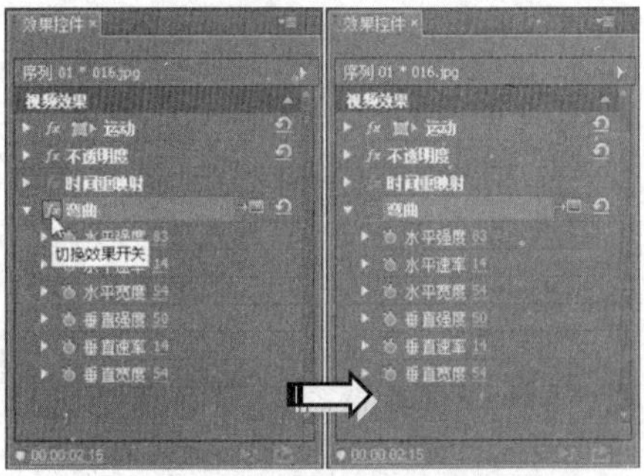

图 8-31 隐藏视频效果

8.2.3 调整图层

当多个影片剪辑使用相同的视频效果时，除了使用复制与粘帖视频效果外，Premiere Pro CC 还包括了调整图层。在调整图层中添加视频效果后，其效果即可显示在该调整图层下方的所有视频片段中。而该调整图层随时能够删除、显示与隐藏，且不破坏视频文件。

要创建调整图层，单击【项目】面板底部的【新建项】按钮，选择【调整图层】选项，弹出【调整图层】对话框，如图 8-32 所示。

提 示

在【调整图层】对话框中，还可以使用默认的参数值。这是因为该对话框中的选项参数，是根据所在序列的【序列预设】中的选项设置的。

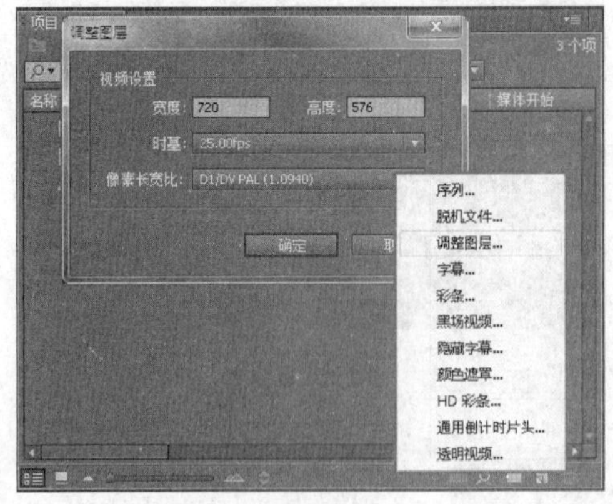

图 8-32 【调整图层】对话框

在【调整图层】对话框中，可以设置调整图层的视频【宽度】与【高度】、【时基】与【像素长宽比】选项，单击【确定】按钮，即可在【项目】面板中创建【调整图层】

项目。如图 8-33 所示。

当【时间轴】面板中添加素材片段后，将创建的调整图层插入素材片段上方，使其播放长度与素材相等，如图 8-34 所示。

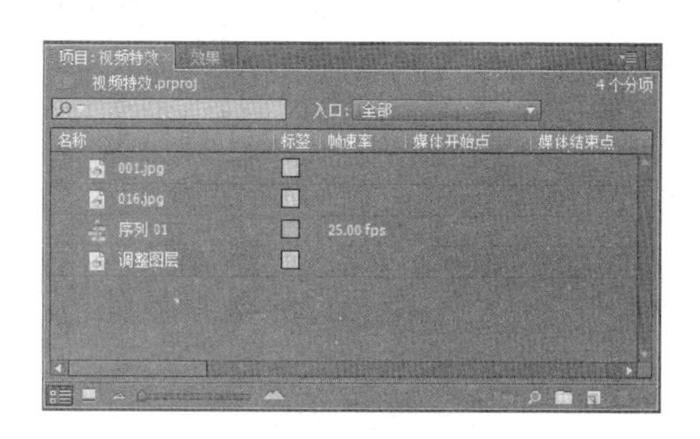

图 8-33 创建调整图层

图 8-34 插入调整图层

这时选中【时间轴】面板中的调整图层，按照视频效果的添加方法为调整图层添加视频效果，即可发现该调整图层下方的所有素材均显示被添加的视频效果，如图 8-35 所示。

调整图层中的视频效果的应用与编辑方法，与视频片段中的视频效果相同。当调整图层中添加了多个视频效果后，又想让其中的视频效果不显示在下方的素材中，这时除了可以删除视频效果外，还可以通过隐藏调整图层，使其中的视频效果暂时不显示在下方的素材中。只要单击“V2”轨道中的【切换轨道输出】图标即可，如图 8-36 所示。

图 8-35 添加视频效果

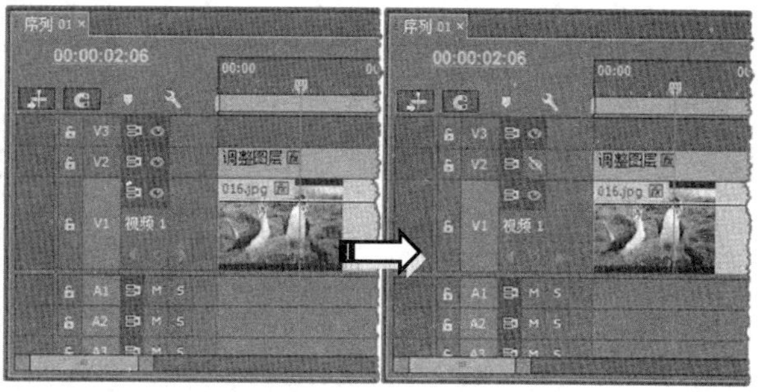

图 8-36 隐藏调整图层中的视频效果

要想彻底删除调整图层中的视频效果，可以直接将【时间轴】面板中的调整图层删除。只要选中调整图层，按 Delete 键即可。而【项目】面板中的调整图层，仍然保留原有的属性。

8.3 变形视频效果

在视频拍摄时，视频画面是正常的，或者是倾斜的。这时可以通过【效果】面板中的【视频效果】效果组中的【变换】效果组将视频画面进行校正，或者采用【扭曲】效果组中的效果对视频画面进行变形，从而丰富视频画面效果。

8.3.1 变换

【变换】类视频效果可以使视频素材的形状产生二维或者三维的变化。在该类视频效果中，包含有【垂直定格】【垂直翻转】【摄像机视图】和【羽化边缘】等 7 种视频效果。

1. 垂直定格和垂直翻转

【垂直定格】视频效果能够使影片剪辑呈现出一种在垂直方向上进行滚动的效果，如图 8-37 所示。

提 示

在【垂直定格】视频效果中，素材画面在屏幕上的滚动速度由 Premiere 所决定，而滚动的次数则由素材长度所决定。素材的持续时间越长，素材画面在屏幕上的滚动次数越多。

【垂直翻转】视频效果的作用则是让影片剪辑的画面呈现一种倒置的效果，如图 8-38 所示。

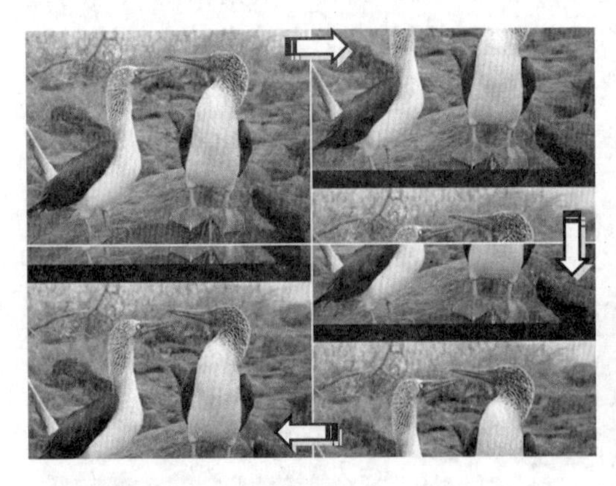

图 8-37 【垂直定格】视频效果

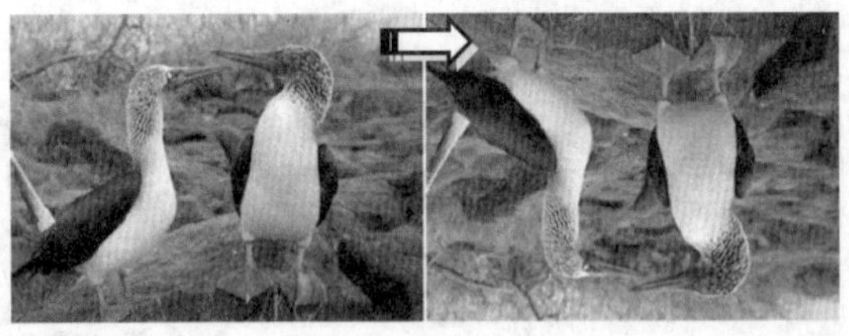

图 8-38 【垂直翻转】视频效果

注 意

由于【垂直定格】和【垂直翻转】视频效果都没有属性参数，因此用户无法对其效果进行控制。

2. 摄像机视图

【摄像机视图】视频效果的作用是模拟摄像机对屏幕画面进行二次拍摄，其参数面板及应用效果如图 8-39 所示。在【效果控件】面板中，【摄像机视图】视频效果各个参数的作用如下。

- **经度** 以中心垂线为轴，控制屏幕画面的旋转角度。

图 8-39 摄像机视图视频效果

- **纬度** 以中心水平线为轴，控制屏幕画面的旋转角度。
- **滚动** 在二维层面中，控制屏幕画面的旋转角度。
- **焦距、距离与缩放** 焦距、距离与缩放分别用于模拟摄像机的镜头焦距、摄像机与屏幕画面间的距离和变焦倍数。综合运用这三项参数后，即可控制原屏幕画面在当前屏幕中的尺寸大小。
- **填充颜色** 当原有的屏幕画面变形后，该选项用于控制屏幕空白区域的颜色。在单击该选项中的色块后，即可在弹出的【拾色器】对话框内设置相应的颜色值，如图 8-40 所示。

提 示

在单击【填充颜色】色块右侧的【吸管】按钮后，用户还可直接从当前屏幕画面中吸取颜色作为填充色彩。

此外，在【效果控件】面板内直接单击【摄像机视图】视频效果上的【设置】按钮后，用户还可在弹出的【摄像机视图设置】对话框内设置上述属性参数，如图 8-41 所示。

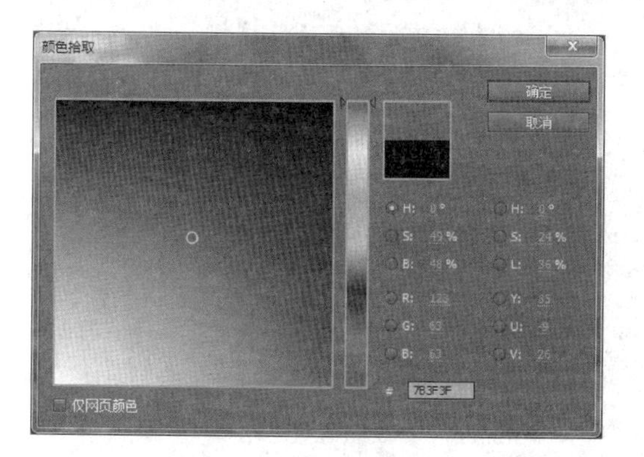

图 8-40 设置【填充颜色】值

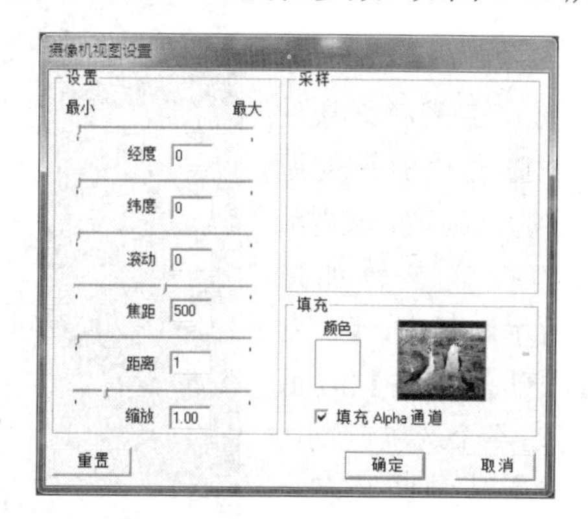

图 8-41 【摄像机视图设置】对话框

3. 水平定格和水平翻转

默认设置的【水平定格】视频过渡在应用于影片剪辑后不会使屏幕画面发生任何变化。在调整其唯一的参数后，屏幕画面会出现不同程度的倾斜，如图 8-42 所示。

【水平翻转】视频效果的效果与【垂直翻转】视频效果的效果相反，其作用是让影片剪辑在水平方向上进行镜像翻转，如图 8-43 所示。

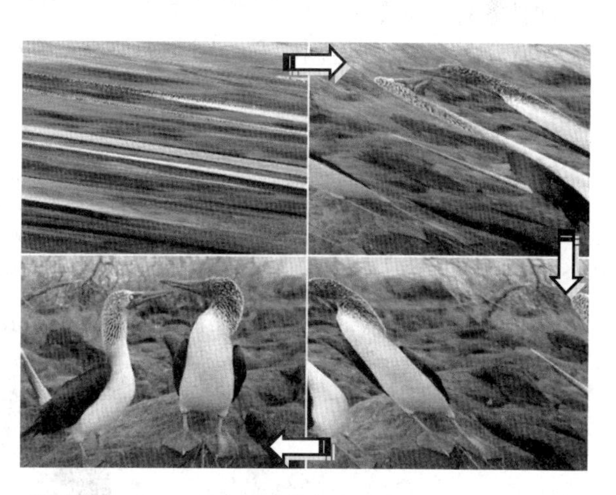

图 8-42 【水平定格】视频效果

4. 羽化边缘

【羽化边缘】视频效果会在屏幕画面的四周形成一圈经过羽化处理后的黑边，如图 8-44 所示。在【羽化边缘】视频效果中，【数量】选项的参数值越大，经过羽化处理的黑边越明显。

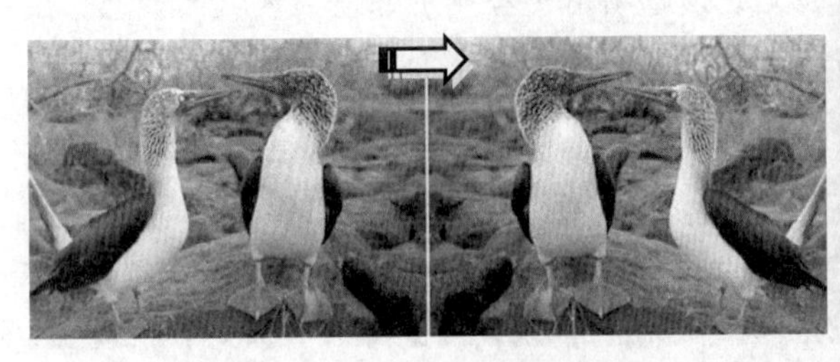

图 8-43 【水平翻转】视频效果

图 8-44 【羽化边缘】视频效果

5. 裁剪

【裁剪】视频效果的作用是对影片剪辑的画面进行切割处理，该视频效果的控制参数如图 8-45 所示。其中，【左对齐】【顶部】【右侧】和【底对齐】这 4 个选项分别用于控制屏幕画面在左、上、右、下这 4 个方向上的切割比例，而【缩放】选项则用于控制是否将切割后的画面填充至整个屏幕。

图 8-45 【裁剪】视频效果

8.3.2 扭曲

应用【扭曲】类视频效果后，能够使素材画面产生多种不同的变形效果。在该类型的视频效果中，共包括 13 种不同的变形样式，如位移、旋转、弯曲、球面化和边角定位等。

1. 位移

当素材画面的尺寸大于屏幕尺寸时，使用【位移】视频效果能够产生虚影效果，如图 8-46 所示。

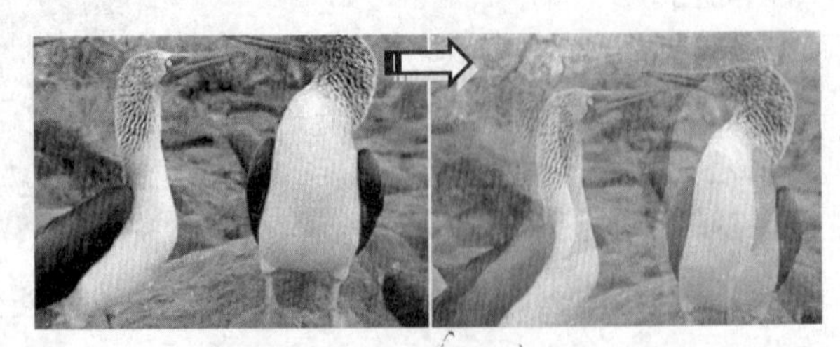

图 8-46 【位移】视频效果

为素材应用【位移】视频效果后，默认情况下的【与原始图像混合】选项取值为 0%，此时的影片剪辑画面不会发生任何变化。在【效果控件】面板中，调整【与原始图像混合】选项后，虚影效果便会逐渐显现出来，且参数值越大，虚影效果越明显，如图 8-47 所示。此外，用户还可通过更改【将中心移位至】选项参数值的方式来调整虚影图像的位置。

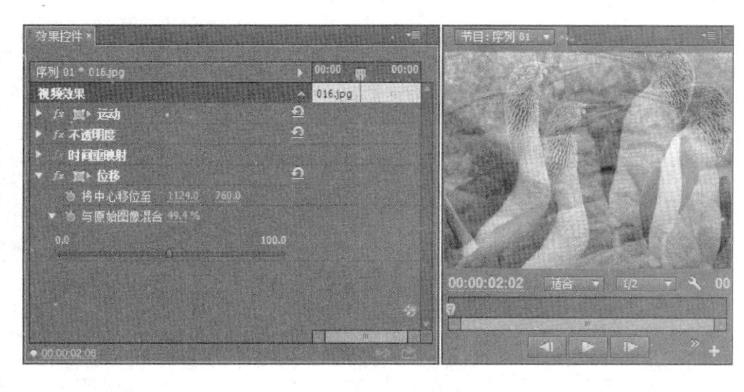

图 8-47　调整【位移】视频效果的参数值

2．变换

【变换】视频效果能够为用户提供一种类似于照相机拍照时的效果，通过在【效果控件】面板内调整【锚点】【缩放高度】【缩放宽度】等选项，用户对“拍照”时的屏幕画面摆放位置、照相机位置和拍摄参数等多项内容进行设置，如图 8-48 所示。

图 8-48　【变换】视频效果

3．弯曲

【弯曲】视频效果能够使素材画面产生一种扭曲、变形，仿佛是在照哈哈镜时的效果，如图 8-49 所示。而且，随着影片剪辑的播放，【弯曲】视频效果对画面的影响还会发生变化。

提　示

在【效果控件】面板中，用户可通过调整垂直或水平方向上的弯曲强度、速率和宽度来调整弯曲视频效果的最终结果。

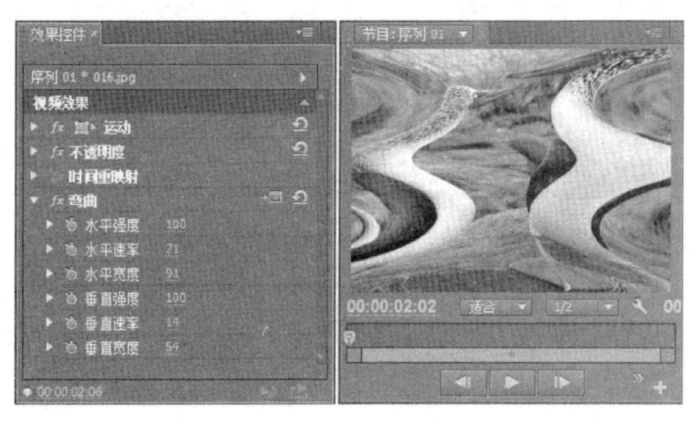

图 8-49　【弯曲】视频效果

此外，在单击【弯曲】视频效果栏中的【设置】按钮后，还可在弹出的对话框内直观地调整弯曲强度、速率和宽度参数，并实时查看【弯曲】视频效果的播放效果，如图 8-50 所示。

4．放大

利用【放大】视频效果可以放大显示素材画面中的指定位置，从而模拟人们使用放大镜观察物体的效果，如图 8-51 所示。

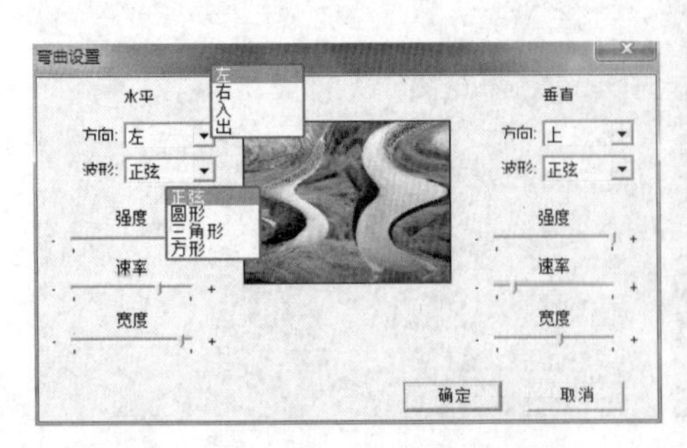

图 8-50　通过【弯曲设置】对话框调整效果参数

图 8-51　【放大】视频效果

在【效果控件】面板中，用户可对【放大】视频效果的放大形状、位置、透明度、缩放效果、混合模式及羽化程度等多项参数进行设置。如图 8-52 所示，分别为不同混合模式选项的放大效果。

5. 旋转

为素材应用【旋转】视频效果，可以使素材画面中的部分区域转绕指定点来旋转图像画面，如图 8-53 所示。

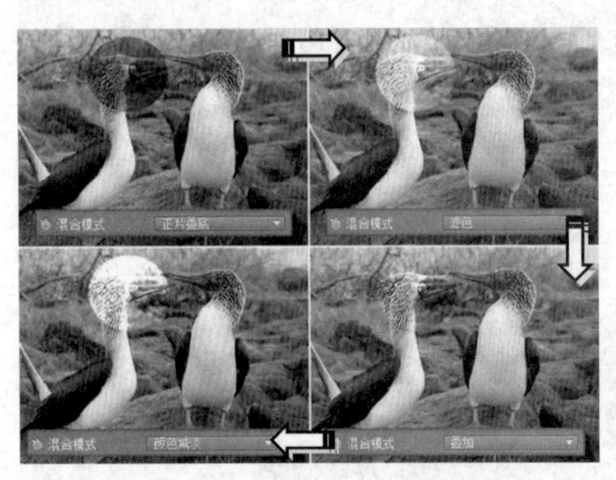

图 8-52　不同混合模式的放大效果

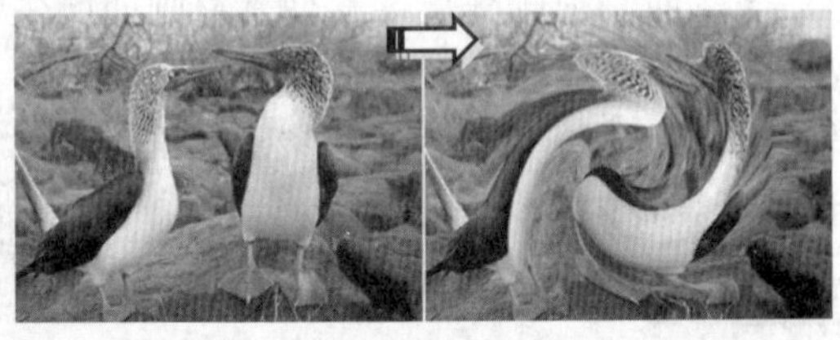

图 8-53　【旋转】视频效果

在【效果控件】面板中的【旋转】选项组中，【角度】选项决定了图像的旋转扭曲程度，参数值越大扭曲效果越明显；【旋转扭曲半径】选项决定着图像的扭曲范围，而【旋转扭曲中心】选项则控制着扭曲范围的中心点，如图 8-54 所示。

6. 波形变形

【波形变形】视频效果的作用是根据用户给出的参数在一定范围内制作弯曲的波浪效果，如图 8-55 所示。

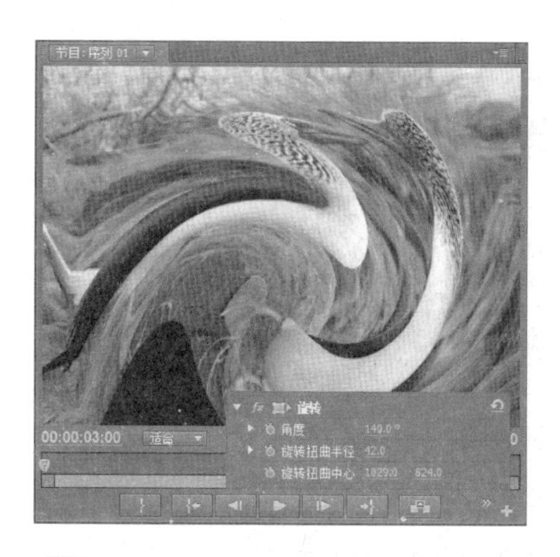

图 8-54 调整【旋转】视频效果的参数　图 8-55 【波形变形】视频效果

提 示

在【效果控件】面板中，通过更改【波形类型】选项可调整波形弯曲的显示效果，而重新设置【波形高度】【波形宽度】【方向】和【波形速度】等选项则可调整【波形变形】视频效果对画面的扭曲影响程度。

7. 球面化

利用【球面化】视频效果，可以使素材画面以球化状态显示，如图 8-56 所示。在【球面化】视频效果的控制选项中，【半径】选项用于调整“球体”的尺寸大小，直接影响着【球面化】视频效果对屏幕画面的作用范围；【球面中心】选项则决定了“球体”在画面中的位置。

8. 紊乱置换

【紊乱置换】视频效果能够在素材画面内产生随机的画面扭曲效果，如图 8-57 所示。在【紊乱置换】视频效果提供的控制选项中，除【置换】选项用于控制扭曲方式、【消除锯齿最佳品质】选项用于决定扭曲后的画面品质外，其他所有选项都用于控制画面扭曲效果。

图 8-56 【球面化】视频效果　图 8-57 【紊乱置换】视频效果

9. 边角定位

【边角定位】视频效果可以改变素材画面4个边角的位置，从而使画面产生透视和弯曲效果。在【效果控件】面板中，【边角定位】视频效果4个选项的参数值便是用于指定屏幕画面位置的坐标值，用户只需调整这些参数便可控制屏幕画面产生各种倾斜或透视效果，如图8-58所示。

图8-58 【边角定位】视频效果

10. 镜像

利用【镜像】视频效果可以使素材画面沿分割线进行任意角度的反射操作，如图8-59所示即为88°的镜像效果。

技 巧

在【效果控件】面板中，用户可通过【反射中心】来调整分割线的位置，而调整【反射角度】选项则可更改视频效果的应用效果。

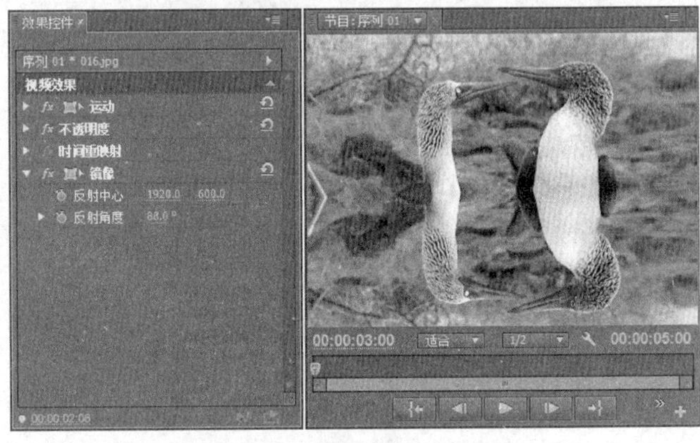

图8-59 88°【镜像】效果

11. 镜头扭曲

在视频拍摄过程中，可能会出现某些焦距、光圈大小和对焦距离等不同类型的缺陷。这时可以通过【镜头扭曲】视频效果进行校正，或者直接使用该效果为正常的视频画面进行扭曲效果操作，如图8-60所示。

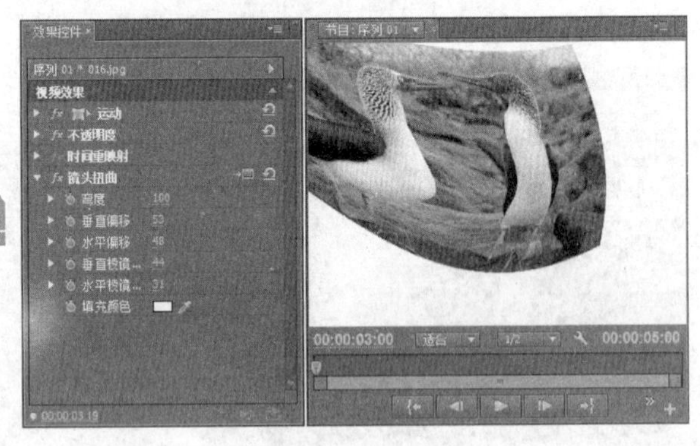

图8-60 【镜头扭曲】视频效果

8.4 画面质量视频效果

使用DV拍摄的视频，其画面效果并不是非常理想的，视频画面中的模糊、清晰与是否出现杂点等质量问题，可以通过【杂色与颗粒】以及【模糊与锐化】等效果组中的效果来设置。

8.4.1 杂色与颗粒

【杂色与颗粒】类视频效果的作用是在影片素材画面内添加细小的杂点，根据视频效果原理的不同，又可分为 6 种不同的效果。

1. 中间值

【中间值】视频效果能够将素材画面内每个像素的颜色值替换为该像素周围像素的 RGB 平均值，因此能够实现消除噪波或产生水彩画的效果，如图 8-61 所示。

图 8-61 【中间值】视频效果

【中间值】视频效果仅有【半径】这一项参数，其参数值越大，Premiere Pro CC 在计算颜色值时的参考像素范围越大，视频效果的应用效果也越明显，如图 8-62 所示。

2. 杂色

【杂色】视频效果能够在素材画面上增加随机的像素杂点，其效果类似于采用较高 ISO 参数拍摄出的数码照片，如图 8-63 所示。在【杂色】视频效果中，各个选项的作用如下。

图 8-62 【中间值】参数

图 8-63 【杂色】视频效果

- 杂色数量　控制画面内的噪点数量，该选项所取的参数值越大，噪点的数量越多。
- 杂色类型　选择产生噪点的算法类型，启用或禁用该选项右侧的【使用颜色杂色】会影响素材画面内的噪点分布情况。
- 剪切　决定是否将原始的素材画面与产生噪点后的画面叠放在一起，禁用【剪切结果值】复选框后将仅显示产生噪点后的画面。但在该画面中，所有影像都会变得模糊一片，如图 8-64 所示。

图 8-64 仅显示噪波画面

3. 杂色 Alpha

通过【杂色 Alpha】视频效果，可以在视频素材的 Alpha 通道内生成噪波，从而利用 Alpha 通道内的噪波来影响画面效果，如图 8-65 所示。在【效果控件】面板中，用户还可对【杂色 Alpha】视频效果的杂色、数量、溢出，以及杂色选项（动画）等多项参数进行调整。

4. 杂色 HLS 与杂色 HLS 自动

【杂色 HLS】视频效果能够通过调整画面色相、亮度和饱和度的方式来控制噪波效果，其参数面板如图 8-66 所示。

图 8-65 【杂色 Alpha】视频效果

图 8-66 设置【杂色 HLS】视频效果参数

5. 蒙尘与划痕

【蒙尘与划痕】视频效果用于产生一种附有灰尘的、模糊的噪波效果。在【效果控件】面板中，参数【半径】用于设置噪波效果影响的半径范围，其值越大，噪波范围的影响越大；参数【阈值】用于设置噪波的开始位置，其值越小，噪波影响越大，图像越模糊，如图 8-67 所示。

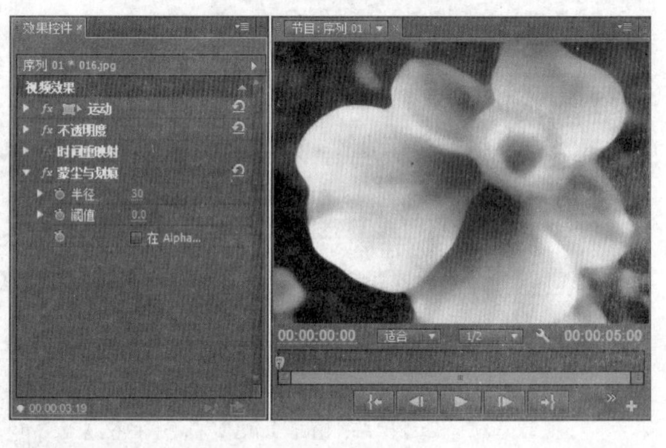

图 8-67 【蒙尘与划痕】视频效果

8.4.2 模糊与锐化

【模糊与锐化】类视频效果的作用与其名称完全相同，这些视频效果有些能够使素材画面变得更加朦胧，而有些则能够让画面变得更为清晰。在此类视频效果中，包含了 10 种不同的效果，下面将对其中几种比较常用的进行讲解。

1. 方向模糊

【方向模糊】视频效果能够使素材画面向指定方向进行模糊处理，从而使画面产生动态效果，如图 8-68 所示。在【效果控件】面板中，可通过调整【方向】和【模糊长度】选项来控制定向模糊的效果。

提　示

在调整【方向模糊】视频效果的参数时，【模糊长度】选项的参数值越大，图像的模糊效果将会越明显。

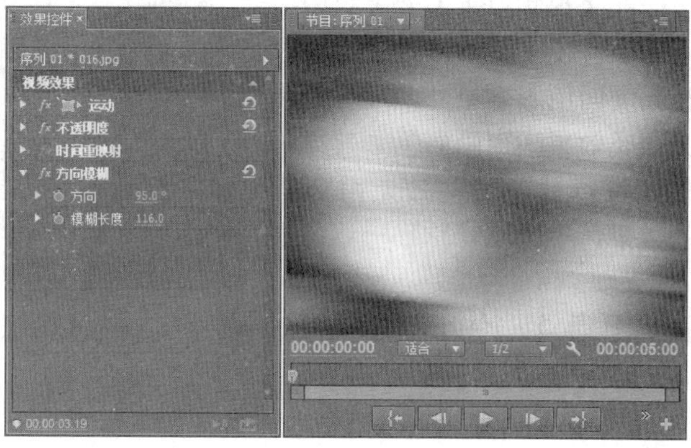

图 8-68　【方向模糊】视频效果

2. 快速模糊

【快速模糊】视频效果能够对画面中的每个像素进行相同的模糊操作，因此其模糊效果较为“均匀”。在【效果控件】面板中，【模糊度】用于控制画面模糊程度；【模糊维度】决定了画面模糊的方式；而【重复边缘像素】选项则用于调整模糊画面的细节部分，如图 8-69 所示。

3. 锐化

【锐化】视频效果的作用是增加相邻像素的对比度，从而达到提高画面清晰度的目的，如图 8-70 所示。在【效果控件】面板中，【锐化】视频效果只有【锐化量】这一个设置项，其参数取值越大，对画面的锐化效果越明显。

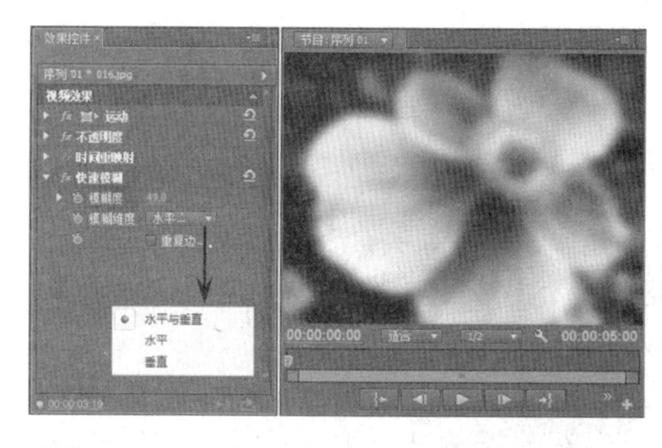

图 8-69　【快速模糊】视频效果

图 8-70　【锐化】视频效果

提　示

在【效果控件】面板中，用户可通过【模糊度】和【模糊尺寸】这 2 个选项来设置【高斯模糊】视频效果的方向和程度。

4. 高斯模糊

【高斯模糊】视频效果能够利用高斯运算方法生成模糊效果，从而使画面中部分区域的画面表现效果更为细腻，如图 8-71 所示。

8.5 光照视频效果

在【视频效果】效果组中，除了【颜色校正】等效果组能够改变视频画面色彩效果外，还可以通过光照类效果改变画面色彩效果，另外还可以通过某些效果得到日光的效果。

图 8-71 【高斯模糊】视频效果

8.5.1 生成

【生成】类视频效果包括书写、棋盘、渐变和油漆桶等 12 种视频效果，其作用都是在素材画面中形成炫目的光效或者图案。接下来，我们将对【生成】类视频效果中的部分常用效果进行讲解。

1. 棋盘

【棋盘】视频效果的作用是在屏幕画面上形成棋盘网络状的图案，如图 8-72 所示。

图 8-72 【棋盘】视频效果

在【效果控件】面板中，我们可以对【棋盘】视频效果所生成棋盘图案的起始位置、棋盘格大小、颜色、图案透明度和混合模式等多项属性进行设置，从而创造出个性化的画面效果，如图 8-73 所示。

2. 渐变

【渐变】视频效果的功能是在素材画面上创建彩色渐变，并使其与原始素材融合在一起。在【效果控件】面板中，用户可对渐变的起始、结束位置，以及起始、结束色彩和渐变方式等多项内容进行调整，如图 8-74 所示。

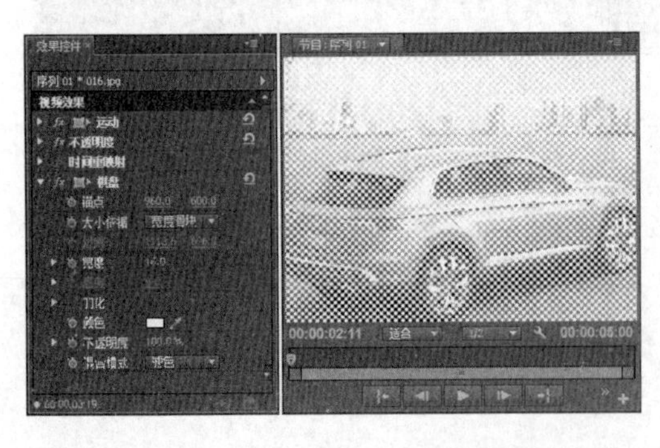
图 8-73 调整【棋盘】视频效果的参数

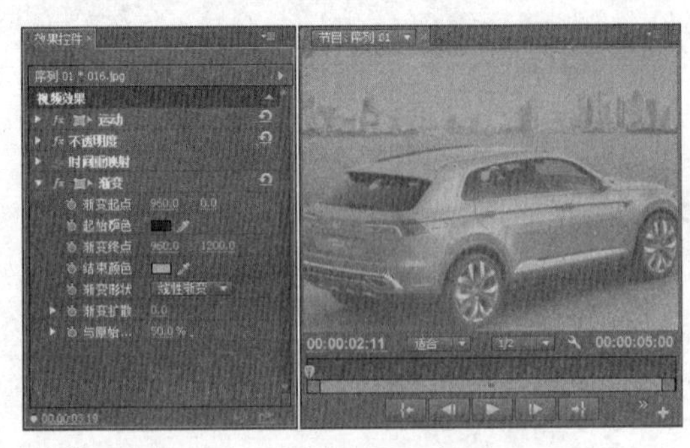
图 8-74 【渐变】视频效果

技　巧

在【效果控件】面板中，参数【与原始图像混合】的值越大，与原始素材画面的融合将会越紧密，若其值为0%，则仅显示渐变颜色而不显示原始素材画面。

3. 镜头光晕

为影片剪辑应用【镜头光晕】视频效果后，可以在素材画面上模拟出摄像机镜头上的光环效果。在【效果控件】面板中，用户可对光晕效果的光晕中心、光晕亮度和镜头类型等参数进行调整，如图8-75所示。

图 8–75　【镜头光晕】视频效果

8.5.2　风格化

【风格化】类型的视频效果共为我们提供了13种不同样式的视频效果，其共同点都是通过移动和置换图像像素，以及提高图像对比度的方式来产生各种各样的特殊效果。

1. 曝光过度

【曝光过度】视频效果能够使素材画面的正片效果和负片效果混合在一起，从而产生一种特殊的曝光效果，如图8-76所示。在【效果控件】面板中，可通过调整【曝光过度】视频效果内的【阈值】选项来更改【曝光过度】视频效果的最终效果。

2. 查找边缘

【查找边缘】视频效果能够通过强化过渡像素来形成彩色线条，从而产生铅笔勾画的特殊画面效果，如图8-77所示。

图 8–76　【曝光过度】视频效果

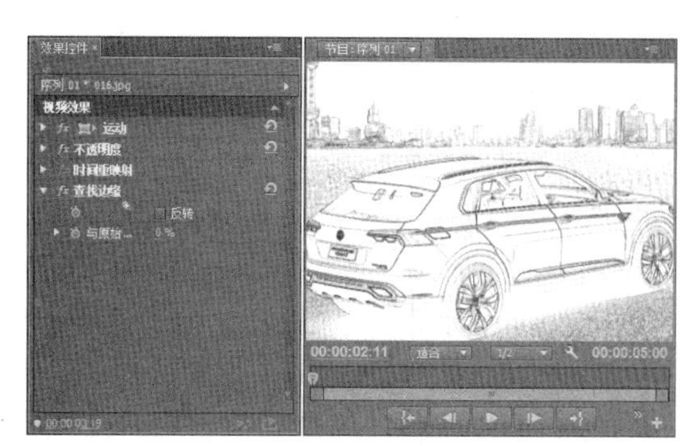

图 8–77　【查找边缘】视频效果

提　示

在【效果控件】面板中，【与原始图像混合】选项用于控制【查找边缘】所产生画面的透明度，当其取值为100%时，即完全显示原素材画面。

3. 浮雕

为影片剪辑应用【浮雕】视频效果后，屏幕画面中的内容将产生一种石材雕刻后的单色浮雕效果，如图 8-78 所示。在【效果控件】面板中，我们还可对浮雕效果的角度、浮雕高度等内容进行设置。

提 示

在【风格化】类视频效果中，还包含一个【彩色浮雕】视频效果，其作用与【浮雕】视频效果基本相同，差别仅在于应用【彩色浮雕】视频效果后的屏幕画面内包含有一定颜色。

4. 纹理化

通过应用【纹理化】视频效果，可以将指定轨道内的纹理映射至当前轨道的素材图像上，从而产生一种类似于浮雕贴图的效果，如图 8-79 所示。

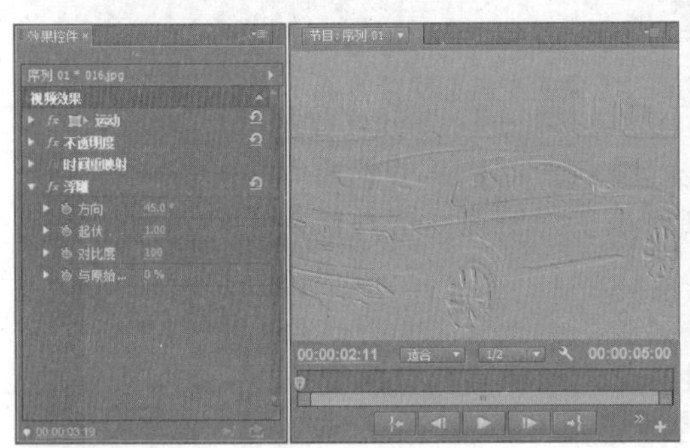

图 8-78 【浮雕】视频效果

图 8-79 【纹理化】视频效果

注 意

如果纹理轨道位于目标轨道的上方，则在【效果控件】面板内将【纹理图层】设置为相应轨道后，还应当隐藏该轨道，使其处于不可见状态。

5. 粗糙边缘

【粗糙边缘】视频效果能够让影片剪辑的画面边缘呈现出一种粗糙化形式，其效果类似于腐蚀而成的纹理或溶解效果，如图 8-80 所示。在【效果控件】面板中，还可通过【粗糙边缘】选项组中的各个选项，来调整视频效果的影响范围、边缘粗糙情况及复杂程度等内容。

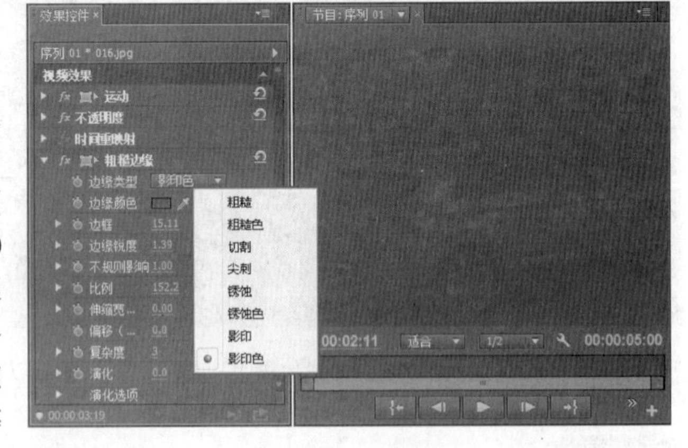

图 8-80 【粗糙边缘】视频效果

6. 其他风格化效果

在【风格化】效果组中还包括其他效果，这些效果有些能够将视频画面的色彩设置为不同的色阶，有些能够将视频画面的色彩变成黑白色调，而有些则能够将视频画面调整为色块，如图 8-81 所示。而这些效果不仅能够改变视频画面效果，还能够设置出不同的个性化效果。

图 8-81 各种风格化效果

8.6 其他视频效果

在【视频效果】效果组中，还包括其他一些效果组，比如视频过渡效果组、时间效果组以及视频效果组。而这些效果以及前面介绍过的视频效果，既可以在整个视频中显示，也可以在视频的某个时间段显示。

8.6.1 过渡

【过渡】类视频效果主要用于两个影片剪辑之间的切换，其作用类似于 Premiere 中的视频过渡。在【过渡】类视频效果中，共包括块溶解、线性擦除等 5 种过渡效果。

1. 块溶解

【块溶解】视频效果能够在屏幕画面内随机产生块状区域，从而在不同视频轨中的视频素材重叠部分间实现画面切换，如图 8-82 所示。

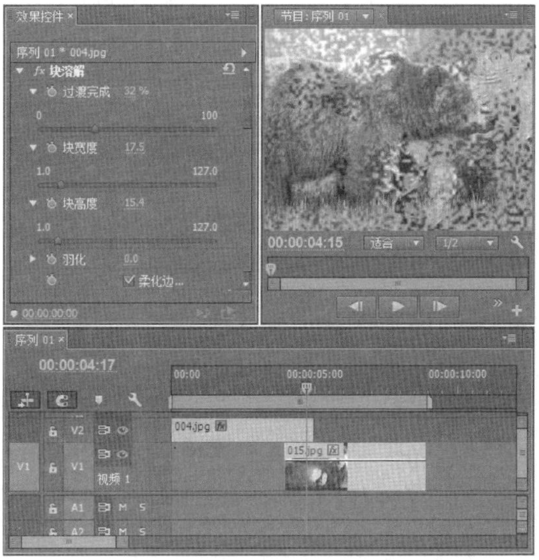

图 8-82 使用【块溶解】视频效果实现画面切换

在【块溶解】视频效果的控制面板中，参数【过渡完成】用于设置不同素材画面的切换状态，取值为100%时将会完全显示底层轨道中的画面。至于【块宽度】和【块高度】选项，则用于控制块形状的尺寸大小，如图 8-83 所示。

提 示

在【效果控件】面板中，启用【柔化边缘（最佳品质）】复选框后，能够使块形状的边缘更加柔和。

当在两个素材的重叠显示时间段创建【过渡完成】选项的关键帧，并且设置该参数由 0%至 100%时，就会得到视频过渡动画，如图 8-84 所示。

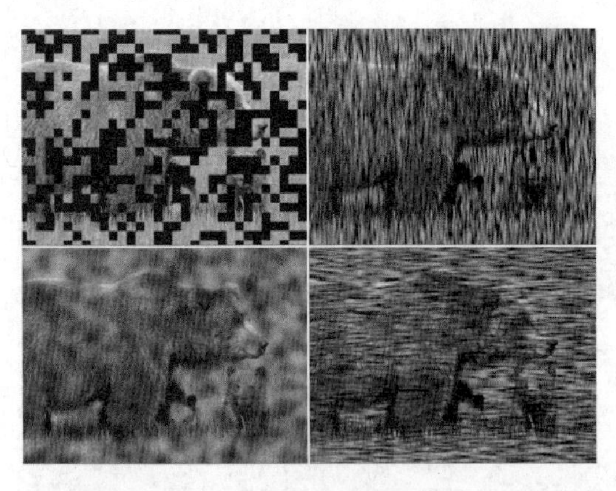

图 8-83 【块溶解】视频效果的各种效果

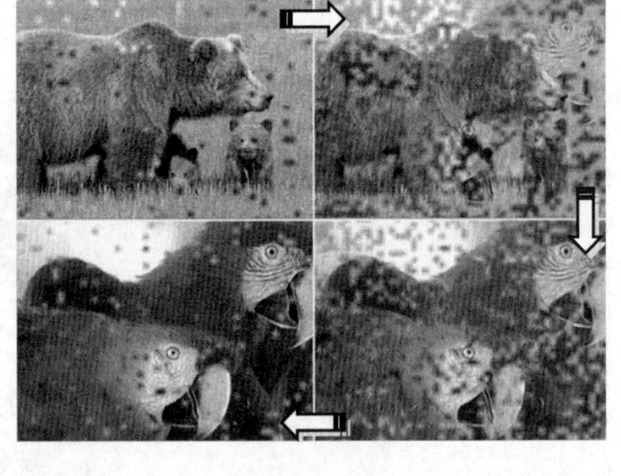

图 8-84 视频过渡动画

2．径向擦除

【径向擦除】视频效果能够通过一个指定的中心点，从而以旋转划出的方式切换出第二段素材的画面，如图 8-85 所示。

在【径向擦除】视频效果的控制选项中，【过渡完成】用于设置素材画面切换的具体程度，【起始角度】用于控制径向擦除的起点。至于【擦除中心】和【擦除】选项，则分别用于控制【径向擦除】中心点的位置和擦除方式，如图 8-86 所示。

图 8-85 【径向擦除】视频效果实现画面切换

图 8-86 起始角度与两者兼有效果

3．渐变擦除

【渐变擦除】视频效果能够根据两个素材的颜色和亮度建立一个新的渐变层，从而在第一个素材逐渐消失的同时逐渐显示第二个素材，如图 8-87 所示。

在【效果控件】面板中，还可以对渐变的柔和度，以及渐变图层的位置与效果进行调整，如图 8-88 所示。

4．百叶窗

【百叶窗】视频效果能够模拟百叶窗张开或闭合时的效果，从而通过分割素材画面的方式，实现切换素材画面的目的，如图 8-89 所示。

图 8-87 【渐变擦除】视频效果实现画面切换　图 8-88 各种渐变擦除效果

在【效果控件】面板中，通过更改【过渡完成】【方向】和【宽度】等选项的参数值，用户还可对“百叶窗”的打开程度、角度和大小等参数进行调整，如图 8-90 所示。

图 8-89 【百叶窗】视频效果实现画面切换　图 8-90 各种百叶窗效果

5. 线性擦除

应用【线性擦除】视频效果后，用户可以在两个素材画面之间以任意角度擦拭的方式完成画面切换，如图 8-91 所示。在【效果控件】面板中，可以通过调整参数【擦除角度】的数值来设置过渡效果的方向。

8.6.2 时间与视频

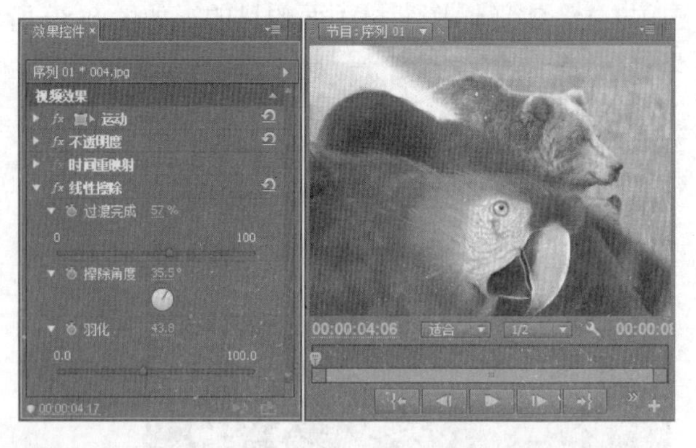

图 8-91　【线性擦除】视频效果实现画面切换

在【视频效果】效果组中，还能够设置视频画面的重影效果，以及视频播放的快慢效果。并且还可以通过效果为视频画面添加时间码效果，从而在视频播放过程中查看播放时间。

1．抽帧时间

【抽帧时间】效果是【视频效果】|【时间】效果组中的一个效果，也是比较常用的效果处理手段，一般用于娱乐节目和现场破案等片子当中，可以制作出具有空间停顿感的运动画面。只要将该效果添加至视频素材中，即可得到停顿效果，如图 8-92 所示。

2．残影

【残影】效果同样是【视频效果】|【时间】效果组中的一个效果，该效果能够为视频画面添加重影效果。只要将该效果添加至素材中，即可查看重影效果，如图 8-93 所示。

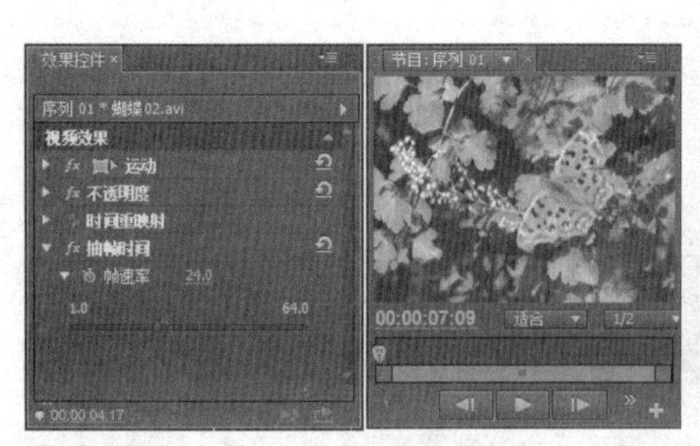

图 8-92　【抽帧时间】视频效果

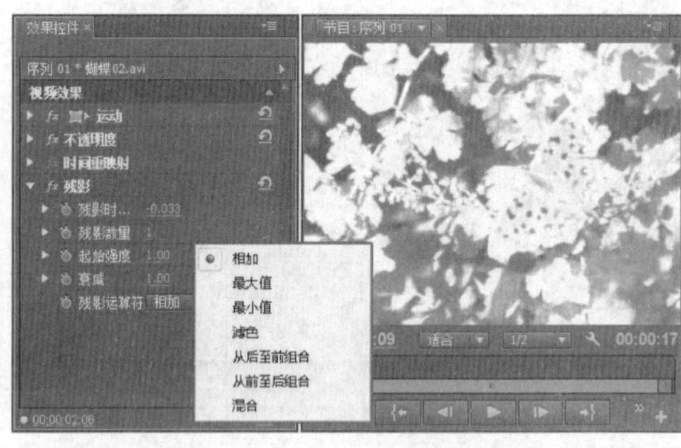

图 8-93　【残影】视频效果

3．时间码

【时间码】效果是【视频效果】|【视频】效果组中的效果，当为视频添加该效果后，即可在画面的正下方显示时间码，如图 8-94 所示。

图 8-94　【时间码】视频效果

这时，单击【节目】面板中的【播放-停止切换】按钮，即可在视频播放的同时，查看【时间码】记录播放时间的动画，如

图 8-95 所示。

图 8-95 【时间码】动画

8.7 课堂练习：制作水中的倒影

本例制作汽车在水中的倒影。通过学习添加【波形变形】视频效果，使水的素材呈现波动的效果，再降低其透明度，使水波更加逼真。再为汽车素材添加【垂直翻转】效果，并添加相同的弯曲效果，调整素材的位置，制作出汽车在水中的倒影效果，如图 8-96 所示。

图 8-96 制作水中的倒影

操作步骤：

1 启动 Premiere Pro CC，在【新建项目】对话框中，单击【浏览】按钮，选择文件的保存位置。在【名称】栏中，输入“水中的倒影”，单击【确定】按钮，创建新项目，如图 8-97 所示。

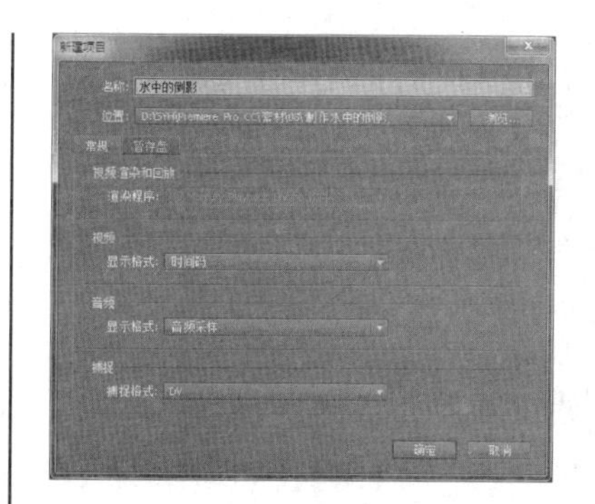

图 8-97 新建项目

提 示

虽然在 Premiere Pro CC 中，序列并不是自动创建的，但是在每次创建项目后，还需要创建一个序列。

2 在【项目】面板中双击，弹出【导入】对话框，选择素材图片，导入到【项目】面板中，如图 8-98 所示。

图 8-98　导入素材

3 选择素材“水.jpg”，拖入到【时间轴】面板的“V1”轨道上。在【效果控件】面板中，设置其【不透明度】为 80%，如图 8-99 所示。

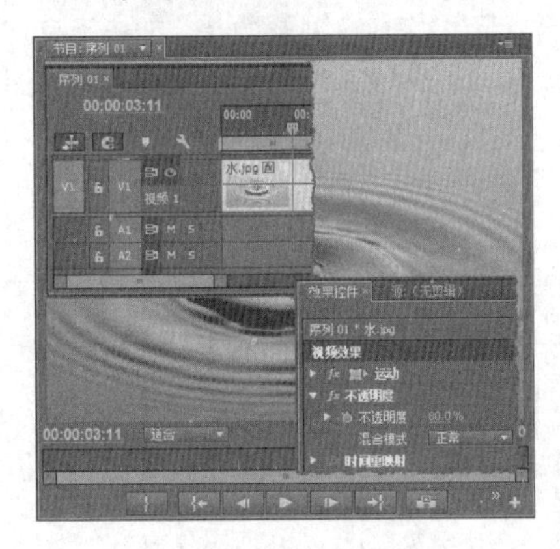

图 8-99　设置【不透明度】参数

4 在【效果】面板中，展开【视频效果】文件夹以及【扭曲】子文件夹，选择【波形变形】效果，添加到该素材上，如图 8-100 所示。

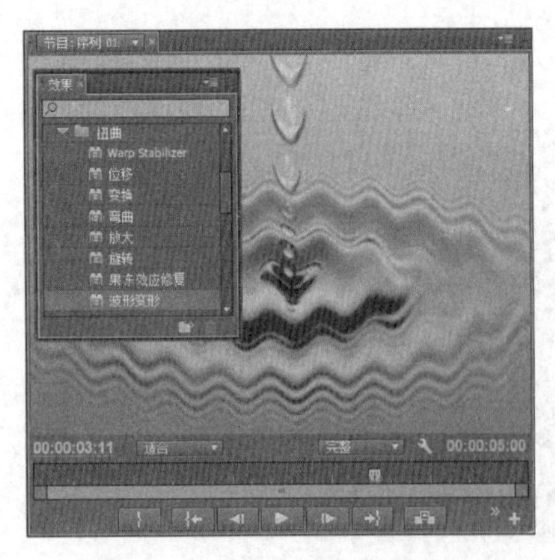

图 8-100　添加【波形变形】效果

5 在【效果控件】面板中，展开【波形变形】效果，设置【波形宽度】为 100，如图 8-101 所示。

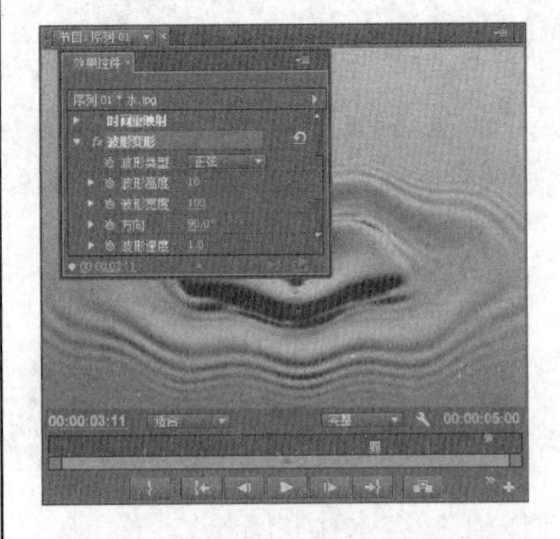

图 8-101　设置【波形变形】参数

6 在【效果】面板中，展开【变换】文件夹，选择【羽化边缘】效果，添加到该素材上，如图 8-102 所示。

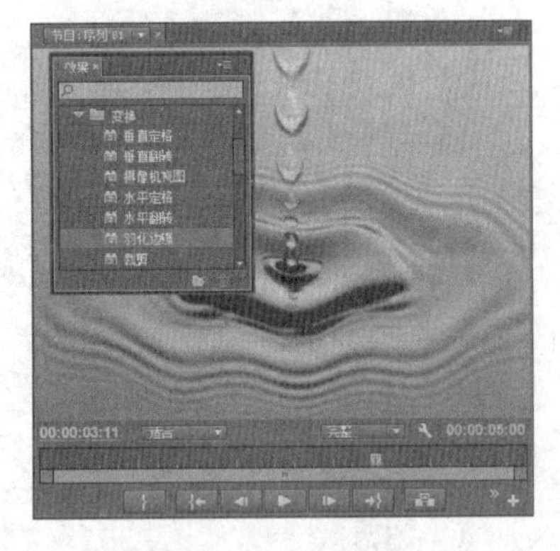

图 8-102　添加【羽化边缘】效果（1）

7 在【效果控件】面板中，设置【羽化边缘】的【数量】为 100，如图 8-103 所示。

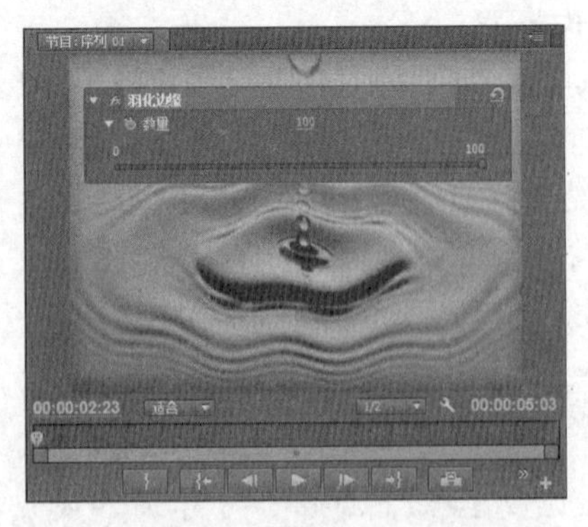

图 8-103　设置【羽化边缘】参数

8 将素材“汽车.jpg”添加到“V2”轨道上。在【效果控件】面板中，设置其【位置】为354.7，185.7 及【缩放】参数为 50%，如图 8-104 所示。

图 8-104 设置【位置】参数

9 为汽车素材添加【羽化边缘】效果，在【效果控件】面板中，设置【羽化边缘】数量为100，如图 8-105 所示。

图 8-105 添加【羽化边缘】效果（2）

10 将汽车素材拖至“V3”轨道上，在【效果控件】面板中，设置其【位置】和【缩放】参数，如图 8-106 所示。

11 在【效果】面板中，选择【视频效果】|【变换】|【垂直翻转】视频效果，添加到“V3”轨道的汽车素材上，如图 8-107 所示。

图 8-106 设置参数

图 8-107 添加【垂直翻转】视频效果

12 再为其添加【羽化边缘】视频效果，在【效果控件】面板中，设置【数量】为 100，并设置该素材的【不透明度】为 40%，如图 8-108 所示。

图 8-108 添加【羽化边缘】效果（3）

13 在【效果】面板中，选择【波形变形】效果，添加到“V3”轨道的素材上，如图 8-109 所示。

图 8-109 添加【波形变形】效果

14 在【效果控件】面板中，设置【波形宽度】为 100。在【节目】面板中可预览动画效果，最后，保存文件，完成汽车在水中的倒影的制作，如图 8-110 所示。

图 8-110 设置【波形变形】参数

8.8 课堂练习：夕阳斜照

夕阳西下的视频效果非常不易拍摄，需要长时间的拍摄以及绝佳的拍摄角度。但是 Premiere 可以模拟夕阳斜照的效果，如果搭配关键帧，则可以制作出夕阳西下的视频效果，如图 8-111 所示。

图 8-111 夕阳斜照效果

操作步骤：

1 在 Premiere Pro CC 中新建“夕阳斜照”项目，将准备好的视频“北海波光.avi”导入【项目】面板中，如图 8-112 所示。

2 选中【项目】面板中的视频“北海波光.avi”，并拖至【时间轴】面板的“V1”轨道中，如图 8-113 所示。

3 单击【项目】面板底部的【新建项】按钮，选择【调整图层】选项，直接单击【调整图层】对话框中的【确定】按钮，创建调整图层，如图 8-114 所示。

4 将调整图层插入【时间轴】面板的“V2”轨道中，并且将调整图层的播放长度向右拖拉，与“V1”轨道中的视频长度相等，如图 8-115 所示。

图 8-112 导入视频文件

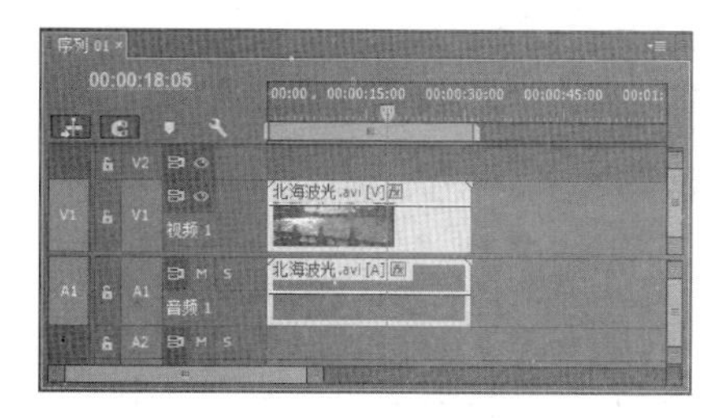

图 8-113 插入【时间轴】面板

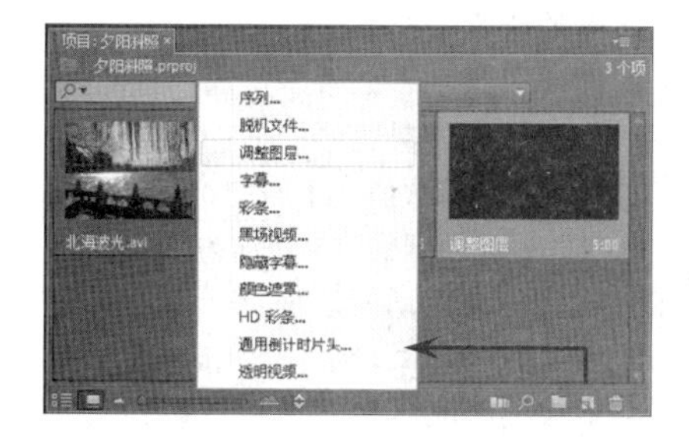

图 8-114 创建调整图层

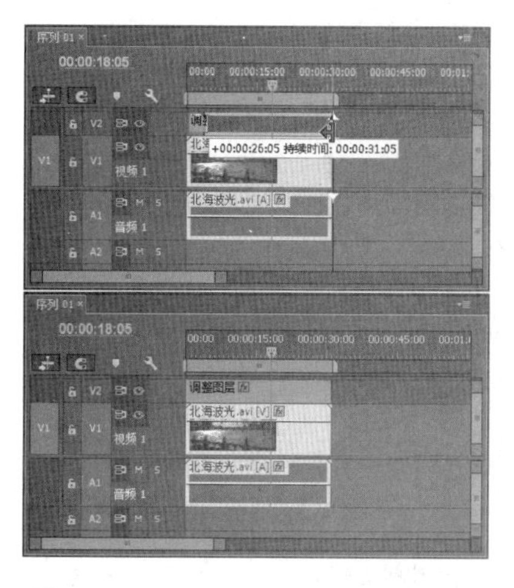

图 8-115 插入调整图层

5 选中【时间轴】面板中的调整图层，在【效果】面板中双击【视频效果】|【生成】|【镜头光晕】效果，将其添加至该调整图层中，如图 8-116 所示。

图 8-116 添加【镜头光晕】效果

6 将【时间轴】面板中的【当前时间指示器】放置在 00:00:01:00 位置，在【效果控件】面板中分别设置【光晕中心】为 234.0、-34.6，【光晕亮度】为 120%，【与原始图像混合】为 10%，如图 8-117 所示。

图 8-117 设置【镜头光晕】效果选项

7 在【效果控件】面板中，单击【光晕中心】选项左侧的【切换动画】图表，创建第一个关键帧，如图 8-118 所示。

8 将【时间轴】面板中的【当前时间指示器】放置在 00:00:28:00 位置，在【效果控件】面板中单击【添加/移除关键帧】按钮，创建第二个关键帧。设置【光晕中心】选项为234.0、216.4，如图8-119所示。

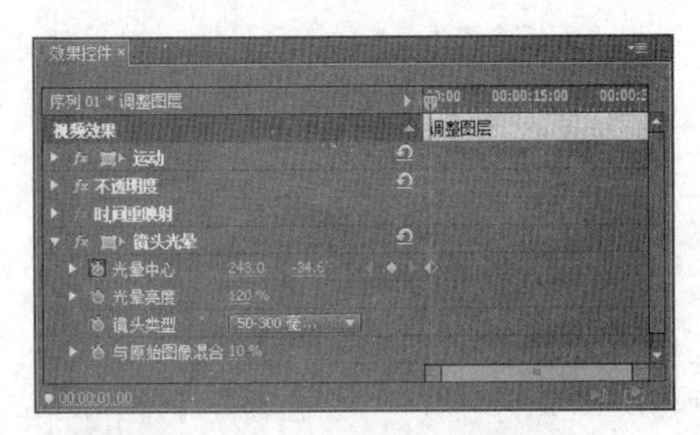

图 8-118 创建第一个关键帧

9 将【时间轴】面板中的【当前时间指示器】放置在00:00:00:00位置后，在【节目】面板中可预览动画效果。确认无误后保存文件，完成夕阳西下效果的制作。

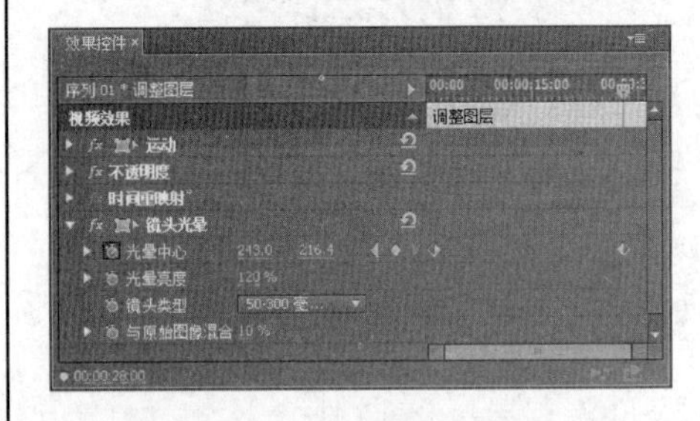

图 8-119 创建第二个关键帧

8.9 思考与练习

一、填空题

1. Premiere Pro CC 共为用户提供了130多种视频效果，所有效果按照类别被放置在【效果】面板的【__________】文件夹内。

2. 为素材添加视频效果的方法主要有两种：一种是利用【时间轴】面板添加，另一种则是利用【__________】面板添加。

3. 在【效果控件】面板内完成属性参数的设置之后，视频效果应用于影片剪辑后的效果将即时显示在【__________】面板中。

4. 在【效果控件】面板中，通过添加关键帧并调整【__________】属性的参数值，即可创建旋转动画效果。

5.【__________】类视频效果能够使素材画面产生多种不同的变形效果。

二、选择题

1. Premiere Pro CC 中的视频效果被存放在下列哪个位置？__________

A.【效果】面板

B.【效果控件】面板

C.【时间轴】面板

D.【节目】面板

2. 在关于添加关键帧的操作方法中，下列哪种说法是错误的？__________

A. 在【效果控件】面板中，直接单击某一视频效果属性栏中的【切换动画】按钮，即可开启该属性的动画选项，并添加该属性的第一个关键帧

B. 在某属性已开启动画选项的前提下，直接单击属性栏中的【添加/移除关键帧】按钮，即可在当前时间指示器的位置添加关键帧

C. 在【时间轴】面板中，选择素材所应用视频效果的属性后，直接单击【添加/移除关键帧】按钮，即可在当前时间指示器的位置添加关键帧

D. 在相应属性动画选项已开启的前提下，在【时间轴】面板中选择素材效果的相应属性，并单击【添加/移除关键帧】按钮，即可在当前时间指示器的位置添加关键帧

3. 在【扭曲】类视频效果中，能够使屏幕画面产生虚影的视频效果是__________？

A. 变换

B. 弯曲

C. 镜像

D. 偏移

4. 在下列选项中，对【方向模糊】视频效果的作用描述正确的是__________？

A. 能够对画面中的每个像素进行相同的模糊操作

B. 对画面内容进行随机模糊处理

C. 能够使素材画面向指定方向进行模糊处理

D. 利用高斯运算方法生成模糊效果

5. 在【效果控件】面板中，无法通过调整

【运动】选项组内的属性来完成下列哪种视频效果？________

A. 运动效果

B. 缩放效果

C. 透明效果

D. 浮雕效果

三、问答题

1. 怎样为影片剪辑添加视频效果？
2. 如何在不影响视频的情况下添加视频？
3. 自定义运动效果的操作步骤是什么？
4. 简述垂直定格与垂直翻转的区别。
5. 如何制作画面局部放大效果？

四、上机练习

1. 制作线性擦除过渡动画效果

要使用【视频效果】|【过渡】效果组中的效果制作视频过渡效果，首先要将两个素材放置在不同的视频轨道中，并且进行部分时间重叠。然后将【过渡】效果组中的【线性擦除】效果添加至上方素材中，如图 8-120 所示。

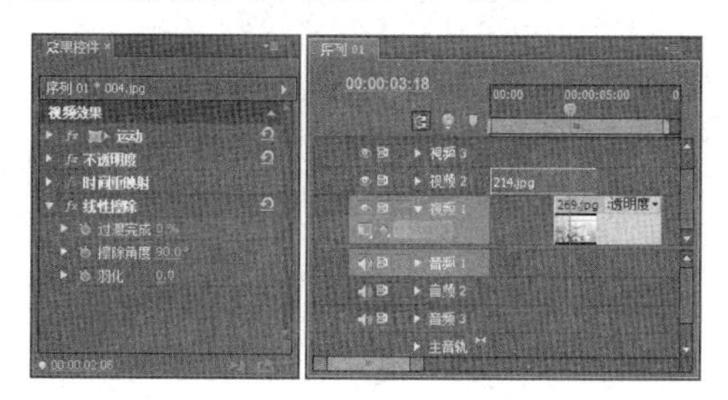

图 8-120　添加效果

接着在素材重叠区域，创建【线性擦除】效果中的【过渡完成】选项关键帧，并且分别设置其参数为 0%与 100%，完成过渡动画的制作。其中，为了使线性擦除效果更加明显，这里还设置了【擦除角度】与【羽化】选项，如图 8-121 所示。

最后，单击【节目】面板中的【播放-停止切换】按钮，即可查看线性擦除过渡动画效果，如图 8-122 所示。

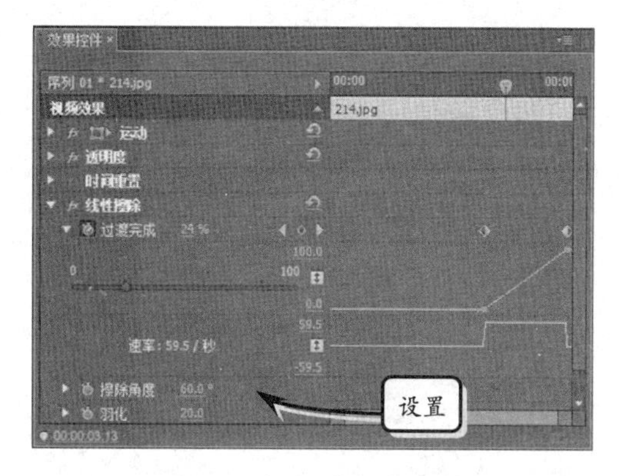

图 8-121　创建关键帧动画

图 8-122　【线性擦除】过渡动画效果

2. 制作重复画面效果

要想将视频画面制作成多个相同画面同时显示的效果，只要将【视频效果】|【风格化】效果组中的【复制】效果添加至素材中，然后设置该效果中的【计数】参数值，即可得到多个画面显示的效果，如图 8-123 所示。

图 8-123　多个画面效果

第 9 章
校正和调整视频色彩

当拍摄的视频素材导入 Premiere，并且将不需要的视频片段删除，以及将琐碎的视频片段组合为完整的视频效果后，即使添加了视频过渡以及视频效果，为视频效果添加各式各样的效果外，还是需要对视频画面进行色彩校正或者调整画面色调。这是因为在拍摄时，无法控制视频拍摄地点的光照条件以及其他物体对光照的影响，从而会使拍摄出来的视频过于暗淡，影响视频画面的整体效果。

在该章节中，将着重讨论 Premiere 在校正、调整和优化素材色彩方面的技术与方法。在介绍时，会首先从 Premiere 所支持的 RGB 颜色模型开始，然而依次介绍 Premiere 所提供的各种视频增强选项。

本章学习要点：

- 色彩理论知识
- 图像控制类效果
- 色彩校正类效果
- 调整类效果
- Lumetri Looks 效果

9.1 颜色模式

现阶段，大多数影视节目的最终播放平台仍以电视、电影等传统视频平台为主，但制作这些节目的编辑平台却大都以计算机为基础。这就使得，以计算机为运行平台的非线性编辑软件在处理和调整图像时往往不会基于电视工程学技术，而是采用了计算机创建颜色方法的基本原理。因此，在学习使用 Premiere 调整视频素材色彩之前，需要首先了解并学习一些关于色彩及计算机颜色理论的重要概念。

9.1.1 色彩与视觉原理

对人们来说，色彩是由于光线刺激眼睛而产生的一种视觉效应。也就是说，光色并存，人们的色彩感觉离不开光，只有在含有光线的场景内人们才能够“看”到色彩。

1. 光与色

从物理学的角度来看，可见光是电磁波的一部分，其波长大致为400 nm～700nm，因此该范围又被称为可视光线区域。人们在将自然光引入三棱镜后发现，光线被分离为红、橙、黄、绿、青、蓝、紫7种不同的色彩，因此得出自然光是由七种不同颜色光线组合而成的结论。这种现象，被称为光的分解，而上述七种不同颜色的光线排列则被称为光谱，其颜色分布方式是按照光的波光进行排列的，如图9-1所示。可以看出，红色的波长最长，而紫色的波长最短。

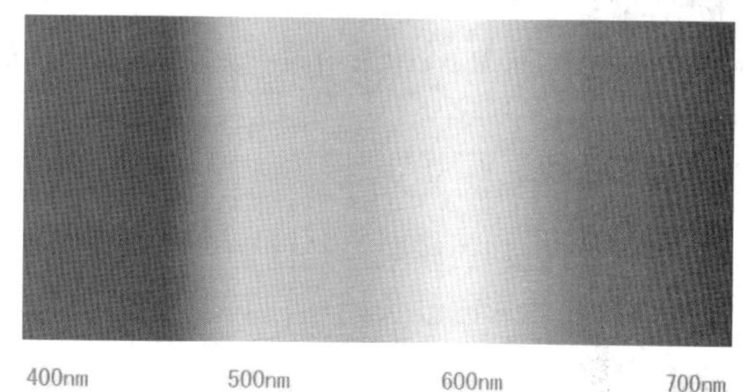

图 9-1 可见光的光谱

在自然界中，光以波动的形式进行直线传输，具有波长和振幅两个因素。以人们的视觉效果来说，不同的波长会产生颜色的差别，而不同的振幅强弱与大小则会在同一颜色内产生明暗差别。

2. 物体色

自然界的物体五花八门、变化万千，它们本身虽然大都不会发光，但都具有选择性地吸收、反射、透射光线的特性。当这些物体将某些波长的光线吸收后，人们所看到的便是剩余光线的混合色彩，即物体的表面色。当然，任何物体对光线不可能全部吸收或反射，因此并不存在绝对的黑色或白色。

物体对色光的吸收、反射或透射能力，会受到物体表面肌理状态的影响。因此，物体对光的吸收与反射能力虽是固定不变的，但物体的表面色却会随着光源色的不同而改变，有时甚至失去其原有的色相感觉。也就是说，所谓的物体“固有色”，实际上不过是常见光线下人们对此物体的习惯认识而已。例如在闪烁、强烈的各色霓虹灯光下，所有的建筑几乎都会失去原有本色，从而显得奇异莫测，如图9-2所示。

图 9-2 霓虹灯光中的大桥

9.1.2 色彩三要素

在色度学中，颜色通常被定义为一种通过眼睛传导的感官印象，即视觉效应。同触觉、嗅觉和痛觉一样，视觉的起因是刺激，而该刺激便来源于光线的辐射。

在日常生活中，人们在观察物体色彩的同时，也会注意到物体的形状、面积、材质、肌理，以及该物体的功能及其所处的环境。通常来说，这些因素也会影响人们对色彩的感觉。为了寻找规律性，人们对感性的色彩认知进行分析，并最终得出了色相、亮度和饱和度这 3 种构成色彩的基本要素。

提 示

色度学是一门研究彩色计量的科学，其任务在于研究人眼彩色视觉的定性和定量规律及应用。

1. 色相

色相指色彩的相貌，是区别色彩种类的名称，根据不同光线的波长进行划分。也就是说，只要色彩的波长相同，其表现出的色相便相同。在之前我们所提到的七色光中，每种颜色都表示着一种具体的色相，而它们之间的差别便属于色相差别，如图 9-3 所示即为十二色相环与二十四色相环示意图。

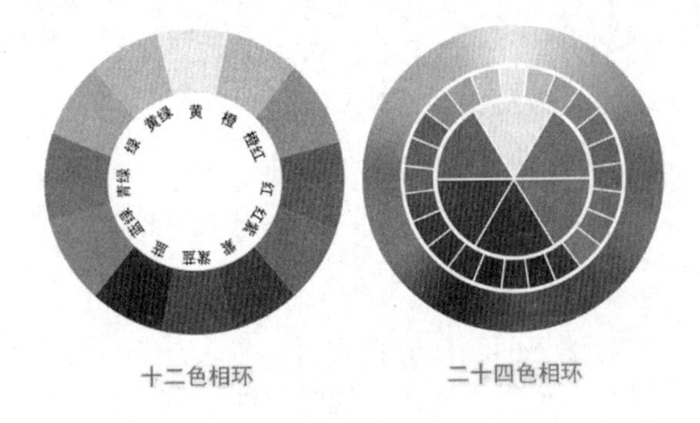

图 9-3 色相环

简单地说，当人们在生活中称呼某一颜色的名称时，脑海内所浮现出的色彩，便是色相的概念。也正是由于色彩具有这种具体的特征，人们才能够感受到一个五彩缤纷的世界。

提 示

色相也称为色泽，饱和度也称为纯度或者彩度，亮度也称为明度。国内的部分行业对色彩的相关术语也有一些约定俗成的叫法，因此名称往往也会有所差别。

人们在长时间的色彩探索中发现，不同色彩会让人们产生相对的冷暖感觉，即色性。一般来说，色性的起因是基于人类长期生活中所产生的心理感受。例如，绿色能够给人清新、自然的感觉。如果是在雨后，则由于环境的衬托，上述感觉会更为突出和明显，如图 9-4 所示。

然而在日常生活中，人们所处的环境并不会只包含一种颜色，而是由各种各样的色彩所组成。因此，自然环境对人们心理的影响往往不是由一种色彩所决定，而是多种色彩相互影响后的结果。例如，单纯的红色会给人一种热情、充满活力的感觉，但却过于激烈；在将黄色与红色搭配后，却能够消除红色所带来的亢奋感，并给人带来活泼、愉悦的感觉，如图 9-5 所示。

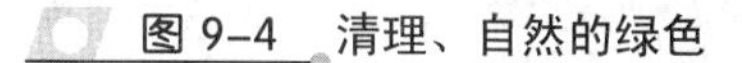

图 9-4 清理、自然的绿色

图 9-5 红黄色搭配的效果

2. 饱和度

饱和度是指色彩的纯净程度，即纯度。在所有的可见光中，有波长较为单一的，也有波长较为混杂的，还有处在两者之间的。其中，黑、白、灰等无彩色的光线即为波长最为混杂的色彩，这是由于饱和度、色相感的逐渐消失而造成的。

从色彩纯度的方面来看，红、橙、黄、绿、青、蓝、紫这几种颜色是纯度最高的颜色，因此又被称为纯色。

从色彩的成分来看，饱和度取决于该色彩中的含色成分与消色成分（黑、白、灰）之间的比例。简单地说，含色成分越多，饱和度越高；消色成分越多，饱和度越低。例如，当我们在绿色中混入白色时，虽然仍旧具有绿色相的特征，但其鲜艳程度会逐渐降低，成为淡绿色；当混入黑色时，则会逐渐成为暗绿色；当混入亮度相同的中性灰时，色彩会逐渐成为灰绿色，如图9-6 所示。

图 9-6 不同的饱和度

3. 亮度

亮度是所有色彩都具有的属性，指色彩的明暗程度。在色彩搭配中，亮度关系是颜色搭配的基础。一般来说，通过不同亮度的对比，能够突出表现物体的立体感与空间感。

就色彩在不同亮度下所显现的效果来看，色彩的亮度越高，颜色就越淡，并最终表现为白色；与这相对应的是，色彩的亮度越低，颜色就越重，并最终表现为黑色，如图 9-7 所示。

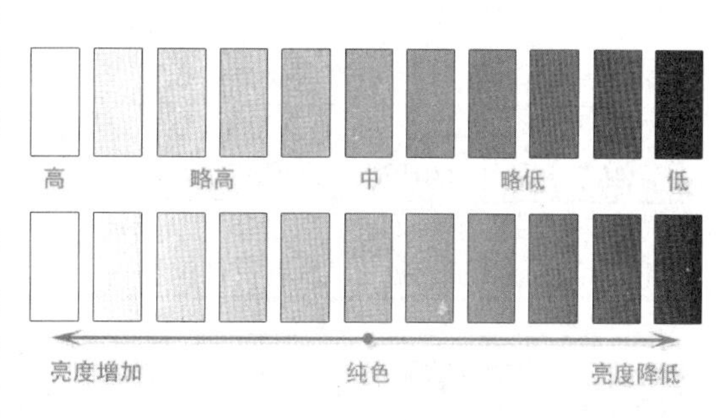

图 9-7 不同亮度的色彩

9.1.3 RGB 颜色理论

RGB 色彩模式是工业界的一种颜色标准，其原理是通过对红（Red）、绿（Green）、蓝（Blue）这三种颜色通道的变化，以及它们相互之间的叠加来得到各式各样的颜色。RGB 标准几乎包括了人类视力所能感知的所有颜色，是目前运用最为广泛的颜色系统之一。

当用户需要编辑颜色时，Premiere 可以让用户从 256 个不同亮度的红色，以及相同数量及亮度的绿色和蓝色中进行选择。这样一来，3 种不同亮度的红色、绿色和蓝色在相互叠加后，便会产生超过 1670 多万种（256×256×256）的颜色供用户选择，如图 9-8 所示即为 Premiere 按照 RGB 颜色标准为用户所提供的颜色拾取器。

图 9-8 Premiere Pro CC 颜色拾取器

在 Premiere 颜色拾取器中，用户只需依次指定 R（红色）、G（绿色）和 B（蓝色）的亮度，即可得到一个由三者叠加后所产生的颜色。在选择颜色时，用户可根据需要按照表 9-1 所示的混合公式进行选择。

表 9-1 两原色相同所产生的颜色

混合公式	色板
RGB 两原色等量混合公式：	
R（红）+G（绿）生成 Y（黄）（R=G） G（绿）+B（蓝）生成 C（青）（G=B） B（蓝）+R（红）生成 M（洋红）（B=R）	
RGB 两原色非等量混合公式：	
R（红）+G（绿↓减弱）生成 Y→R（黄偏红） 红与绿合成黄色，当绿色减弱时黄偏红	
R（红↓减弱）+G（绿）生成 Y→G（黄偏绿） 红与绿合成黄色，当红色减弱时黄偏绿	
G（绿）+B（蓝↓减弱）生成 C→G（青偏绿） 绿与蓝合成青色，当蓝色减弱时青偏绿	
G（绿↓减弱）+B（蓝）生成 CB（青偏蓝） 绿和蓝合成青色，当绿色减弱时青偏蓝	
B（蓝）+R（红↓减弱）生成 MB（品红偏蓝） 蓝和红合成品红，当红色减弱时品红偏蓝	
B（蓝↓减弱）+R（红）生成 MR（品红偏红） 蓝和红合成品红，当蓝色减弱时品红偏红	

9.2 图像控制类效果

图像控制类型视频效果的主要功能是更改或替换素材画面内的某些颜色，从而达到突出画面内容的目的。而在该效果组中，不仅包含调节画面亮度的效果、灰度画面的效果，还包括改变固定颜色以及整体颜色的颜色调整效果。

9.2.1 灰度亮度效果

【灰度系数校正】效果的作用是通过调整画面的灰度级别，从而达到改善图像显示效果，优化图像质量的目的。与其他视频效果相比，灰度系数校正的调整参数较少，调整方法也较为简单。当降低【灰度系数】选项的取值时，将提高图像内灰度像素的亮度；当提高【灰度系数】选项的取值时，则将降低灰度像素的亮度。

例如，在如图9-9所示的画面中，降低【灰度系数】选项的取值后，处理后的画面有种提高环境光源亮度的效果；当【灰度系数】选项的取值升高时，则有一种环境内的湿度加大，色彩更加鲜艳的效果。

图 9–9 【灰度系数校正】使用前后效果对比

9.2.2 饱和度效果

日常生活中的视频通常情况下为彩色的，要想制作灰度效果的视频效果，可以通过Premiere Pro CC中【图像控制】效果组中的【颜色过滤】与【黑白】效果。前者能够将视频画面逐渐转换为灰度，并且保留某种颜色；后者则是将画面直接变成灰度。

颜色过滤视频效果的功能，是指定颜色及其相近色之外的彩色区域全部变为灰度图像。默认情况下在为素材应用颜色过滤视频效果后，整个素材画面都会变为灰色，如图9-10所示。

图 9–10 【颜色过滤】效果应用效果

此时，在【效果控件】面板内的【颜色过滤】选项中，单击【颜色】吸管按钮。然后，在监视器面板内单击所要保留的颜色，即可去除其他部分的色彩信息，如图9-11所示。

由于【相似性】选项参数较低的缘故，单独调节【颜色】选项还无法满足过滤画面色彩的需求。此时，只需适当提高【相似性】选项的取值，即可逐渐改变保留色彩区域的范围，如图 9-12 所示。

图 9-11　选择所要过滤的色彩

图 9-12　设置【相似性】参数值的效果

【效果控件】面板中，除了能够直接通过更改选项参数的方法来调整应用效果外，还可在【颜色过滤】选项组内单击【设置】按钮，打开【颜色过滤设置】对话框。在该对话框中，可分别在【剪辑采样】和【输出采样】监视器面板内直接查看素材剪辑与效果应用后的画面效果，如图 9-13 所示。

图 9-13　【颜色过滤设置】对话框

在【颜色过滤设置】对话框中，启用【反向】复选框后，即可将所选色彩更改为灰色，如图 9-14 所示。至于【颜色过滤设置】对话框内的其他参数，与【颜色过滤】选项内的参数含义相同。

图 9-14　去除所选颜色区域的色彩信息

提　示

【黑白】效果的作用就是将彩色画面转换为灰度效果。该效果没有任何的参数，只要将该效果添加至轨道中，即可将彩色画面转换为黑白色调。

9.2.3　颜色平衡

【颜色平衡（RGB）】视频效果能够通过调整素材内的 R、G、B 颜色通道，达到更改色相、调整画面色彩和校正颜色的目的。

在【效果控件】面板的【颜色平衡（RGB）】效果中，【红色】【绿色】和【蓝色】

选项后的数值分别代表红色成分、绿色成分和蓝色成分在整个画面内的色彩比重与亮度。简单地说，当 3 个选项的参数值相同时，表示红、绿、蓝 3 种成分色彩的比重无变化，则素材画面色调在应用效果前后无差别，但画面整体亮度却会随数值的增大或减小而提高或降低，如图 9-15 所示。

图 9-15 数值相同时调整画面亮度

当画面内的某一色彩成分多于其他色彩成分时，画面的整体色调便会偏向于该色彩成分；当降低某一色彩成分时，画面的整体色调便会偏向于其他两种色彩成分的组合。例如，在逐渐增加【绿色】选项参数值的过程中，素材画面内的洋红成份越来越少，绿色与黄色更加鲜艳，而浅紫色的花瓣变成白色，如图 9-16 所示。

图 9-16 改变画面中的绿色成分

9.2.4 颜色替换

【颜色替换】效果是能够将画面中的某个颜色替换为其他颜色，而画面中的其他颜色不发生变化。要实现该效果，只要将该效果添加至轨迹中，并且在【效果控件】面板中分别设置【目标颜色】与【替换颜色】选项，即可改变画面中的某个颜色，如图 9-17 所示。

图 9-17 【颜色替换】效果

技 巧

在设置【目标颜色】与【替换颜色】选项时，既可以通过单击色块来选择颜色，也可以使用【吸管工具】在【节目】面板中单击来确定颜色。

由于【相似性】选项参数较低的缘故，单独设置【替换颜色】选项还无法满足过滤画面色彩的需求。此时，只需适当提高【相似性】选项的参数值，即可逐渐改变保留色彩区域的范围，如图 9-18 所示。

在该效果右侧单击【设置】按钮，在弹出的【颜色替换设置】对话框中能够进行同样的设置。并且还可以通过启用【纯色】选项，将要替换颜色的区域填充为纯色效果，如图 9-19 所示。

图 9-18　设置【相似性】参数

图 9-19　启用【纯色】选项

9.3　颜色校正类效果

通过拍摄得到的视频，其画面会根据拍摄当天的周围情况、光照等自然因素，出现亮度不够、低饱和度或者偏色等问题。其他类型的视频效果虽然也能够在一定程度上解决上述问题，但颜色校正类效果在色彩调整方面的控制选项更为详尽，因此对画面色彩的校正效果更为专业，可控性也较强。

9.3.1　校正颜色效果

在 Premiere Pro CC 中，【颜色校正】类效果共包括 18 个效果，其中，快速颜色校正、亮度校正、RGB 颜色校正以及三向颜色校正效果是专门针对校正画面偏色的效果。其中，分别从亮度、色相等问题进行校正。

1．快速颜色校正器

将【快速颜色校正器】效果拖至“V1”轨道的素材上，打开【效果控件】面板，如图 9-20 所示，图中只显示了一部分参数选项。在该面板中，通过设置该效果的参数，可以得到不同的效果。

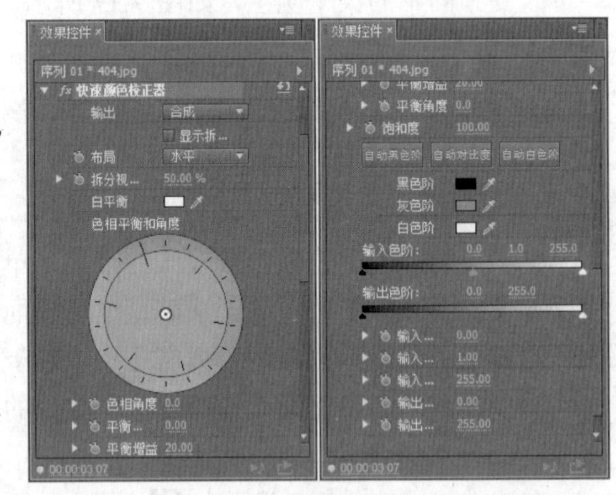

图 9-20　【快速颜色校正器】效果选项

- **输出**　该下拉列表设置输出选项。其中包括合成、亮度两种类型。如果启用【显示拆分视图】选项，则可以设置为分屏预览效果。
- **布局**　该下拉列表用于设置分屏预览布局，包含水平和垂直两种预览模式。
- **拆分视图百分比**　该选项用于设置分配比例。

- ❑ **白平衡** 该选项用于设置白色平衡，参数越大，画面中的白色就越多。
- ❑ **色相平衡和角度** 该调色盘是调整色调平衡和角度的，可以直接使用它来改变画面的色调，如图 9-21 所示。
- ❑ **色相角度** 该选项用于调整调色盘中的色相角度。
- ❑ **平衡数量级** 该选项用于控制引入视频的颜色强度。

图 9-21 对比图（1）

- ❑ **平衡增益** 该选项用于设置色彩的饱和度。
- ❑ **平衡角度** 该选项用于设置白平衡角度。

【自动黑色阶】【自动对比度】与【自动白色阶】按钮分别改变素材中的黑白灰程度，也就是素材的暗调、中间调和亮调。当然，同样可以设置下面的【黑色阶】【灰色阶】和【白色阶】选项来自定义颜色。

【输入色阶】与【输出色阶】选项分别设置图像中的输入和输出范围，可以拖动滑块改变输入和输出的范围，也可以通过该选项渐变条下方的选项参数值来设置输入和输出范围。其中，滑块与选项参数值相对应，当其中一方设置后，另一方同时更改参数，例如【输入色阶】选项中的黑色滑块对应【输入黑色阶】选项参数。

2. 亮度校正器

【亮度校正器】效果是针对视频画面的明暗关系。将该效果拖至轨道中的素材时，在【效果控件】面板中的效果选项与【快速颜色校正器】效果部分相同。其中，【亮度】和【对比度】选项是该效果特有的，如图 9-22 所示。

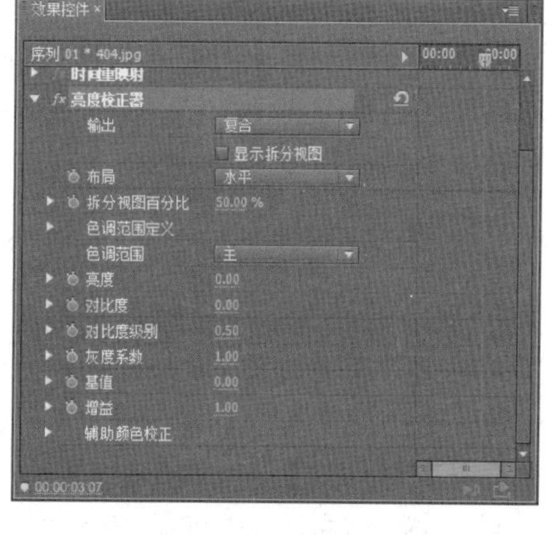

图 9-22 【亮度校正器】效果选项

在【效果控件】面板中，拖动【亮度】滑块向左，可以降低画面亮度；向右拖动滑块，可以提高画面亮度。而拖动【对比度】滑块向左，能够降低画面对比度；向右拖动滑块，能够加强画面对比度，如图 9-23 所示。

图 9-23 对比图（2）

3. RGB 颜色校正器

【RGB 颜色校正器】效果中的参数大部分已经做过介绍，不同的是它包含一个 RGB 参数设置选项。通过改变红、绿、蓝中的参数来改变图像的颜色，如图 9-24 所示，为【RGB 颜色校正器】效果的效果图。

4. 三向颜色校正器

【三向颜色校正器】效果是通过 3 个调色盘来调节不同色相的平衡和角度，该效果的其他参数和前面讲到的效果参数是相同的。如图 9-25 所示，为调节 3 个调色盘得到的效果图。

图 9–24　对比图（3）

9.3.2　亮度调整效果

【亮度与对比度】以及【亮度曲线】效果是专门针对视频画面的明暗关系，其中，前者能够大致地进行亮度与对比度调整；后者则能够针对 256 个色阶进行亮度或者对比度调整。

1．亮度与对比度

【亮度与对比度】效果可以对图像的色调范围进行简单的调整。将该效果添加至素材时，在【效果控件】面板中，该效果只有【亮度】和【对比度】两个选项，分别进行左右滑块拖动，能够改变画面中的明暗关系，如图 9-26 所示。

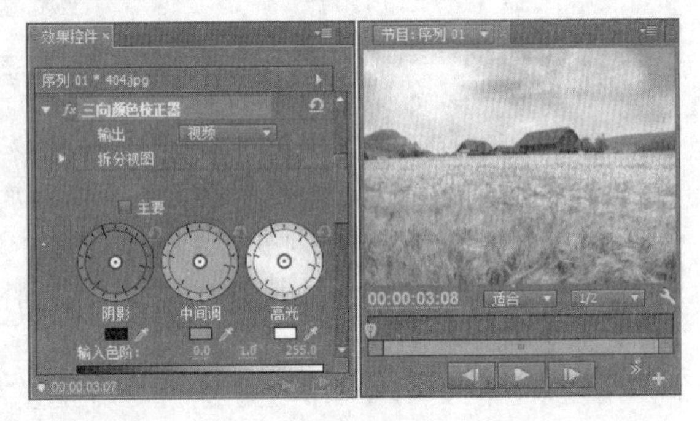

图 9–25　【三向颜色校正器】效果

图 9–26　【亮度与对比度】效果

2．亮度曲线

【亮度曲线】效果虽然也是用来设置视频画面的明暗关系，但是该效果能够更加细致地进行调节，如图 9-27 所示。其调节方法是，在【亮度波形】方格中，向上单击并拖动曲线，能够提亮画面；向下单击并拖动曲线，能够降低画面亮度。如果同时调节，能够加强画面对比度。

图 9–27　【亮度曲线】效果

9.3.3　饱和度调整效果

视频颜色校正效果组中，还包括一些控制画面色彩饱和度的效果，比如分色、色调以及颜色平衡（HLS）效果。其中，有些效果是专门控制色彩饱和度效果，有些则在饱和度控制的基础上，改变画面色相。

1．分色

【分色】效果是专门用来控制视频画面的饱和度效果，其中还可以在保留某种色相的基础上降低饱和度。将该效果添加至轨道素材时，在【效果控件】面板中显示该效果的各个选项，如图 9-28 所示。

当【要保留的颜色】选项为画面中没有的颜色，那么在提高【脱色量】参数值后，即可将彩色画面逐渐转换为灰度画面，如图 9-29 所示。

当【要保留的颜色】选项设置为画面中的某种色相时，再次提高【脱色量】参数值，即可在保留该色相的同时，将画面中的其他颜色转换为灰度，如图 9-30 所示。

该效果中的【容差】与【边缘柔和度】选项，则是用来设置保留色相的容差范围。如果两者的参数值越大，保留颜色的范围越大；参数值越小，保留颜色的范围越小，如图 9-31 所示。

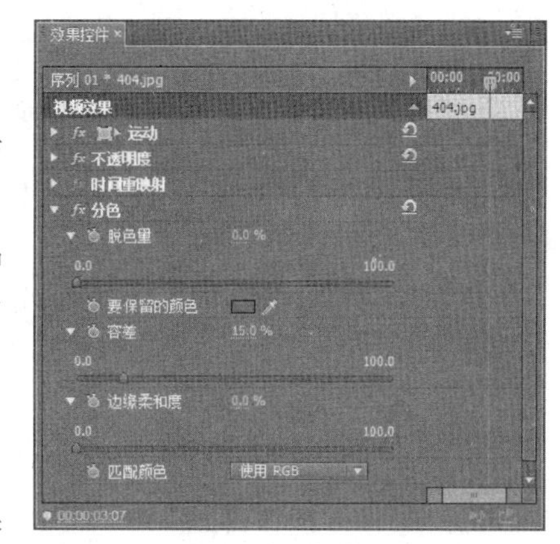

图 9-28 【分色】效果选项

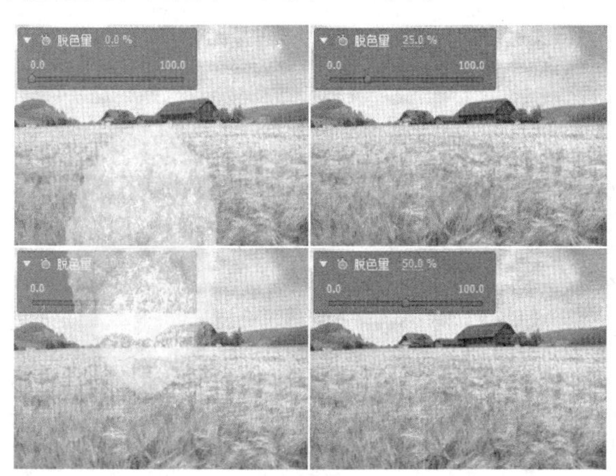

图 9-29 彩色转灰度

图 9-30 保留某颜色

2. 色调

【色调】效果同样能够将彩色视频画面转换为灰度效果，但是还能够将彩色视频画面转换为双色调效果。在默认情况下，将该效果添加至素材后，彩色画面直接转换为灰度图，如图 9-32 所示。

图 9-31 保留颜色范围变化

技 巧

当降低【着色量】参数值后，视频画面就会呈现低饱和度效果。

如果单击【将黑色映射到】与【将白色映射到】色块，选择黑白灰以外的颜色，那么就会得到双色调效果，如图 9-33 所示。

图 9-32 【色调】效果

图 9-33 双色调效果

3. 颜色平衡（HLS）

【颜色平衡（HLS）】效果不仅能够降低饱和度，还能够改变视频画面的色调与亮度。将该效果添加至素材后，直接在【色相】选项右侧单击输入数值，或者该选项下方的色调圆盘，从而改变画面色调，如图 9-34 所示。

向左拖动【亮度】选项滑块降低画面亮度；向右拖动该滑块提高画面亮度，但是会呈现一层灰色或白色，如图 9-35 所示。

图 9-34 【颜色平衡（HLS）】效果

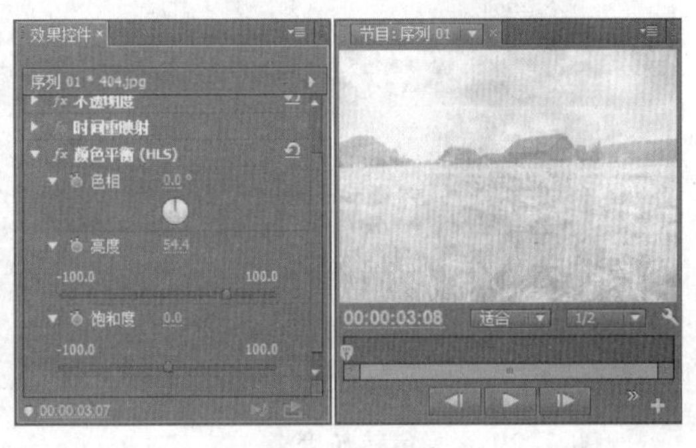

图 9-35 设置【亮度】

【饱和度】选项是用来设置画面饱和度效果，向左拖动该选项滑块能够降低画面饱和度；向右拖动该选项滑块能够增强画面饱和度，如图 9-36 所示。

图 9-36 设置【饱和度】

9.3.4 复杂颜色调整效果

在视频颜色校正效果组中，不仅能够针对校正色调、亮度调整以及饱和度调整进行效果设置，还可以为视频画面进行更加综合的颜色调整设置。其中，包括整体色调的变换，与固定颜色的变换。

1. RGB 曲线

【RGB 曲线】效果能够调整素材画面的明暗关系和色彩变化。并且能够平滑调整素材画面内的 256 级灰度，使画面调整效果更加细腻。将该效果添加至素材后，【效果控件】面板中将显示该效果的选项，如图 9-37 所示。

该效果与【亮度曲线】效果的调整方法相同，只是后者只能够针对明暗关系进行调整，前者则既能够调整明暗关系，还能够调整画面的色彩关系，如图 9-38 所示。

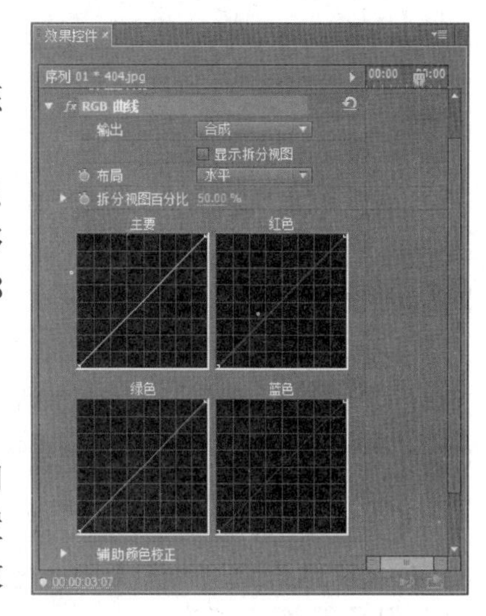

图 9-37 【RGB 曲线】效果

2. 颜色平衡

【颜色平衡】效果能够分别为画面中的高光、中间调以及暗部区域进行红、蓝、绿色调的调整。其设置方法非常简单，只要将该效果添加至素材后，在【效果控件】面板中拖动相应的滑块，或者直接输入数值，即可改变相应区域的色调效果，如图 9-39 所示。

图 9-38 调整色彩

图 9-39 【颜色平衡】效果

3. 通道混合器

【通道混合器】效果是根据通道颜色进行调整视频画面效果的，在该效果中分别为红色、绿色、蓝色准备了该颜色到其他多种颜色的设置，从而实现了不同颜色的设置，如图 9-40 所示。

图 9-40 【通道混合器】效果

在该效果中，还可以通过启用【单色】选项，将彩色视频画面转换为灰度效果。如果在启用该选项后，继续设置颜色选项，那么就会改变灰度效果中各个色相的明暗关系，从而改变整幅画面的明暗关系，如图 9-41 所示。

4. 更改颜色与更改为颜色

要想对视频画面中的某个色相或色调进行变换，则可以通过添加【更改颜色】或者【更改为颜色】效果来实现。这两个效果均是选择画面中的某种颜色后，将其转换为其他颜色。

图 9-41 转换为灰度效果

【更改颜色】效果虽然是可以改变某种颜色，但是能够将其转换为任何色相，并且还可以设置该颜色的亮度、饱和度以及匹配容差与匹配柔和度，如图 9-42 所示。

图 9-42 【更改颜色】效果

而【更改为颜色】效果则是通过设置要转换的现有颜色，以及转换后的颜色来进行颜色转换的。但是同样能够通过设置【容差】和【柔和度】选项，来控制颜色转换范围，如图 9-43 所示。

图 9-43 【更改为颜色】效果

提 示

该效果中的【容差】选项并不是单纯的一个参数，而是一组参数，在该选项中还可以再次设置【色相】【亮度】与【饱和度】参数。

9.4 调整类效果

调整类效果主要通过调整图像的色阶、阴影或高光，以及亮度、对比度等方式，达到优化影像质量或实现某种特殊画面效果的目的。

9.4.1 阴影/高光

【阴影/高光】效果能够基于阴影或高光区域，使其局部相邻像素的亮度提高或降低，从而达到校正由强光而形成的剪影画面的目的，如图 9-44 所示。

图 9-44 【阴影/高光】视频效果应用前后效果对比

在【效果控件】面板中，展开【阴影/高光】选项后，主要通过【阴影数量】和【高光数量】等选项来调整该视频效果的应用效果。

1. 阴影数量

控制画面暗部区域的亮度提高数量，取值越大，暗部区域变得越亮。例如，在适当提高【阴影数量】的值后，画面内的角楼变得更为明显，如图 9-45 所示。

图 9-45 提高画面暗部的亮度

2. 高光数量

控制画面亮部区域的亮度降低数量，取值越大，高光区域的亮度越低。

3. 与原始图像混合

该选项的作用类似于为处理后的画面设置不透明度，从而将其与原画面叠加后生成最终效果。

4. 更多选项

该选项为一个选项组，其中包括阴影/高光色调宽度、阴影/高光半径、中间调对比度等各种选项。通过这些选项的设置，可以改变阴影区域的调整范围。

9.4.2 色阶

在 Premiere 数量众多的图像调整效果中，色阶是较为常用，且较为复杂的视频效果之一。色阶视频效果的原理是通过调整素材画面内的阴影、中间调和高光的强度级别，从而校正图像的色调范围和颜色平衡。

为素材添加【色阶】视频效果后，在【效果控件】面板内列出一系列该效果的选项，用来设置视频画面的明暗关系以及色彩转换，如图 9-46 所示。

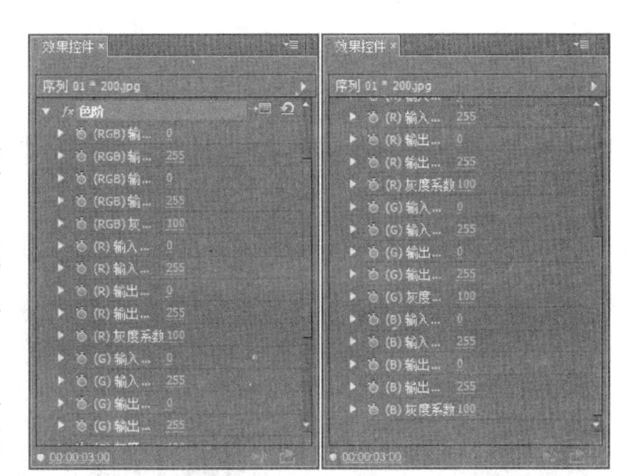

图 9-46 【色阶】效果选项

如果在设置参数时较为繁琐，还可以单击【色阶】选项中的【设置】按钮，即可弹出【色阶设置】对话框，如图 9-47 所示。

通过对话框中的直方图，可以分析当前图像颜色的色调分布，以便精确地调整画面颜色。其中，对话框中各选项的作用如下：

1. 输入阴影

控制图像暗调部分，取值范围为 0～255。增大参数值后，画面会由阴影向高光逐渐变暗，如图 9-48 所示。

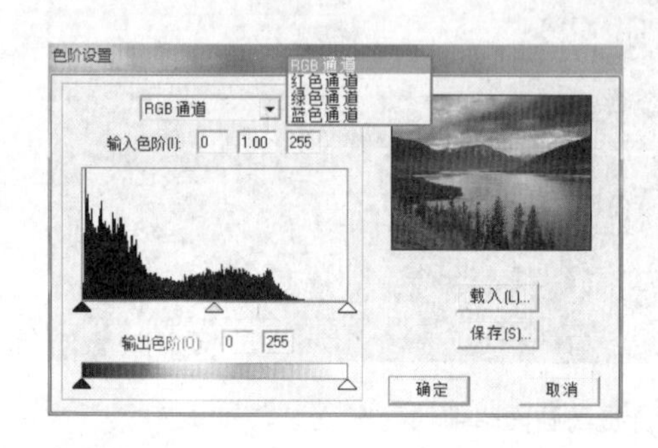

图 9-47 【色阶设置】对话框

图 9-48 输入阴影设置效果

2. 输入中间调

控制中间调在黑白场之间的分布，数值小于 1.00 图像则变暗；大于 1.00 时图像变亮，如图 9-49 所示。

3. 输入高光

控制画面内的高光部分，数值范围为 0～255。减小取值时，图像由高光向阴影逐渐变亮，如图 9-50 所示。

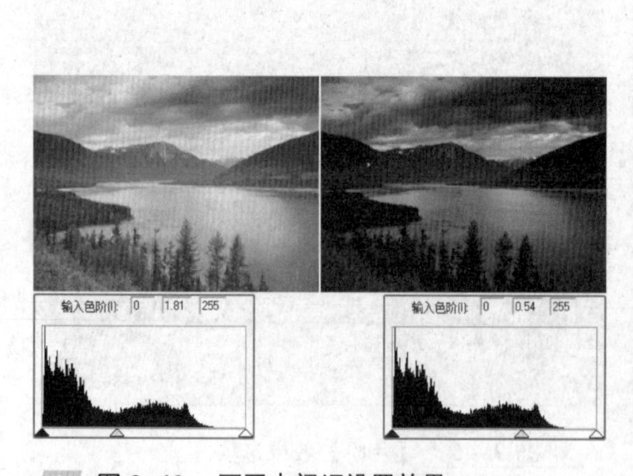

图 9-49 不同中间调设置效果

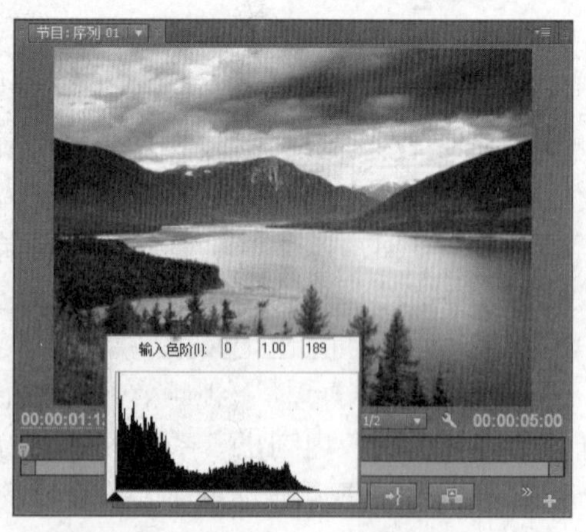

图 9-50 输入高光设置效果

4. 输出阴影

控制画面内最暗部分的效果，其取值越大，画面内最暗部分与纯黑色的差别也就越大。综合看来，增大【输出阴影】选项的取值，会让图片变亮，如图 9-51 所示。

提 示

使用【色阶】视频效果调整画面的输出阴影与输出高光，其效果与调整画面对比度相类似。

5. 输出高光

控制画面内最亮部分的效果，其默认值为 255。在降低该参数的取值后，画面内的高光效果将变的暗淡，且参数值越低，效果越明显，如图 9-52 所示。

图 9-51 调整画面暗部

图 9-52 降低画面亮度

6. 通道选项

该选项根据图像颜色模式而改变，可以对每个颜色通道设置不同的输入色阶与输出色阶值，如图 9-53 所示。

在【色阶设置】对话框中，直方图内的黑色条谱分别表示画面内每个亮度级别的像素数量，以展示像素在画面中的分布情况。在实际工作中，借助直方图可以精确、细致地调整画面的对比度，如图 9-54 所示。

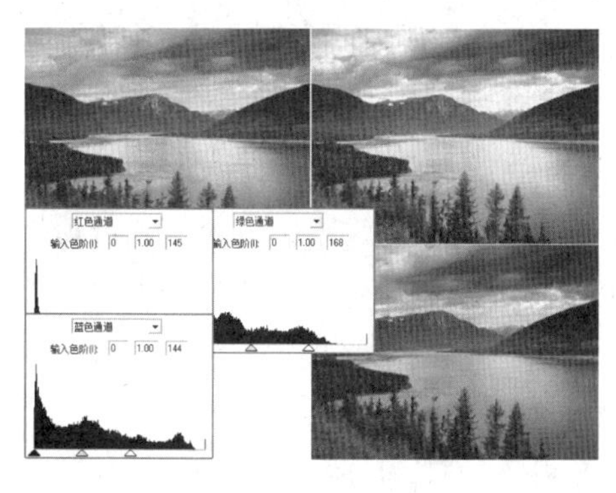

图 9-53 设置不同通道的色阶

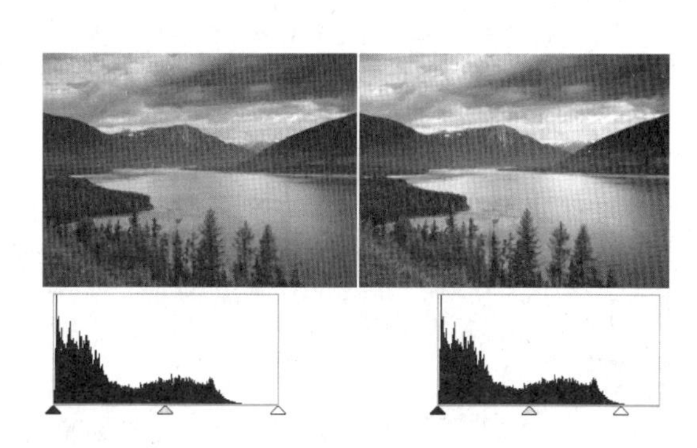

图 9-54 调整素材画面的对比度

提 示

与【色阶】效果相关的还包括【自动色阶】【自动颜色】与【自动对比度】效果，这些效果的添加能够自动校正画面的色调效果，不需要再设置。

9.4.3 光照效果

利用【光照效果】视频效果，可通过控制光源数量、光源类型及颜色，实现为画面内的场景添加真实光照效果的目的。例如，为画面添加聚光灯效果，如图 9-55 所示。

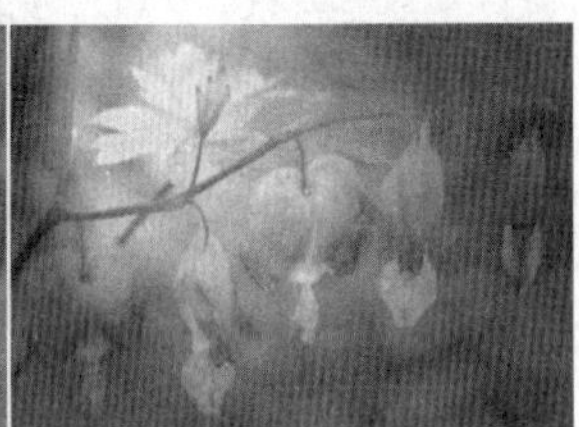

图 9-55 聚光灯效果

1. 默认灯光设置

应用【光照效果】视频效果后，Premiere Pro CC 共提供了 5 盏光源供用户使用。按照默认设置，Premiere Pro CC 将只开启一盏灯光，在【效果控件】面板内单击【光照效果】选项名称后，即可在【节目】面板内通过锚点调整该灯光的位置与照明范围，如图 9-56 所示。

在【效果控件】面板中，【光照效果】选项内各项参数的作用及含义如下：

1）环境光照颜色

该选项用来设置光源色彩，在单击该选项右侧色块后，即可在弹出对话框中设置光照颜色。或者，也可在单击色块右侧的【吸管】按钮后，从素材画面内选择光照颜色，如图 9-57 所示。

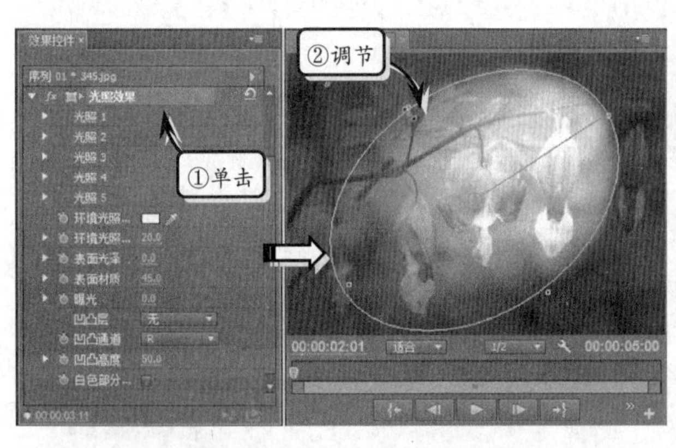

图 9-56 调整灯光位置与照明范围

图 9-57 设置光照颜色

2）环境光照强度

该选项用于调整环境光照的亮度，其取值越小，光源强度越小；反之则越大，如图 9-58 所示。

提 示

由于光照效果叠加的原因，在不调整灯光强度的情况下，可调整光照范围内的光照效果强度也会随着环境照明强度的增加而不断增加。

3）表面光泽

调整物体高光部分的亮度与光泽度。

4）表面材质

通过调整光照范围内的中性色部分，从而达到控制光照效果细节表现力的目的。

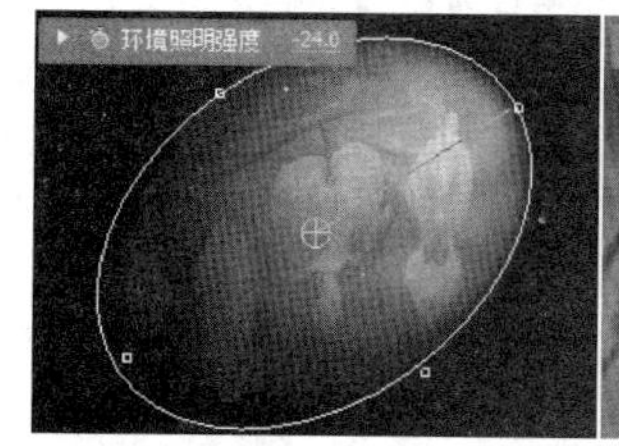

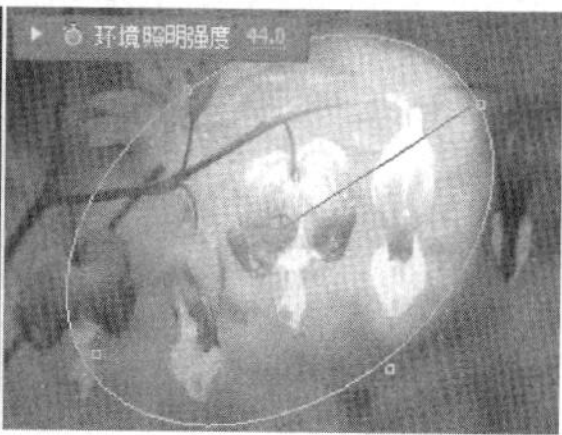

图 9-58　设置光照强度

5）曝光

控制画面的曝光强度。在灯光为白色的情况下，其作用类似于调整环境照明的强度，但【曝光】选项对光照范围内的画面影响也较大。

2. 精确调节灯光效果

若要更为精确地控制灯光，可在【光照效果】选项内单击相应灯光前的【展开】按钮后，通过各个灯光控制选项进行调节，如图 9-59 所示。

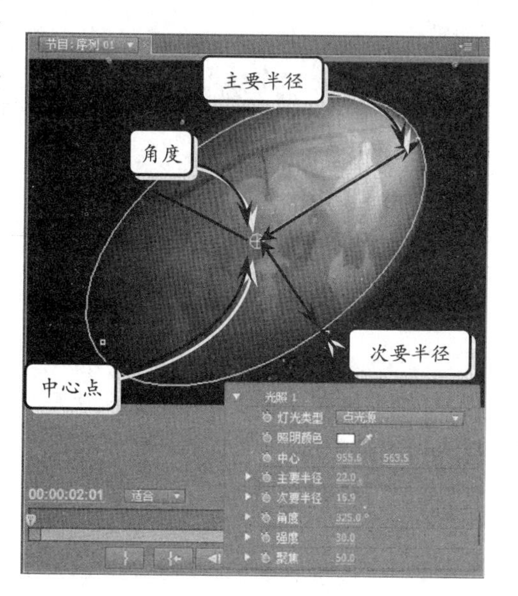

图 9-59　光照控制选项

在 Premiere Pro CC 提供的光照控制选项中，除图内已经标出的控制参数外，其他参数的含义如下：

1）聚焦

用于控制焦散范围的大小与焦点处的强度，取值越小，焦散范围越小，焦点亮度也越小；反之，焦散范围越大，焦点处的亮度也越高，如图 9-60 所示。

2）光照类型

Premiere Pro CC 为用户提供了全光源、点光源和平行光 3 种不同类型的光源。其中，点光源的特点是仅照射指定的范围，例如之前我们所看到的聚光灯效果。

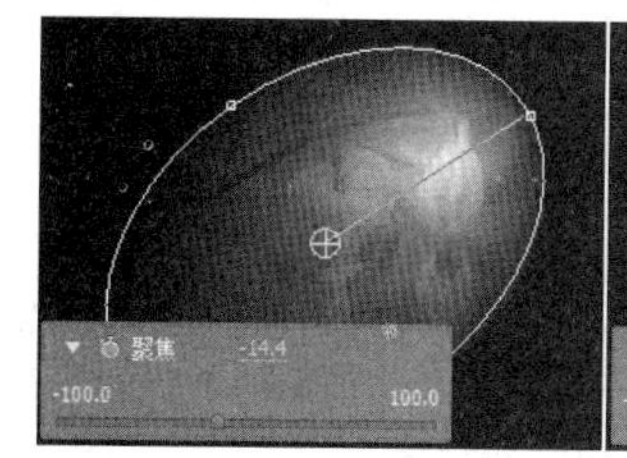

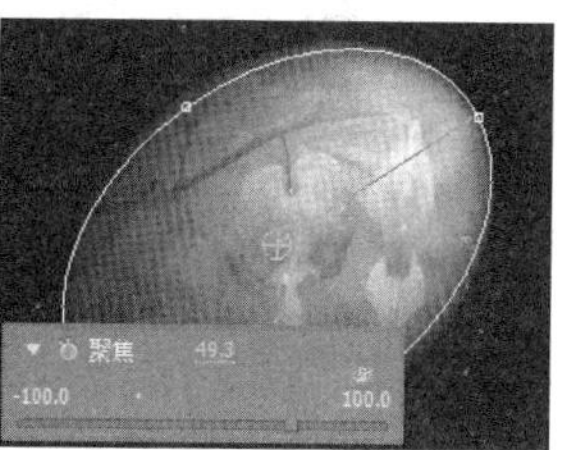

图 9-60　不同聚焦参数的效果对比

技　巧

虽然在默认情况下，只有一个光照效果。但是只要在其他光照选项列表中选择灯光类型，即可添加第二个光照效果，甚至更多。

平行光的特点是以光源为中心，向周围均匀地散播光线，强度则随着距离的增加而不断衰减，如图 9-61 所示。

至于全光源，特点是光源能够均匀地照射至素材画面的每个角落。在应用全光源类型的灯光时，除了可以通过【强度】选项来调整光源亮度外，还可利用【主要半径】选项，通过更改光源与素材平面之间的距离，达到控制照射强度的目的，如图 9-62 所示。

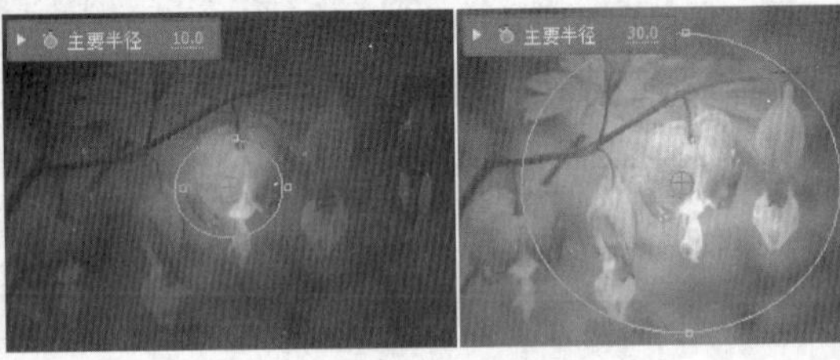

图 9-61 平行光效果

图 9-62 利用【主要半径】调整全光源照射强度

9.4.4 其他调整效果

在调整类效果组中，除了上述颜色调整效果外，还包括有些亮度调整、色彩调整以及黑白效果调整的效果。

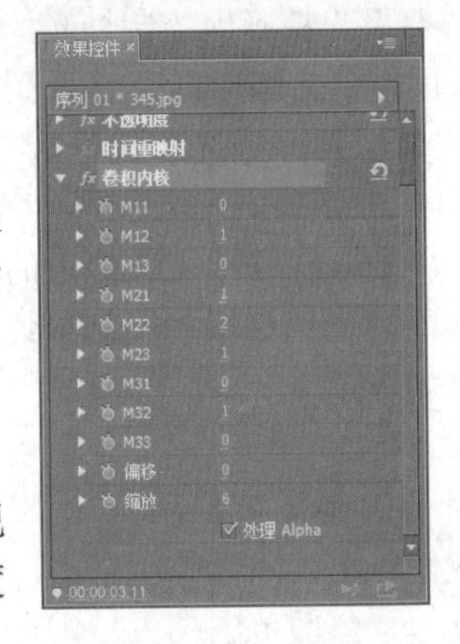

图 9-63 【卷积内核】效果

1. 卷积内核

【卷积内核】是 Premiere Pro CC 内部较为复杂的视频效果之一，其原理是通过改变画面内各个像素的亮度值来实现某些特殊效果，其参数面板如图 9-63 所示。

在【效果控件】面板内的【卷积内核】选项中，M11～M33 这 9 项参数全部用于控制像素亮度，单独调整这些选项只能实现调节画面亮度的效果。然而，在组合使用这些选项后，便可以获得重影、浮雕，甚至让略微模糊的图像变得清晰起来的效果，如图 9-64 所示。

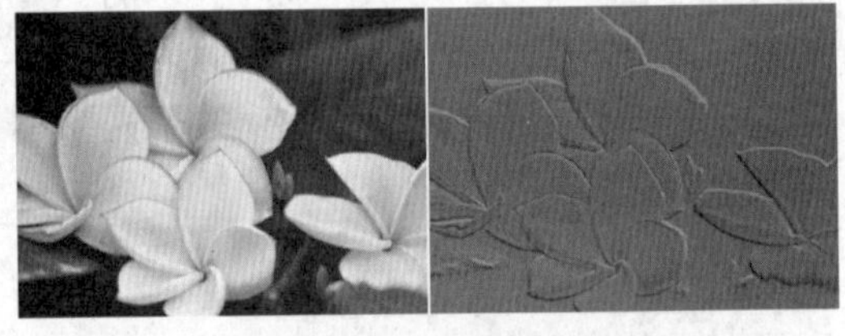

图 9-64 【卷积内核】应用效果

在 M11～M33 这 9 项参数中，每 3 项参数分为一组，如 M11～M13 为一组、M21～M23 为一组、M31～M33 为一组。调整时，通常情况下每组内的第 1 项参数与第 3 项参数应包含一个正值和一个负值，且两数之和为 0，至于第 2 项参数则用于控制画面的整体亮度。这样一来，便可在实现立体效果的同时保证画面亮度不会出现太大变化。

2. ProcAmp

基本信号控制效果的作用是调整素材的亮度、对比度，以及色相、饱和度等基本的影像属性，从而实现优化素材质量的目的。

为素材添加【ProcAmp】视频效果后，在【效果控件】面板内展开【ProcAmp】选项，其各项参数如图 9-65 所示。

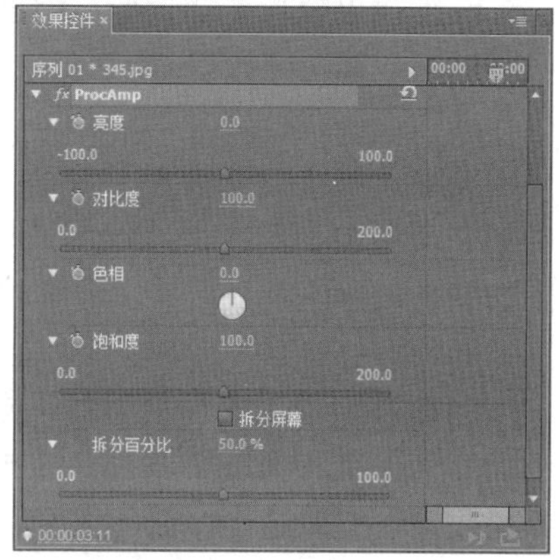

图 9-65 效果参数项

若要调整【ProcAmp】视频效果对影片剪辑的应用效果，可在【效果控件】面板内的【ProcAmp】选项中，通过更改下列参数来实现：

1）亮度

调整素材画面的整体亮度，取值越小画面越暗，反之则越亮。在实现应用中，该选项的取值范围通常在-20～20 之间。

2）对比度

调节画面亮部与暗部间的反差，取值越小反差越小，表现为色彩变得暗淡，且黑白色都开始发灰；取值越大则反差越大，表现为黑色更黑，而白色更白，如图 9-66 所示。

3）色相

该选项的作用是调整画面的整体色调。利用该选项，除了可以校正画面整体偏色外，还可创造一些诡异的画面效果，如图 9-67 所示。

图 9-66 不同对比度的效果对比

图 9-67 调整画面色调

4）饱和度

用于调整画面色彩的鲜艳程度，取值越大色彩越鲜艳，反之则越暗淡，当取值为 0 时画面便会成为灰度图像，如图 9-68 所示。

3. 提取

【提取】效果的功能是去除素材画面内的彩色信息，从而将彩色的素材画面处理为灰度画面，如图 9-69 所示。

图 9-68 调整画面色彩的饱和度

图 9-69 【提取】效果应用前后效果对比

在【效果控件】面板中，不仅可以通过【提取】选项下的参数来控制画面效果，还可在单击【提取】效果选项中的【设置】按钮后，在弹出的【提取设置】对话框内直观地调节画面效果，如图 9-70 所示。

在【效果控件】面板中，【提取】选项内的各项参数与【提取设置】对话框内的参数相对应，其功能如下：

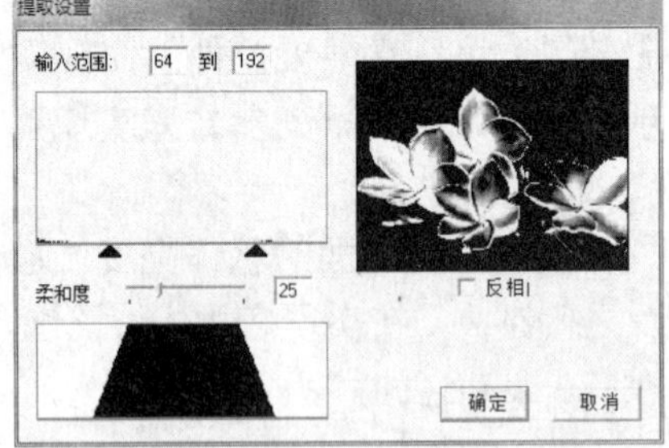

图 9-70 【提取设置】对话框

1）输入黑色阶

该参数与【提取设置】对话框【输入范围】内的第一个参数相对应，其作用是控制画面内黑色像素的数量，取值越小，黑色像素越少。

2）输入白色阶

该参数与【提取设置】对话框【输入范围】内的第二个参数相对应，其作用是控制画面内白色像素的数量，取值越小，白色像素越少。

3）柔和度

控制画面内灰色像素的阶数与数量，取值越小，上述两项内容的数量也就越少，黑、白像素间的过渡就越为直接；反之，则灰色像素的阶数与数量越多，黑、白像素间的过渡就越为柔和、缓慢。

4）反转

当启用该复选框后，Premiere Pro CC 便会置换图像内的黑白像素，即黑像素变为白像素，白像素变为黑像素，如图 9-71 所示。

图 9-71 反转效果

9.5 Lumetri Looks

Lumetri Looks 是 Premiere Pro CC 中新增的视频效果，Lumetri Looks 选项组中的效果只能在 Premiere 中应用到序列中，不能够在 Premiere 中进行编辑。要想编辑 Lumetri Looks 中的某个效果，必须将 Lumetri Looks 效果所在的序列导出，然后在 Adobe SpeedGrade 中进行编辑。

9.5.1 应用 Lumetri Looks

Premiere Pro CC 中的 Lumetri Looks 效果是一组颜色分级效果，Lumetri Looks 效果分别按照颜色、用途、色彩温度以及色彩风格等，在【效果】面板中分为 4 个效果选项组：【去饱和度】效果、【电影】效果、【色温】效果以及【风格】效果，如图 9-72 所示。

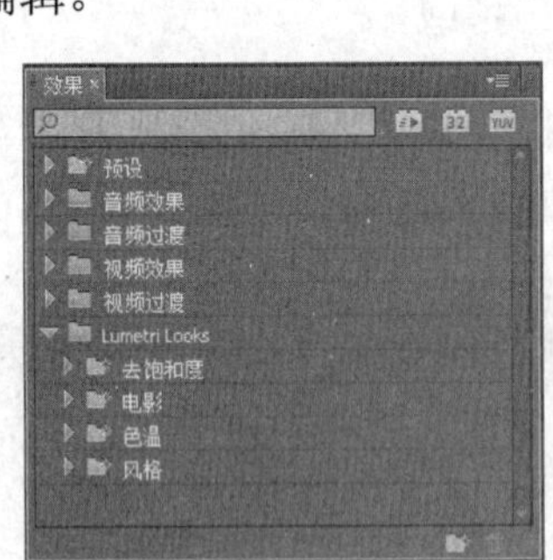

图 9-72 Lumetri Looks 效果

1.【去饱和度】效果

【去饱和度】效果是针对视频画面颜色饱和度的一组效果选项组，在该效果选项组中分别提供了 8 个不同表现颜色饱和度的效果，只要选中【效果】面板 Lumetri Looks 选项组中的【去饱和度】选项组，即可在右侧查看其中各种效果的效果示意图，如图 9-73 所示。

将准备好的视频文件放置在【时间轴】面板中后，即可查看该视频的原始画面效果，如图 9-74 所示。

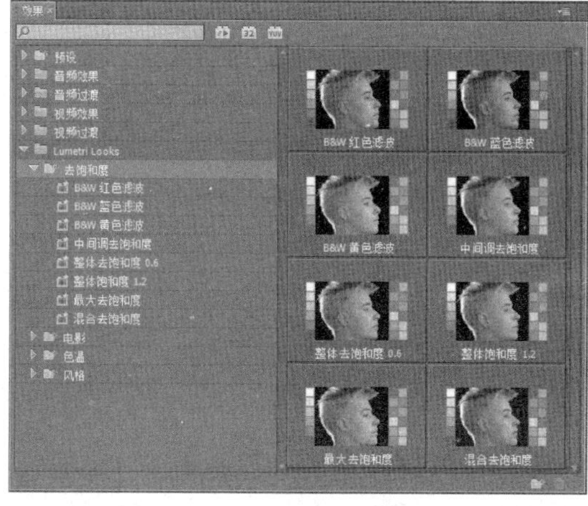

图 9-73 【去饱和度】效果

图 9-74 视频原始画面效果

在【去饱和度】效果选项组中，能够根据不同效果名称以及效果示意图，直观地了解每个效果的作用。所以只要选择想要的效果，将其拖至【时间轴】面板中的视频片段中，即可查看该效果应用到视频中的画面效果，如图 9-75 所示。

图 9-75 【去饱和度】效果在视频画面中的效果展示

2.【电影】效果

【电影】效果是根据常用电影画面效果来设定的颜色效果选项组，在该效果选项组中分别提供了 8 个不同电影色彩画面的效果。只要选中【效果】面板 Lumetri Looks 选项组中的【电影】选项组，即可在右侧查看其中各种效果的效果示意图，如图 9-76 所示。

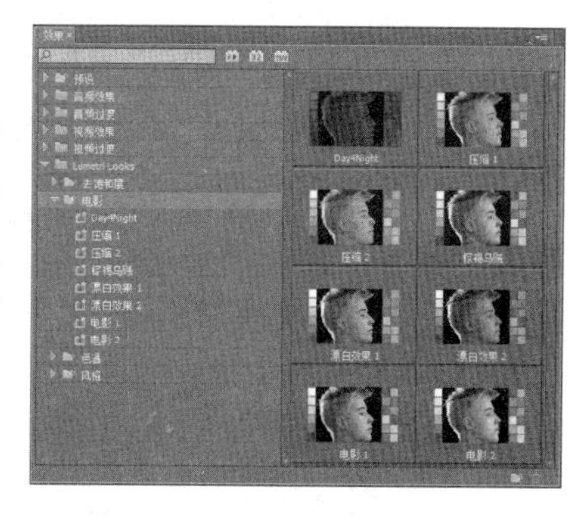

图 9-76 【电影】效果

在【电影】效果选项组中，能够根据不同效果名称以及效果示意图，直观地了解每个效果的作用。所以只要选择想要的效果，将其拖至【时间轴】面板中的视频片段中，即可查看该效果应用到视频中的画面效果，如图 9-77 所示。

图 9–77 【电影】效果在视频画面中的效果展示

3.【色温】效果

【色温】效果是根据颜色所表达的温度效果来设定的一组颜色效果选项组，在该效果选项组中分别提供了 8 个代表不同颜色温度的效果选项。只要选项【效果】面板 Lumetri Looks 选项组中的【色温】选项组，即可在右侧查看其中各种效果的效果示意图，如图 9-78 所示。

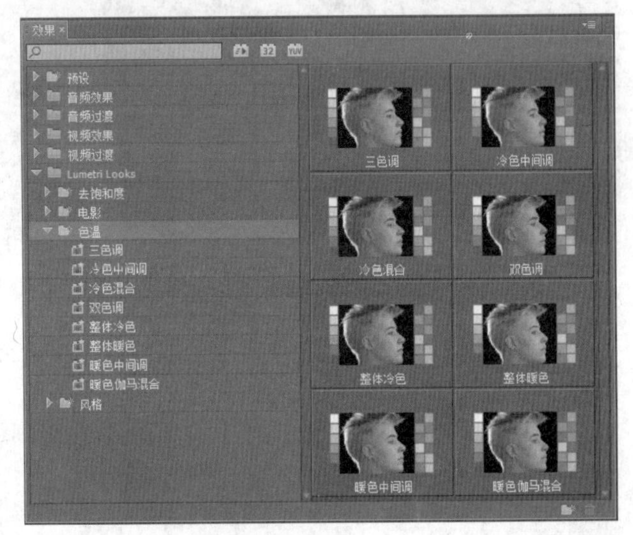

图 9–78 【色温】效果

在【色温】效果选项组中，能够根据不同效果名称以及效果示意图，直观地了解每个效果的作用。所以只要选择想要的效果，将其拖至【时间轴】面板中的视频片段中，即可查看该效果应用到视频中的画面效果，如图 9-79 所示。

图 9–79 【色温】效果在视频画面中的效果展示

4.【风格】效果

【风格】效果是根据不同年代的色彩以及应用来设定的一组颜色效果选项组，在该效果选项组中分别提供了 8 个代表不同年代的效果选项。只要选项【效果】面板 Lumetri Looks 选项组中的【风格】选项组，即可在右侧查看其中各种效果的效果示意图，如图

9-80 所示。

在【风格】效果选项组中，能够根据不同效果名称以及效果示意图，直观地了解每个效果的作用。所以只要选择想要的效果，将其拖至【时间轴】面板中的视频片段中，即可查看该效果应用到视频中的画面效果，如图 9-81 所示。

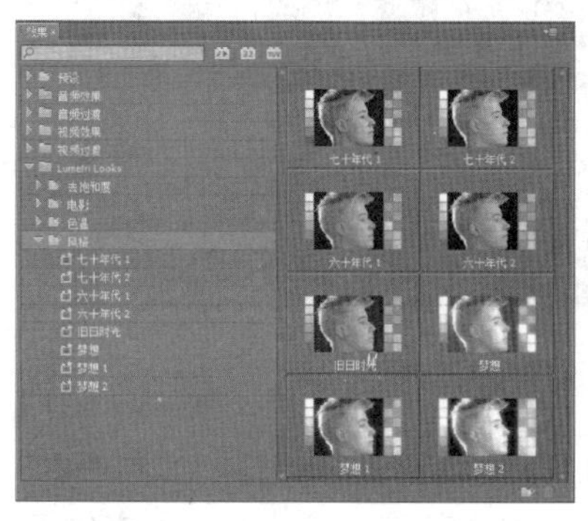

图 9-80 【风格】效果

图 9-81 【风格】效果在视频画面中的效果展示

9.5.2 编辑与导出 Lumetri Looks

【效果】面板中 Lumetri Looks 选项组中的各个效果选项，当放置在【时间轴】面板中的视频片段中后，在【效果控件】面板中均显示应用的效果，如图 9-82 所示。

在【效果控件】面板中，Lumetri Looks 效果还能够通过单击其左侧的【切换效果开关】按钮，来查看【节目】监视器中视频画面中的对比效果，如图 9-83 所示。

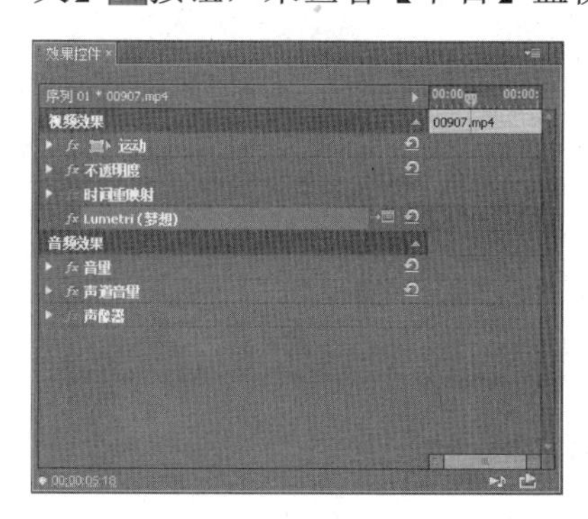

图 9-82 【效果控件】面板中的效果显示

图 9-83 显示与隐藏效果显示

当单击 Lumetri Looks 效果选项右侧的【设置】按钮后，弹出的不是设置对话框，而是【Look 和 LUT】对话框。在该对话框中需要打开相关文件才能够进行更改，如图 9-84 所示。

Lumetri Looks 效果中的每个效果，在 Premiere 中只能够应用而不能进行再设置。要想设置应用在视频片段中的 Lumetri Looks 效果，首先要将视频所在的序列从 Premiere Pro CC 发送至 SpeedGrade 进行颜色分级，然后再导回 Premiere Pro CC 中。

将视频所在的序列从 Premiere Pro CC 发送至 SpeedGrade 进行颜色分级之前，首先要将视频所在的序列进行导出。方法是在 Premiere Pro CC 中选中 Lumetri Looks 效果所应用的序列，如图 9-85 所示。

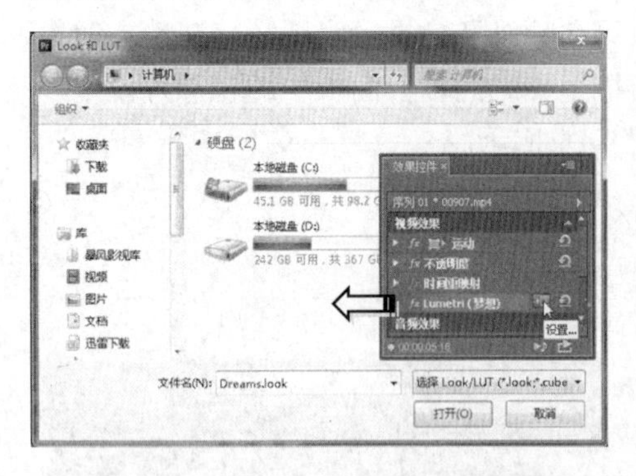

图 9-84 【Look 和 LUT】对话框

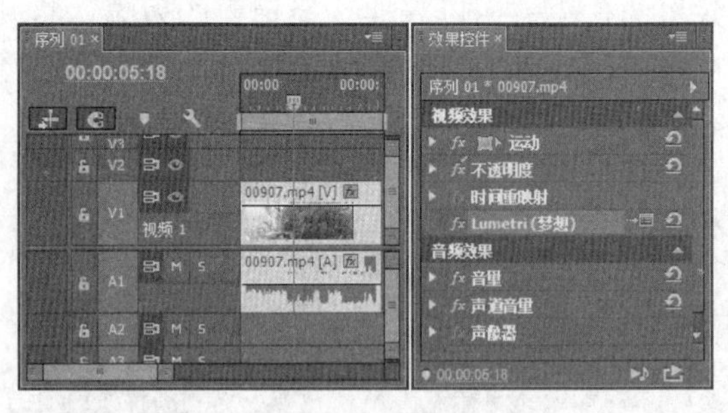

图 9-85 选中序列

执行【文件】|【导出】|【EDL】命令，弹出【EDL 导出设置】对话框，如图 9-86 所示。在该对话框中，可以导出 1 条视频轨道和最多 4 条音频声道，或导出 2 条立体声轨道。

当指定 EDL 文件的位置和名称后，单击【确定】按钮，在弹出的【将序列另存为 EDL】对话框中，单击【保存】按钮，即可保存后缀名为“.edl”的文件，如图 9-87 所示。这时将该文件导入 SpeedGrade 中即可进行编辑。

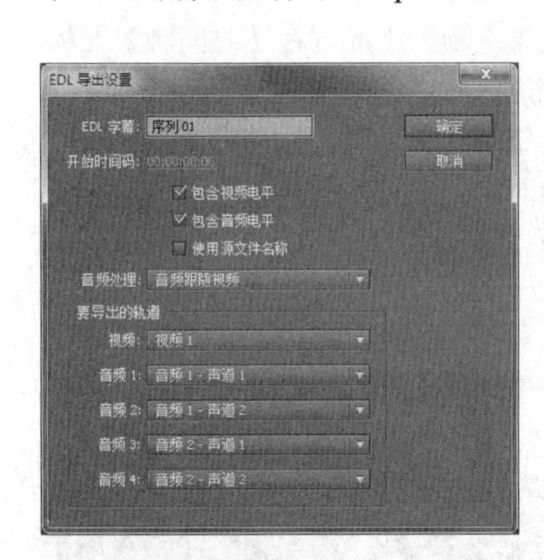

图 9-86 【EDL 导出设置】对话框　　图 9-87 保存文件

提 示

Adobe SpeedGrade 是 Adobe 公司出品的专业的调色软件，是一款高性能数码电影调色和输出软件，支持立体声 3D，RAW 处理以及数码调光。实时支持最高 8K 的电影级别分辨率。

9.6 课堂练习：宝宝探险记

本实例主要通过颜色校正类的视频效果，改变拍摄视频的画面色彩效果，如图 9-88 所示。在制作过程中，虽然通过视频过渡将不同的视频组合在一起，但是拍摄的画面过于平淡。这里使用了【色阶】与【颜色平衡】调整效果，增加了画面的对比度以及色彩鲜艳度。

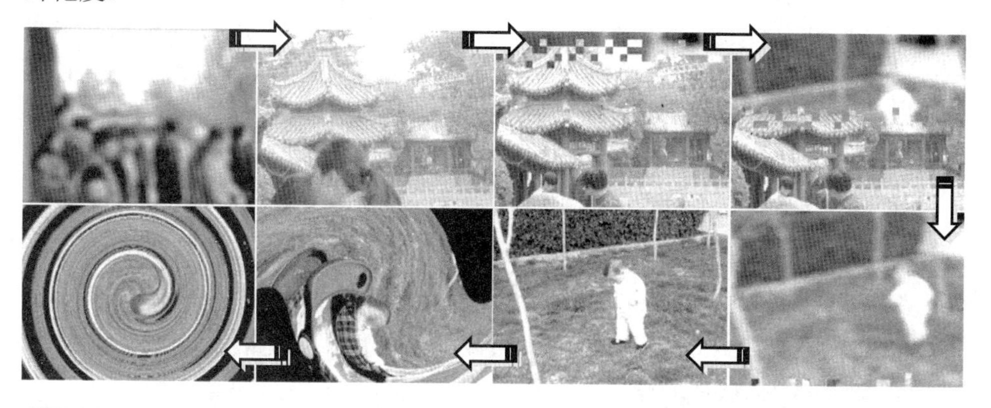

图 9-88 宝宝探险记视频效果

操作步骤：

1 启动 Premiere Pro CC，在【新建项目】面板中单击【浏览】按钮，选择文件的保存位置。在【名称】栏中输入“宝宝探险记”文本，单击【确定】按钮，即可创建新项目，如图 9-89 所示。

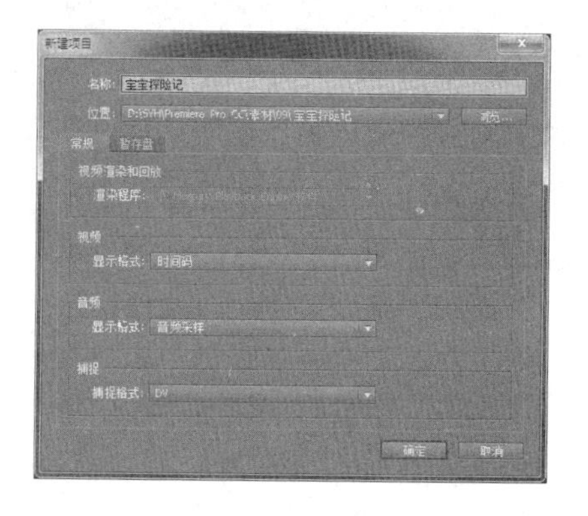

图 9-89 创建项目

2 在【项目】面板空白位置双击，打开【导入】对话框。将准备好的视频素材导入该面板中，如图 9-90 所示。

图 9-90 导入视频素材

3 在【项目】面板中滑动鼠标查看视频后，分别为视频文件“00724.MTS”设置出点，视频文件“00732.MTS”设置入点，如图 9-91 所示。

图 9-91 设置出入点

4 依次将视频文件“00732.MTS”与“00724.MTS”插入【时间轴】面板的“V1”轨道中，然后在【效果控件】面板中设置【运动】选项组的【缩放】选项均为 55%，如图 9-92 所示。

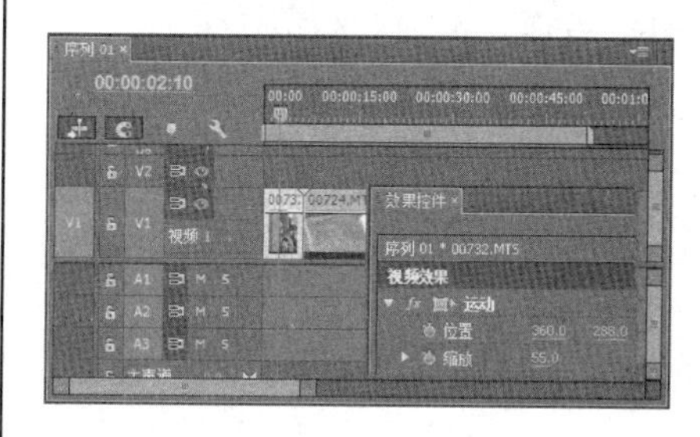

图 9-92 插入视频

5 选中【效果】面板中的【预设】|【模糊】|【快速模糊入点】效果，将其拖入【时间轴】面板中的左侧视频片段中。将【预设】|【扭曲】|【扭曲出点】效果拖入右侧视频片段中，如图9-93所示。

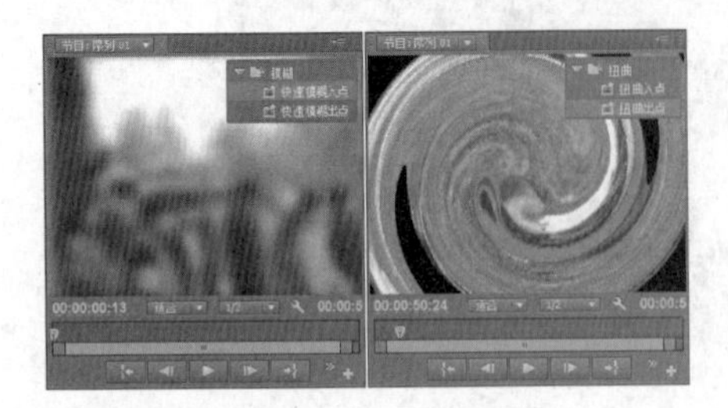

图9-93 插入预设效果

6 选择【效果】面板中的【视频过渡】|【擦除】|【随机擦除】效果，将其拖至【时间轴】面板中的两个视频片段之间，为其添加过渡效果，如图9-94所示。

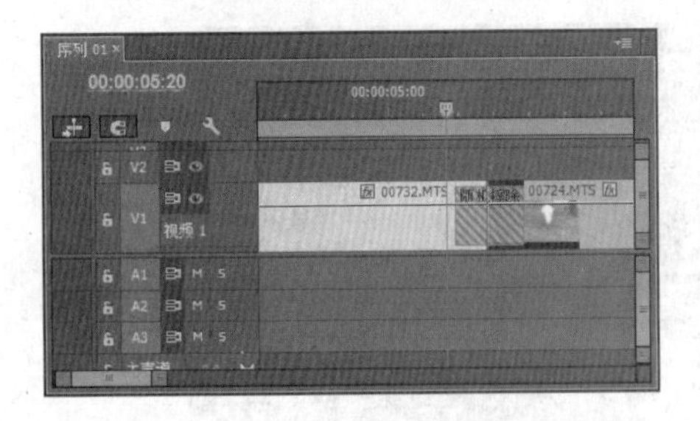

图9-94 添加过渡效果

7 单击【项目】面板底部的【新建项】按钮，在弹出的菜单中选择【调整图层】命令，创建调整图层，如图9-95所示。

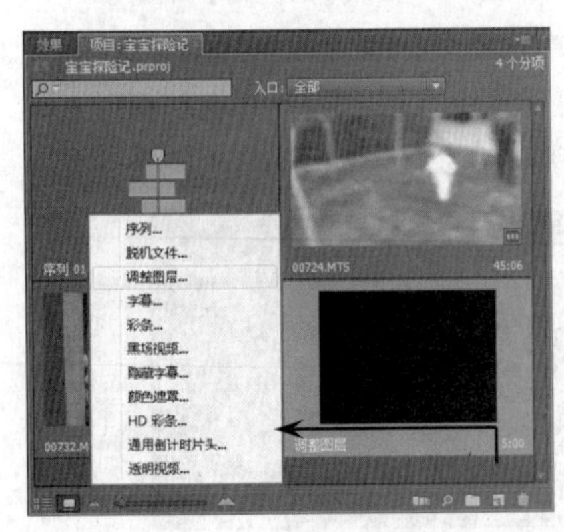

图9-95 创建调整图层

8 将调整图层插入【时间轴】面板的“视频2”轨道中，并且向右拖动，使其长度与“视频1”轨道中的视频长度相等，如图9-96所示。

图9-96 插入调整图层

9 选中调整图层，在【效果】面板中双击【视频效果】|【调整】|【色阶】效果。为调整图层添加【色阶】效果，如图9-97所示。

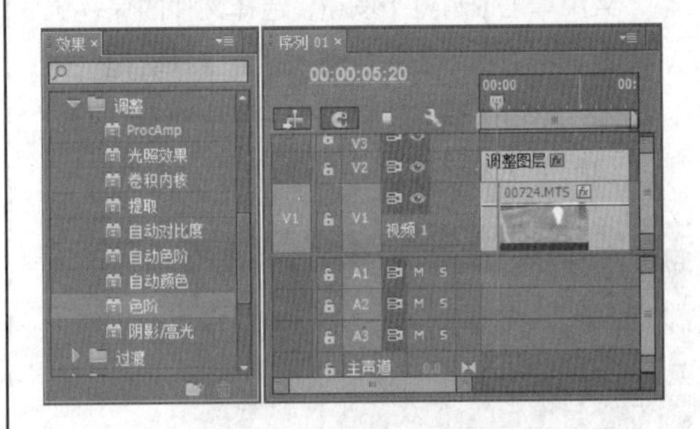

图9-97 添加【色阶】效果

10 在【效果控件】面板中展开【色阶】效果，设置【(RGB)输入黑色阶】选项为34，【(RGB)输入白色阶】选项为235，增强画面对比度效果，如图9-98所示。

图9-98 设置参数（1）

11 继续在【效果】面板中双击【视频效果】|【颜色校正】|【颜色平衡】效果。为调整图层添加【颜色平衡】效果，如图 9-99 所示。

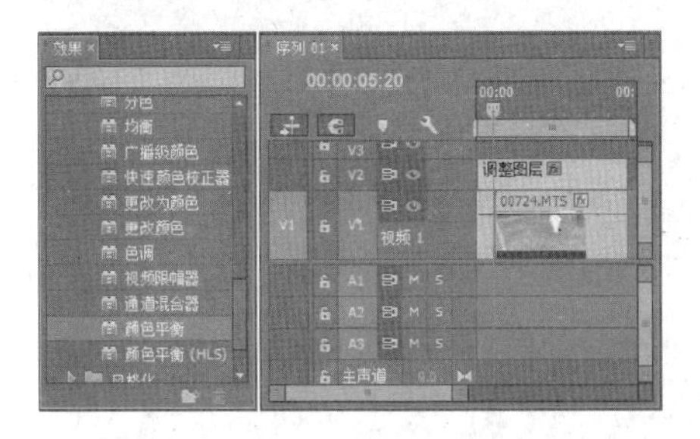

图 9-99 添加【颜色平衡】效果

12 在【效果控件】面板展开【颜色平衡】效果选项，通过观察【节目】监视器面板中的视频画面，设置其中的各个选项参数，如图 9-100 所示。

图 9-100 设置参数（2）

注 意

由于是在调整图层中添加的颜色校正效果，所以在设置色彩参数时，需要来回拖动【时间轴】面板中的【当前时间指示器】，查看不同视频画面中的色彩效果。

13 完成选项设置后，在【节目】监视器面板中单击【播放-停止切换】按钮，查看视频效果，如图 9-101 所示。确认无误后，按快捷键 Ctrl+S 保存文件，完成视频制作。

图 9-101 查看视频

9.7 课堂练习：制作黑白电影效果

本例制作黑白电影放映效果。将彩色电影处理为黑白效果，在制作的过程中，通过添加【提取】效果，将画面处理为黑白色。再添加【卷积内核】等效果，调整画面的细节部分，完成黑白电影效果的制作，如图 9-102 所示。

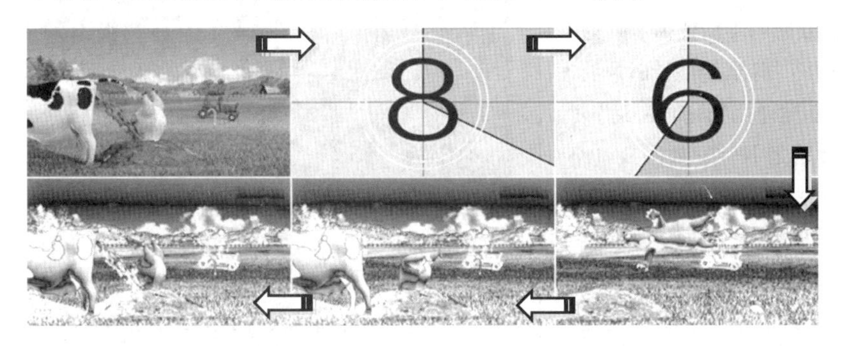

图 9-102 黑白电影效果

操作步骤：

1 启动 Premiere Pro CC，在【新建项目】面板中单击【浏览】按钮，选择文件的保存位置。在【名称】栏中输入“制作黑白电影效果”文本，单击【确定】按钮，即可创建新项目，如图 9-103 所示。

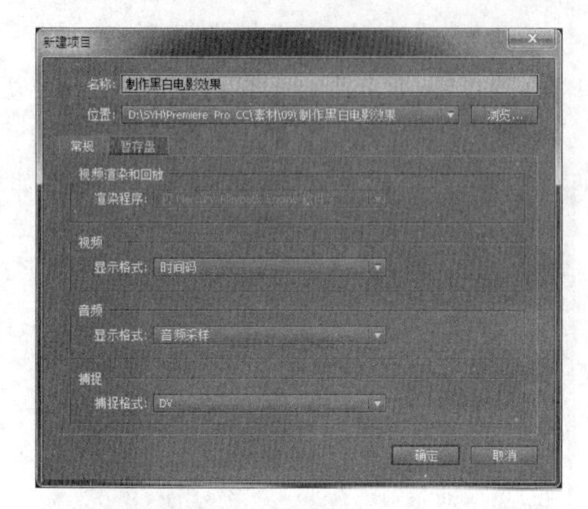

图 9-103 新建项目

2 在【项目】面板空白位置双击，打开【导入】对话框。将准备好的视频素材导入该面板中，如图 9-104 所示。

图 9-104 导入视频

3 单击【项目】面板底部的【新建项】按钮，在弹出的菜单中选择【通用倒计时片头】命令。在弹出的【新建通用倒计时片头】对话框中，直接单击【确定】按钮，如图 9-105 所示。

4 在弹出的【通用倒计时设置】对话框中，启用【音频】选项组中的【在每秒都响提示音】选项。单击【确定】按钮，完成倒计时创建，如图 9-106 所示。

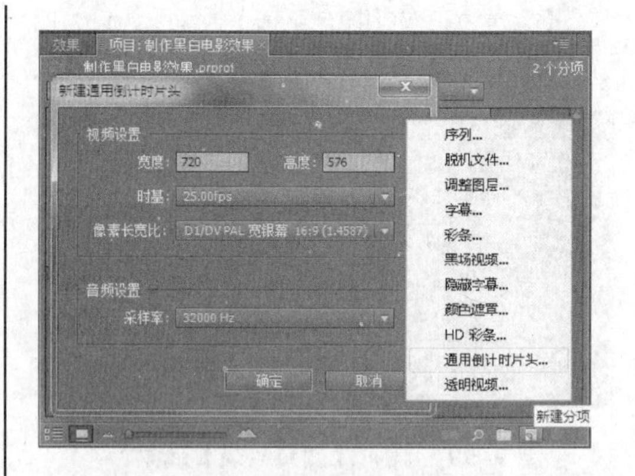

图 9-105 新建倒计时片头

图 9-106 启用选项

5 将“通用倒计时片头”插入【时间轴】面板的“V1”轨道中后，将视频素材“倒霉熊.avi”插入其后，如图 9-107 所示。

图 9-107 插入视频

6 选中【时间轴】面板中的第二个视频片段后，双击【效果】面板中的【视频效果】|【调

整】|【提取】效果，视频画面直接转换为黑白效果，如图 9-108 所示。

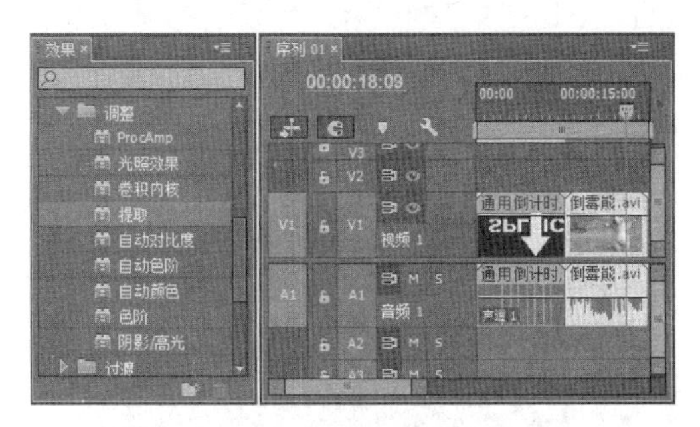

图 9-108　添加【提取】效果

7 结合【节目】监视器面板中的视频画面，在【效果控件】面板中展开【提取】效果，启用【反转】选项后，设置其他的选项参数值，如图 9-109 所示。

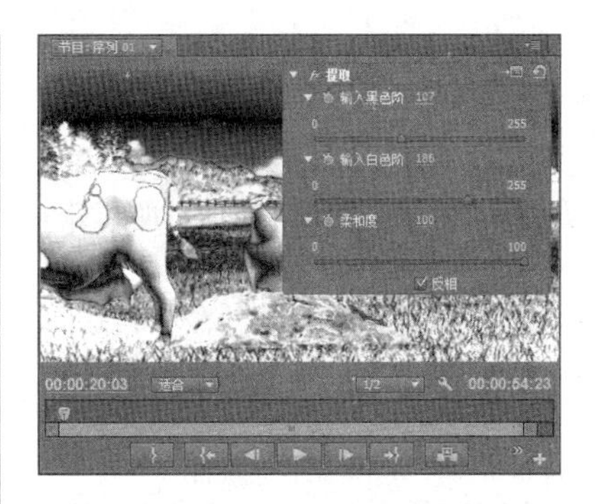

图 9-109　设置参数

8 完成选项设置后，在【节目】监视器面板中单击【播放-停止切换】按钮，查看视频效果，如图 9-110 所示。确认无误后，按快捷键 Ctrl+S 保存文件，完成视频制作。

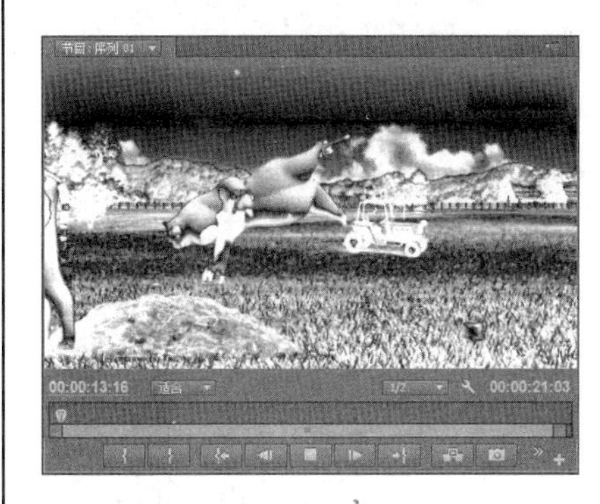

图 9-110　查看视频

9.8 思考与练习

一、填空题

1．光是电磁波的一部分，可见光的波长大致为 400～700__________，因此该范围又被称为可视光线区域。

2．__________指色彩的相貌，是区别色彩种类的名称，根据不同光线的波长进行划分。

3．__________视频效果能够通过调整素材内的 R、G、B 颜色通道，达到更改色相、调整画面色彩和校正颜色的目的。

4．阴影/高光视频效果能够基于__________或高光区域，使其局部相邻像素的亮度提高或降低，从而达到校正由强逆光而形成的剪影画面。

5．__________视频效果的功能是将用户指定颜色及其相近色之外的彩色区域全部变为灰度图像。

二、选择题

1．__________色彩模式是工业界的一种颜色标准，其原理是通过对红（Red）、绿（Green）、蓝（Blue）这三种颜色通道的变化，以及它们相互之间的叠加来得到各式各样的颜色。

A．RGB

B．CMYK

C．HLS

D．HSB

2．在下列选项中，符合“其作用是通过调整画面的灰度级别，从而达到改善图像显示效果，优化图像质量的目的。”描述信息的是？

A．色彩匹配

B．灰度系数校正

C．RGB 曲线

D．脱色

3．Premiere Pro CC 中的光照效果视频效果共为用户准备了 3 种灯光类型，不包括下列哪种类型的灯光？

A．全光源

B．点光源

C. 平行光

D. 天光

4. 在应用【提取】视频效果后，若要更改画面内的黑色像素数量，则应当更改下面的哪个选项？

A. 输入黑色阶

B. 输入白色阶

C. 柔和度

D. 反相

5.【亮度曲线】视频效果为用户提供的控制方式是__________。

A. 色阶调整图

B. 曲线调整图

C. 坐标调整图

D. 角度调整图

三、问答题

1. 简单介绍 Premiere 中的几种颜色模式。

2.【颜色过滤】视频效果的使用方法是什么？

3. 什么效果能够改变画面中的明暗关系？分别有哪些？

4.【颜色平衡】与【颜色平衡（HLS）】效果有什么区别？

5.【提取】视频效果与【色调】视频效果间的差别是什么？

四、上机练习

1. 自动对比度视频效果的应用

调整视频画面对比度是校正视频时经常要做的工作之一。为此，Premiere 为我们准备了【自动对比度】视频效果这一工具，以减少用户在进行此类工作时的任务量。

为素材应用【自动对比度】视频效果后，Premiere 便会默认对素材画面进行一番对比度方面的调整，如图 9-111 所示。

图 9-111 【自动对比度】效果应用前后效果对比

如果用户对 Premiere 自动进行的对比度调整效果不满意，还可在【效果控件】面板内展开【自动对比度】选项组后，手动调整其间的各个选项，以获得精确的调整效果，如图 9-112 所示。

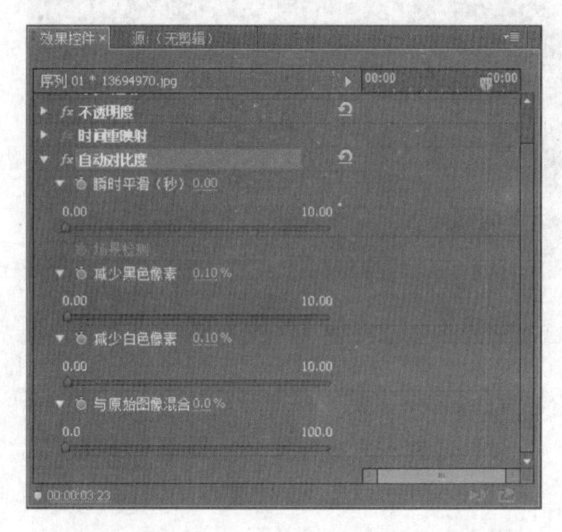

图 9-112 【自动对比度】视频效果选项面板

2. 制作怀旧视频效果

影视剧中用来回忆的往事，其视频画面经常使用单色来实现怀旧视频效果。要想将彩色画面转换为单色画面效果，则需要为素材添加【色调】效果，并且设置【将黑色映射到】与【将白色映射到】颜色值，如图 9-113 所示。

图 9-113 怀旧视频效果

然后添加【亮度曲线】效果，调整亮度曲线，加强画面对比度效果即可，如图 9-114 所示。

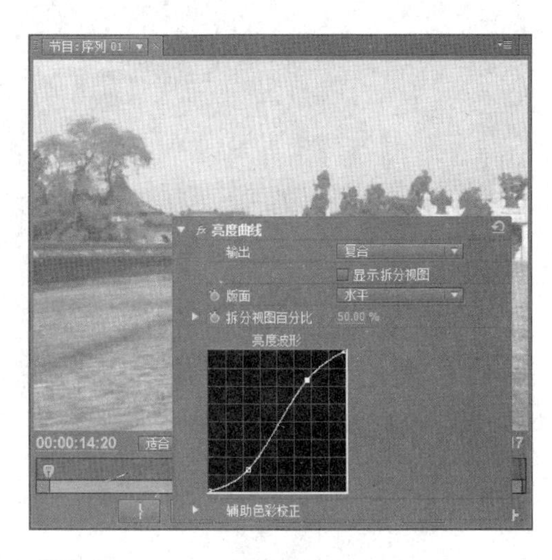

图 9-114 加强对比度

这时，单击【节目】监视器面板中的【播放-停止切换】按钮，查看视频效果，即可发现视频中的画面呈现出一种褐色的怀旧色调，如图 9-115 所示。

图 9-115 视频怀旧效果

第 10 章

合成与抠像

无论是调整色彩、视频剪辑、还是添加视频效果，均是在同一个视频中进行编辑，而视频切换效果也是两个视频之间的过渡。但是，对于令人炫目的视觉效果，特别是现实中无法实现的效果，则需要在后期制作过程中，通过视频遮罩效果技术来完成。

利用视频效果中的合成技术，可以使一个场景中的人物出现在另一场景内，从而得到那些无法通过拍摄来完成的视频画面。在本章中，将介绍通过视频效果将多个视频画面合并在一起，从而创建出能够让人感到奇特、炫目和惊叹的画面效果。

本章学习要点：

- 视频合成概述
- 导入 PSD 图像
- 合成类效果使用方法
- 常用合成类视频效果介绍

10.1 合成概述

合成视频是非线性视频编辑类视频效果中的一个重要功能之一，而所有合成效果都具有的共同点，便是能够让视频画面中的部分内容成为透明状态，从而显露出其下方的视频画面。

10.1.1 调节素材的不透明度

在 Premiere 中，操作最为简单、使用最为方便的视频合成方式，便是通过降低顶层视频轨道中的素材透明度，从而显现出底层视频轨道上的素材内容。操作时，只需选择顶层视频轨道中的素材后，在【效果控件】面板中，直接降低【不透明度】选项的参数值，所选视频素材的画面将会呈现一种半透明状态，从而隐约透出底层视频轨道中的内容，如图 10-1 所示。

注 意

要想通过透明度来进行两个素材之间的合成，必须将这两个素材放置在同一时间段内。否则即使降低【不透明度】的参数值，也无法查看下方的素材画面。

不过，上述操作多应用于 2 段视频素材的重叠部分。也就是说，通过添加【不透明度】关键帧，影视编辑人员可以使用降低素材透明度的方式来实现过渡效果，如图 10-2 所示。

图 10-1 通过降低素材【不透明度】来“合成”视频

图 10-2 【不透明度】过渡动画

10.1.2 导入含 Alpha 通道的 PSD 图像

所谓 Alpha 通道，是指图像额外的灰度图层，其功能用于定义图形或者字幕的透明区域。利用 Alpha 通道，可以将某一视频轨道中的图像素材、徽标或文字与另一视频轨道内的背景组合在一起。

若要使用 Alpha 通道实现图像合并，便要首先在图像编辑程序中创建具有 Alpha 通道的素材。比如，在 Photoshop 内打开所要使用的图像素材。然后将图像主体抠取出来，并在【通道】面板内创建新通道后，使用白色填充主体区域，如图 10-3 所示。

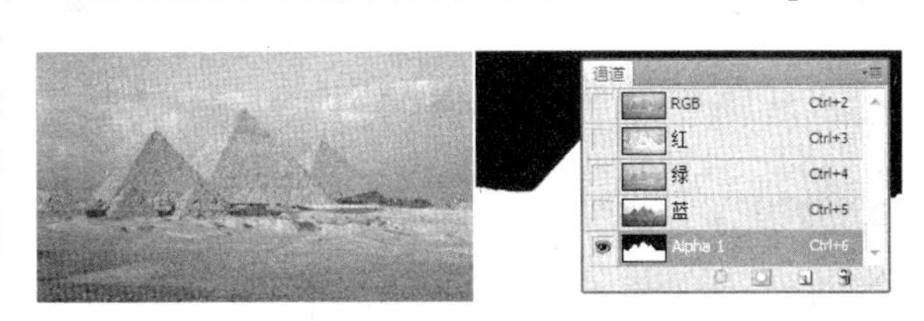

图 10-3 为图像创建 Alpha 通道

接下来，将包含 Alpha 通道的图像素材添加至影视编辑项目内，并将其添加至“V2”视频轨道内。此时，可看出图像素材除主体外的其他内容都被隐藏了，而产生这一效果的原因便是之前我们在图像素材内创建的 Alpha 通道，如图 10-4 所示。

10.2 无用信号类遮罩效果

在 Premiere Pro CC 中，几乎所有的抠像效果都集中在【效果】面板【视频效果】文件夹中的【键控】子文件夹中。这些效果的作用都是在多个素材发生重叠时，隐藏顶层素材画面中的部分内容，从而在相应位置处显现出底层素材的画面，实现拼合素材的目的。其中，无用信号遮罩类视频效果的功能是在素材画面内设定多个遮罩点，并利用这些遮罩点所连成的封闭区域来确定素材的可见部分。

图 10-4 利用 Alpha 通道隐藏图像素材中的多余部分

10.2.1 16 点无用信号遮罩

【16 点无用信号遮罩】效果是【视频效果】|【键控】效果组中的一个效果，该效果是通过调整画面中的 16 个遮罩点，来达到局部遮罩的效果。其中，16 个遮罩点的分布情况如图 10-5 所示。

将该效果添加至素材后，即可发现【节目】面板中的文件周围显示出 16 个遮罩点，如图 10-6 所示。

图 10-5 遮罩点的分布情况

图 10-6 【节目】面板中的遮罩点

提 示

在【时间轴】面板中，分别在不同的轨道中放置素材，并且将其放置在同一时间段。这样才能够在设置上方画面遮罩后，显示出下方画面，并且与之形成合成效果。

为鸡蛋花素材添加【16 点无用信号遮罩】视频效果后，在【效果控件】面板内调整上左顶点的坐标。由于坐标位置发生改变，因此由遮罩点所确定的素材可见范围发生了变化，从而显现出下方蓝色天空素材内的部分画面，如图 10-7 所示。

图 10-7　调整上左顶点的坐标位置

技　巧

用户既可在【效果控件】面板内通过更改相应选项的参数值的方式移动遮罩点，也可在单击【效果控件】面板内的【16 点无用信号遮罩】选项后，在监视器窗口内直接拖动遮罩锚点，从而调整其位置。

依次调整其他的遮罩点后，鸡蛋花素材内花卉之外的部分已经基本被隐藏起来，如图 10-8 所示。

不过，由于素材内待保留物体形状的原因，多数情况下此时的素材抠取效果还无法满足我们的需求。主体的很多细节部分往往还存在遗留或遮盖过多的情况，如图 10-9 所示。

图 10-8　所有遮罩点调整之后的位置

图 10-9　无用信号遮罩效果的细节部分

10.2.2　8 点与 4 点无用信号遮罩

【8 点无用信号遮罩】与【4 点无用信号遮罩】效果与【16 点无用信号遮罩】的使用原理相同，只是遮罩点的数量不同。其中，遮罩点的分布情况如图 10-10 所示。

对于复杂的画面，为其添加【16 点无用信号遮罩】效果后，可能也无法完整地制作出遮罩形状，为此，可通过添加第 2 或第 3 个无用信号遮罩视频效果的方法，来修正这些细节部分的问题，最终效果如图 10-11 所示。

提　示

无论是【16 点无用信号遮罩】效果、【8 点无用信号遮罩】效果还是【4 点无用信号遮罩】效果，都可以重复使用与混合使用，只要将效果添加至素材中即可进行调整。

图 10-10 遮罩点的分布情况

10.3 差异类遮罩效果

在【键控】效果组中，不仅能够通过遮罩点来进行局部遮罩，还可以通过矢量图形、明暗关系等因素，来设置遮罩效果，比如亮度键、轨道遮罩键、差值遮罩等效果。

图 10-11 应用多个无用信号遮罩效果后的效果

10.3.1 Alpha 调整

【Alpha 调整】的功能是控制图像素材中的 Alpha 通道，通过影响 Alpha 通道实现调整影片效果的目的，其参数面板如图 10-12 所示。在【Alpha 调整】效果的选项组中，各个选项的作用如下。

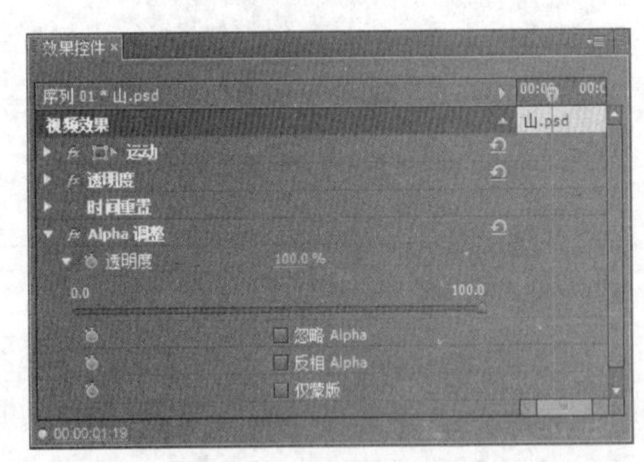

图 10-12 【Alpha 调整】效果选项

- **不透明度** 该选项能够控制 Alpha 通道的透明程度，因此在更改其参数值后会直接影响相应图像素材在屏幕画面上的表现效果，如图 10-13 所示。
- **忽略 Alpha** 启用该选项后，序列将会忽略图像素材 Alpha 通道所定义的透明区域，并使用黑色像素填充这些透明区域，如图 10-14 所示。
- **反转 Alpha** 顾名思义，该选项会反转 Alpha 通道所定义透明区域的范围。因此，图像素材内原本应当透明的区域会变得不再透明，而原本应当显示的部分则会变成透明的不可见状态，如图 10-15 所示。
- **仅蒙版** 如果启用该选项，则图像素材在屏幕画面中的非透明区域将显示为通道画面（即黑、白、灰图像），但透明区域不会受此影响，如图 10-16 所示。

图 10-13 降低【不透明度】效果

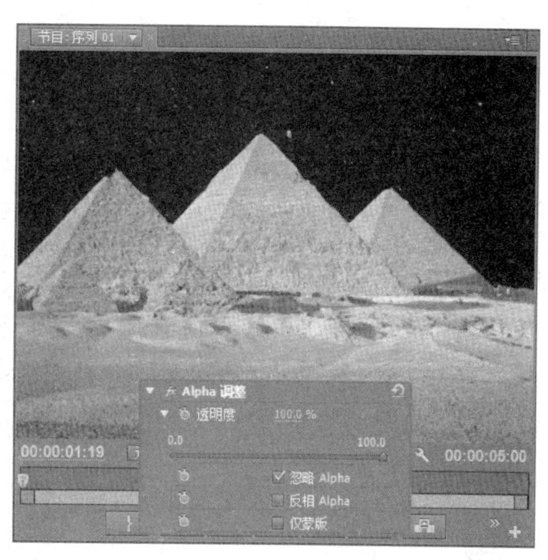

图 10-14 启用【忽略 Alpha】选项

图 10-15 启用【反转 Alpha】选项

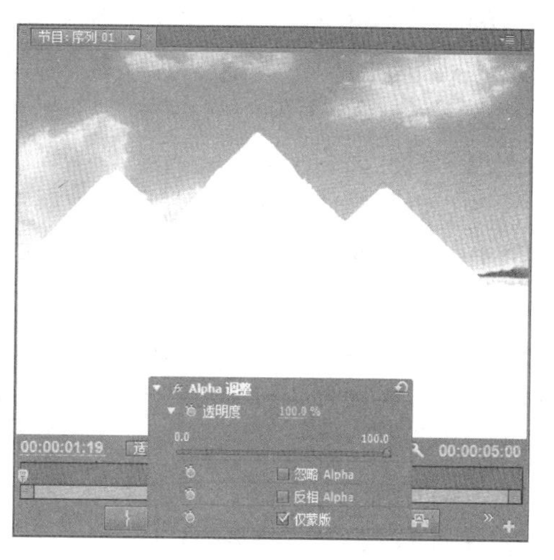

图 10-16 启用【仅蒙版】选项

10.3.2 亮度键

【亮度键】视频效果用于去除素材画面内较暗的部分，而在【效果控件】面板内通过更改【亮度键】选项组中的【阈值】和【屏蔽度】选项便可调整应用于素材剪辑后的效果。

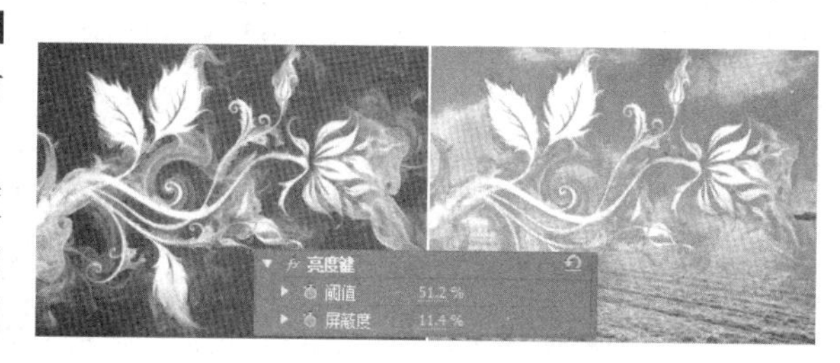

图 10-17 【亮度键】视频效果应用

图 10-17 显示了一些使用【亮度键】视频效果后的视频画面，画面内的蓝色曲线显示在黑色背景中。在使用【亮度键】视频效果后，这些黑色部分被剔除，从而使得主体景物与背景画面完美融合在一起。

10.3.3 图像遮罩键

图 10-18 添加素材

在 Premiere 中，遮罩是一种只包含黑、白、灰这 3 种不同色调的图像元素，其功能是能够根据自身灰阶的不同，有选择地隐藏目标素材画面中的部分内容。例如，在多个素材重叠的情况下，为上一层的素材添加遮罩后，便可将两者融合在一起。

【图像遮罩键】视频效果的使用方法是在将其应用于待抠取素材后，根据参数设置的不同，为效果指定一张带有 Alpha 通道的图像素材。或者，直接利用图像素材本身来划定抠取范围。比如在“视频 1”和“视频 2”轨道内添加素材，如图 10-18 所示。

图 10-19 添加效果并设置图像遮罩

选择“V2”轨道上的图像素材后，为其添加【图像遮罩键】视频效果，并单击【图像遮罩键】选项组中的【设置】按钮。在弹出的【选择遮罩图像】对话框中，选择相应的遮罩图像，如图 10-19 所示。

接下来，在【图像遮罩键】选项组中的【合成使用】选项设置为“亮度遮罩”选项。这时图像素材内所有位于遮罩图像黑色区域中的画面都将被隐藏，只有位于白色区域内的花卉仍旧是可见状态，并已经与背景中的画面融为一体，如图 10-20 所示。

图 10-20 更改合成模式

不过，如果启用【图像遮罩键】选项组中的【反向】选项，则会颠倒所应用遮罩图像中的黑、白像素，从而隐藏图像素材中的花卉，而显示该素材中的其他内容。

10.3.4 差值遮罩

【差值遮罩】视频效果的作用是对比两个相似的图像剪辑，并去除两个图像剪辑在屏幕画面上的相似部分，而只留下有差异的图像内容，如图10-21所示。因此，该视频效果在应用时对素材剪辑的内容要求较为严格。但在某些情况下，能够很轻易的将运动对象从静态背景中抠取出来。

图 10-21　差值遮罩效果应用

当在不同的轨道中导入素材后，需要同时选中这两个素材，并且将【差值遮罩】效果添加至两个素材中。然后在上方素材添加的效果中，设置【差值图层】为“视频 1”选项，如图 10-22 所示，即可显示差值的图像。在【差值遮罩】视频效果的选项组中，各个选项的作用如下。

图 10-22　设置选项

- ❑ **视图**　确定最终输出于【节目】面板中的画面内容，共有【最终输出】【仅限源】和【仅限遮罩】这 3 个选项。其中，【最终输出】选项用于输出两个素材进行差值匹配后的结果画面；【仅限源】选项用于输出应用该效果的素材画面；【仅限遮罩】选项则用于输出差值匹配后产生的遮罩画面，如图 10-23 所示即为之前所演示实例内产生的遮罩。

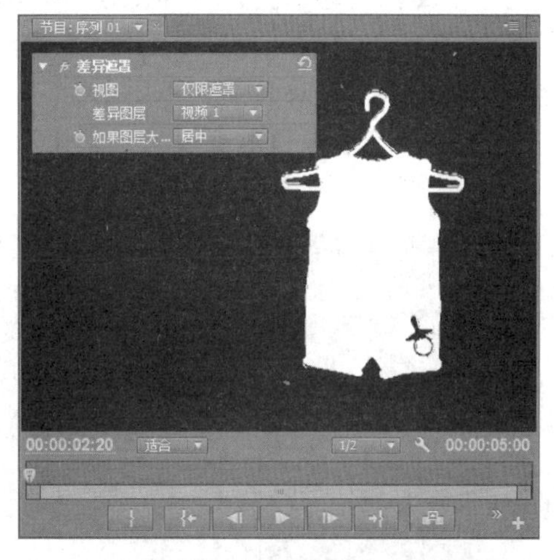

图 10-23　输出差值匹配后产生的遮罩

- ❑ **差值图层**　用于确定与源素材进行差值匹配操作的素材位置，即确定差值匹配素材所在的轨道。
- ❑ **如果图层大小不同**　当源素材与差值匹配素材的尺寸不同时，可通过该选项来确定差值匹配操作将以何种方式展开。
- ❑ **匹配容差**　该选项的取值越大，相类似的匹配也就越宽松；其取值越小，相类似的匹配也就越严格，如图 10-24 所示。
- ❑ **匹配柔和度**　该选项会影响差值匹配结果的透明度，其取值越大，差值匹配结果的透明度也就越大；反之，则匹配结果的透明度也就越小。

- 差值前模糊　根据该选项取值的不同，Premiere 会在差值匹配操作前对匹配素材进行一定程度的模糊处理。因此，【差值前模糊】选项的取值将直接影响差值匹配的精确程度。

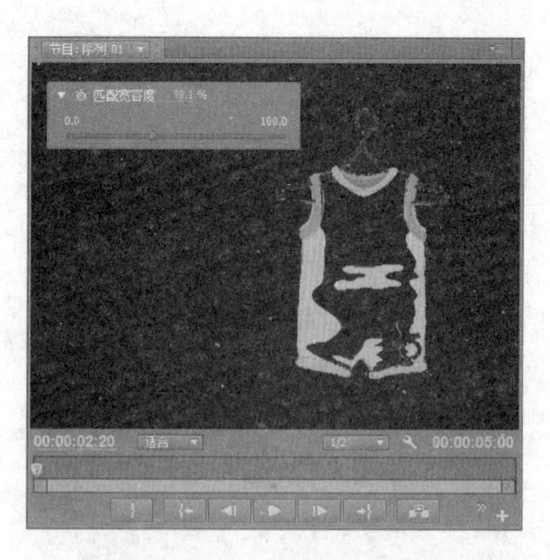

图 10-24　设置【匹配容差】选项

10.3.5 轨道遮罩键

从效果及实现原理来看，【轨道遮罩键】视频效果与【图像遮罩键】完全相同，都是将其他素材作为遮罩后隐藏或显示目标素材的部分内容。然而，从实现方式来看，前者是将图像添加至时间轴上后，作为遮罩素材使用，而【图像遮罩键】视频效果则是直接将遮罩素材附加在目标素材上。

例如，分别将“大空”和“儿童 01”素材添加至“V1”和“V2”轨道内。此时，由于视频轨道叠放顺序的原因，【节目】面板内将只显示“儿童 01”的素材画面，而“天空”素材只显示周围边缘区域的画面，如图 10-25 所示。

图 10-25　添加素材

接下来，在“V3”轨道内添加至事先准备好的遮罩素材，而在【节目】面板中将显示最上方的素材画面，如图 10-26 所示。

完成上述操作后，为“V2”轨道中的“儿童 01”素材添加【轨道遮罩键】视频效果，其参数选项如图 10-27 所示。在【效果控件】面板中，【轨道遮罩键】选项组内的各个选项功能如下所示。

- 遮罩　该选项用于设置遮罩素材的位置。在本例中，应当将其设置为【视频 3】选项。

图 10-26　添加遮罩素材

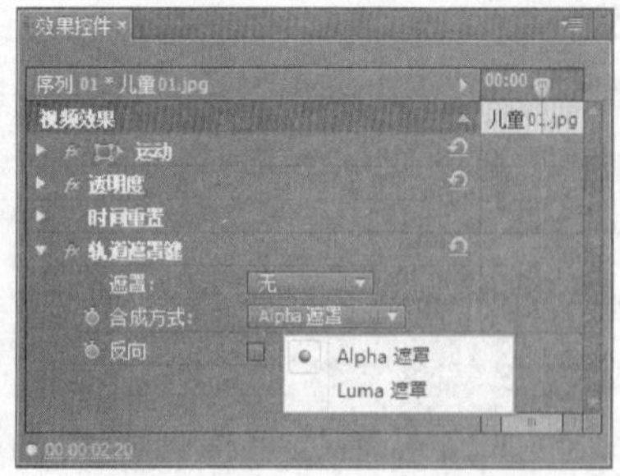

图 10-27　【轨道遮罩键】的效果控制选项

- **合成方式**　用于确定遮罩素材将以怎样的方式来影响目标素材（在本例中为“视频 2”轨道内的素材）。当【合成方式】选项为“Alpha 遮罩”选项时，Premiere 将利用遮罩素材内的 Alpha 通道来隐藏目标素材；而当【合成方式】选项为“亮度遮罩”选项时，Premiere 则会使用遮罩素材本身的视频画面来控制目标素材内容的显示与隐藏。
- **反向**　用于反转遮罩内的黑、白像素，从而显示原本透明的区域，并隐藏原本能够显示的内容。

在对【轨道遮罩键】视频效果有了一定认识后，我们将【遮罩】选项设置为“视频 3”选项，【合成方式】设置为“亮度遮罩”选项，其应用效果如图 10-28 所示。

图 10-28　【轨道遮罩键】视频效果应用

技　巧

当启用【轨道遮罩键】效果中的【反向】选项，即可在【节目】面板中显示与之相反的显示效果。

10.4　颜色类遮罩效果

在 Premiere 中，最常用的遮罩方式，是根据颜色来进行隐藏或者显示局部画面的。在拍摄视频时，特别是用于后期合成的视频，通常情况下其背景是蓝色或者绿色布景，以方便后期的合成。而【键控】效果组中，准备了用于颜色遮罩的效果。

10.4.1　蓝屏键与非红色键

【蓝屏键】视频效果的作用是去除画面内的蓝色部分，在广播电视制作领域内通常用于广播员与视频画面的拼合，如图 10-29 所示。此外，在利用一些视频格式的字幕时，也可起到去除字幕背景的作用。

图 10-29　【蓝屏键】效果应用

当为素材添加【蓝屏键】视频效果后，即可隐藏画面中的蓝色区域。而在【效果控件】面板中，【蓝屏键】视频效果的选项面板如图 10-30 所示。在该面板中，各个选项的作用如下。

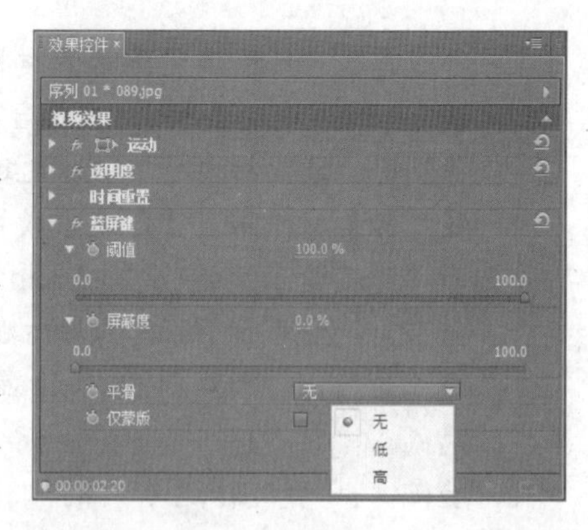

图 10-30　【蓝屏键】效果选项

- ❑ **阈值**　如果向左拖动滑块，则能够去掉画面内更多的蓝色，如图 10-31 所示。
- ❑ **屏蔽度**　控制蓝屏键的应用效果，参数值越小，去除背景效果越明显。
- ❑ **平滑**　该选项用于调整【蓝屏键】效果在消除锯齿时的能力，其原理是混合像素颜色，从而构成平滑的边缘。在【平滑】选项所包含的 3 种设置中，【高】的平滑效果最好，【低】的平滑效果略差，而【无】则是不进行平滑操作。
- ❑ **仅蒙版**　用于确定是否将效果应用于视频素材的 Alpha 通道。

【非红色键】视频效果的使用方法与【蓝屏键】效果相同，不同的是该视频效果能够同时去除视频画面内的蓝色和绿色背景，其应用效果如图 10-32 所示。

图 10-31　设置【阈值】参数

图 10-32　【非红色键】视频效果应用

10.4.2　颜色键

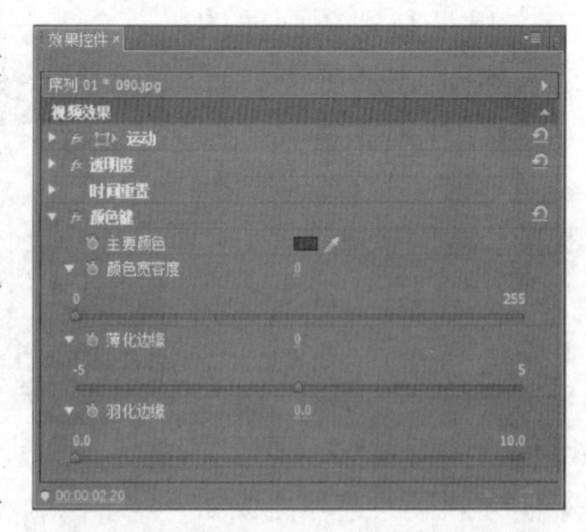

图 10-33　【颜色键】视频效果选项

【颜色键】视频效果的作用是抠取屏幕画面内的指定色彩，因此多用于屏幕画面内包含大量色调相同或相近色彩的情况，其选项面板如图 10-33 所示。在【颜色键】选项组中，各个选项的作用如下。

- ❑ **主要颜色**　用于指定目标素材内所要抠除的色彩，如图 10-34 所示。
- ❑ **颜色容差**　该选项用于扩展所抠除色彩的范围，根据其选项参数的不同，部分与【主要颜色】选项相似的色彩也将被抠除。
- ❑ **边缘细化**　该选项能够在图像色彩抠取

结果的基础上，扩大或减小【主要颜色】所设定颜色的抠取范围。例如，当该参数的取值为负值时，Premiere 将会减小根据【主要颜色】选项所设定的图像抠取范围；反之，则会进一步增大图像抠取范围，如图 10-35 所示。

图 10-34　使用【颜色键】效果抠除素材画面中的绿色部分

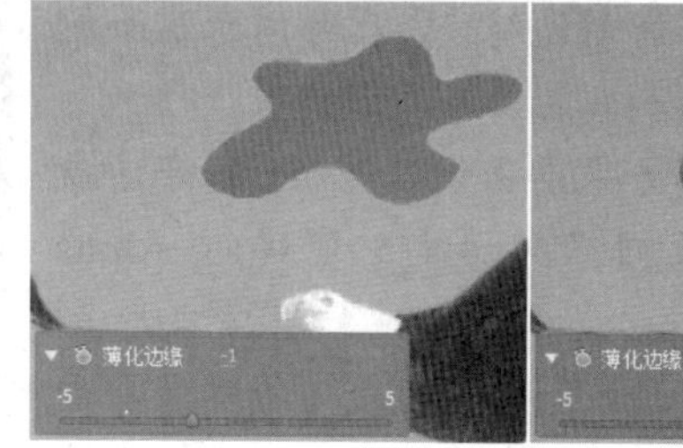

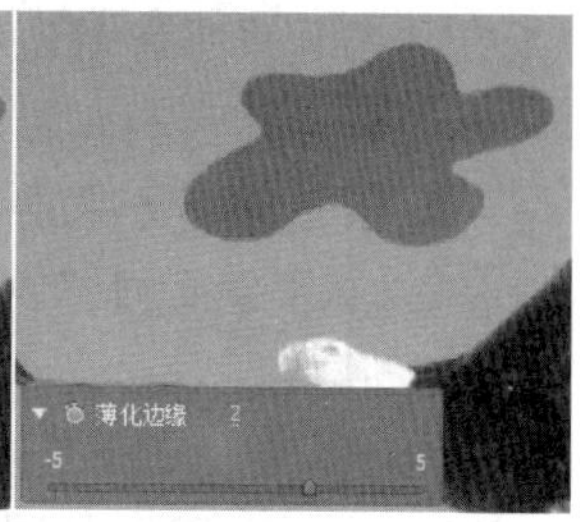

图 10-35　【边缘细化】选项取不同参数时的效果应用

- ❑ **羽化边缘**　对抠取后的图像进行边缘羽化操作，其参数取值越大，羽化效果越明显。

10.4.3　色度键与 RGB 差异键

【色度键】是利用颜色来抠除素材内容的视频效果，因此多应用于素材内所要抠取的部分具有统一或相近色彩的情况。在为素材应用【色度键】视频效果后，该效果在【效果控件】面板内的选项如图 10-36 所示。在【色度键】效果的选项组中，各个选项的作用如下。

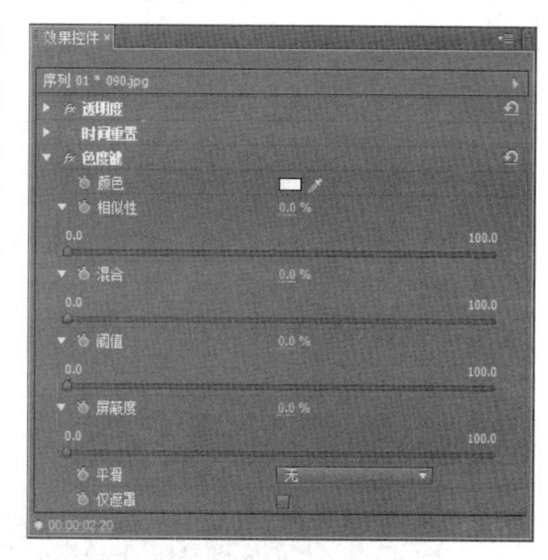

图 10-36　【色度键】效果选项

- ❑ **颜色**　用于确认所要抠除（隐藏）的颜色，默认为白色。在单击该选项内的【吸管】按钮后，可直接从屏幕画面中吸取颜色。如图 10-37 所示，即为应用【色度键】视频效果，并使用【颜色】吸管吸取屏幕颜色后的抠像效果。
- ❑ **相似性**　该选项用于扩展所要抠除的颜色范围，其参数值越大，Premiere 所抠取的色彩范围也就越大。
- ❑ **混合**　【混合】选项会使顶层视频轨道中的素材与其下方的影片剪辑融合在一起，其效果与调整顶层轨道素材的透明度类似。
- ❑ **阈值**　展开该选项后，向右拖动滑轮可使素材中保留更多的阴影区域，向左拖动则会产生相反的效果。

- **屏蔽度** 增大该选项的参数值会使画面内的阴影区域变黑，而减小其参数值则会照亮阴影区域。不过需要指出的是，如果该选项的取值超出了【阈值】选项所设置的范围，则 Premiere 将会颠倒灰色与透明区域的范围。
- **平滑** 该选项能够混合像素的颜色，从而构成平滑的边缘，因此可用于消除抠像后产生的锯齿。
- **仅蒙版** 如果启用该复选框，则会造成屏幕画面内只显示素材剪辑的 Alpha 通道。

图 10-37 【色度键】视频效果应用

【RGB 差值键】视频效果是【色度键】视频效果的易用版本，其作用与【色度键】视频效果完全相同，只是操作方法更为简单，且功能稍弱一些而已。因此，当不需要进行准确抠像，或所要抠取的图像出现在明亮背景之前时使用这种效果。

与【色度键】视频效果相同的是，【RGB 差值键】也提供了【颜色】和【相似性】选项，但没有提供【混合】【阈值】和【屏蔽度】选项，其参数面板如图 10-38 所示。

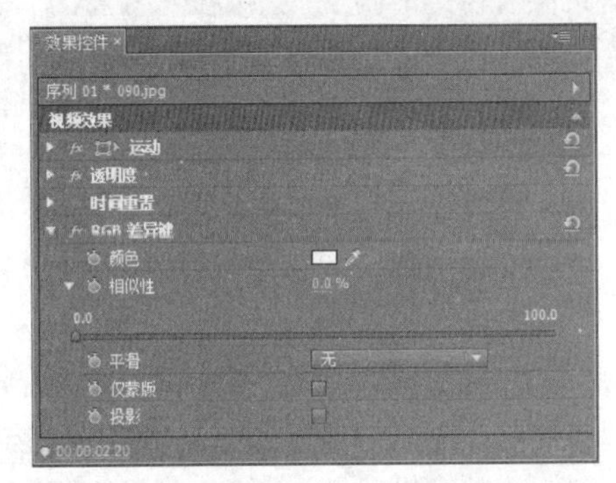

图 10-38 【RGB 差值键】效果选项

10.5 课堂练习：制作望远镜画面效果

在影视作品中，往往会应用很多通过望远镜或其他类似设备进行观察，从而模拟第一人称视角的拍摄手法。事实上，这些效果大都通过后期制作时的特殊处理来完成，接下来本例所要做的便是模拟望远镜般的画面效果，如图 10-39 所示。

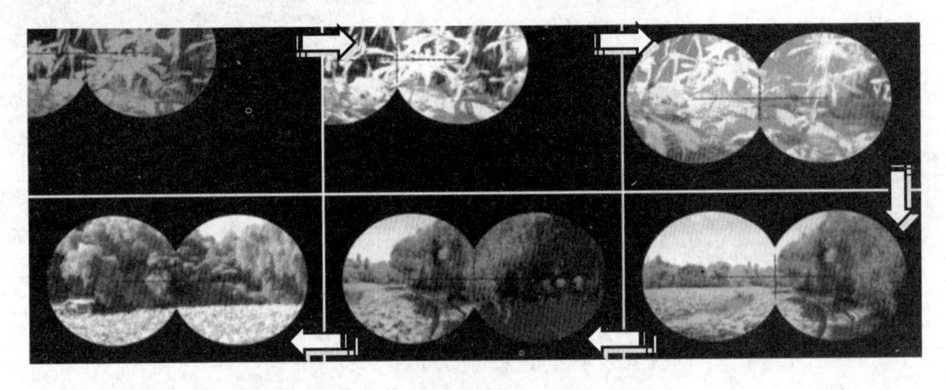

图 10-39 望远镜效果

操作步骤：

1 启动 Premiere Pro CC，在【新建项目】对话框中单击【浏览】按钮，选择文件的保存位置。在【名称】栏中输入“望远镜效果”文本，单击【确定】按钮，即可创建新项目，如图 10-40 所示。

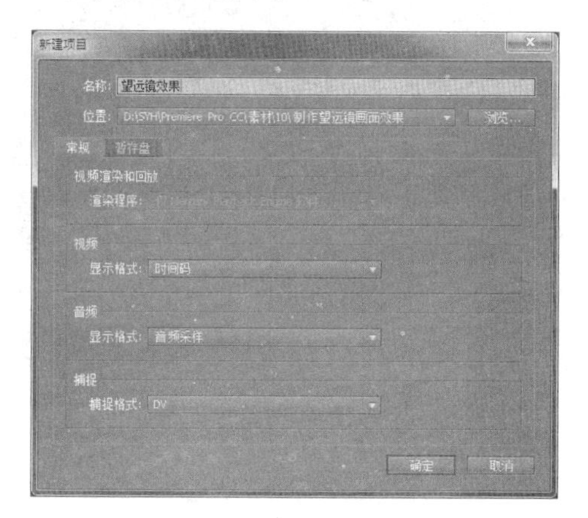

图 10-40 创建项目

提 示

在创建序列时，其屏幕比例是根据准备视频素材的显示比例进行设置的。由于这里准备的视频素材为宽银幕效果，所以设置选择的是【宽屏 48kHz】选项。

2 双击【项目】面板中的空白区域，在弹出的【导入】对话框中选中准备好的素材，将其导入其中，如图 10-41 所示。

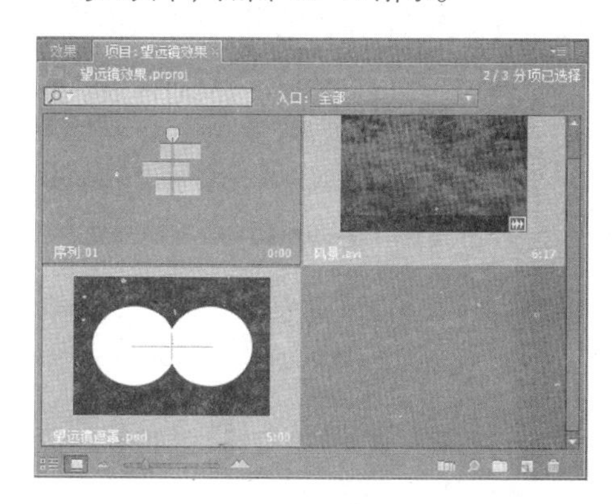

图 10-41 导入素材

3 将【项目】面板中的素材“风景.avi”选中，并将其拖入【时间轴】面板的“V1”轨道中。然后将素材“望远镜遮罩.psd”拖至“V2”轨道中，并将其持续时间调整为与“风景.avi”素材相同，如图 10-42 所示。

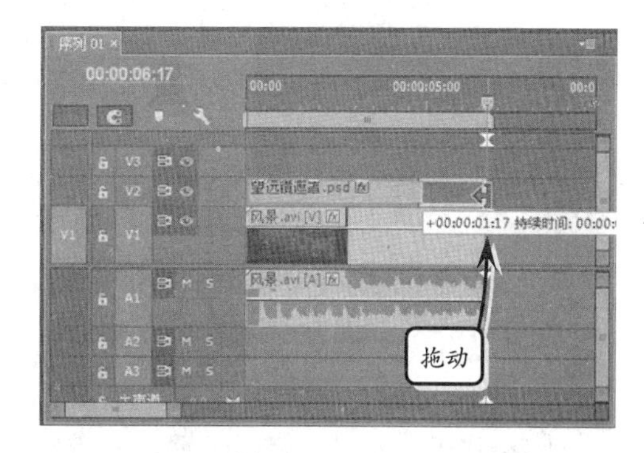

图 10-42 插入素材

4 分别选中【时间轴】面板中的素材片段，在【效果控件】面板中设置【运动】选项组中的【缩放】选项 135.0 与 141.0，使其与【节目】监视器相符，如图 10-43 所示。

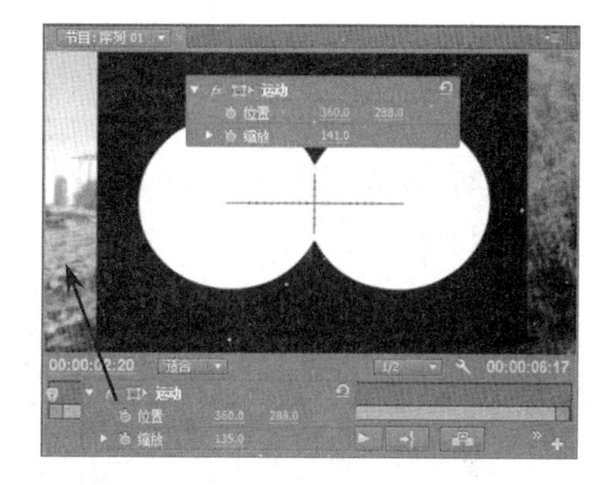

图 10-43 设置尺寸

5 选中【时间轴】面板中的视频片段“风景.avi”，双击【效果】|【视频效果】|【键控】|【轨道遮罩键】效果，将其添加至该视频中，如图 10-44 所示。

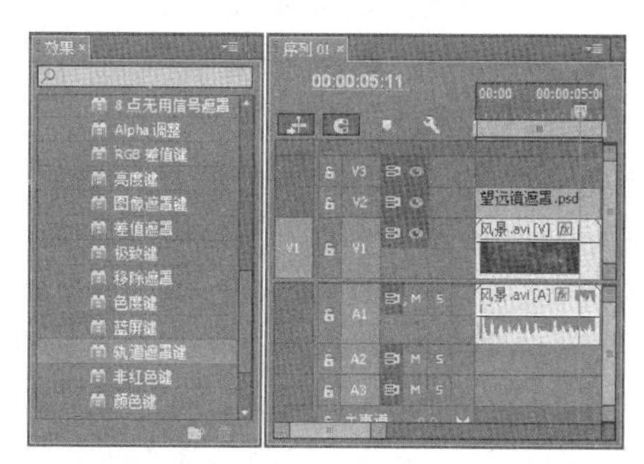

图 10-44 添加【轨道遮罩键】效果

6 在【效果控件】面板中，设置【轨道遮罩键】效果中的【遮罩】选项为“视频 2”，【合成方式】为“亮度遮罩”，形成望远镜画面效果，如图 10-45 所示。

图 10-45 设置遮罩选项

7 选择“V2”轨道中的素材“望远镜遮罩.psd”，将【当前时间指示器】指向 00:00:02:07。然后单击【运动】选项组内的【位置】选项的【切换动画】图标，创建关键帧，如图 10-46 所示。

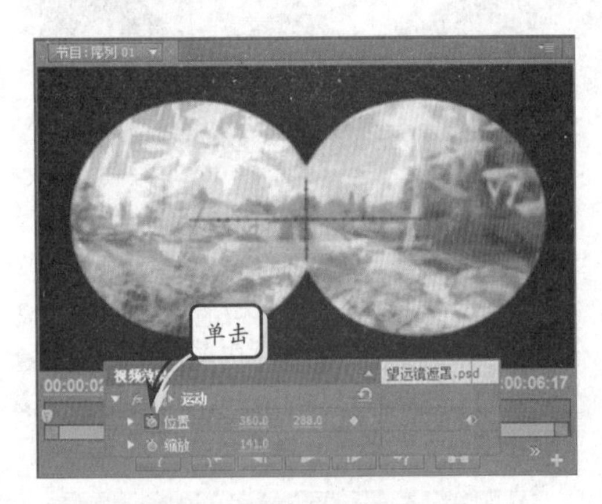

图 10-46 创建关键帧

8 在影片起始位置处，单击【添加/移除关键帧】按钮，创建第二个关键帧，并设置参数值，如图 10-47 所示。

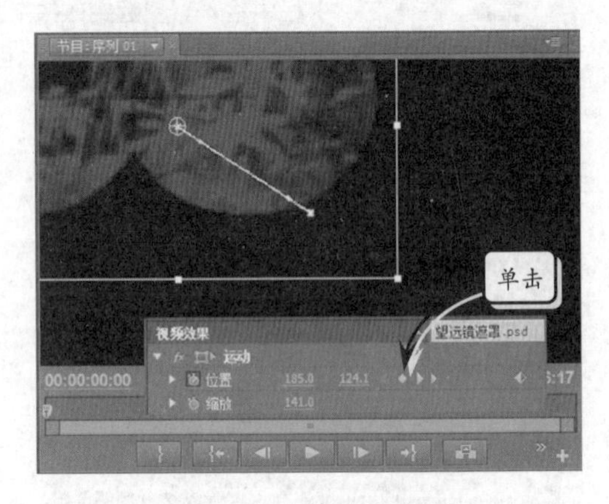

图 10-47 创建第二个关键帧

9 上述操作全部完成后，即可在【节目】监视器面板内预览望远镜的播放效果，如图 10-48 所示。确认无误后，按快捷键 Ctrl+S 保存文档，完成望远镜的制作。

图 10-48 查看视频效果

10.6 课堂练习：夕阳中的白塔

在拍摄风景视频时，拍摄设备很难拍摄出色彩丰富的夕阳风景。对于拍摄具有天空的风景视频，可以将蓝色的天空进行抠出，替换成具有夕阳效果的视频或者图像进行合成，形成夕阳风景效果，如图 10-49 所示。

图 10-49　夕阳中的白塔效果

操作步骤：

1 启动 Premiere Pro CC，在【新建项目】对话框中单击【浏览】按钮，选择文件的保存位置。在【名称】栏中输入“夕阳中的白塔”文本，单击【确定】按钮，即可创建新项目，如图 10-50 所示。

图 10-50　创建项目

2 双击【项目】面板中的空白区域，在弹出的【导入】对话框中选中准备好的素材，将其导入其中，如图 10-51 所示。

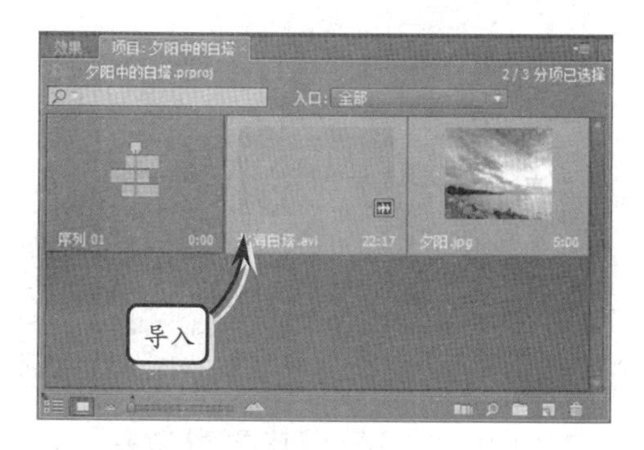

图 10-51　导入素材

3 将【项目】面板中的素材“北海白塔.avi”选中，并将其拖入【时间轴】面板的“V2”轨道中，如图 10-52 所示。

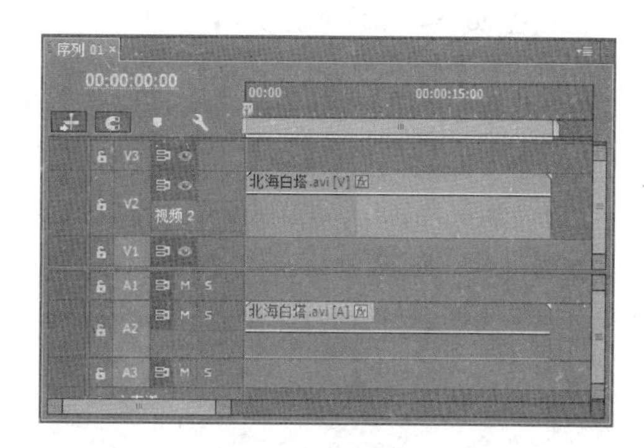

图 10-52　插入视频

4 选中视频片段后，在【效果控件】面板中，设置【运动】选项组中【缩放】选项为 55.0。将【当前时间指示器】拖至 00:00:14:08，选择工具箱中的【剃刀工具】，在该位置单击切割视频，如图 10-53 所示。

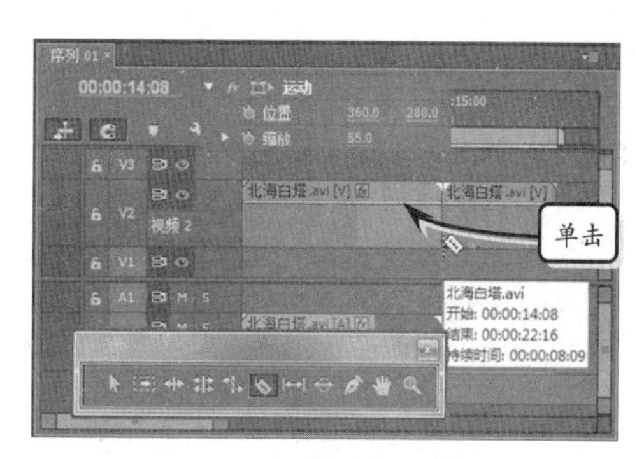

图 10-53　切割视频

5 将第一段视频删除后，将右侧的视频向左移动至 00:00:00:00 位置。双击【效果】面板中的【视频效果】|【调整】|【色阶】效果，将该效果添加至视频中，如图 10-54 所示。

图 10-54　添加【色阶】效果

6 在【效果控件】面板中，设置【(RGB) 输入黑色阶】选项为 23，【(RGB) 输入白色阶】选项为 205，调整视频对比度效果，如图 10-55 所示。

图 10-55　调整视频对比度效果

7 继续双击【效果】面板中的【视频效果】|【颜色校正】|【颜色平衡】效果，并在【效果控件】面板中设置不同亮部区域的颜色参数，从而使画面色彩更加鲜艳，如图 10-56 所示。

8 将【项目】面板中的素材“夕阳.jpg”插入【时间轴】面板的“V1”轨道中，并将其持续时间调整为与“北海白塔.avi”素材相同，如图 10-57 所示。

图 10-56　调整【颜色平衡】

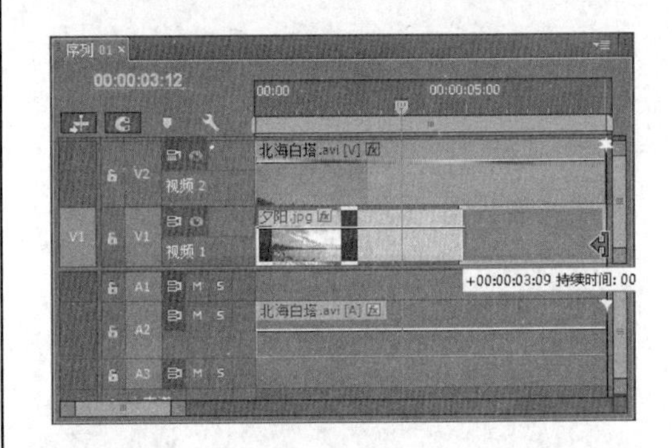

图 10-57　插入图像

9 选中“V2”轨道中的视频片段，双击【效果】面板中的【视频效果】|【键控】|【蓝屏键】效果，为其添加抠图效果，如图 10-58 所示。

图 10-58　添加【蓝屏键】效果

10 在【效果控件】面板中，设置【蓝屏键】效果中【阈值】选项为 47.3%，使视频画面中蓝色天空为透明，如图 10-59 所示。

图 10-59 设置选项

11 将【当前时间指示器】指向 00:00:00:00，选中“视频 1”轨道中的图像素材。在【效果控件】面板中设置【运动】选项组中【位置】选项为 690.0，820.0，如图 10-60 所示。

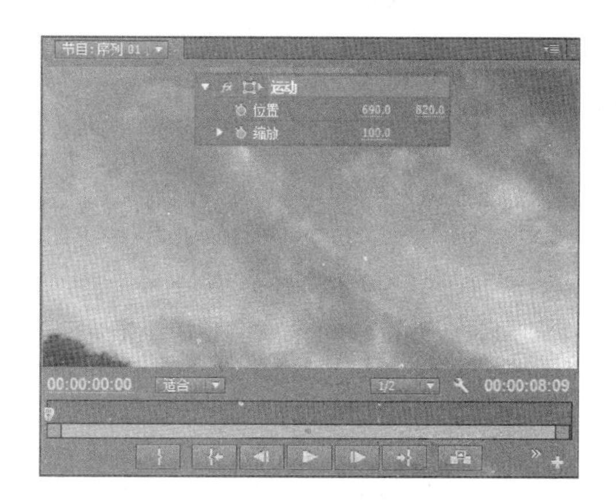

图 10-60 设置图像显示位置

12 分别单击【位置】选项与【缩放】选项的【切换动画】图标，在视频起始位置处创建关键帧，开始制作图像移动与缩放动画，如图 10-61 所示。

13 将【当前时间指示器】指向 00:00:03:00，单击【缩放】选项的【添加/移除关键帧】按钮，创建第二个关键帧。设置选项值为 62.0，如图 10-62 所示。

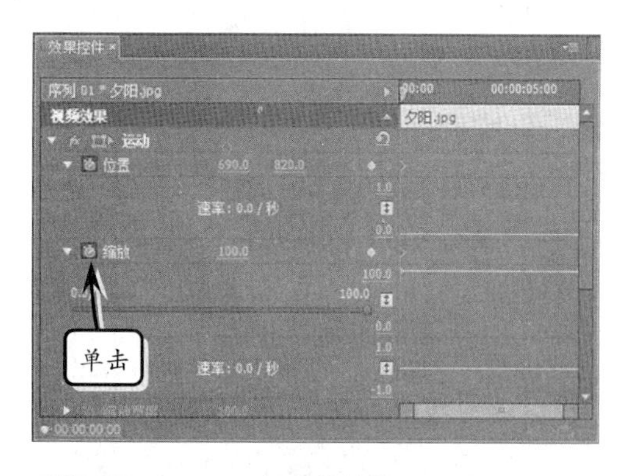

图 10-61 创建关键帧

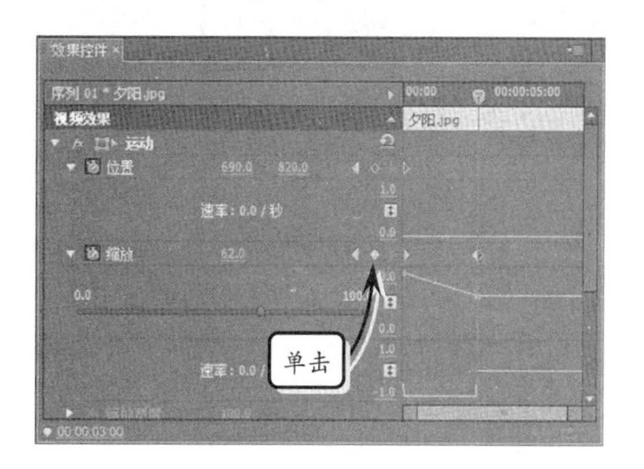

图 10-62 创建【缩放】第二个关键帧

14 在相同位置，单击【位置】选项的【添加/移除关键帧】按钮，创建第二个关键帧。设置该选项的选项值为 340.0，373.0，如图 10-63 所示。

图 10-63 创建【位置】第二个关键帧

15 将【当前时间指示器】指向 00:00:06:09，单击【位置】选项的【添加/移除关键帧】按钮，创建第三个关键帧。设置该选项的选项值为 287.9，322.2，如图 10-64 所示。

图 10-64 创建【位置】第三个关键帧

16 上述操作全部完成后，即可在【节目】监视器面板内预览视频播放效果，如图 10-65 所示。确认无误后，按快捷键 Ctrl+S 保存文档，完成夕阳下的白塔制作。

图 10-65 查看视频效果

10.7 思考与练习

一、填空题

1．Premiere 中最为简单的素材合成方式是降低素材__________，从而使当前素材的画面与其下方素材的图画融合在一起。

2．所谓 Alpha 通道，是指图像额外的__________，其功能用于定义图形或者字幕的透明区域。

3．__________类视频效果的功能是在素材画面内设定多个遮罩点，并利用这些遮罩点所连成的封闭区域来确定素材的可见部分。

4．__________视频效果的作用是去除素材画面内较暗的部分。

5．__________视频效果的作用是去除画面内的蓝色部分。

二、选择题

1．在 Premiere 中，能够使素材直接与其下方素材进行画面合成的效果属性是__________。

A．运动

B．尺寸

C．透明度

D．时间重置

2．无用信号遮罩类视频效果共有哪几种类型？__________

A．共有 4 种，分别为 2 点、4 点、8 点和 16 点无用信号遮罩

B．共有 3 种，分别为 4 点、8 点和 16 点无用信号遮罩

C．共有 3 种，分别为 2 点、4 点和 8 点无用信号遮罩

D．共有 2 种，分别为 4 点和 8 点无用信号遮罩

3．图像遮罩键的功能是__________。

A．利用其他的图像素材的 Alpha 通道或亮度遮罩来隐藏目标素材的部分画面

B．利用素材自身的 Alpha 通道来隐藏部分画面

C．利用其他图像素材的亮度遮罩来隐藏目标素材的部分画面

D．利用其他图像素材的 Alpha 通道来隐藏目标素材的部分画面

4．在下列选项中，不属于【差值遮罩】视频效果所提供视图输出方式的是__________。

A．最终输出

B．仅限源

C．仅限遮罩

D．仅限目标

5．在下列选项中，作用相同或相近的两种视频效果是__________。

A．无用信号遮罩与【亮度键】

B．【色度键】与【轨道遮罩键】

C．【蓝屏键】与【Alpha 调整】

D．【色度键】与【RGB 差值键】

三、问答题

1．无用信号遮罩视频效果都有哪些类型？它们之间的区别是什么？

2．怎样导入并使用 PSD 素材文件中的遮罩？

3．如何使用【轨道遮罩键】视频效果进行画面遮罩？

4．【蓝屏键】和【非红色键】分别有什么作用？

5．简单介绍【差值遮罩】视频效果的使用方法？

四、上机练习

1．根据颜色进行合成

对于具有蓝色背景的素材，则可以通过【键控】效果组中的【蓝屏键】效果来进行局部遮罩效果。只要将该效果添加至上方素材中，即可隐藏蓝色背景，如图 10-66 所示。

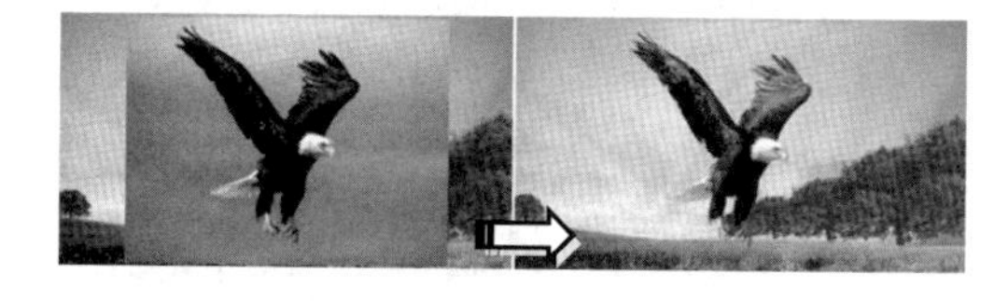

图 10-66　隐藏蓝色背景

2．合成视频

要将两个视频同时显示，必须将这两个视频放置在同一个时间段，但是上方视频会覆盖下方视频。这时可以通过【键控】效果组中的效果，将上方视频局部隐藏，从而显示出下方视频。而遮罩效果则需要根据上方视频颜色或明暗关系等因素，来决定效果的添加。这里的上方视频画面包括黑色与亮色调，如图 10-67 所示。

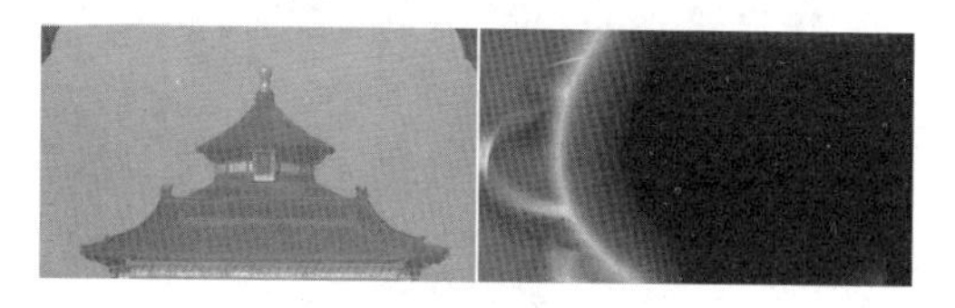

图 10-67　导入视频

针对黑色与亮色的视频画面，将【键控】效果中的【亮度键】效果添加至上方视频中，即可得到合成效果，如图 10-68 所示。

图 10-68　合成视频效果

这时，单击【节目】面板中的【播放-停止切换】按钮，即可查看合成视频的播放效果，如图 10-69 所示。

图 10-69　合成视频播放效果

第 11 章

输出影片剪辑

视频剪辑项目制作完成后，输出影片，并将其刻录成光盘，可以长时间地保存视频文件。Premiere Pro CC 在视频输出方面具有强大的功能，能输出 AVI、WMV 等格式的文件，还可以通过 Media Encoder 转换视频格式，以便使用主流媒体播放器来欣赏这些完成的影片剪辑。本章学习输出不同格式的影片参数，以及制作 DVD 光盘的方法。

本章学习要点：

- 影片输出设置
- 常见视频格式输出参数
- 导出为交换文件

11.1 影片输出设置

在完成整个影视项目的编辑操作后，便可以将项目内所用到的各种素材整合在一起输出为一个独立的、可直接播放的视频文件。不过，在进行此类操作之前，我们还需要对影片输出时的各项参数进行设置，接下来本节便将对其设置方法进行介绍。

11.1.1 影片输出的基本流程

完成 Premiere 影视项目的各项编辑操作后，在主界面内执行【文件】|【导出】|【媒体】命令（快捷键 Ctrl+M），将弹出【导出设置】对话框。在该对话框中，我们可以对视频文件的最终尺寸、文件格式和编辑方式等一系列内容进行设置，如图 11-1 所示。

【导出设置】对话框的左半部分为视频预览区域，右半部分为参数设置区域。在左半部分的视频预览区域中，可分别在【源】和【输出】选项卡内查看到项目的最终编辑画面和最终输出为视频文件后的画面。在视频预览区域的底部，调整滑杆上方的滑块可控制当前画面在整个影片中的位置，而调整滑杆下方的两个“三角”滑块则能够控制导出时的入点与出点，从而起到控制导出影片持续时间的作用，如图 11-2 所示。

图 11-1 【导出设置】对话框

图 11-2 调整导出影片的持续时间

与此同时，在【源】选项卡中单击【裁剪输出视频】按钮后，还可在预览区域内通过拖动锚点，或在【裁剪输出视频】按钮右侧直接调整相应参数的方法，更改画面的输出范围，如图 11-3 所示。

完成此项操作后，切换至【输出】选项卡，即可在【输出】选项卡内查看到调整结果，如图 11-4 所示。

图 11-3 调整导出影片的画面输出范围

图 11-4 预览导出影片的画面输出

提　示

当影片的原始画面比例与输出比例不匹配时，影片的输出结果画面内便会出现黑边。

11.1.2 选择视频文件输出格式与输出方案

在完成对导出影片持续时间和画面范围的设定后，在【导出设置】对话框的右半部分中，调整【格式】选项可用于确定导出影片的文件类型，如图 11-5 所示。

根据导出影片格式的不同，用户还可在【预设】下拉列表中，选择一种 Premiere Pro

CC 之前设置好参数的预设导出方案，完成后即可在【导出设置】选项组内的【摘要】区域内查看部分导出设置内容，如图 11-6 所示。

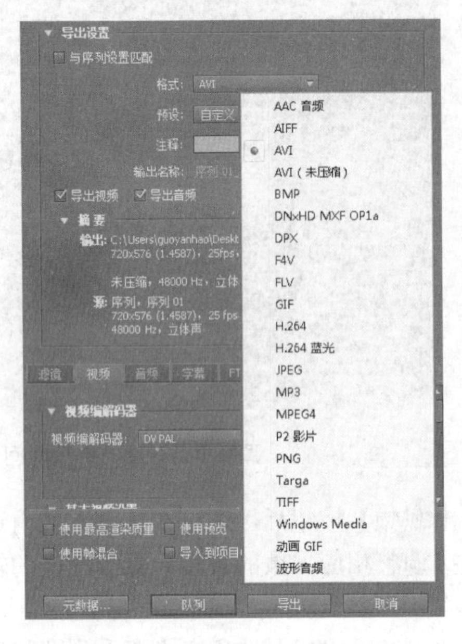

图 11-5　设定影片的输出类型

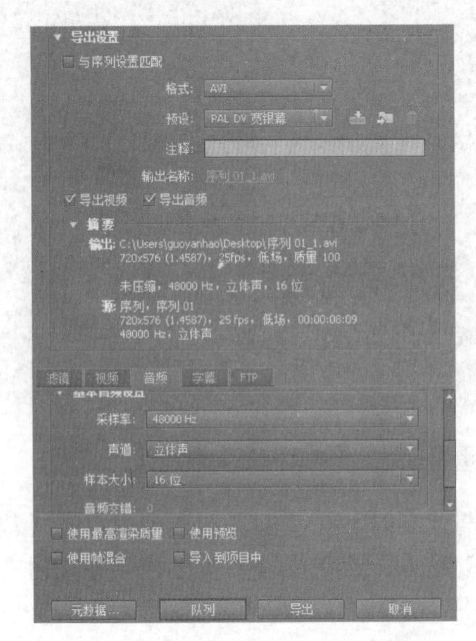

图 11-6　选择影片输出方案

11.2　设置常见视频格式的输出参数

目前，视频文件的格式众多，在输出不同类型视频文件时的设置方法也不相同。因此，当用户在【导出设置】选项组内选择不同的输出文件类型后，Premiere 便会根据所选文件类型的不同，调整不同的视频输出选项，以便用户更为快捷地调整视频文件的输出设置。

11.2.1　输出 AVI 文件

若要将视频编辑项目输出为 AVI 格式的视频文件，则应将【格式】下拉列表设置为 AVI 选项。此时，相应的视频输出设置选项如图 11-7 所示。

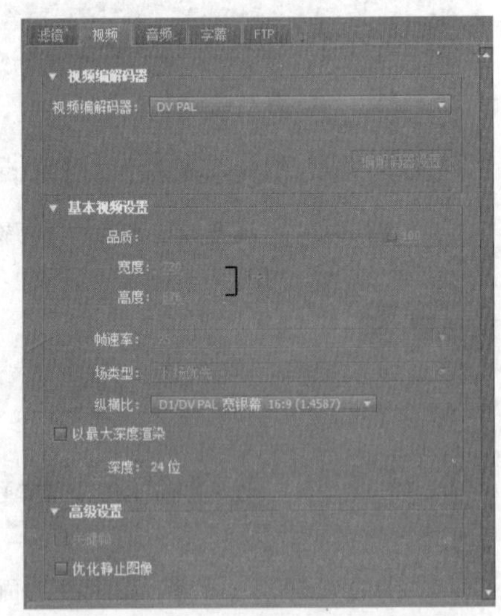

图 11-7　AVI 文件输出选项

在上面所展示的 AVI 文件输出选项中，并不是所有的参数都需要调整。通常情况下，所需调整的部分选项功能和含义如下：

1．视频编解码器

在输出视频文件时，压缩程序或者编解码器（压缩/解压缩）决定了计算机该如何准确地重构或者剔除数据，从而尽可能的缩小数字视频文件的体积。

2．场序

该选项决定了所创建视频文件在播放时的扫描方式，即采用隔行扫描式的“高场优先”“低场优先”，还是采用逐行扫描进行播放的“逐行”。

11.2.2 输出 WMV 文件

WMV 是由微软推出的视频文件格式，由于具有支持流媒体的特性，因此也是较为常用的视频文件格式之一。在 Premiere Pro CC 中，若要输出 WMV 格式的视频文件，首先应将【格式】设置为 Windows Media 选项，此时其视频输出设置选项如图 11-8 所示。

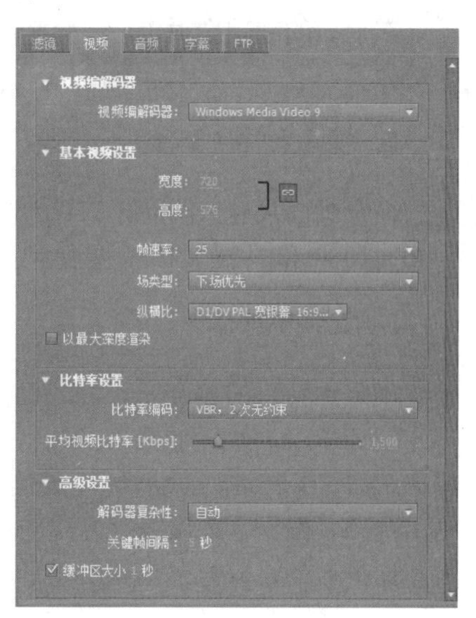

图 11-8　WMV 文件输出选项

1．1 次编码时的参数设置

1 次编码是指在渲染 WMV 时，编解码器只对视频画面进行 1 次编码分析，优点是速度快，缺点是往往无法获得最为优化的编码设置。当选择 1 次编码时，【比特率编码】会提供【固定】和【可变品质】两种设置项供用户选择。其中，【固定】模式是指整部影片从头至尾采用相同的比特率设置，优点是编码方式简单，文件渲染速度较快。

至于【可变品质】模式，则是在渲染视频文件时，允许 Premiere 根据视频画面的内容来随时调整编码比特率。这样一来，便可在画面简单时采用低比特率进行渲染，从而降低视频文件的体积；在画面复杂时采用高比特率进行渲染，从而提高视频文件的画面质量。

2．2 次编码时的参数设置

与 1 次编码相比，2 次编码的优势在于能够通过第 1 次编码时所采集到的视频信息，在第 2 次编码时调整和优化编码设置，从而以最佳的编码设置来渲染视频文件。

在使用 2 次编码渲染视频文件时，比特率模式将包含【CBR，1 次】【VBR，1 次】【CBR，2 次】【VBR，2 次约束】与【VBR，2 次无约束】5 种不同模式，如图 11-9 所示。

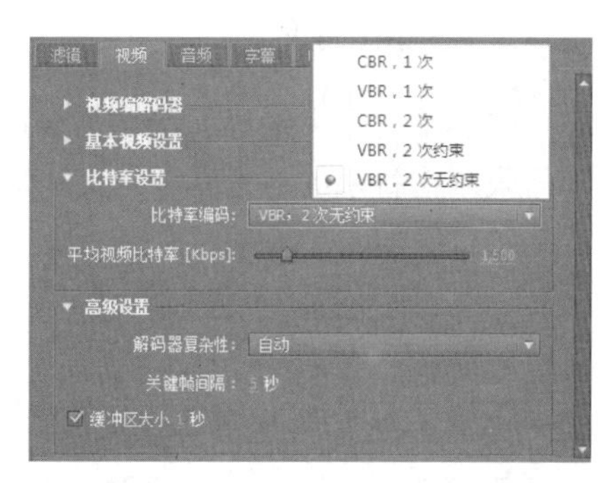

图 11-9　2 次编码时的选项

11.2.3 输出 MPEG 文件

作为业内最为重要的一种视频编码技术，MPEG 为多个领域不同需求的使用者提供了多种样式的编码方式。接下来，我们将以目前最为流行的 MPEG2 Blu-ray 为例，简单介绍 MPEG 文件的输出设置。

在【导出设置】选项组中，将【格式】设置为 MPEG2 Blu-ray 后，其视频设置选项如图 11-10 所示。

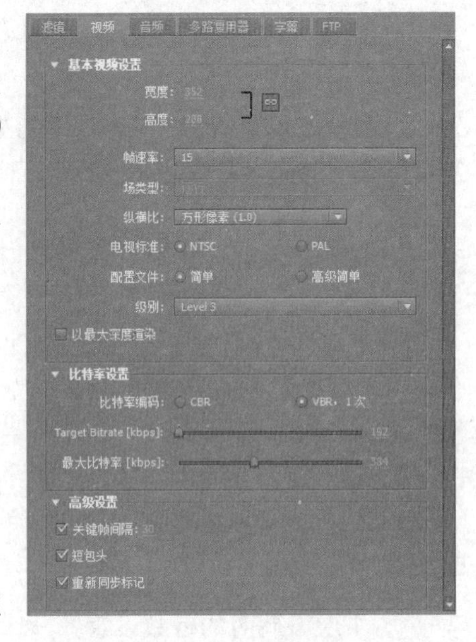

图 11-10　**MPEG2 Blu-ray 视频输出设置选项**

在上面的选项面板中，部分常用选项的功能及含义如下。

1．视频尺寸（像素）

设定画面尺寸，预置有 720×576、1280×720、1440×1080 和 1920×1080 四种尺寸供用户选择。

2．比特率编码

确定比特率的编码方式，共包括 CBR、VBR，1 次和 VBR，2 次三种模式。其中，CBR 指固定比特率编码，VBR 指可变比特率编码方式。

此外，根据所采用编码方式的不同，编码时所采用比特率的设置方式也有所差别。

3．比特率

仅当【比特率编码】选项为 CBR 时出现，用于确定固定比特率编码所采用的比特率。

4．最小比特率

仅当【比特率编码】选项为 VBR，1 次或 VBR，2 次时出现，用于在可变比特率范围内限制比特率的最低值。

5．目标比特率

仅当【比特率编码】选项为 VBR，1 次或 VBR，2 次时出现，用于在可变比特率范围内限制比特率的参考基准值。也就是说，多数情况下 Premiere 会对该选项所设定的比特率进行编码。

6．最大比特率

该选项与【最小比特率】选项相对应，作用是设定比特率所采用的最大值。

11.3　导出为交换文件

现如今，一档高品质的影视节目往往需要多个软件共同协作后才能完成。为此，Premiere Pro CC 在为用户提供强大的视频编辑功能的同时，还具备了输出多种交换文件的功能，以便用户能够方便地将 Premiere 编辑操作的结果导入至其他非线性编辑软件内，从而在多款软件协同编辑后获得高质量的影音播放效果。

11.3.1 输出 EDL 文件

EDL（Edit Decision List）是一种广泛应用于视频编辑领域的编辑交换文件，其作用是记录用户对素材的各种编辑操作。这样一来，用户便可在所有支持 EDL 文件的编辑软件内共享编辑项目，或通过替换素材来实现影视节目的快速编辑与输出。

1. 了解 EDL 文件

EDL 最初源自于线性编辑系统的离线编辑操作，这是一种用源素材复制替代源素材进行初次编辑，而在成品编辑时使用源素材进行输出，从而保证影片输出质量的编辑方法。在非线性编辑系统中，离线编辑的目的已不再是为了降低素材的磨损，而是通过使用高压缩率、低质量的素材提高初次编辑的效率，并在成品输出时替换为高质量的素材，以保证影片的输出质量。为了达到这一目的，非线性编辑软件需要将初次编辑时的各种编辑操作记录在一种被称为 EDL 的文本类型文件内，以便在成品编辑时快速确定编辑位置与编辑操作，从而加快编辑速度。

不过，EDL 文件在非性线编辑系统内的使用仍有一些限制。下面是经常会出现的两种问题及其解决方法：

1）部分轨道的编辑信息丢失

EDL 文件在存储时只保留 2 轨的初步信息，因此在用到 2 轨以上的视频时，2 轨以上的视频信息便会丢失。

要解决此问题，只能在初次编辑时将视频素材尽量安排在 2 轨以内，以便 EDL 文件所记录的信息尽可能地全面。

2）部分内容的播放效果与初次编辑不符

当初次编辑内包含多种效果与过渡效果时，EDL 文件将无法准确记录这些编辑操作。例如，在初次编辑时为素材添加慢动作，并在每个素材间添加叠化效果后，编辑软件会在成品编辑时从叠化部分将素材切断，从而形成自己的长度，最终造成镜头跳点和混乱的情况。

要解决此问题，只能是在保留叠化所切断素材片段的基础上，分别从叠化部分的前后切点处向外拖动素材，直至形成原来的素材长度与序列的原貌。

2. 输出 EDL 文件

在 Premiere Pro CC 中，输出 EDL 文件变得极为简单，用户只需在主界面内执行【文件】|【导出】|【EDL】命令后，将弹出【EDL 导出设置】对话框，如图 11-11 所示。

在【EDL 导出设置】对话框中，调整 EDL 所要记录的信息范围后，单击【确定】按钮，即可在弹出对话框内保存 EDL 文件。

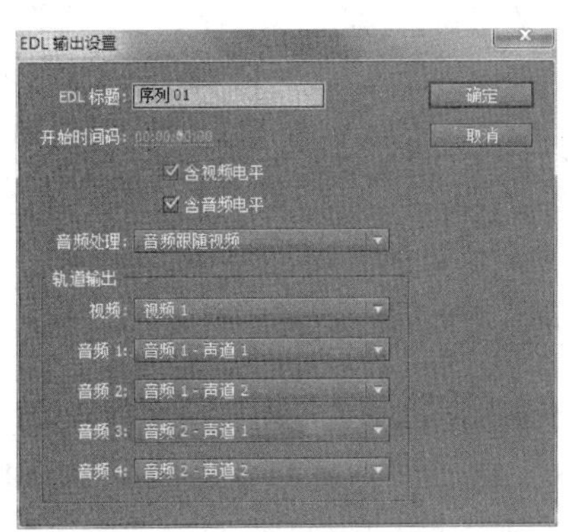

图 11-11 【EDL 导出设置】对话框

11.3.2 输出 OMF 文件

OMF（Open Media Framework）最初是由Avid 推出的一种音频封装格式，能够被多种专业的音频编辑与处理软件所读取。在 Premiere Pro CC 中，执行【文件】|【导出】|【OMF】命令后，即可打开【OMF 导出设置】对话框，如图 11-12 所示。

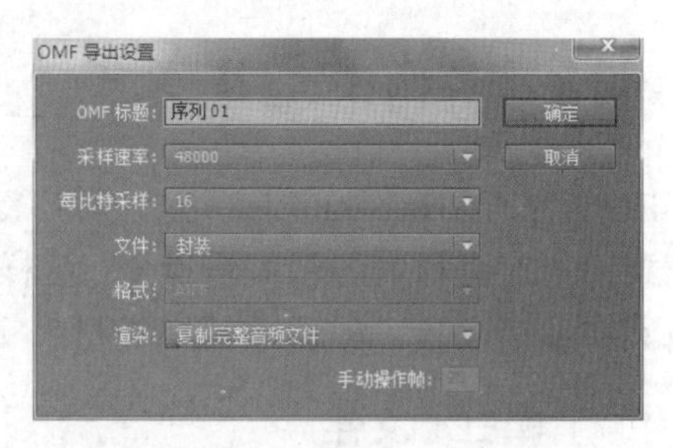

图 11-12　【OMF 导出设置】对话框

根据应用需求，对【OMF 导出设置】对话框内的各项参数进行相应调整后，单击【确定】按钮，即可在弹出对话框内保存 OMF 文件。

11.4　课堂练习：输出视频文件

对于零碎的视频片段，要想将其整合在一起，则需要在 Premiere 中进行组合。而 Premiere 创建的文件并不能直接在视频播放器中进行播放，这就需要将 Premiere 文件输出为视频文件。

操作步骤：

1 启动 Premiere Pro CC，在【新建项目】对话框中，单击【浏览】按钮，选择文件的保存位置。在【名称】栏中输入“风中的小野花”，单击【确定】按钮，如图 11-13 所示。

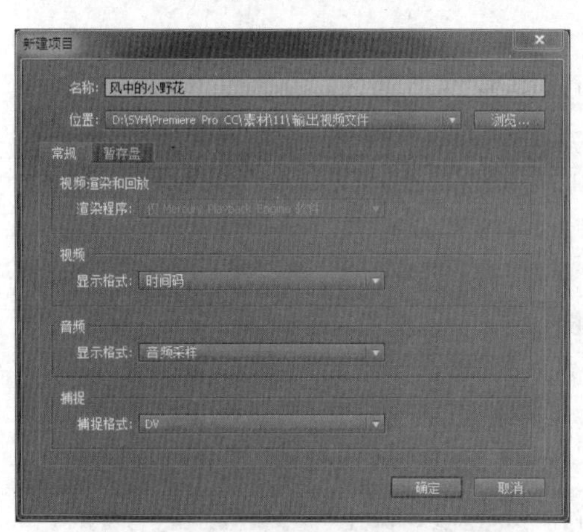

图 11-13　创建项目

2 在【项目】面板中双击空白处，弹出【导入】对话框，选择视频素材，导入到【项目】面板中，如图 11-14 所示。

3 选中【时间轴】面板中的“V1”轨道，并在【项目】面板中同时选中导入的两个视频素材。按逗号键将其同时插入“V1”轨道中，如图 11-15 所示。

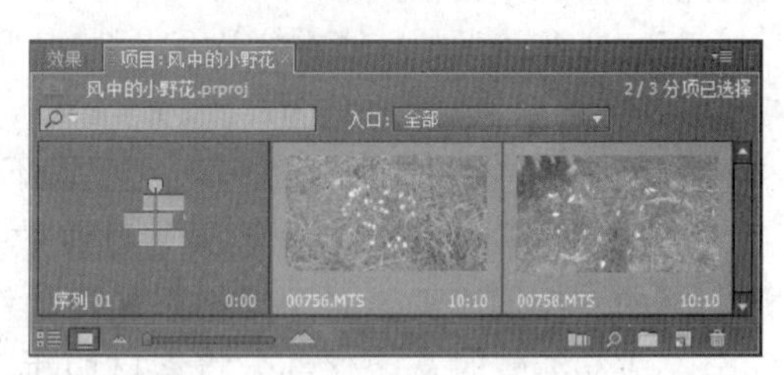

图 11-14　导入素材

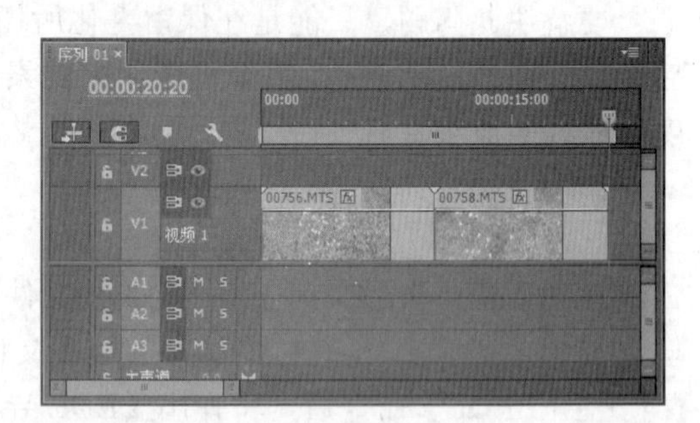

图 11-15　插入视频

4 单击【项目】面板底部的【新建项】按钮，选择【调整图层】命令创建调整图层。将其插入【时间轴】面板的“V2”轨道中，并设置其持续时间与“V1”轨道中的视频相等，如图 11-16 所示。

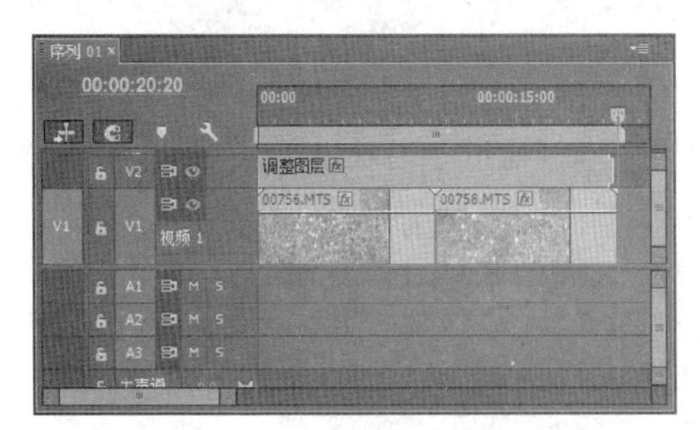

图 11-16　创建调整图层

5　将【效果】面板中的【视频效果】|【颜色校正】|【颜色平衡】效果，添加至调整图层中。并在【效果控件】面板中设置参数，调整视频画面色彩，如图 11-17 所示。

图 11-17　调整画面色彩

6　选中【效果】面板中的【视频过渡】|【3D运动】|【翻转】效果，并将其拖曳至时间轴“V1”轨道中的两素材之间，为其添加过渡效果，如图 11-18 所示。

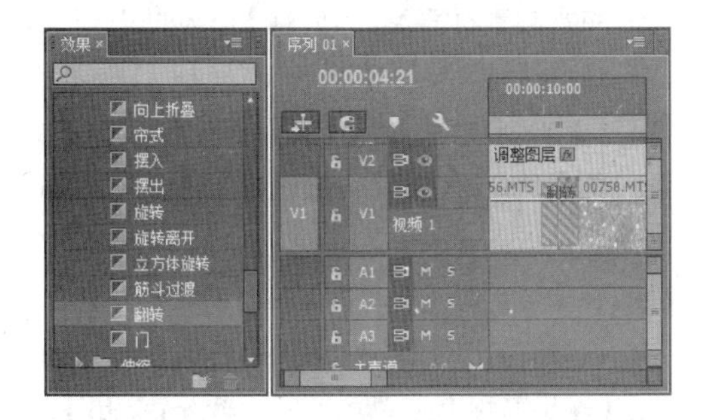

图 11-18　添加过渡效果

7　执行【文件】|【导出】|【媒体】命令（快捷键 Ctrl+M），弹出【导出设置】对话框。单击对话框右侧【输出名称】选项的“序列 01.avi”，设置视频输出位置与名称，如图 11-19 所示。

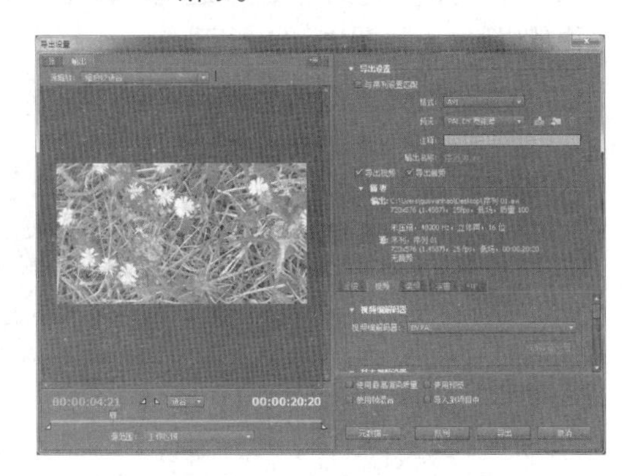

图 11-19　【导出设置】对话框

8　在【导出设置】对话框左侧，调整滑杆下方的两个“三角”滑块则能够控制导出时的入点与出点，如图 11-20 所示。

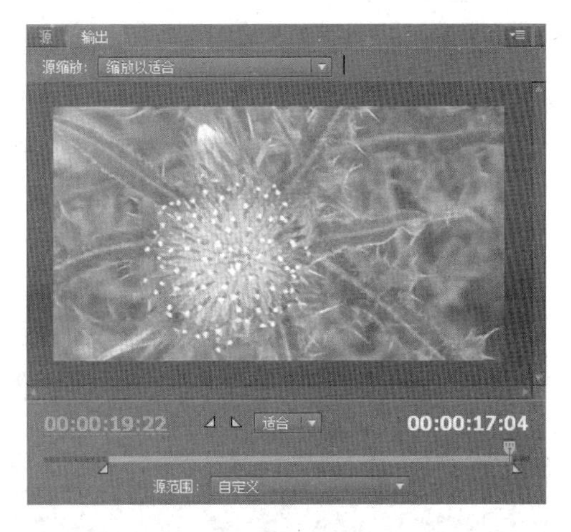

图 11-20　设置视频入点与出点

9　单击【导出设置】对话框中的【导出】 导出 按钮，即可将 Premiere 文件输出为视频文件，如图 11-21 所示。

图 11-21　导出视频文件

11.5 课堂练习：输出定格效果

本例练习输出定格画面效果。在影视作品中，经常会看到正在播放的画面突然静止，停留一段时间后继续播放，这就是定格画面效果。本例通过学习输出单帧图片，制作画面定格效果，如图 11-22 所示。

图 11-22 定格视频效果

操作步骤：

1 启动 Premiere Pro CC，在【新建项目】对话框中，单击【浏览】按钮，选择文件的保存位置。在【名称】栏中输入“定格效果”，单击【确定】按钮，如图 11-23 所示。

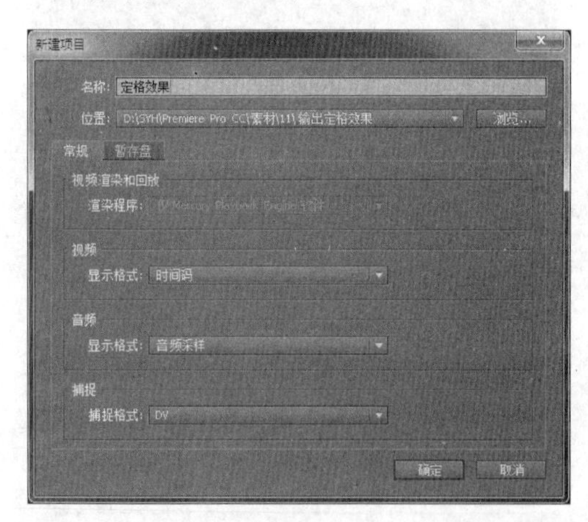

图 11-23 创建项目

2 在【项目】面板中双击空白处，弹出【导入】对话框，选择视频素材，导入到【项目】面板中，如图 11-24 所示。

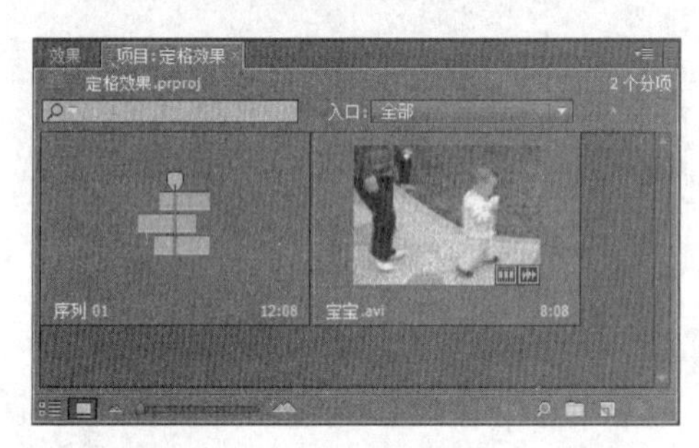

图 11-24 导入素材

3 将视频素材插入【时间轴】面板的“V1”轨道中后，拖动【当前时间指示器】至 00:00:00:22，执行【文件】|【导出】|【媒体】命令，弹出【导出设置】对话框，如图 11-25 所示。

4 在【当前时间指示器】左右设置出入点后，设置【导出设置】选项组中【格式】为 Targa，【输出名称】为“静止 A”。单击【导出】按钮，导出静止图像，如图 11-26 所示。

图 11-25 【导出设置】对话框

图 11-26 导出静止图像

5 将 00:00:00:22 时间点上的静止图像导入【项目】面板中，选择工具箱中的【剃刀工具】，在该位置将素材分割，如图 11-27 所示。

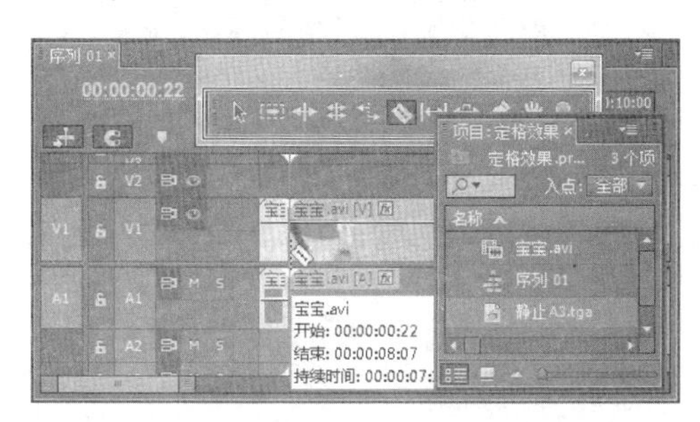

图 11-27 分割视频

6 使用【选择工具】将分割后的第二段视频向后拖动，将静止图像插入这两段视频之间，如图 11-28 所示。

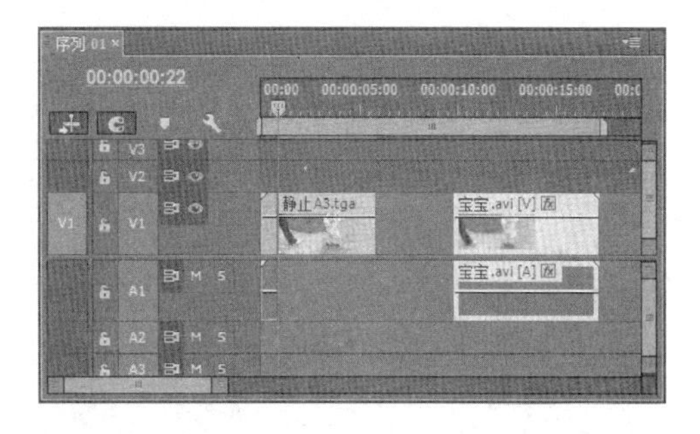

图 11-28 插入静止图像

7 右击静止图像，选择【速度/持续时间】命令，在【剪辑速度/持续时间】对话框中设置【持续时间】为 00:00:02:00。然后将素材之间首尾相接，如图 11-29 所示。

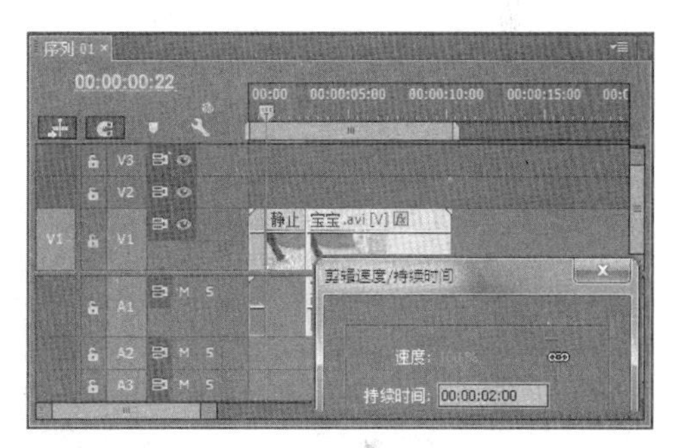

图 11-29 设置图像持续时间

8 选中【效果】面板中的【视频效果】|【调整】|【光照效果】效果，将其添加至【时间轴】面板中的静止图像上，如图 11-30 所示。

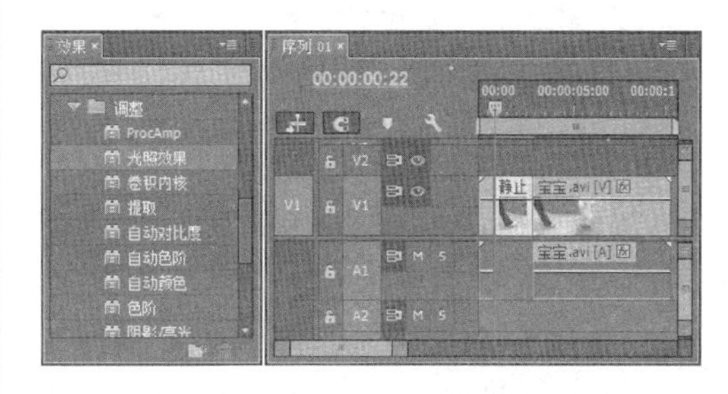

图 11-30 添加【光照效果】效果

9 在【效果控件】面板中，依次设置【光照效果】效果中的【环境光照颜色】【环境光照强度】【表面光泽】以及【曝光】选项，如图 11-31 所示。

图 11-31　设置光照颜色与强度

10 展开【光照 1】选项组，依次设置其中的【中央】【主要半径】【次要半径】【角度】【强度】以及【聚焦】选项，如图 11-32 所示。

图 11-32　设置【光照 1】选项组（1）

11 拖动【当前时间指示器】至 00:00:04:14，执行【文件】|【导出】|【媒体】命令。在【当前时间指示器】左右设置出入点后，设置【导出设置】选项组中【格式】为 Targa，【输出名称】为“静止 B”。单击【导出】按钮，导出静止图像，如图 11-33 所示。

图 11-33　导出静止图像

12 使用【剃刀工具】，在 00:00:04:14 位置将素材分割。将该位置的静止图像导入【项目】面板后，将其插入该位置。然后设置其持续时间为 00:00:02:00，如图 11-34 所示。

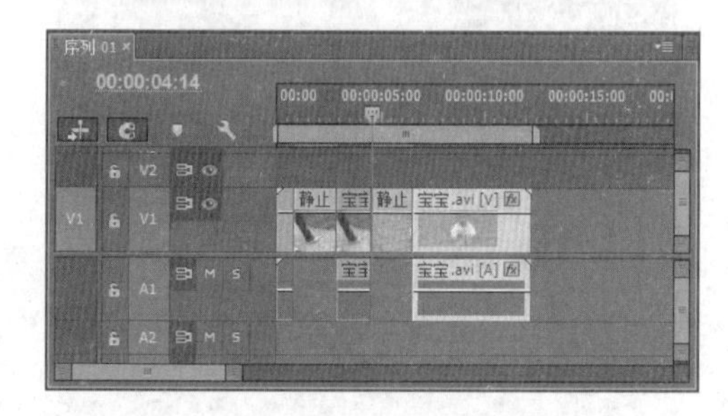

图 11-34　分割视频并插入图像

13 在【效果控件】面板中右击图像“静止 A3.tga”的【光照效果】效果，选择【复制】命令。选中【时间轴】面板中的图像“静止 B5.tga”，在【效果控件】面板中右击，选择【粘贴】命令，如图 11-35 所示。

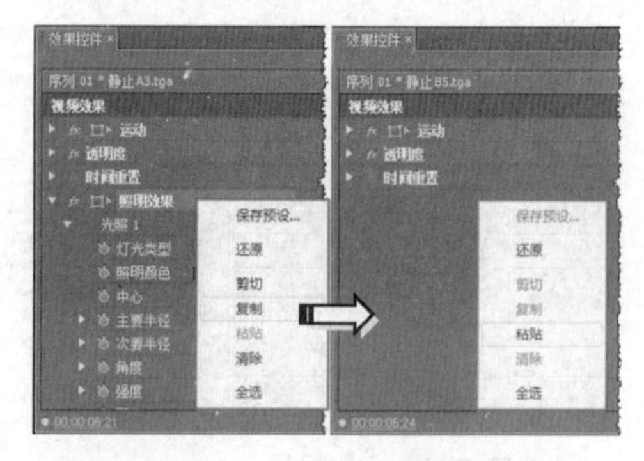

图 11-35　复制【光照效果】效果

14 结合【节目】监视器面板，在【效果控件】面板中设置【光照 1】选项组中的各个选项，如图 11-36 所示。

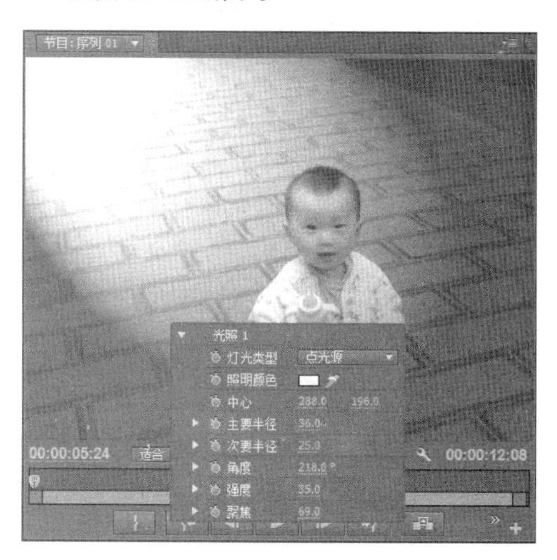

图 11-36 设置【光照 1】选项组（2）

15 完成设置后，执行【文件】|【导出】|【媒体】命令，弹出【导出设置】对话框。设置【格式】为 AVI，【输出名称】为“宝宝定格效果.avi”，单击【导出】 导出 按钮，即可在本地磁盘中查看该视频效果，如图 11-37 所示。

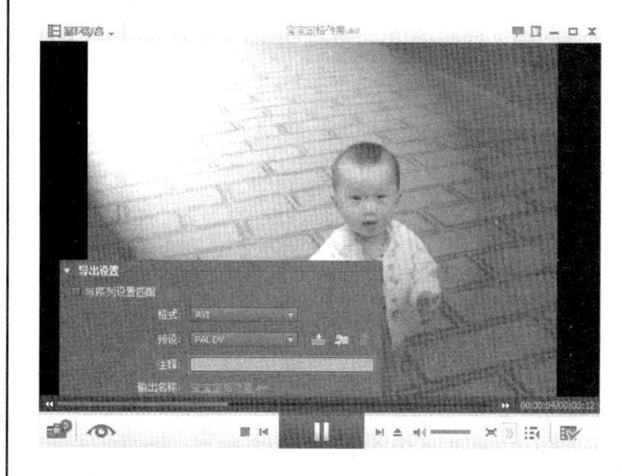

图 11-37 导出视频

11.6 思考与练习

一、填空题

1. 在【导出设置】对话框中，左半部分为__________区域，右半部分为输出参数设置区域。

2. 在【导出设置】对话框的左下角，调整滑杆下方的两个“三角”滑块能够控制输出影片时的__________。

3. 在输出 AVI 格式的视频文件时，【场序】选项用于设置视频文件的扫描方式，即确定视频文件在播放时采用隔行扫描还是采用__________扫描。

4. __________是由微软推出的视频文件格式，由于具有支持流媒体的特性，因此也是较为常用的视频文件格式之一。

5. Premiere Pro CC 允许用户将影视节目编辑操作输出为 EDL 或__________格式的交换文件，以便与其他影视编辑与制作软件协同完成节目的制作。

二、选择题

1. 在输出 WMV 格式的视频文件时，若要获得视频质量与体积的最佳搭配，应当在编码时选择下列哪种选项组合？__________

A．VBR，1 次

B．CBR，1 次

C．VBR，2 次约束

D．VBR，2 次无约束

2. Premiere Pro CC 能够输出的 MPEG 类媒体文件包括下列哪种类型？__________

A．MPEG4

B．MPEG7

C．MPEG2

D．MPEG1

3. 在下列选项中，Premiere Pro CC 无法直接输出哪种类型的媒体文件格式？__________

A．AVI

B．WMV

C．RM/RMVB

D．FLV

4.【导出设置】对话框左侧下方的【源范围】的默认选项是哪个？__________

A．整个序列

B．工作区域

C．序列切入/序列切出

D. 自定义

5. Premiere Pro CC 可将项目输出为下列哪种类型的交换文件？__________

A. EDL 和 OMF

B. EDL 和 XMP

C. XMP 和 OMF

D. AAF 和 XMP

三、问答题

1. Premiere Pro CC 输出媒体文件的大致流程是什么？

2. 简单介绍输出 AVI 文件时，都需要进行哪些设置。

3. 简单介绍输出 WMV 文件时，都需要进行哪些设置。

4. 在【导出设置】对话框中如何更改导出视频的保存位置？

5. 在非线性视频编辑领域中，交换文件的作用是什么？Premiere Pro CC 支持导出哪些类型的交换文件？

四、上机练习

1. 自定义影片输出方案

在设置影片输出设置时，每当用户调整所要输出的文件格式后，Premiere Pro CC 都会在【导出设置】选项组的【预设】下拉列表内自动显示相关的预设列表。多数情况下，Premiere Pro CC 所提供的这些预设可以满足用户绝大多数情况下的输出任务。即便如此，Premiere Pro CC 还是为用户提供了自定义预设方案的功能，以便 Premiere Pro CC 能够按照特定的输出方案进行音视频文件的输出。

当用户根据应用需求而调整某种预设的输出设置后，【预设】下拉列表框内的选项都会变为【自定义】。此时，用户可将【注释】文本框中的内容修改为易于标识的内容，并单击【预设】列表框右侧的【保存预设】按钮。然后，在弹出对话框内设置预设方案的名称及其他相关选项，如图 11-38 所示。

2. 导入影片输出预设方案

在【导出设置】对话框中，单击【导出设置】选项组内的【导入设置】按钮后，即可在弹出对话框内选择所要导入的预设方案文件，如图 11-39 所示。

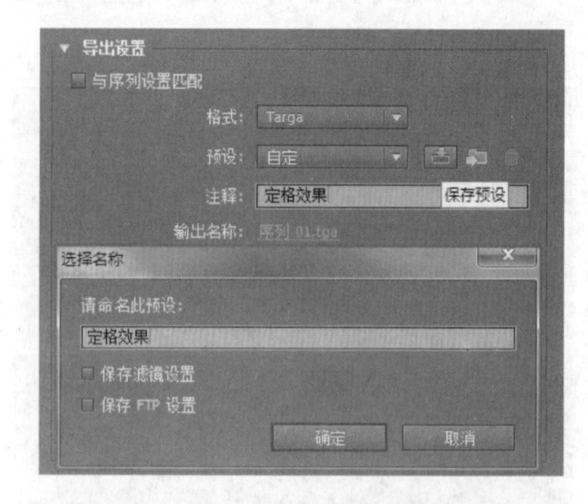

图 11-38 保存自定义预设输出方案

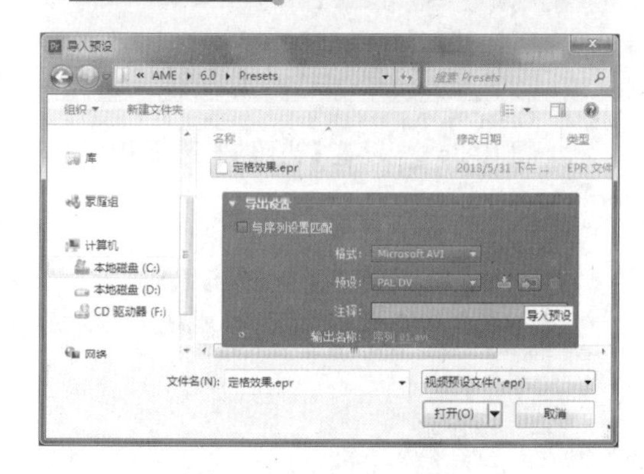

图 11-39 选择预设方案文件

接下来，用户便可在弹出对话框内为刚刚导入的预设输出方案设置新的名称。完成后，单击【选择名称】对话框内的【确定】按钮，即可使用刚刚导入的预设方案输出视频文件了，如图 11-40 所示。

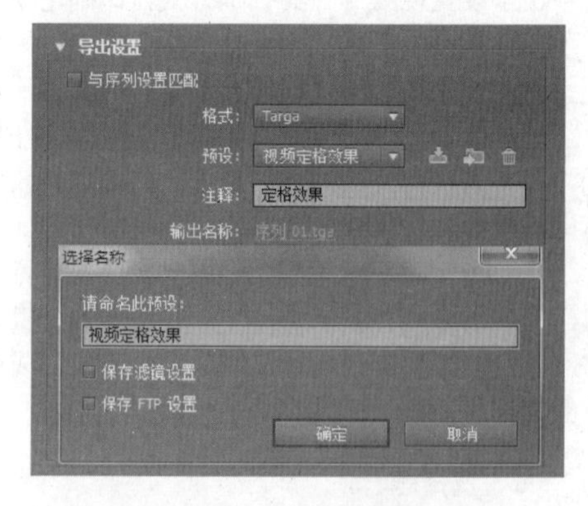

图 11-40 导入预设输出方案

第 12 章

综合实例

本章使用 Premiere 制作综合实例。在本章中，制作的是婚礼视频以及宝宝成长的电子相册。婚庆类的片子，色彩要鲜艳，在制作时，注意色调的调整。而儿童类的片子则需要明快的色彩。第一个案例，通过调整视频素材的整体色调，添加炫丽的过渡效果，制作快慢镜头等，制作出浪漫的婚礼。第二个案例通过利用静态图片，添加遮罩以及关键帧，以动态的形式展现出静态图片。

12.1　浪漫的婚礼

本例制作浪漫的婚礼。在制作的过程中，主要通过【颜色校正】调整视频素材的整体色调，呈现朦胧感，再添加遮罩素材作为装饰，增加浪漫的气息。设置素材的【速度/持续时间】，制作快慢镜头效果，使画面有主次感。最后，导出静帧图片，制作画面的定格效果，完成浪漫婚礼的制作，如图 12-1 所示。

图 12-1　浪漫的婚礼

12.1.1 制作片头

本节制作婚礼的片头部分，主要通过学习创建字幕，设置字幕样式，作为婚礼片头的开场。再设置其背景的【不透明度】关键帧，修饰文字，完成片头的制作。

1 启动 Premiere Pro CC，在【新建项目】对话框中，单击【浏览】按钮，选择文件的保存位置。在【名称】栏中输入“浪漫的婚礼”，单击【确定】按钮，如图 12-2 所示。

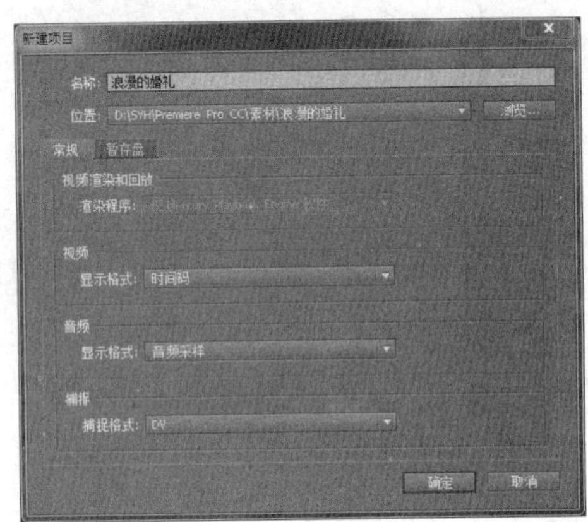

图 12-2 新建项目

提 示

单击【项目】面板中的【新建项】按钮，选择【序列】选项。在弹出的【新建序列】对话框中，选择“标准 48kHz”，单击【确定】按钮，创建序列。

2 在【项目】面板中双击空白处，弹出【导入】文件夹，选择素材文件夹导入到【项目】面板中，如图 12-3 所示。

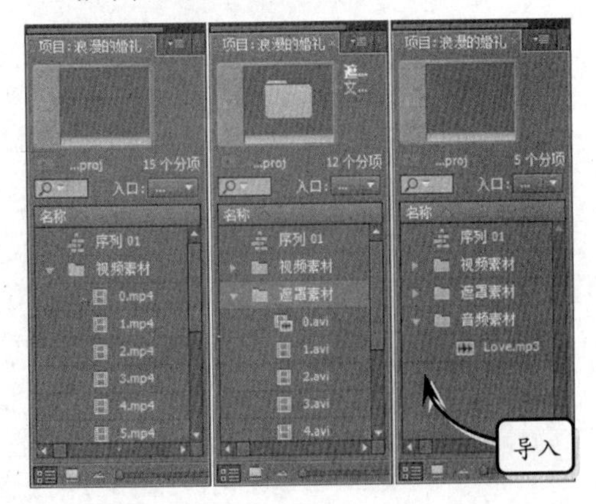

图 12-3 导入素材文件夹

3 展开【遮罩素材】文件夹，选择素材“0.avi”，添加到【时间轴】面板的“V1”轨道上，如图 12-4 所示。

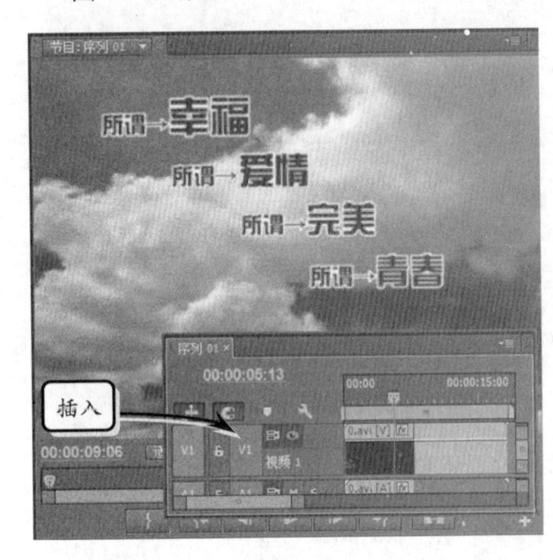

图 12-4 插入素材（1）

4 将【项目】面板中【遮罩素材】文件夹中的素材“1.avi”插入“V1”轨道上，并衔接上一个视频，如图 12-5 所示。

图 12-5 插入素材（2）

5 拖动【当前时间指示器】至 00:00:22:06 位

置处，将素材“5.avi”添加到“V2”轨道上，如图 12-6 所示。

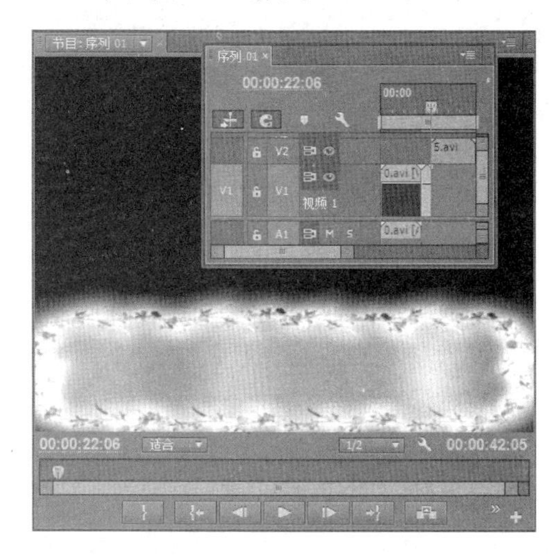

图 12-6　插入素材（3）

6 在【效果控件】面板中，设置素材“5.avi”的【位置】参数为 355.6，93.6，如图 12-7 所示。

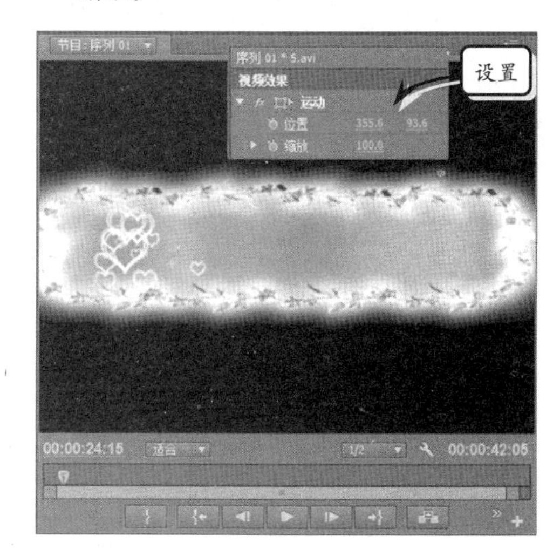

图 12-7　设置显示位置

7 在【时间轴】面板中，右击素材“5.avi”，执行【速度/持续时间】命令，设置其【持续时间】为 5 秒，如图 12-8 所示。

技　巧

【速度】选项与【持续时间】选项相比，后者更为精确。

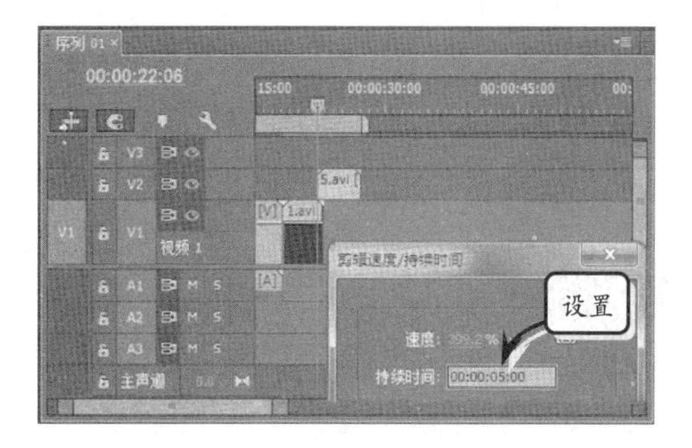

图 12-8　设置【速度/持续时间】

8 执行【字幕】|【新建字幕】|【默认静态字幕】命令，新建字幕。设置【字号】为 100，【字体】为 GiddyupStd，如图 12-9 所示。

图 12-9　设置字体属性

9 在【字幕样式】面板中，右击 Hobo Medium Gold 58 样式，选择【仅应用样式颜色】命令，如图 12-10 所示。

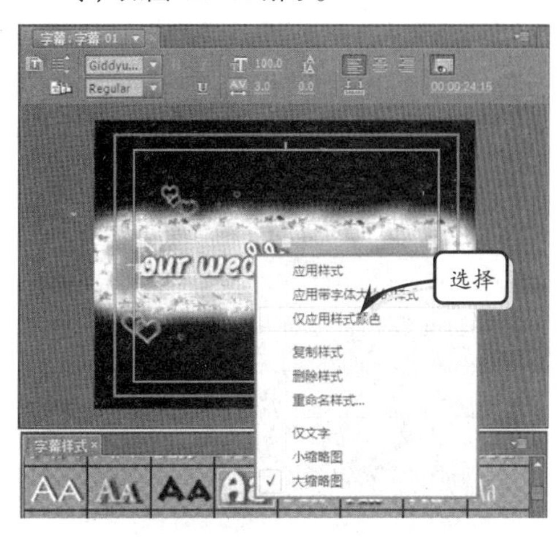

图 12-10　应用样式颜色

10 将“字幕 01”添加到“V3”轨道上，使其和素材“5.avi”首尾对齐。在【效果控件】面板中，添加【不透明度】关键帧，如图 12-11 所示。

提 示

按照“字幕 01”的【不透明度】关键帧创建方法，创建素材“5.avi”的不透明度动画。

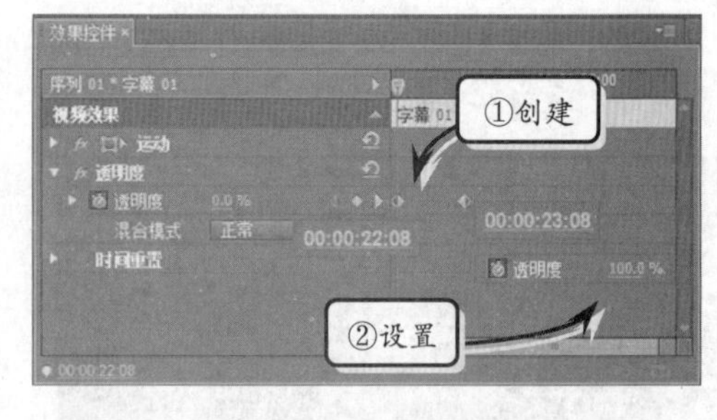

图 12-11 添加【不透明度】关键帧

12.1.2 制作婚礼主题

本节制作婚礼进行的部分，也是整个浪漫婚礼片子的重要部分。主要通过调整视频素材的色调，制作浪漫的感觉，再添加遮罩素材作为修饰，完成浪漫婚礼的制作。

1 在【项目】面板中，展开【视频素材】文件夹，选择素材“0.mp4”，插入到“V1”轨道上，如图 12-12 所示。

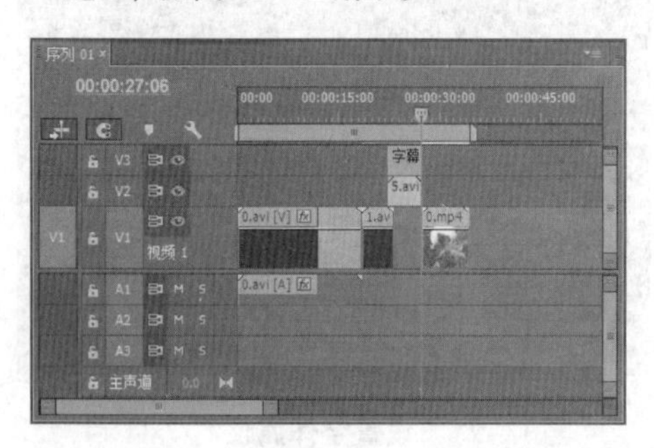

图 12-12 插入素材（1）

2 在【效果】面板中，双击【视频效果】|【杂色与颗粒】|【蒙尘与划痕】效果，添加到视频素材上，如图 12-13 所示。

图 12-13 添加【蒙尘与划痕】效果

3 在【效果控件】面板中，展开【蒙尘与划痕】效果，设置【半径】参数，并添加关键帧，如图 12-14 所示。

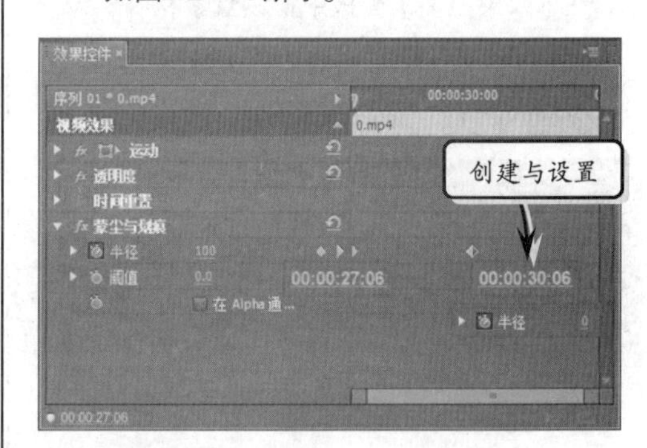

图 12-14 添加【半径】关键帧

提 示

关键帧的设置只是将【蒙尘与划痕】效果在画面呈现过渡效果，所以其过渡时间 2 到 3 秒即可。

4 在【效果】面板中，双击【视频效果】|【模糊与锐化】|【重影】效果，添加到该素材上，如图 12-15 所示。

5 选择【色阶】视频效果，添加到该素材上，在【效果控件】面板中，设置参数，如图 12-16 所示。

6 在【效果】面板中，双击【视频效果】|【颜色校正】|【颜色平衡】效果，添加到该素材上。在【效果控件】面板中，设置参数，

如图 12-17 所示。

图 12-15 添加【重影】视频效果

图 12-16 设置【色阶】参数

图 12-17 设置【颜色平衡】参数

7 再为该素材添加【颜色校正】|【RGB 曲线】效果。在【效果控件】面板中，调整不同通道的曲线，如图 12-18 所示。

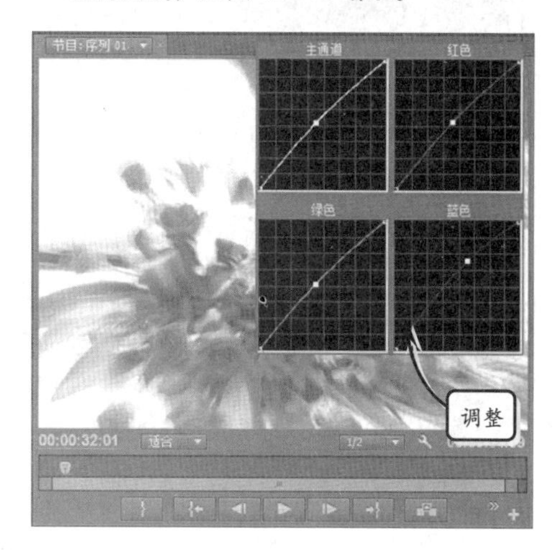

图 12-18 调整【RGB 曲线】参数

8 在【时间轴】面板中，右击任意轨道，选择【添加单个轨道】命令，添加一个视频轨“V4”轨道，将素材“6.avi”拖至该轨道上，如图 12-19 所示。

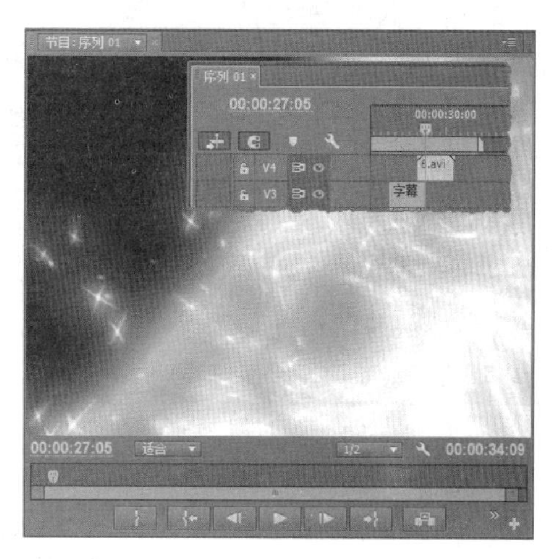

图 12-19 插入素材（2）

9 双击【视频效果】|【键控】|【亮度键】效果，即可隐藏视频“6.avi”中的黑色区域，显示其下方的视频画面，如图 12-20 所示。

提 示

这里添加的【亮度键】效果，其默认参数即可满足抠图效果。

图 12-20　添加【亮度键】效果

10 拖动【当前时间指示器】至 00:00:34:09 处，将素材“2.mp4”添加到“V1”轨道上。为其添加【视频效果】|【时间】|【残影】效果，参数为默认，如图 12-21 所示。

图 12-21　添加【残影】效果

11 拖动【当前时间指示器】至 00:00:30:19 处，将素材“1.avi”添加到“V3”轨道上，将素材“3.avi”添加到“V2”轨道上，如图 12-22 所示。

提 示

这里添加的遮罩视频，其播放位置并不一定要非常精确，只要能够衔接下方的两段视频即可。

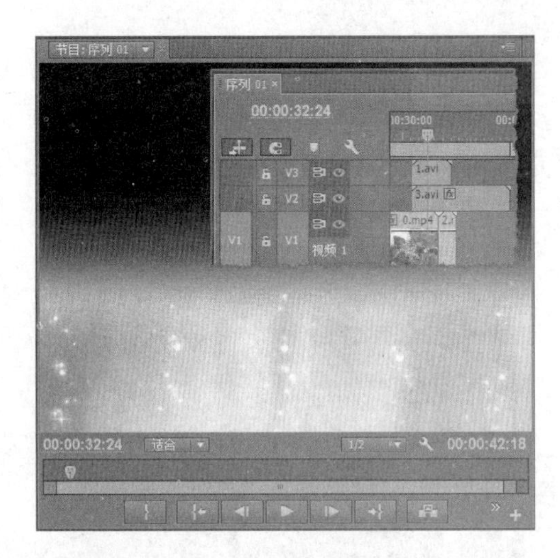

图 12-22　添加遮罩视频（1）

12 分别为素材“1.avi”与“3.avi”添加【亮度键】视频效果，使其隐藏画面中的黑色区域，显示其下方的视频画面，如图 12-23 所示。

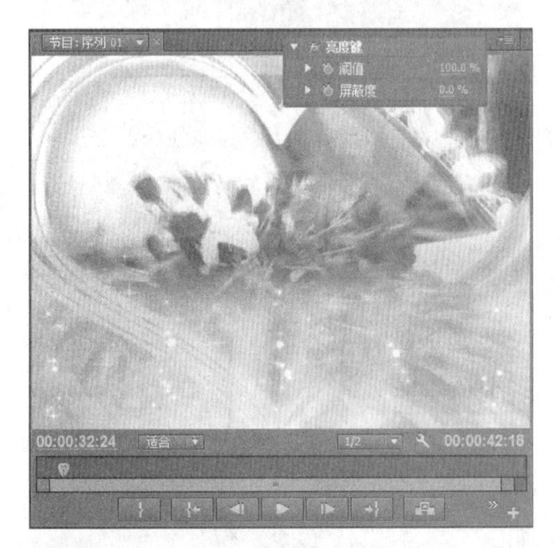

图 12-23　添加【亮度键】效果

13 将素材“3.mp4”添加到“V1”轨道上。为其添加【调整】|【光照效果】效果，设置【光照类型】为【平行光】，【光照颜色】为 #EAE7AF，如图 12-24 所示。

注 意

当添加婚礼视频时，注意其播放时间要与前一个视频相连接，否则会出现断层现象。

14 再为其添加【颜色平衡】效果，在【效果控件】面板中，设置参数，如图 12-25 所示。

图 12-24　设置【光照效果】参数（1）

图 12-25　设置【颜色平衡】效果

15　使用【剃刀工具】，将素材“2.mp4”和“3.mp4”分割为三段。将其交叉放置，形成交叉播放的效果，如图 12-26 所示。

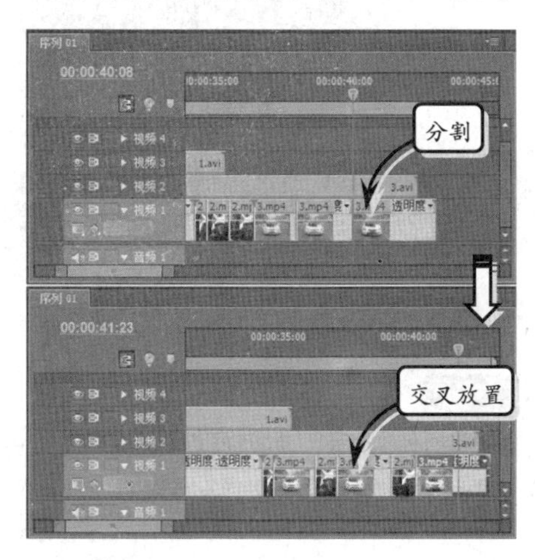

图 12-26　分割素材

技　巧

在进行交叉放置时，首先将右侧视频片段向右拖动。然后将【当前时间指示器】拖至空白区域，这样才能够将视频粘贴至想要的位置。

16　拖动【当前时间指示器】至 00:00:42:18 位置处，使用【剃刀工具】将素材分割，并将分割后剩余的后半部分素材全部删除，如图 12-27 所示。

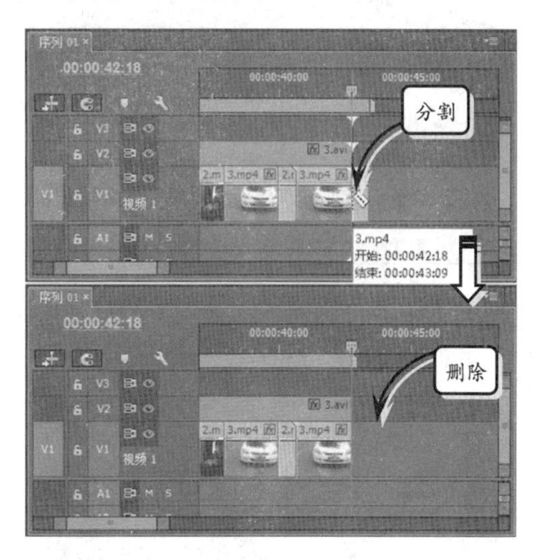

图 12-27　删除部分视频

17　将素材“4.mp4”添加到“V1”轨道上。添加【颜色校正】|【亮度曲线】效果后，在【效果控件】面板中，调整【亮度波形】曲线，如图 12-28 所示。

图 12-28　调整【亮度曲线】（1）

18 再为其添加【色阶】效果，在【效果控件】面板中，设置参数，如图 12-29 所示。

图 12-29　设置【色阶】参数（1）

19 再为其添加【颜色平衡】效果，并且在【效果控件】面板中，设置参数，如图 12-30 所示。

图 12-30　设置【颜色平衡】参数

20 将遮罩素材“2.avi”添加到“V2”轨道上，并且添加【亮度键】效果，如图 12-31 所示。

图 12-31　添加遮罩视频（2）

21 在【效果控件】面板中，设置【运动】选项组中【缩放】选项为 85。设置【剪辑速度/持续时间】对话框中的【速度】为 200%，如图 12-32 所示。

图 12-32　设置尺寸与播放速度

22 将视频素材“5.avi”添加到“V1”轨道上。复制上一素材的【光照效果】【色阶】与【亮度曲线】效果，如图 12-33 所示。

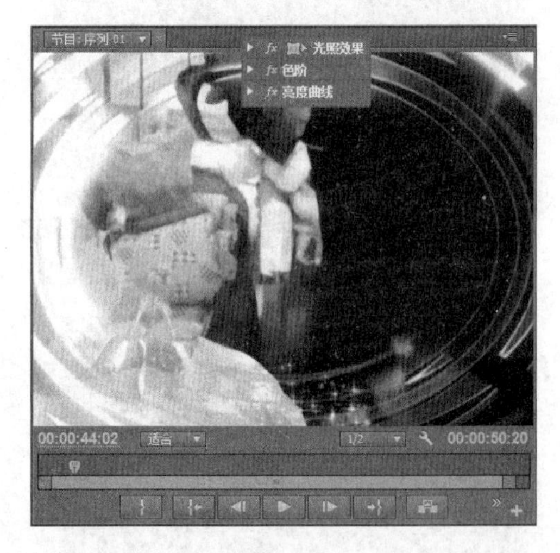

图 12-33　复制效果

技　巧

选择要复制的效果，按快捷键 Ctrl+C 进行复制，再选择要调整的素材，在【效果控件】面板中，按快捷键 Ctrl+V 进行粘贴，可复制效果。

23 在00:00:44:16处，使用【剃刀工具】将素材“5.mp4”分割。在00:00:46:00处，再将素材分割，设置中间部分素材的【速度】为30%，如图12-34所示。

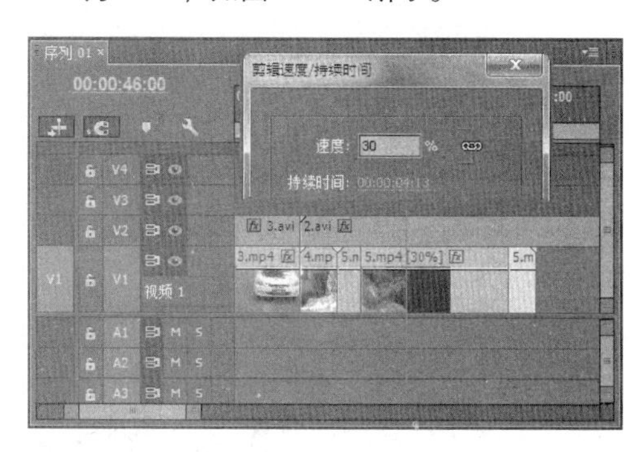

图12-34 设置【速度/持续时间】(1)

24 按照上述方法，添加素材“6.mp4”，复制相同的视频效果。再分割素材，设置【速度/持续时间】均为30%，制作快慢镜头，如图12-35所示。

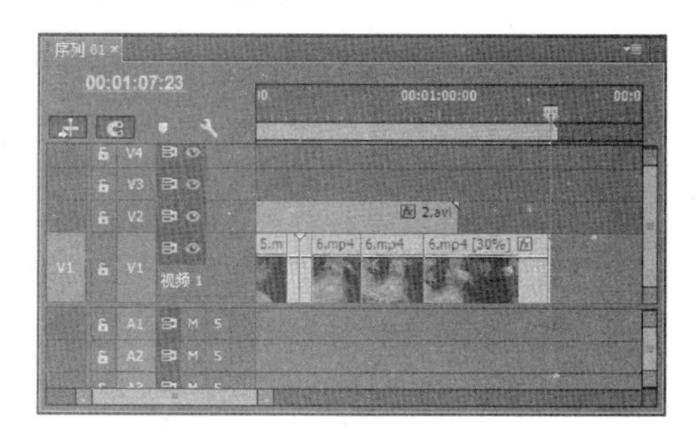

图12-35 设置【速度/持续时间】(2)

提 示

在素材“6.mp4”中，其快慢镜头是制作在为双方佩戴婚戒的片段中。

25 在00:00:42:18处，将素材“7.avi”添加到“V3”轨道上，并为其添加【亮度键】效果，如图12-36所示。

26 将遮罩素材“4.avi”添加至“V2”轨道中，紧接素材“2.avi”。然后为其添加【亮度键】效果，如图12-37所示。

27 将素材“7.mp4”添加到“V1”轨道上。在【效果控件】面板中，设置【光照类型】为【平行光】,【中央】为406.6，280.1,【强度】为15，如图12-38所示。

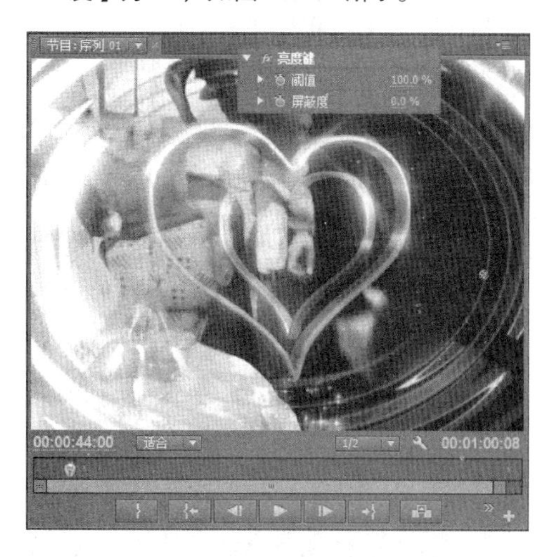

图12-36 添加遮罩视频(3)

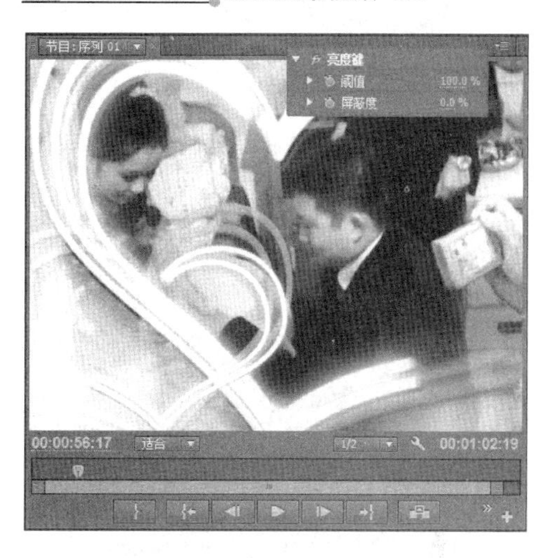

图12-37 添加遮罩视频(4)

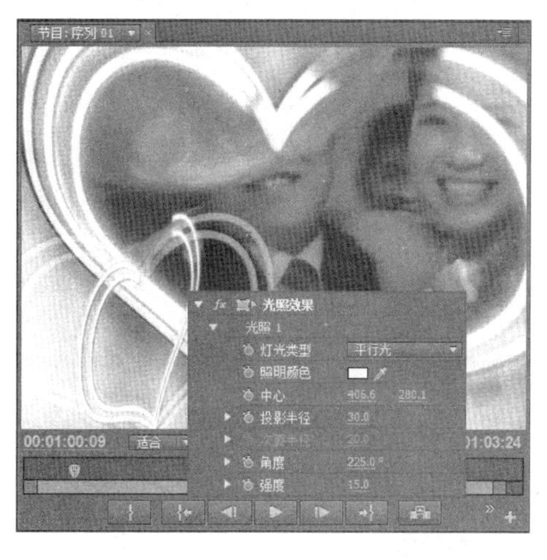

图12-38 设置【光照效果】参数(2)

28 再为其添加【色阶】效果，在【效果控件】面板中，设置各个选项参数如图 12-39 所示。

图 12-39　设置【色阶】参数（2）

29 在“V3”轨道上添加素材“2.avi”，在“V4”轨道上添加素材“1.avi”制作遮罩效果。在 00:01:02:00 处，将视频素材分割，设置后半部分的【速度】为 30%，如图 12-40 所示。

图 12-40　设置【速度】参数

提　示

遮罩视频用于遮罩和过渡，所以在添加时无需确定精确位置，只要能够达到效果即可。为了使其呈现最佳效果，还可以通过分割视频以及设置播放速度来实现。

30 将素材“8.mp4”添加到“V1”轨道上。为其添加【视频效果】|【透视】|【斜角边】效果，设置【边缘厚度】为 0.2，【光照颜色】为#F0E8CA，如图 12-41 所示。

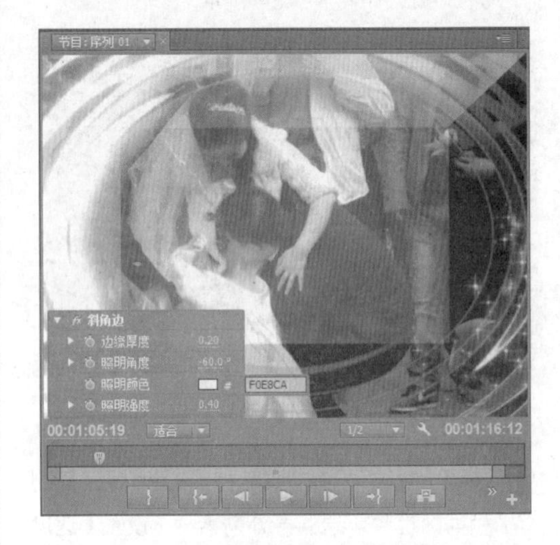

图 12-41　设置【斜角边】参数

31 为其添加【颜色平衡】以及【色阶】效果，在【效果控件】面板中，分别调整参数，如图 12-42 所示。

图 12-42　设置色彩参数

32 在相同的时间点，在“V2”轨道上添加素材“8.mp4”，设置其【缩放】为 67，如图 12-43 所示。

33 为其添加【颜色平衡】和【羽化边缘】效果，在【效果控件】面板中设置参数，如图 12-44 所示。

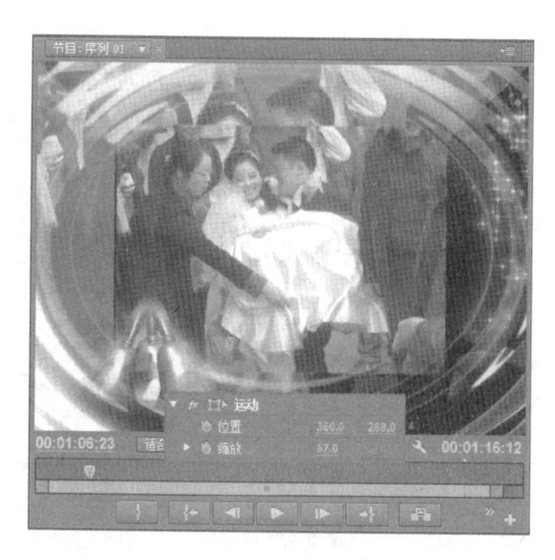

图 12-43　设置【缩放】

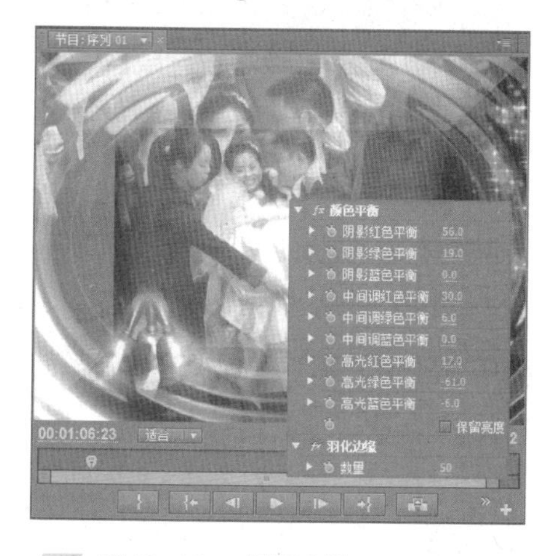

图 12-44　设置参数

34 在 00:01:07:14 位置处，将遮罩素材“6.avi”添加到“V4”轨道上。并为其添加【亮度键】效果，如图 12-45 所示。

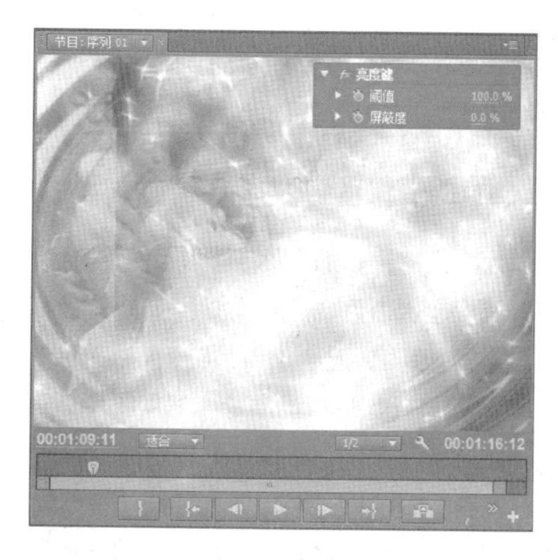

图 12-45　添加遮罩视频（5）

35 将素材“9.mp4”添加到“V1”轨道上。添加【亮度曲线】效果，调整【亮度波形】曲线，如图 12-46 所示。

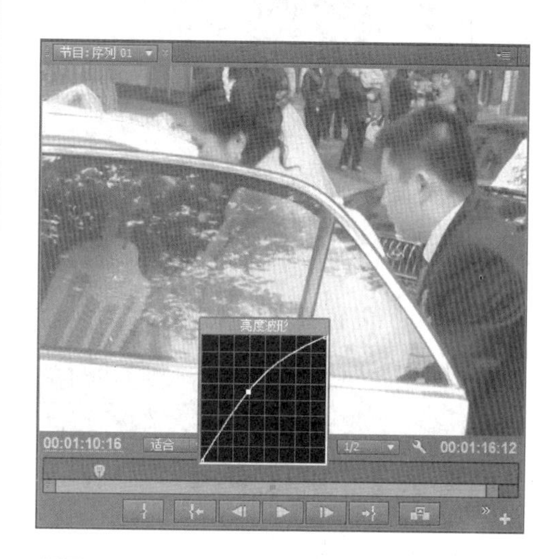

图 12-46　调整【亮度曲线】(2)

提　示

复制上一视频素材的【颜色平衡】效果，再添加遮罩素材“3.avi”，制作遮罩效果。

36 在 00:01:11:19 位置处，分割素材“9.mp4”。设置后半部分素材的【速度】为 30%，制作上车的慢镜头，如图 12-47 所示。

图 12-47　设置【速度/持续时间】(3)

37 在“V1”轨道上添加素材“10.avi”。复制上一素材的【颜色平衡】和【亮度曲线】效果，如图 12-48 所示。

图 12-48　复制视频效果

技　巧

当复制效果以后，还可以根据当前视频效果继续调整效果参数。

38　拖动【当前时间指示器】至 00:01:17:24 位置处，执行【文件】|【导出】|【媒体】命令，导出静帧图片，【格式】为 Targa，如图 12-49 所示。

图 12-49　导出静止图片

39　在导出图片的时间点，使用【剃刀工具】将素材分割，将后半部分素材向后移动，添加静止图片，设置静止图片的【持续时间】为 1 秒，如图 12-50 所示。

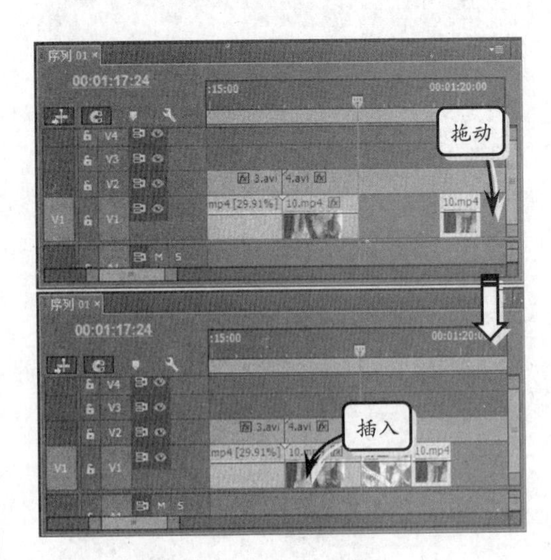

图 12-50　添加静止图像

40　在该视频的播放区域的“V2”轨道上添加遮罩素材“4.avi”。并为其添加【亮度键】效果，如图 12-51 所示。

图 12-51　添加遮罩视频（6）

41　为静止图片添加【彩色浮雕】视频效果，设置【起伏】为 3。再添加【闪光灯】效果，【与原始图像混合】为 50%，如图 12-52 所示。

42　按照相同方法，在 00:01:19:20 位置选取一画面，导出静止图片。添加相同的视频效果，制作出画面定格效果，如图 12-53 所示。

图 12-52 添加【彩色浮雕】效果

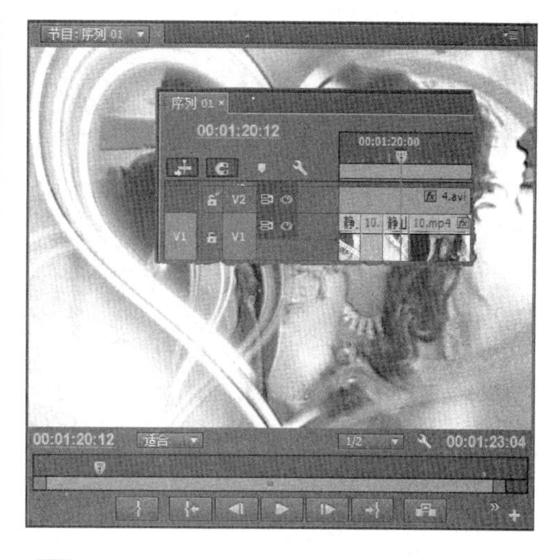

图 12-53 制作画面定格效果

12.1.3 添加音乐

婚礼视频编辑完后，剩下的就是添加音频，为音频添加淡入淡出的效果，使声音的出现不会太突兀。

1. 将音频素材“Love.mp3”添加到“A1”轨道上。在【效果】面板中，选择【恒定增益】音频过渡效果，添加到音频的开始位置，如图 12-54 所示。

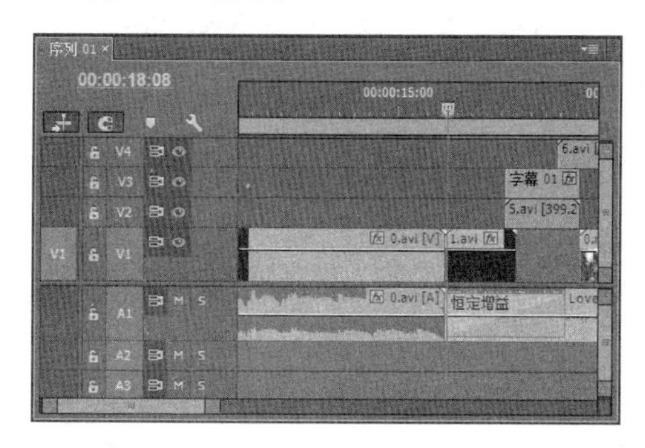

图 12-54 添加音频

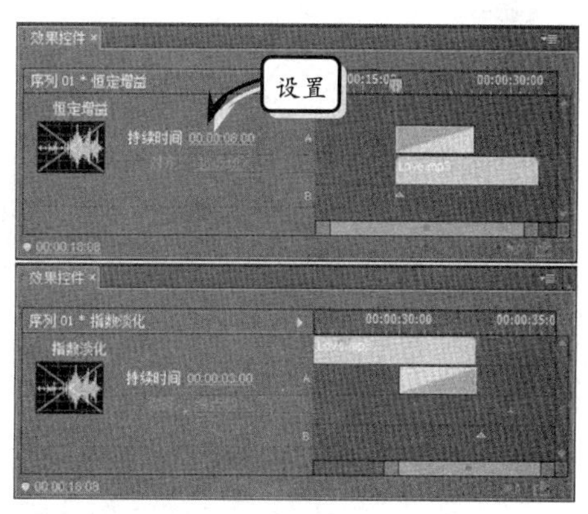

图 12-55 设置音频效果

2. 在【效果控件】面板中，设置【持续时间】为 8 秒。在结尾处，添加【指数淡化】效果，设置【持续时间】为 3 秒，如图 12-55 所示。

3. 在【节目】面板中单击【播放-停止切换】按钮，如图 12-56 所示。然后，保存文件。选择一种视频格式导出视频，完成浪漫婚礼的制作。

图 12-56 预览视频效果

12.2 制作宝宝电子相册

本实例制作的是宝宝电子相册，如图 12-57 所示。宝宝的成长只有一次，将成长过程中的照片保留下来，制作成漂亮的电子相册，是记录宝宝成长的最佳选择。在制作过程中，照片以运动的形式展示，效果过渡的添加使照片切换更加自然。而具有效果的字幕添加，能够更完美地展示照片。

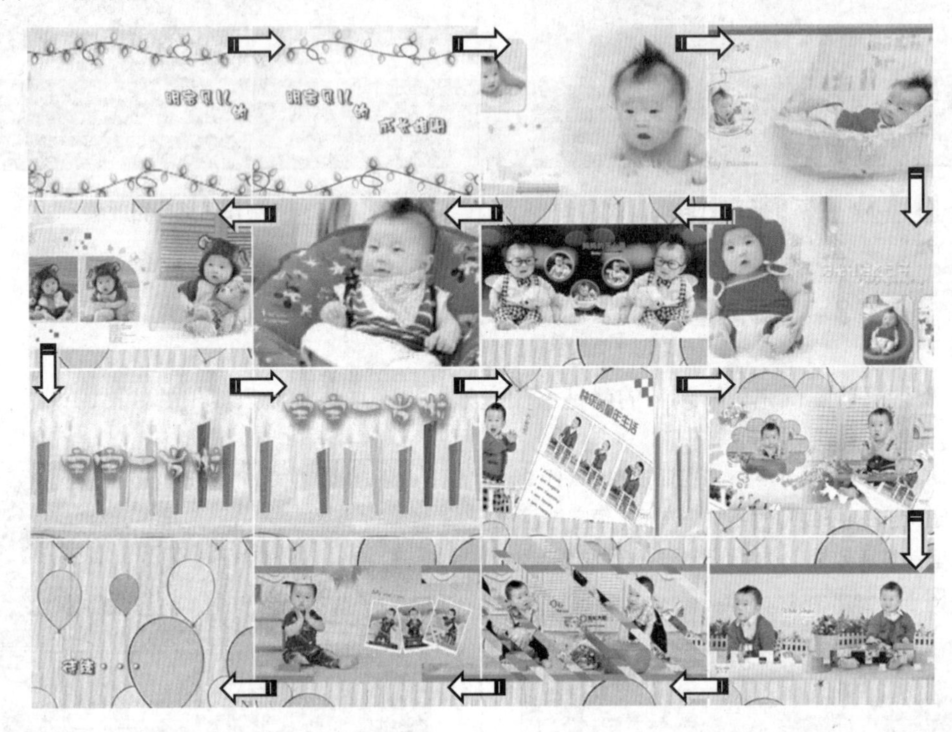

图 12-57 宝宝成长电子相册

12.2.1 100 天照片制作

本节主要将宝宝 100 天的照片以运动的形式进行展示，其中电子相册片头制作是由字幕与视频组合而成。

1 启动 Premiere Pro CC，在【新建项目】对话框中，单击【浏览】按钮，选择文件的保存位置。在【名称】栏中输入“宝宝成长相册”，单击【确定】按钮，如图 12-58 所示。

2 在【项目】面板中双击空白处，弹出【导入】文件夹，选择素材文件夹导入到【项目】面板中，如图 12-59 所示。

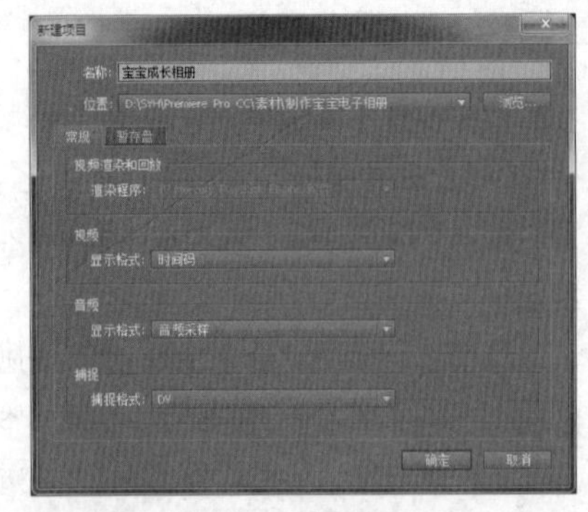

图 12-58 新建项目

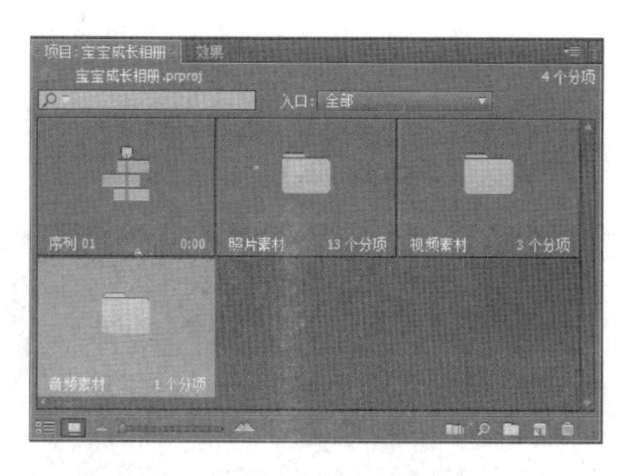

图 12-59　导入素材文件夹

3　展开【项目】面板中【视频素材】文件夹，将素材“1.avi”插入【时间轴】面板“V2”轨道上，如图 12-60 所示。

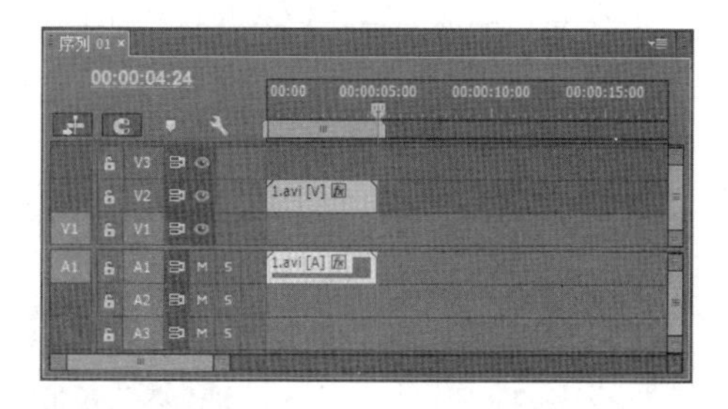

图 12-60　插入视频素材

4　在【时间轴】面板中，右击该视频素材，选择【取消链接】命令，并将音频删除，如图 12-61 所示。

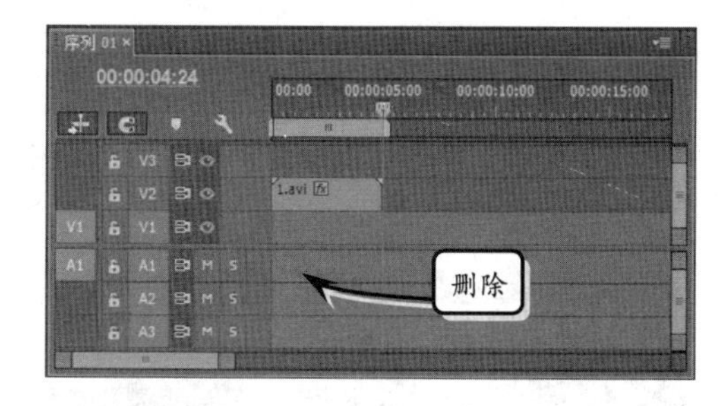

图 12-61　删除音频

提　示

由于制作后期会统一添加音频素材，所以这里的所有视频素材均需要将音频删除。

5　执行【字幕】|【新建字幕】|【默认游动字幕】命令，直接单击【新建字幕】对话框中的【确定】按钮。在【字幕】面板中输入文本，并设置属性，如图 12-62 所示。

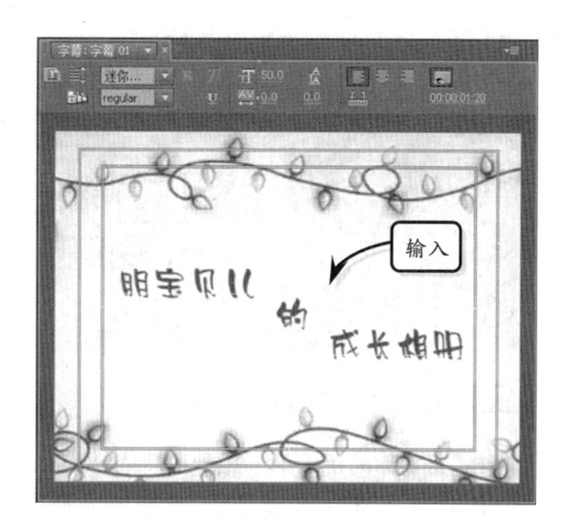

图 12-62　新建字幕

6　在【字幕样式】面板中，右击 Hobo Medium Gold 58 样式，选择【仅应用样式颜色】命令，如图 12-63 所示。

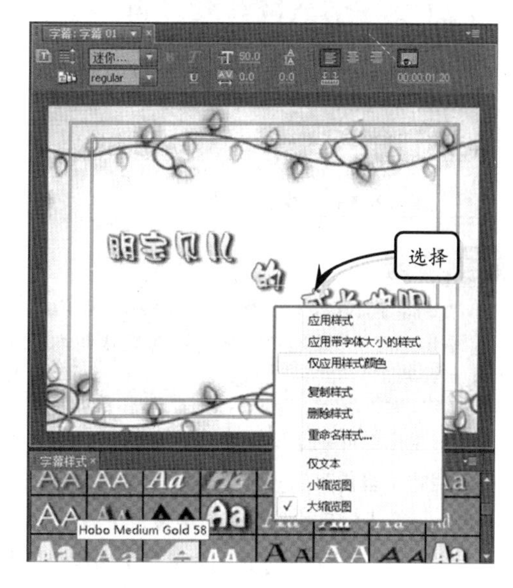

图 12-63　应用样式

提　示

执行【字幕】|【滚动/游动选项】命令，在弹出的【滚动/游动选项】对话框中，启用【开始于屏幕外】选项。

7　将“字幕 01”插入“V3”轨道上，右击“V2”轨道上的视频，选择【速度/持续时间】命令，设置【持续时间】为 5 秒，如图 12-64 所示。

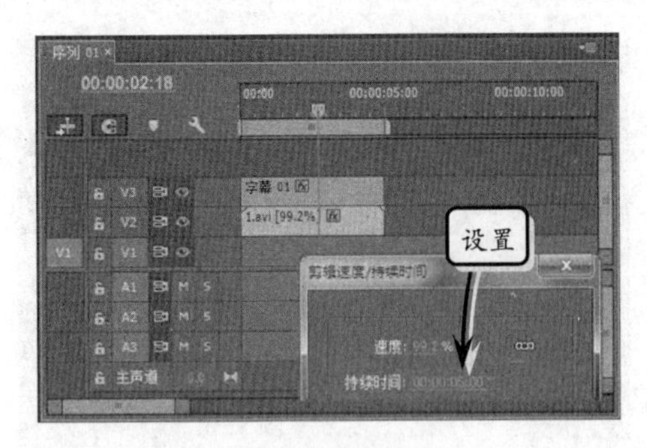

图 12-64 设置持续时间

8 将【当前时间指示器】拖至 00:00:05:00 处，依次将【照片素材】文件夹中的照片"100-01.jpg"至"100-06.jpg"插入"V2"轨道上，如图 12-65 所示。

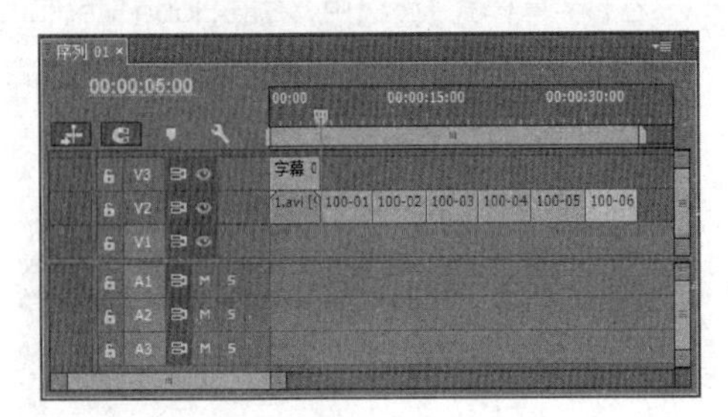

图 12-65 插入照片

提 示

依次右击【时间轴】面板中的照片素材，选择【缩放为帧大小】命令，使其照片宽度与屏幕宽度相等。

9 选中【时间轴】面板中的"100-01.jpg"，并将【当前时间指示器】拖至 00:00:05:00 处。在【效果控件】面板中设置【缩放】为 200，单击【位置】选项左侧的【切换动画】按钮，创建关键帧，如图 12-66 所示。

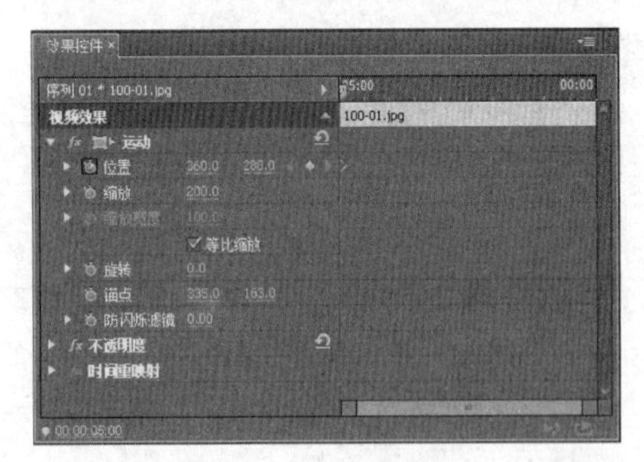

图 12-66 创建关键帧

10 单击【运动】选项组，【节目】监视器面板中的照片出现变换框，将该照片移至屏幕右下角区域，如图 12-67 所示。

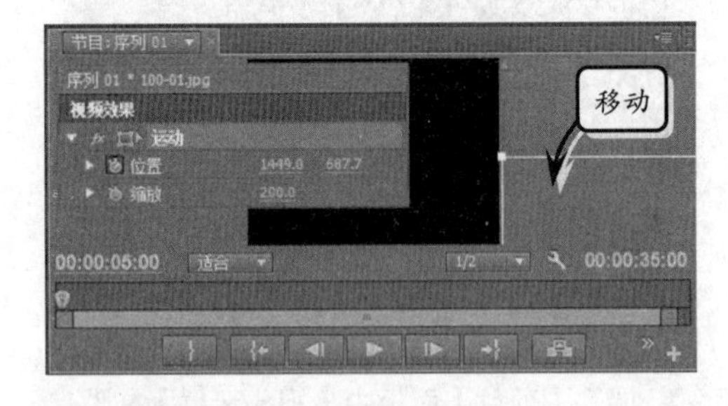

图 12-67 移动照片位置

11 在 00:00:06:00 位置单击【位置】选项右侧的【添加/移除关键帧】按钮，创建第二个关键帧。将照片向屏幕左上角移动，如图 12-68 所示。

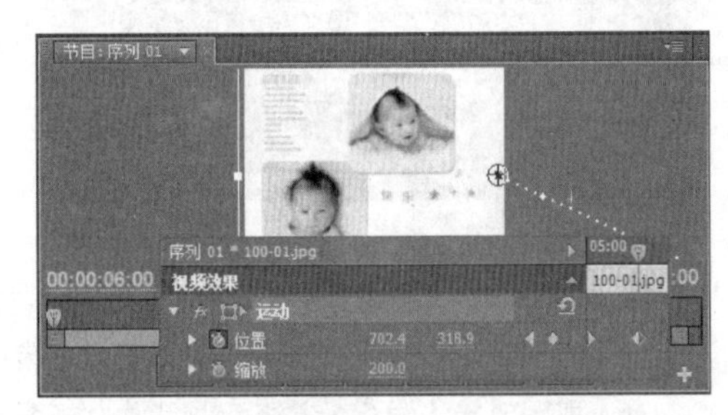

图 12-68 移动照片位置（1）

12 在 00:00:07:00 位置单击【位置】选项右侧的【添加/移除关键帧】按钮，创建第三个关键帧。将照片向屏幕左侧移动，如图 12-69 所示。

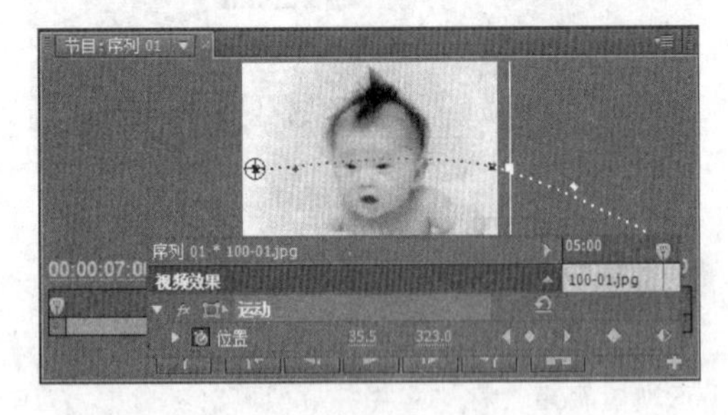

图 12-69 移动照片位置（2）

技 巧

将【当前时间指示器】移至空白区域后，直接设置相关选项参数，会自动创建关键帧。

13 在 00:00:08:00 位置单击【位置】选项右侧的【添加/移除关键帧】按钮，创建第四个关键帧。在【效果控件】面板中设置【位置】参数，如图 12-70 所示。

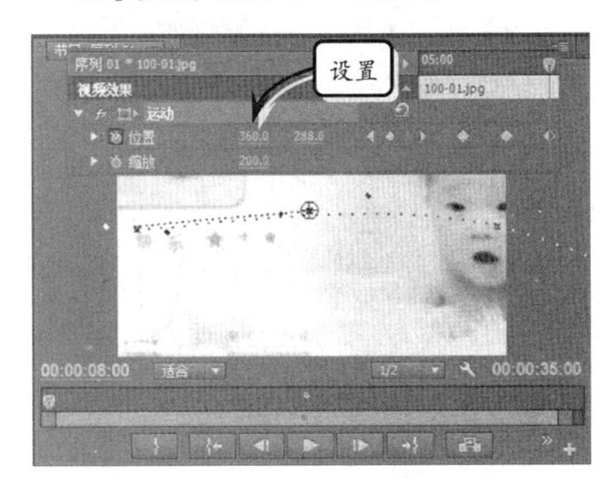

图 12-70 设置【位置】参数

注 意

第四个关键帧中的【位置】参数，是照片素材原始位置。所以在创建位置动画前，必须记牢该参数。

14 在同位置单击【缩放】选项左侧的【切换动画】按钮，创建关键帧。如图 12-71 所示。

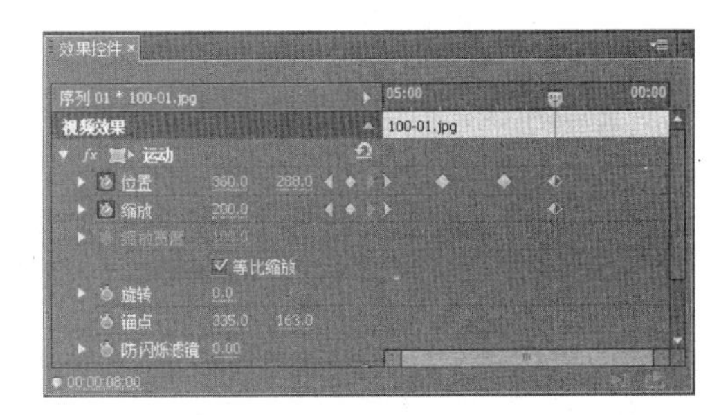

图 12-71 创建【缩放】关键帧

15 在 00:00:09:00 位置单击【缩放】选项右侧的【添加/移除关键帧】按钮，创建第二个关键帧。设置该选项为 100，如图 12-72 所示。

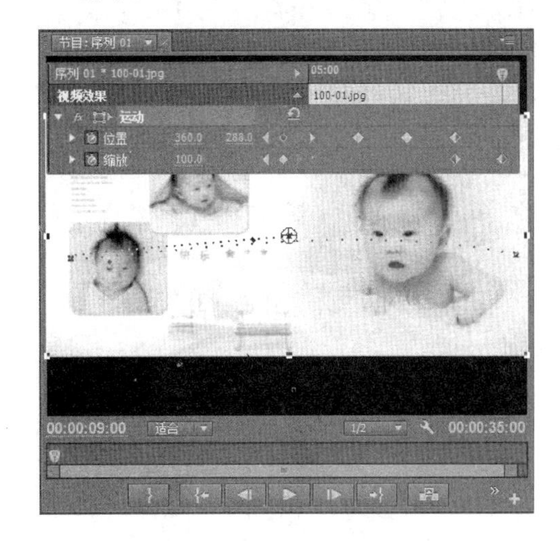

图 12-72 创建【缩放】动画

16 按照上述方法，为每一幅照片创建【位置】与【缩放】动画。其中，位置动画可以从屏幕的不同方向进入，如图 12-73 所示，为照片“100-06.jpg”的移动动画。

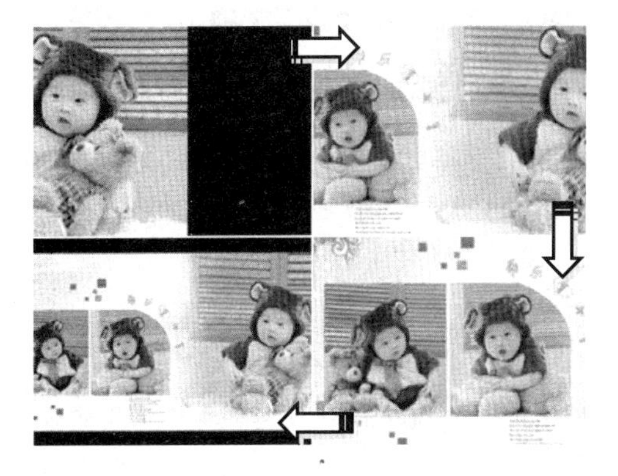

图 12-73 照片移动动画

12.2.2 一周岁照片制作

本节制作的是宝宝一周岁照片的动画效果，其中百天与周岁之间的分隔是通过视频与字幕组合而成的。

1 在 00:00:35:00 位置插入视频素材“2.avi”，并设置【持续时间】为 6 秒，如图 12-74 所示。

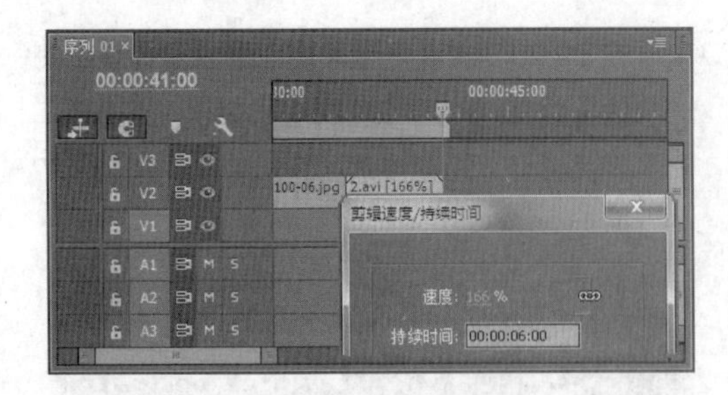

图 12-74　插入视频

2 执行【字幕】|【新建字幕】|【默认滚动字幕】命令，在【字幕】面板中使用【文字工具】T输入文本，如图 12-75 所示。

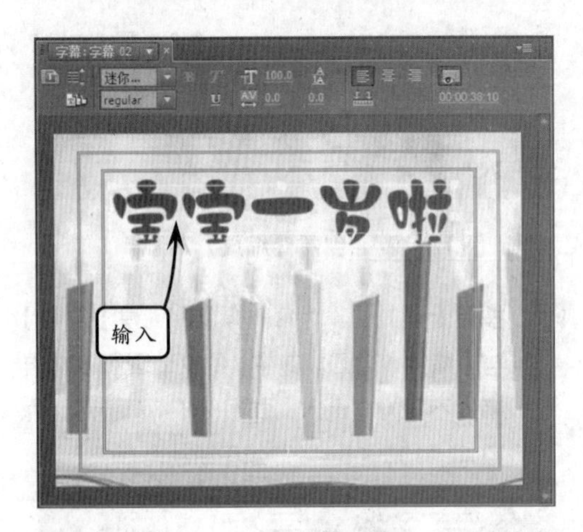

图 12-75　创建“字幕 02”

3 在【字幕属性】面板中，为输入的文本设置【填充】与【阴影】选项组中的各个参数，如图 12-76 所示。

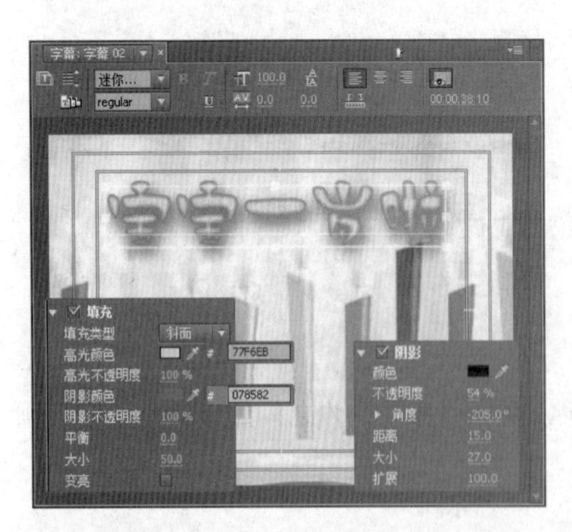

图 12-76　设置字幕属性

4 执行【字幕】|【滚动/游动选项】命令，在弹出的【滚动/游动选项】对话框中，启用【开始于屏幕外】选项，如图 12-77 所示。

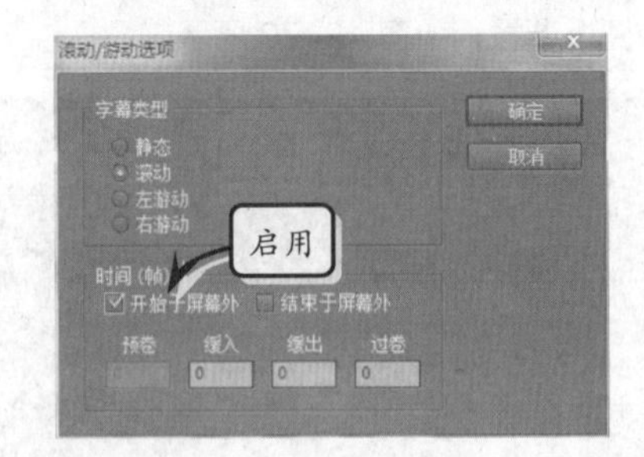

图 12-77　启用选项

5 将“字幕 02”插入【时间轴】面板的“V3”轨道上，其起始位置与“V2”轨道上的“2.avi”相同，如图 12-78 所示。

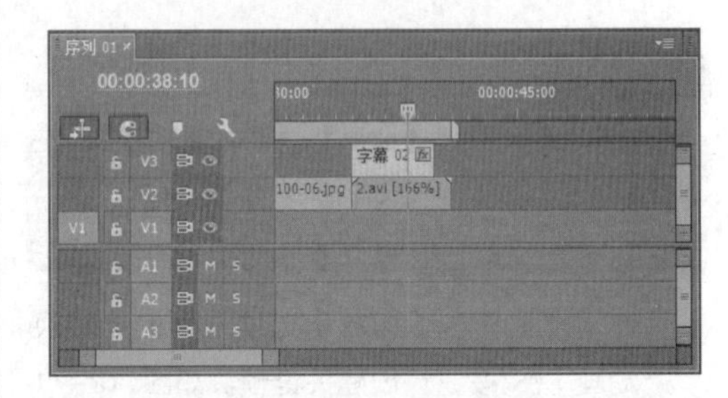

图 12-78　插入“字幕 02”

6 将【当前时间指示器】拖至 00:00:41:00 处，依次将照片“365-01.jpg”至“365-05.jpg”插入“V2”轨道上，如图 12-79 所示。

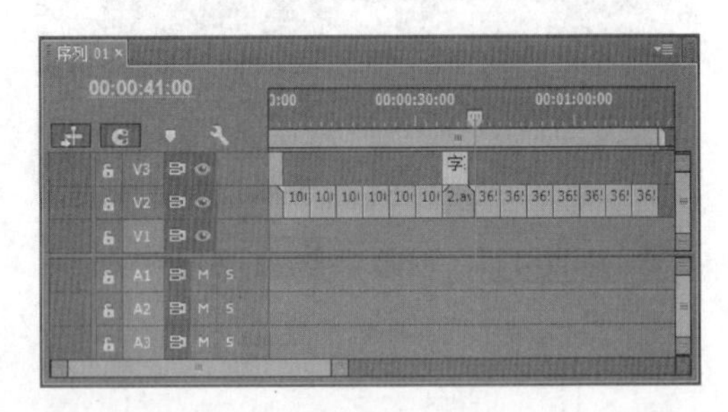

图 12-79　插入照片

7 选中【效果】面板中的【视频过渡】|【3D 运动】|【立方体旋转】效果，将其拖至【时间轴】面板中的视频“2.avi”与照片“365-01.jpg”之间，添加该效果，如图 12-80 所示。

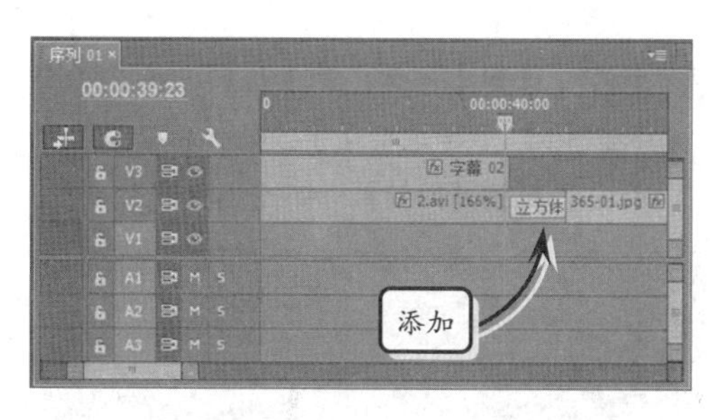

图 12-80 添加【立方体旋转】效果

8 按照上述方法，在照片之间依次添加【油漆飞溅】【随机擦除】【斜线滑动】以及【交叉划像】视频过渡效果，如图 12-81 所示。

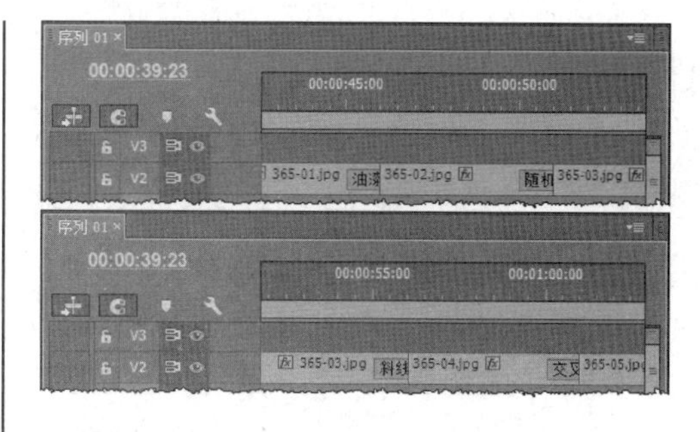

图 12-81 添加各种视频切换效果

提 示

这里的过渡效果没有限制，可以任意添加视频切换效果。

12.2.3 整体画面修饰

本节将对照片展示效果进行整体修饰，比如为整个效果添加背景视频，以及添加背景音乐等。

1 将【当前时间指示器】拖至 00:00:05:00 处，将视频素材“3.avi”插入“V1”轨道上，如图 12-82 所示。

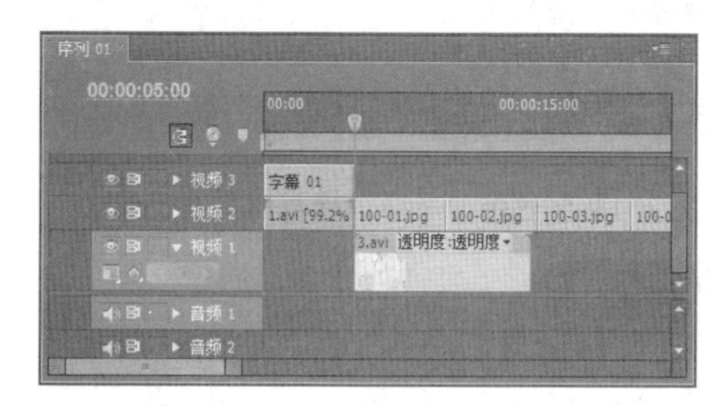

图 12-82 插入视频

注 意

这里插入的视频文件均不需要音频效果，通过右击视频文件，选择【取消链接】命令，单独删除音频文件。

2 复制该视频，并在该视频右侧连续粘帖，直至覆盖所有照片展示时间范围，如图 12-83 所示。

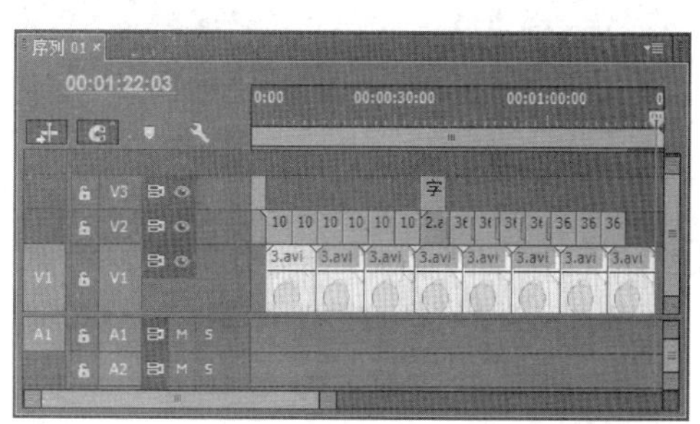

图 12-83 复制视频

3 执行【字幕】|【新建字幕】|【默认静态字幕】命令，在【字幕】面板中输入文本后，设置【字幕属性】与【字幕样式】选项，如图 12-84 所示。

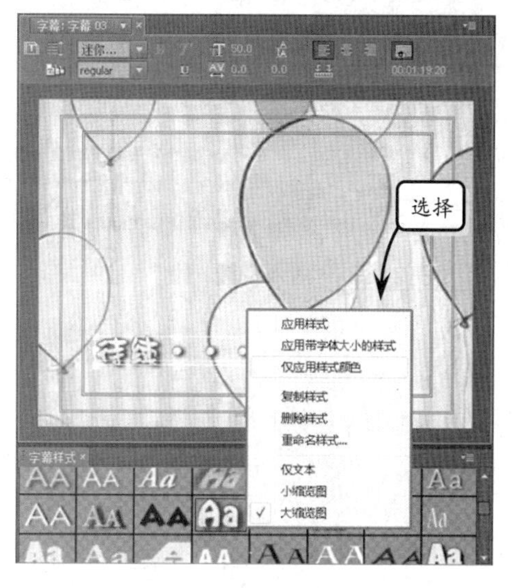

图 12-84 创建“字幕 03”

技 巧

"字幕 03"中的字幕属性与样式，与"字幕 01"中的字幕基本相同。

4 将【当前时间指示器】拖至 00:01:06:00 处，将"字幕 03"插入"V2"轨道上。缩短"V1"轨道上的视频播放长度，如图 12-85 所示。

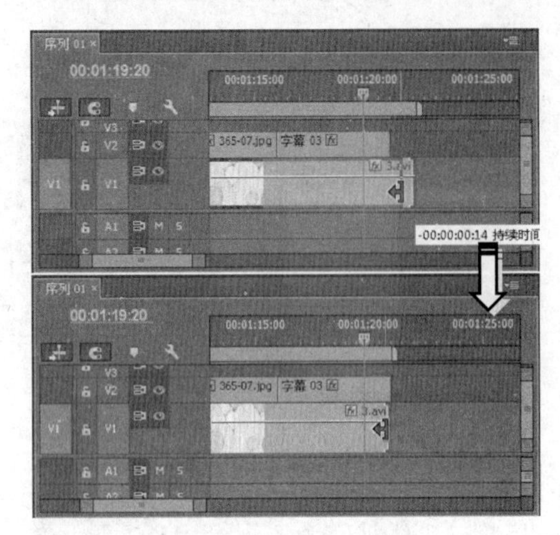

图 12-85 插入"字幕 03"

5 将【当前时间指示器】拖至 00:00:00:00 处，插入音频素材"小宝贝.mp3"，如图 12-86 所示。

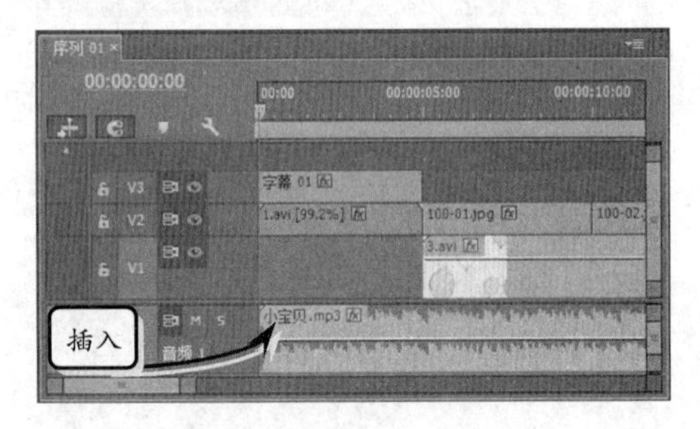

图 12-86 插入音频

6 选中【效果】面板中的【音频过渡】|【交叉淡化】|【恒定增益】效果，将其添加至音频素材的开始位置，如图 12-87 所示。

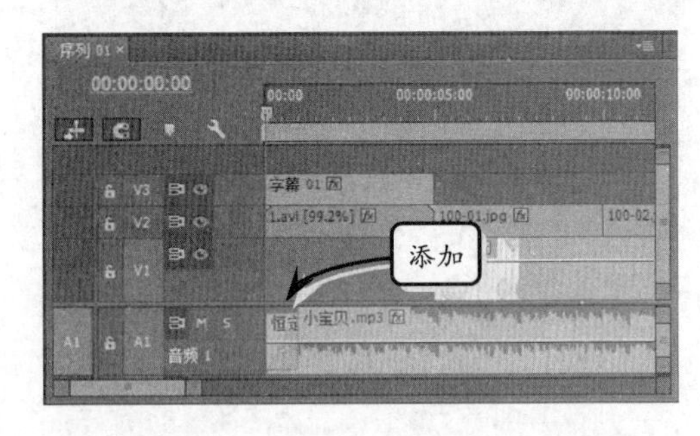

图 12-87 添加【恒定增益】效果

7 将【指数淡化】效果添加至音频素材的结束位置，形成音量逐渐减小的效果，如图 12-88 所示。

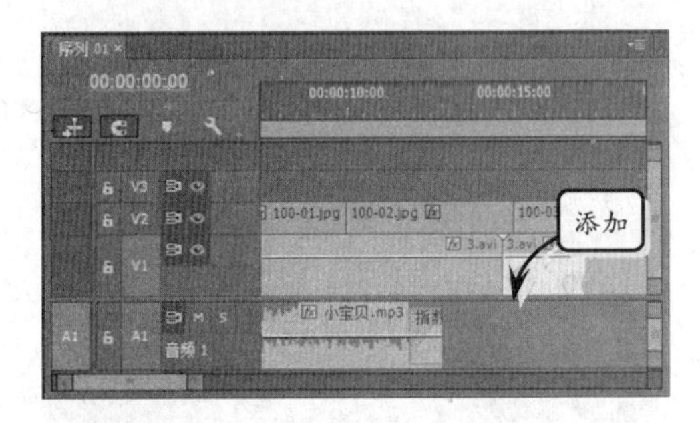

图 12-88 添加音频过渡效果

注 意

音频播放时间如果过长，可以将多余的部分进行分割与删除。如果播放时间过短，则可以通过复制与粘贴增加其播放长度。

8 在【节目】监视器面板中，单击【播放-停止切换】按钮预览视频效果。然后，保存文件。选择一种视频格式导出视频，完成电子相册的制作。